认知通信抗干扰

王世练 骆俊杉 魏鹏 胡礼 赖鹏辉 王昊 **编著**

国防工业出版社
·北京·

内 容 简 介

本书全面系统地论述了认知通信抗干扰的基本原理和技术,涉及通信干扰认知、抗干扰波形、干扰抑制处理、抗干扰决策与评估四个方面。全书共11章,主要介绍了通信干扰基本原理、通信干扰认知、直接序列扩频抗干扰通信、跳频扩频抗干扰通信、超宽带抗干扰通信、时域干扰抑制、变换域窄带干扰抑制、空域干扰抑制、通信抗干扰智能决策、通信抗干扰效能评估等。

本书结合作者多年的教学和科研实践,强调基础理论及前沿技术的综合应用,可作为高等学校通信工程、电子信息工程、数据链等专业的教材,也可以作为电子对抗、通信对抗等领域相关技术人员的参考书。

图书在版编目(CIP)数据

认知通信抗干扰/王世练等编著. —北京:国防工业出版社,2023.2
ISBN 978 – 7 – 118 – 12762 – 1

Ⅰ. ①认… Ⅱ. ①王… Ⅲ. ①无线电通信抗干扰 – 研究 Ⅳ. ①TN973

中国国家版本馆 CIP 数据核字(2023)第 028359 号

※

国防工业出版社出版发行
(北京市海淀区紫竹院南路23号　邮政编码100048)
北京龙世杰印刷有限公司印刷
新华书店经售

*

开本 710×1000　1/16　印张 25½　字数 458 千字
2023 年 2 月第 1 版第 1 次印刷　印数 1—2000 册　定价 128.00 元

(本书如有印装错误,我社负责调换)

国防书店:(010)88540777　　书店传真:(010)88540776
发行业务:(010)88540717　　发行传真:(010)88540762

前　言

随着信息技术的高速发展,频谱空间拥挤日益严重,由此带来的有意或无意干扰问题日益突出。特别是在军事领域,各国都把电磁频谱作为重要战略资源,把制电磁频谱权作为战略竞争的制高点。在此背景下,通信对抗已经从最初时域、频域、空域等单一领域的对抗发展到全维域联合的体系对抗,对抗双方都无法以单一或几种技术的结合有效应对所有类型的干扰或抗干扰措施,基于认知的通信抗干扰技术将成为未来通信对抗发展的重要方向,围绕认知、决策、行动及评估的全环路对抗将更趋常态化。

作者所在的团队长期从事通信抗干扰的科研和教学工作,围绕"对抗性战场空间"下智能化抗干扰与安全通信技术,先后承担了国家自然科学基金项目、"863"计划项目、"173"基础加强项目、装备预研项目等20余项,自2002年开始开设了"抗干扰通信"研究生课程,自编的讲义得到了学生的好评。我们在总结多年科研和教学成果的基础上,汲取国内外同行的最新研究成果,组织编写了本书。

本书在内容的选取和安排上,侧重基础理论及前沿技术的综合应用,主要围绕通信干扰认知、抗干扰波形、干扰抑制处理、抗干扰决策与评估四个方面,对认知通信抗干扰的基本理论、技术方法、最新研究成果进行系统的论述,为不同应用环境下通信对抗系统的设计及应用提供技术指导。

本书各章节体系逐层推进,第1章介绍通信对抗与通信抗干扰的基本概念和特点;第2章和第3章论述通信干扰的基本理论及对干扰的认知技术,包括通信干扰方程、通信干扰分类及其数学模型、通信干扰性能分析、通信干扰信号检测、通信干扰识别分类等,增加了对反应式智能干扰的建模和认知;第4章、第5章和第6章分别论述直接序列扩频、跳频扩频、超宽带通信等抗干扰通信波形的工作原理及其抗干扰性能,包括混沌扩频、跳码扩频、Chirp扩频等直接序列扩频通信波形,自适应跳频、差分跳频、消息驱动跳频等跳频扩频通信波形,猝发通信、脉冲幅度调制、跳时扩频、脉冲位置键控等超宽带通信波形;第7章、第8章和第9章分别论述时域、变换域、空域等干扰抑制技术,在抗干扰通信波形优化设计的基础上采用多维域数字信号处理方法进一步对干扰进行抑制,包括时域干扰估计与对消、自适应滤波直接序列扩频窄带干扰抑制、频域变换窄带干扰抑制、余弦调制滤波器组窄带干扰抑制、阵列信号处理及空域干扰对消等;第 10 章和第 11 章分别论述通信抗干扰智能决策及效能评估方法,在通信干扰认知的基础上通过人工智能学习,对通信波形及其参数、干扰抑制方法等进行决策,实现通信系统抗干扰性能的最优化,进一步对系统抗干扰性能进行客观评估,形成观测 – 判断 – 决策 – 行动闭环,包括通信抗干扰智能决策理论、功率分配决策、跳速决策、跳频频率决策、通信抗干扰效能评估基本理论、灰色层次分析法抗干扰能力评估、某卫星通信系统效能评估等。

  本书由王世练、骆俊杉等人编著,骆俊杉博士编写第 6 章、胡礼博士编写第 3 章、魏鹏博士编写第 10 章、王昊博士编写第 9 章、赖鹏辉编写第 7 章,王世练教授负责其余章节的编写并通稿全书。路军博士、卢树军博士、张春海博士等先后从事"抗干扰通信"课程教学和科学研究,为本书的编写提供了大量的素材。张炜教授、李玉生正高工、许拔副研究员等认真审阅了全书,提出了许多宝贵的建议。电子科学学院的研究生卜任菲、李朋伟、聂志强、何秋银、郭洋、赵耀、陈炜宇、周壮、吴颖洁等参与全书的编写。本书的出版得到了学院的学术著作专项资金资助,编写过程中得到了国防工业出版社尤力编辑的大力帮助。作者在此一并表示衷心的感谢!

  限于时间和水平,书中难免有不完善和错误之处,望读者不吝指正。

目 录

第1章 绪论 ... 1
1.1 通信对抗与通信抗干扰 ... 1
1.1.1 通信对抗 ... 1
1.1.2 通信抗干扰 ... 2
1.2 通信抗干扰的实施与分类 ... 3
1.2.1 通信抗干扰的实施 ... 3
1.2.2 通信抗干扰技术的分类 ... 4
1.2.3 通信抗干扰的主要技术指标 ... 5
1.3 通信抗干扰的发展 ... 6
1.3.1 典型通信抗干扰装备 ... 6
1.3.2 通信抗干扰技术的发展趋势 ... 8
参考文献 ... 10

第2章 通信干扰基本理论 ... 11
2.1 通信干扰方程 ... 11
2.1.1 压制系数 ... 11
2.1.2 无线传播 ... 12
2.1.3 干扰方程 ... 12
2.2 通信干扰建模 ... 13
2.2.1 频域通信干扰 ... 13
2.2.2 脉冲干扰 ... 25
2.2.3 反应式干扰 ... 26
2.3 通信干扰性能分析 ... 28
2.3.1 对2ASK调制信号的干扰 ... 28
2.3.2 对2FSK调制信号的干扰 ... 30
2.3.3 对2PSK调制信号的干扰 ... 36
参考文献 ... 40

第3章 通信干扰检测与认知 41
3.1 通信干扰检测 41
3.1.1 时域干扰检测 42
3.1.2 频域干扰检测 46
3.1.3 拟合优度干扰检测 52
3.2 通信干扰认知 57
3.2.1 常规干扰信号分类与识别 57
3.2.2 反应式干扰信号分类与识别 64
参考文献 71

第4章 直接序列扩频通信 72
4.1 扩频通信基本理论 72
4.2 直接序列扩频通信 73
4.2.1 工作原理 73
4.2.2 二进制扩频 76
4.2.3 抗干扰性能 78
4.3 混沌扩频通信 88
4.3.1 混沌序列及其相关特性 88
4.3.2 混沌相移键控通信系统 91
4.3.3 差分混沌相移键控通信系统 95
4.4 跳码扩频通信 98
4.4.1 基本原理 99
4.4.2 跳码图案产生 100
4.4.3 抗干扰性能 101
4.5 Chirp 扩频通信 102
4.5.1 Chirp 信号基本特性 103
4.5.2 Chirp 调频率扩频 104
4.5.3 Chirp 直接调制扩频 106
4.5.4 远距离无线电调制解调 108
参考文献 110

第5章 跳频扩频通信 112
5.1 经典跳频扩频通信 112
5.1.1 工作原理 112

5.1.2　SFH/SS 抗干扰性能 ·················· 118
　　5.1.3　FFH/SS 抗干扰性能 ·················· 125
5.2　自适应跳频 ································· 127
　　5.2.1　概述 ································ 127
　　5.2.2　实时跳速自适应跳频 ················· 128
　　5.2.3　实时频率自适应跳频 ················· 130
　　5.2.4　实时功率自适应跳频 ················· 135
5.3　差分跳频扩频 ······························· 136
　　5.3.1　工作原理 ···························· 136
　　5.3.2　关键技术 ···························· 138
　　5.3.3　抗干扰性能 ·························· 140
5.4　消息驱动跳频 ······························· 141
　　5.4.1　直接映射 MDFH 技术 ················· 142
　　5.4.2　编码辅助映射 MDFH 技术 ············· 144
　　5.4.3　抗干扰性能 ·························· 146
参考文献 ·· 148

第 6 章　超宽带抗干扰通信 ···················· 150
6.1　猝发通信 ··································· 150
　　6.1.1　猝发通信系统调制解调原理 ··········· 150
　　6.1.2　抗干扰性能 ·························· 152
　　6.1.3　猝发通信典型应用 ···················· 153
6.2　基于脉冲幅度调制的超宽带通信 ············· 157
　　6.2.1　超宽带通信概述 ······················ 157
　　6.2.2　脉冲幅度调制解调技术 ················ 158
　　6.2.3　抗干扰性能 ·························· 164
6.3　跳时扩频通信 ······························· 165
　　6.3.1　跳时扩频通信系统概述 ················ 165
　　6.3.2　跳时扩频抗干扰波形设计 ·············· 166
　　6.3.3　抗干扰性能 ·························· 170
6.4　PPK 窄脉冲调制 ···························· 173
　　6.4.1　PPK 调制技术 ························ 173
　　6.4.2　PPK 解调技术 ························ 177
　　6.4.3　PPK 调制解调性能 ···················· 178

  6.4.4 TH-PPK 调制解调原理 ················ 185
  6.4.5 TH-PPK 调制解调性能 ················ 187
  6.4.6 抗干扰性能 ························ 189
参考文献 ································ 190

第 7 章 时域干扰抑制 ························ 192
 7.1 单音干扰估计与对消 ···················· 192
  7.1.1 单音干扰消除基本原理 ················ 192
  7.1.2 单音干扰消除算法 ·················· 194
  7.1.3 单音干扰消除的实现 ················· 196
 7.2 多音干扰估计与对消 ···················· 200
  7.2.1 多音干扰消除基本原理 ················ 200
  7.2.2 多音干扰消除算法 ·················· 201
  7.2.3 多音干扰消除的实现 ················· 203
 7.3 线性调频干扰估计与对消 ·················· 206
  7.3.1 LFM 干扰消除基本原理 ················ 206
  7.3.2 LFM 干扰消除算法 ·················· 207
  7.3.3 LFM 干扰消除的实现 ················· 210
 7.4 直扩系统中的自适应窄带干扰对消 ·············· 210
  7.4.1 线性滤波算法 ····················· 211
  7.4.2 非线性滤波算法 ··················· 217
  7.4.3 干扰估计抵消抗干扰性能 ··············· 225
参考文献 ································ 226

第 8 章 变换域窄带干扰抑制 ······················ 228
 8.1 变换域窄带干扰抑制基本理论 ················ 228
  8.1.1 多速率滤波器组理论 ················· 229
  8.1.2 基于滤波器组的变换域干扰抑制理论架构 ········ 233
  8.1.3 常见的变换基 ···················· 235
  8.1.4 变换域处理方法 ··················· 239
 8.2 基于离散傅里叶变换的窄带干扰抑制技术 ··········· 243
  8.2.1 工作原理 ······················· 243
  8.2.2 重叠加窗离散傅里叶变换 ··············· 247
  8.2.3 干扰判决门限的设置 ················· 251

    8.2.4　数值仿真结果 ……………………………………………… 251
  8.3　基于 CMFB 的窄带干扰抑制技术 …………………………………… 254
    8.3.1　CMFB 理论 ………………………………………………… 255
    8.3.2　修正的 K 谱线法 …………………………………………… 260
    8.3.3　数值仿真结果 ……………………………………………… 263
  参考文献 ……………………………………………………………………… 268

第 9 章　空域干扰抑制 …………………………………………………… 270
  9.1　阵列信号处理干扰抑制原理 …………………………………………… 270
    9.1.1　信号模型 …………………………………………………… 271
    9.1.2　波束形成准则 ……………………………………………… 277
  9.2　自适应波束形成算法 …………………………………………………… 280
    9.2.1　最小均方自适应算法 ……………………………………… 281
    9.2.2　递归最小二乘自适应算法 ………………………………… 283
    9.2.3　采样矩阵求逆算法 ………………………………………… 285
  9.3　阵列抗干扰工程实践问题与性能评估 ………………………………… 286
    9.3.1　阵列抗干扰工程实践问题 ………………………………… 286
    9.3.2　性能评估准则 ……………………………………………… 288
    9.3.3　阵元结构对抗干扰性能影响 ……………………………… 289
    9.3.4　信噪比对抗干扰性能影响 ………………………………… 292
    9.3.5　不同自适应算法的性能评估 ……………………………… 294
  参考文献 ……………………………………………………………………… 295

第 10 章　通信抗干扰决策 ………………………………………………… 297
  10.1　通信抗干扰智能决策基本理论 ………………………………………… 297
    10.1.1　通信抗干扰决策模型 ……………………………………… 297
    10.1.2　博弈理论 …………………………………………………… 298
    10.1.3　马尔可夫决策过程及强化学习理论 ……………………… 303
    10.1.4　深度学习及深度强化学习理论 …………………………… 308
  10.2　基于博弈论的功率分配决策 …………………………………………… 313
    10.2.1　相关工作 …………………………………………………… 313
    10.2.2　多信道功率分配的非对称 Colonel Blotto 博弈建模与
           解算 ………………………………………………………… 315
    10.2.3　计算机仿真 ………………………………………………… 330

IX

10.3 基于多步预测马尔可夫决策过程的跳速决策……335
 10.3.1 相关工作……336
 10.3.2 多步预测马尔可夫决策过程模型建立与解算……337
 10.3.3 计算机仿真……346
10.4 基于深度强化学习的跳频频率决策……351
 10.4.1 相关工作……352
 10.4.2 基于分层深度强化学习的跳频频率决策模型……352
 10.4.3 计算机仿真……356
参考文献……359

第11章 通信抗干扰效能评估……363

11.1 效能评估基本理论……363
 11.1.1 层次分析法……364
 11.1.2 模糊层次分析法……367
 11.1.3 灰色层次分析法……368
 11.1.4 云模型……371
 11.1.5 神经网络评估方法……374
 11.1.6 ADC方法……376
11.2 基于灰色层次分析法的抗干扰能力评估……377
 11.2.1 抗干扰指标体系……377
 11.2.2 指标归一化……379
 11.2.3 确定指标权重……382
 11.2.4 计算抗干扰能力评估结果……384
11.3 基于ADC模型的卫星通信系统效能评估……385
 11.3.1 卫星通信子系统基本组成……385
 11.3.2 可用性矢量计算……386
 11.3.3 可信度矩阵计算……387
 11.3.4 能力矢量计算……392
 11.3.5 基于ADC模型的通信系统效能评估结果……394
参考文献……395

第1章 绪 论

本章内容对通信抗干扰技术进行概述,首先介绍了通信对抗与通信抗干扰的内涵,阐述了通信抗干扰的概念和内涵,最后介绍了通信抗干扰技术及装备的发展,以帮助读者掌握通信抗干扰的整体概念。

1.1 通信对抗与通信抗干扰

1.1.1 通信对抗

通信对抗即对敌方无线电通信进行侦察,测定其技术参数,获取其所承载的信息和进行通信的意图,据此采用适当的无线电干扰和摧毁手段,破坏、中止敌方的无线电通信或者降低其通信容量,预判和侦察敌方所采用的干扰手段,采取适当的通信装备和技术手段,力图减少被敌方检测、截获、利用和破坏的概率。

通信对抗包括通信侦察、通信干扰与摧毁、通信抗干扰与反侦察(又称通信防御)。

通信侦察是指对敌方无线通信信号进行搜索、分析、分选、存储其技术参数,以及测向、定位所采取的行动和措施,用来判断敌方通信信号的属性和用途,获取敌方通信装备的位置信息,确定攻击目标。广义上讲,通信侦察包含情报侦察,即进一步利用侦察所获得的相关参数,以与敌方相同或特殊的接收方式对敌方射频信号进行截获、解调解析,获取敌方有效信息。

通信干扰是指根据通信侦察获得的敌方通信情报,利用电磁波手段,在通信频段上发射一定功率强度的调制信号,攻击敌方无线通信电磁频谱,对其接收机和网络节点装备进行压制,削弱或中断敌方接收信号的能力,达到干扰其无线通信装备作战效能的有力措施。如果能够精确定位敌台,也可以进行精确火力打击,物理摧毁敌方通信设备,即通信摧毁。

通信侦察与通信干扰都是电子进攻的重要手段,相互之间紧密联系。相应地,通信反侦察、抗截获和抗干扰也就成为通信电子防御的重要环节,其也是相互联系,缺一不可的。

1.1.2　通信抗干扰

从狭义上讲,通信抗干扰(GJB 5929—2007《战场通信频率管理系统频率管理终端通用规范》是指通信系统、网络和设备为抵抗敌方利用电磁能所进行的干扰和非敌方干扰,以提高其在通信对抗/通信电子战中的生存能力多采取的抗干扰技术体系结构。

从广义上讲,通信抗干扰是指通信装备(设备、系统、网络)为抵抗敌方有意的通信干扰、通信侦察、通信截获、无线病毒和高功率电磁攻击等电子进攻手段以及非敌方无意的干扰,以提高其在复杂电磁环境中的综合作战效能所采取的通信抗干扰、反侦察、抗截获、抗病毒和抗高功率电磁硬攻击等电子防御手段[1]的技术体系结构与技术的总和[2]。

通信抗干扰根据先验知识进行预判,并结合实时侦察分析敌方干扰的特性,采取适当的通信装备和信号制式,抑制通信干扰源,切断干扰路径,使得本方的通信能够尽量不被敌方检测、截获和破译;存在故意干扰的情况下,本方的接收机要有去除或降低干扰影响的能力,采取适当的防护措施,防范和躲避敌方对本方通信设施的火力打击,有效保障通信系统的安全。

在当代信息化战争中,随着军事作战指挥和通信电子战的需求日益增长,军用通信的内涵主要表现在从传输上升到信息服务和从保障上升到防御作战两个方面。

通信抗干扰具有以下特点:

(1) 通信抗干扰已从基于信道层次上的狭义抗干扰扩展到多维空间上的广义抗干扰,即通信电子防御,具有对抗性强、难度大、可靠性和实用性高的特点。

(2) 通信抗干扰装备是抗干扰技术的基础和支撑,已经发展到通信设备、通信系统和通信网络,不仅涉及抗干扰,而且涉及协同互通和网系运用等多重需求。

(3) 通信抗干扰的重点对象是敌方可能进行的软攻击和硬攻击。软攻击是指一般意义上的利用常规量级电磁能所进行的通信干扰(包括灵巧式干扰)以及通信侦察、通信截获、无线病毒等。硬攻击是指利用高功率瞬间电磁能或定向能直接对通信装备的攻击。

(4) 随着敌方的干扰手段不断创新,电子进攻干扰形式在频域、空域、时域以及能量域等多维空间快速变化,增强了抗干扰难度,所以通信抗干扰技术需要在多维空间建立体系结构,提高反应能力,以积极应变敌方干扰。

(5) 民用通信的无意干扰、军用装备的自身干扰以及自然干扰等非敌方恶意干扰给军用通信造成了极大的影响,已经从一般性技术问题上升到事关全局的作战问题,这是目前军用通信发展所面临的一项重大阻碍。

(6)军事通信抗干扰技术的重点虽然是保持战时的生存能力,但其技术不是独立的,要与具体的通信设备、通信系统以及通信网络相适应,不能简单地将技术从一套装备搬移到另一套装备,而要进行体系化设计,最大限度地发挥通信装备在敌方多重恶意干扰情况下的作战效能。

总而言之,通信抗干扰就是要通过各种合理的技术手段来提高通信设备、通信系统和通信网络在复杂电磁环境下的生存能力。通信抗干扰是一个永无止境的研究课题,涉及基础理论、技术体制、关键技术、性能评估、战场管控和组织运用等一系列问题,随着通信干扰的发展而不断发展。

1.2 通信抗干扰的实施与分类

1.2.1 通信抗干扰的实施

通信干扰的特点主要从频域、空域、时域以及能量域方面得以展现,而通信抗干扰也是从频率域、空间域、时间域和能量域四个方面分别实施或联合实施的,其基本原理如图1.1所示。

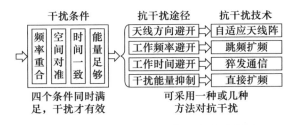

图1.1 通信干扰与抗干扰的实施示意图

干扰信号对通信接收机形成干扰必须同时满足以下四个条件:

(1)空间方向上能进入接收机接收天线有效接收方向。无线收发设备是通过天线发送和接收电磁波进行通信的,而天线一般具有一定的方向性,即只能接收空间特定方向到达的电磁波信号,干扰信号到达方向与天线有效接收方向一致才能进入接收机并影响通信。

(2)频域上能进入接收机的有效接收带宽。无线通信系统工作在一定的频率,且无线接收设备只接收其工作频率的信号,干扰频率与接收机的工作频率一致才能进入接收机并影响通信。

(3)时间上要与通信时间吻合。时间一致很好理解,只有在通信系统工作时干扰才有意义。

（4）功率上能使接收机接收到的信干比（信号能量与干扰能量比）降低到足够低的程度。通信接收机并不是接收到干扰就不能正常工作，其接收性能一般取决于接收到的通信信号和干扰信号的能量比，干扰信号只有足够大才能有效干扰正常通信，即干扰信号要满足能量足够大的条件。

可见，只有同时满足上述四个条件的干扰信号才能有效干扰接收机的正常工作。为有效对抗通信干扰，通信抗干扰的基本途径是从空域、频域、时域阻止干扰信号进入接收机，对最终进入接收机的干扰信号通过特定的信号处理方法抑制其能量，以减少甚至彻底消除其对接收机性能的影响。基于上述基本途径的典型抗干扰技术有：自适应天线阵可以通过空间方向避开干扰，实现空域抗干扰；跳频技术可以通过频域避开干扰，实现频域抗干扰；猝发通信通过降低通信传输时间和提高通信的突发性，降低被检测、被干扰的概率，实现时域抗干扰；直接序列扩频（Direct Sequence Spread Spectrum，DS－SS）技术可以抑制接入接收机的窄带干扰（Narrow－Band Interference，NBI）信号能量，实现能量域抗干扰；等等。

1.2.2 通信抗干扰技术的分类

按照时间域、频率域和功率域，通信抗干扰技术通常可分为以下三类[3]：

（1）时间域抗干扰技术，即不让通信信号和干扰信号有相似的时间域特征，确保二者在时间上不重合。其主要有碎发通信技术、跳时通信技术、自适应差错控制技术等。

（2）频率域抗干扰技术，即避免通信信号与干扰信号有近似的频谱特征，既要通信信号与干扰信号的频谱带宽不一致，又要二者的载频不相同。其主要包括跳频通信技术、自适应频率控制技术等。

（3）功率域抗干扰技术，针对强功率的干扰信号，通信方一般选择两种抗干扰技术：一种是通信信号功率保持不变，而去抑制干扰信号功率；另一种是不抑制干扰信号的功率，而是提升通信信号的功率。其主要包括直接序列扩频技术、自适应天线技术、自适应功率控制技术等。

按照对通信干扰的处理方式，本书将通信抗干扰技术分为以下两类：

（1）通信波形抗干扰技术，即通过通信体制或通信波形的优化设计实现抗干扰。其主要包括直接序列扩频通信、跳频扩频（Frequency Hopping Spread Spectrum，FH－SS）通信、猝发通信、跳时通信、脉冲幅度调制超宽带通信、脉冲位置键控（Pulse Position Keying，PPK）、窄脉冲调制等。

（2）信号处理干扰抑制技术，即采用时域、频域、空域的数字信号处理技术对进入接收机的干扰进行估计和对消，降低进入信号解调器的干扰信号功率。其主要包括时域干扰预测与抑制、频域变换窄带干扰抑制、空域自适应干扰对消等技术。

1.2.3 通信抗干扰的主要技术指标

1. 干扰容限

干扰容限即在保证一定的系统误码率(Bit Error Ratio,BER)条件下(如 $P_e \leq 10^{-4}$),系统接收机输入端最大的干扰功率与信号功率之比,通常用对数形式记为

$$M_j(\mathrm{dB}) = P_j(\mathrm{dB}) - P_s(\mathrm{dB}) \tag{1.1}$$

式中:P_j 为干扰信号功率;P_s 为有用信号功率。

$M_j = 20\mathrm{dB}$,表示接收输入端的干扰功率比信号功率强 100 倍时仍能保证系统正常工作。

2. 工作频带和带宽

工作频带和带宽表示抗干扰通信系统工作的频段范围与信号带宽,如地空通信系统的频率范围为 100~150MHz 和 225~400MHz,带宽往往指通信信号的瞬时带宽。

3. 发射功率

发射功率表示为保证系统在所需通信距离范围内能正常工作所需的发射机功率。一般的战术抗干扰通信系统,其发射机功率可达 50W。

4. 接收机门限电平

当系统满足一定的误码率要求时,接收机可正常工作的输入最小信号电平称为门限电平。

接收机门限电平主要用来衡量接收机内部噪声的大小和系统的增益。内部噪声越小,门限电平就越小。门限电平越小,则接收机的有效通信距离越远,干扰容限越大,降低门限电平对于抗干扰通信是有益的。

5. 接收机阻塞电平

当输入信号或干扰信号强到一定值时,接收机前端电路将产生饱和或损坏,此电平称为接收机阻塞电平。例如,某电台的阻塞电平小于或等于 10V。

6. 接收机动态范围

当接收机输入射频信号电平在较大范围内起伏变化时,系统相关器输入端的信号仍保持在较小变化的恒定电平上,以利于相关器正常处理信号。

例如,当输入射频信号在 -86~0dBm 范围内变化时,通过自动增益控制(AGC)自动调整相关器前端电平,可使其输入端保持在正常工作的电平范围,

以利于抗干扰通信系统抗干扰能力的正常发挥。

7. 系统同步时间

在抗干扰通信时,敌方经常采取干扰同步电路的方法,使通信系统在短时间内难以完成同步而无法正常工作。在设计同步电路时,不但要求同步速度快,而且要有抗干扰保护电路,以便在遇到强干扰时能迅速同步,保证系统正常工作。

例如,地空无线电数据传输系统要求同步时间为毫秒(ms)量级;猝发通信要求同步时间为微秒(μs)量级。

8. 系统组网能力

通信网有大量用户在同时、同区域工作,网络抗干扰比单台抗干扰难度更大;除了抗敌干扰外,网络内部也不能相互干扰。

1.3 通信抗干扰的发展

1.3.1 典型通信抗干扰装备

1. 美国陆军近期数字无线电

近期数字无线电(Near Term Digital Radio,NTDR)计划是1995财年计划管理的以非研制设备技术实现的战术无线电通信系统计划。NTDR的开发是为了弥合当时对战术无线网络的需求和联合战术无线电系统(Joint Tactical Radio System,JTRS)及其宽带网络波形之间的差距。此计划的目标是建立一个开放体系结构,初始结构包括宽频段特高频射频子系统、先进的信道接入波形、复杂的动态移动组网和分布式网络管理。NTDR于1997年底装备部队,在军队数字化战场工作中发挥了重要作用,支持了第一个数字化部门。

NTDR主要采用的是频域抗干扰手段来实现抗干扰;此外,其网状组网方式本身也具备很强的网络层抗干扰能力,如表1.1所列。

表1.1 NTDR的抗干扰能力

类型	能力分析
频域抗干扰能力	采用直接序列扩频,可实现10dB的扩频增益。与干扰非扩频窄带通信相比,干扰方的干扰功率必须提高到原来的10倍才能生效
时频域干扰抵消	采用64抽头RAKE均衡器和窄带干扰抵消滤波器,以抵消超高频频段内的多径干扰和窄带干扰。RAKE均衡器主要通过时域选择性来实现抗多径干扰;窄带干扰抵消滤波器则主要通过频域选择性来实现抗窄带干扰,滤除非所需频段内的窄带干扰信号

续表

类型	能力分析
网状组网抗干扰	采用的是一种分层、分簇移动自组网(Mobile Ad hoc Network,MANET)方式,其无中心组网方式使得网络在遭受干扰时的自愈能力非常强,在节点个体被干扰、被摧毁的情况下,网络的整体性能受影响较小;通信层面的网状结构可以很好地掩盖指标控制层面的树状结构,进而可更好地确保网络中关键节点、关键资产、关键链路的隐蔽性、抗毁性

2. 美国陆军高频段组网电台

高频段组网电台(Highband Networking Radio,HNR)是哈里斯公司开发的可用于卫星动中通的专用电台,其最新版本为HNRv2版。HNR能够支持MANET组网能力。装载有高频带组网波形(Highband Networking Waveform,HNW)的HNR电台旨在满足陆军陆战网无线电传输需求,其最大特点是大容量且方便使用。

HNR综合采用了空域抗干扰手段、频域抗干扰手段和网状组网手段来实现抗干扰,如表1.2所列。

表1.2 HNR的抗干扰能力

类型	能力分析
空域抗干扰能力	HNR采用一种"全向+定向"的新型天线来提升抗干扰能力,在电台刚入网时,该天线主要发挥全向接收功能,即静默接收其他电台发出的握手信号;一旦与某一电台握手成功,则切换至定向通信模式,以提升抗干扰能力、传输速率与效率;一旦需要切换通信对象,则只需要通过电切换即可实现,无须电台的载车移动方向
频域抗干扰能力	采用多种进制的正交调幅(Quadrature Amplitude Modulation,QAM)技术,通过正交大幅提升信道容量,起到非常好的抗窄带干扰的效果
网状组网抗干扰	采用MANET组网方式,上文已有介绍,不赘述,详见表1.1

3. 哈里斯公司AN/PRC-154"狙击手"电台

AN/PRC-154步兵电台是一种轻便、加固的便携式电台,可利用士兵无线电波形(Soldier Radio Waveform,SRW)同时发送话音和数据。它可实现班内的安全网络化通信,改进任务效能。AN/PRC-154步兵电台可实现话音和数据自组网,能够让战术级指挥官跟踪单个士兵位置信息,为单兵提供所需的态势感知能力。

AN/PRC-154步兵电台的主要抗干扰能力主要源自其所加载的SRW波形,如表1.3所列。

表1.3 AN/PRC-154(SRW波形)的抗干扰能力

类型	能力分析
频域抗干扰能力	采用两种手段来实现抗干扰:一是正交频分复用(Orthogonal Frequency Division Multiplexing,OFDM)工作模式,在实现信道容量最大化的同时,还可很好地抗窄带干扰;二是宽带抗干扰工作模式,基于直序列扩频和跳频两种抗干扰方式来实现抗干扰
工作模式抗干扰能力	具备多种可选的工作模式,每一种工作模式都是一种"带宽-速率组合",如果干扰等因素导致数据速率降低或信道服务质量降低,则可通过切换工作模式的方式来确保通信性能不受影响
网状组网抗干扰能力	与MANET组网方式相同

4. 美军联合战术无线电系统

联合战术无线电系统(JTRS)是美国正在集中研制和生产的能经多频段、模式和网络传输话音、视频和数据信号的一种无线电系统,其将为美各军种节约大笔经费,并提高其互通能力。

JTRS电台的抗干扰能力主要源自其所加载的各种波形,尤其是宽带组网波形(Wideband Networking Waveform,WNW)和SRW,以及其MANET组网能力,如表1.4所列。

表1.4 JTRS的抗干扰能力

类型	能力分析
波形抗干扰能力	SRW上文已有介绍,不赘述,详见表1.3 WNW的抗干扰能力主要体现在两个方面:一是编码正交频分复用多载波通信体制,在大幅提升信道容量的同时,有效抗窄带干扰;二是扩频通信,采用低速率扩频工作模式,有效抵御窄带、宽带等压制式干扰
网状组网抗干扰能力	与MANET组网方式相同

1.3.2 通信抗干扰技术的发展趋势

未来的战争是信息化战争,会受到多样的通信干扰,实践表明,军事通信抗干扰技术综合运用是补偿单一抗干扰技术缺点的有效方法,通过集合多种抗干扰技术的优点,能够大幅提升军事通信综合抗干扰能力。随着通信电子进攻的空间范围的发展,军用通信抗干扰已经从传统的时域、频域和功率域发展到时域、频域、功率域、空间域、速度域、网络域、变换域、病毒域、支援域和决策域等全域通信电子防御,结合信息通信技术的发展现状,现代电子战中的通信抗干扰将从全领域方面进行综合化、智能化、一体化、网络化、软件化抗干扰。

（1）综合化：未来的通信干扰是综合的、多变的。相应的，单靠一种技术或手段，无法实现抗干扰的目的，必须发展综合性的抗干扰技术，发挥多种抗干扰技术的优点，加强多技术的融合和集成，形成综合抗干扰能力。综合化的发展趋势[3-4]：一是基于自适应信号处理的综合抗干扰；二是基于天线与传播的综合抗干扰；三是直扩、跳频技术相结合的综合抗干扰；四是自适应天线和扩频技术相结合的综合抗干扰；五是扩频和其他非扩频技术相结合的综合抗干扰等。

（2）智能化：智能化是当前通信抗干扰技术的发展方向。其基本思想是根据通信干扰的态势智能地选择最佳的抗干扰技术，提高通信抗干扰能力和频谱的利用效率。智能化的发展趋势[5]：一是实时智能检测和识别干扰；二是实时智能决策，实施最佳抗干扰；三是智能完成信息的快速适变鲁棒传输。通信抗干扰中的关键智能技术主要包括干扰识别技术、抗干扰波形重构技术、可靠信令传输技术、快速适变的波形传输技术和实时智能决策技术等。

（3）一体化：通信干扰与通信抗干扰相互矛盾、相互依存、互为前提。在未来的战场上，敌我双方的通信可能处于同一频段，敌方的通信对于我方而言将是干扰信号，这就要求我方在进行抗干扰通信的同时要对敌方的通信产生干扰，也能在同一频段中实现我方的通信。因此，将来要通过综合集成技术、软件无线电技术等先进综合控制技术，将抗干扰技术和干扰技术有机地结合起来，实现通信、干扰、抗干扰的一体化，加快发展通信、干扰和抗干扰一体化的综合信息系统，提高通信系统的一体化抗干扰能力。

（4）网络化：当前，军事通信系统已网络化，军事通信干扰也正在向网络化演变，因此，军事通信抗干扰技术也要向网络化发展，利用网络技术，将抗干扰装备、系统、平台进行组网，综合利用抗干扰网络内的各类资源，优化网络拓扑结构和信息流，提高干扰信息的获取和抗干扰手段的配置，有效提高抗干扰能力。军事通信抗干扰技术的网络化，将增加干扰方的侦测、截获和分析通信信号的难度，并可实现抗干扰技术的多路由选择，增强了抗干扰的灵活性。

（5）软件化：随着软件无线电技术的完善和软件自定义网络的出现，军事通信抗干扰技术的软件化将是未来发展的又一方向。一是利用软件无线电技术改善抗干扰性能。利用软件无线电技术，在军事通信抗干扰设备中，尽可能地在靠近天线处对信号进行数字化处理，通过软件对信息进行控制，建立起类似计算机的体系结构，使抗干扰系统更加灵活和开放，增强适应性，实现多模式、多技术的融合，确保抗干扰系统能够灵活多变、实时动态地实施抗干扰。二是利用软件定义网络（Software Defined Network，SDN）技术提升体系干扰能力。SDN是一种新型的网络架构模型，是下一代网络的基础，其基本思想是将网络的控制与转发功能进行分离,通过软件实现对网络的技术管控,可以通过配置控制层来设置数据的转发策略,进而实现可视化的网络管控[6]。基于SDN的抗干扰技术,对于干扰的识别检测、干扰方式的选择、干扰技术组合应用和灵活实施将有极大的促进作用。此外,世界各国还把优化完善传统通信体制和发展新兴通信技术作为军事通信抗干扰技术的创新发展动力。一是对传统通信技术进行优化升级,形成通信技术优势,使干扰技术跟不上通信技术的改进和完善。比如,卫星通信向高频段扩展,研发高效调制方式,提高跳频的速率等。二是研发新兴通信技术。目前,世界各国正在发展具有高抗干扰特性的新兴通信技术,如紫外光通信技术、流星余迹通信技术、量子加密通信技术、毫米波噪声通信技术、中微子通信技术、引力波通信技术、太赫兹通信技术等,以增强抗干扰能力。

参 考 文 献

[1] 中国人民解放军总装备部. 通信兵主题词表释义词典:GJB 3866—99[S]. 中华人民共和国国家军用标准,1999.
[2] 姚富强. 通信抗干扰工程与实践[M]. 2版. 北京:电子工业出版社,2012.
[3] 杨丽春. 通信抗干扰技术的综合优化及评价研究[D]. 成都:电子科技大学,2006.
[4] 张爱民,梁书剑,马志强,等. 军事通信抗干扰技术进展综述[J]. 通信技术,2011,44(08):16-20.
[5] 李少谦,程郁凡,董彬虹. 智能抗干扰通信技术研究[J]. 无线电通信术,2012,38(01):1-4.
[6] 李纪舟,何恩. 软件定义网络技术及发展趋势综述[J]. 通信技术,2014,47(02):123-127.

第 2 章 通信干扰基本理论

无线电通信干扰分为通信系统内部干扰和外部干扰。外部干扰又可分为自然干扰和人为干扰[1]。

自然干扰主要源于周边环境,在现代社会中,电子设备已广泛应用于人类生活的各个方面,尽管这些领域彼此可能毫不相关,但所使用的电子设备或许辐射出无意干扰,导致通信接收机无法正常工作。

人为干扰多为人为敌意干扰,即根据通信侦察获得的敌方通信情报,采取恰当的技术手段和战术行动,破坏、中断或者扰乱敌方的无线电通信,阻止敌方使用电磁频谱资源。人为敌意干扰主要存在于军事通信系统中,它比自然干扰要严重得多。通信干扰作为一种作战手段和方式,从战术角度看,其战术作用主要表现在通过降低或破坏敌方通信系统的工作性能,使敌方贻误战机、指挥失灵、协同困难、部队瘫痪、支援空袭和反空袭以夺取制空权、迷惑敌方使之产生错觉等。

本章首先介绍通信干扰中的几个重要概念,包括压制系数和干扰方程;然后针对不同种类的通信干扰,如频域通信干扰、脉冲干扰和反应式干扰等,分别给出了相应的干扰模型;最后给出对二进制振幅键控(Amplitude Shift Keying,ASK)、二进制频移键控(Frequency Shift Keying,FSK)和二进制相移键控(Phase Shift Keying,PSK)等典型数字调制信号的干扰性能分析结果。

2.1 通信干扰方程

2.1.1 压制系数

为了定量描述无线电干扰对接收机的影响程度,引入"压制系数"的概念。压制系数是指为保证对被干扰的无线电通信系统的有效压制,进入该系统接收机输入端通频带所需的最小干扰功率与有用信号功率的比值,用 R 表示。压制系数为

$$R = \left(\frac{P_{ji}}{P_{si}}\right)_{min} \tag{2.1}$$

式中：P_{jj} 为使无线电通信系统被压制时，进入该系统接收机输入端通频带的干扰功率；P_{si} 为接收机接收的有用信号的功率。

最小干扰功率是指进入接收机通频带的干扰功率。有效压制指由于干扰的影响，输出信号的质量达不到所要求的最低指标，无法从中获得任何有效的信息。

计算压制系数的干扰和信号功率可以是平均功率，也可以是峰值功率，相应地就有按平均功率计算压制系数和按峰值功率计算压制系数。两者数值不同，且有如下关系：

$$R_p = R\left(\frac{\alpha_j}{\alpha_s}\right)^2 \tag{2.2}$$

式中：R_p 为按峰值功率计算的压制系数；R 为按平均功率计算的压制系数；α_j 为干扰的峰值因数；α_s 为信号的峰值因数。

压制系数定量地描述了人为干扰对接收信号的影响，并与所传输信号的形式、干扰的样式和接收方法（接收机结构）有关。在已知信号的形式、接收方法的情况下，不同的干扰样式所需的压制系数是不同的，对某种接收机的压制系数越小，压制敌方通信所需的最小干扰功率就越小，说明该干扰样式对干扰机效果越好。如果压制系数大，说明为压制通信所需的干扰功率大。所以，对干扰方而言希望选择干扰样式的压制系数越小越好。

由上述定义分析可知，在通信对抗领域中的压制系数与通信（抗干扰）领域中的干扰容限是不同的概念，但两者数值上相等。因为考虑问题的角度不同，在通信领域一般用干扰容限的概念。

2.1.2 无线传播

由通信与干扰链路的功率传输模型可知，目标通信接收机的输入信干比为

$$\frac{P_j}{P_s} = \left(\frac{P_{Tj}}{P_{Ts}}\right)\left(\frac{G_{Tj}}{G_{Ts}}\right)\left(\frac{G_{Rj}}{G_{Rs}}\right)\left(\frac{L_s}{L_j}\right)\frac{1}{L_f L_t L_p} \tag{2.3}$$

式中：P_j、P_s 分别为干扰和信号输入功率；P_{Tj}、P_{Ts} 分别为干扰和信号发射功率；G_{Tj}、G_{Ts} 分别为干扰和信号发射天线增益；G_{Rj}、G_{Rs} 分别为干扰和信号的接收天线增益；L_j、L_s 分别为干扰和信号的传输路径损耗；L_f 为干扰与信号的频域重合损耗（滤波损耗）；L_t 为干扰与信号的时域重合损耗；L_p 为极化损耗。

2.1.3 干扰方程

在通信干扰中，确定干扰链路与目标通信链路之间的功率、天线增益与路径

损耗间关系的方程通常称为干扰方程。已知干扰方程可进行干扰功率、作用范围的概算,并分析提高干扰效果的措施。

设压制系数为 R,则由式(2.3)可知,当满足条件

$$\frac{P_\text{j}}{P_\text{s}} = \left(\frac{P_\text{Tj}}{P_\text{Ts}}\right)\left(\frac{G_\text{Tj}}{G_\text{Ts}}\right)\left(\frac{G_\text{Rj}}{G_\text{Rs}}\right)\left(\frac{L_\text{s}}{L_\text{j}}\right)\frac{1}{L_\text{f}L_\text{t}L_\text{p}} \geqslant R \tag{2.4}$$

时,通信被压制。所以进行有效干扰时希望上式成立。式(2.4)为通信干扰方程的一般形式。

由通信干扰方程对影响干扰效果的因素分析,可以得到有效的无线电通信干扰应具有的特性要求,归纳为以下三个方面:

(1) 必要的干扰辐射功率。为了保证进入目标接收机输入端的干扰和目标信号功率之比达到压制系数这一最小值,要求干扰发射机必须辐射出必要的发射功率 P_Tj。影响干扰辐射功率需求的因素很多,不仅与干扰链路的天线增益、电波传播路径损耗等因素有关,还与通信链路的相关因素和抗干扰能力有关。

(2) 干扰与目标信号的空间、时间、频率和极化的重合[2]。干扰功率要起作用,必须进入目标接收机,并以某种方式进入解调器,才能对信息的解调产生影响(干扰作用),使模拟信号的输出信噪比(Signal – Noise Rutio,SNR)下降,数字信号的输出产生误码率。如果干扰与目标信号的空间、时间、频率和极化不重合,则干扰功率无法进入接收机的解调器,或在接受过程中受到很大的抑制(对应 L_j、L_f、L_t、L_p 很大),也就无法起到干扰效果。有效的干扰并不要求实现与信号的时、频、空及极化严格重合,但重合的准确程度对干扰的效果有很大影响。

(3) 合适的干扰样式。即使为了能使干扰取得好的效果,最好使干扰具有一定的样式。干扰样式是干扰的时域、频域的统计特性,由于干扰对不同的信号形式和不同的接收方法的作用原理及特性不同,即使有同样的功率和时频空域重合度,但采用不同的干扰样式,其干扰效果也是不同的。反映在压制系数上,就是在已知信号形式、接收方法的情况下,不同的干扰样式对目标电台的压制系数是不同的。对某种接收机的压制系数越小,压制敌方通信所需的最小干扰功率就越小,说明该干扰样式对接收机的干扰效果越好。压制系数越大,说明该干扰样式的干扰效果越差。因此,干扰样式是影响干扰效果的一个重要因素。

2.2 通信干扰建模

2.2.1 频域通信干扰

在频域上,通信干扰可分为宽带噪声干扰、窄带噪声干扰、部分频带噪声干

扰、单音干扰、多音干扰、宽带梳状谱干扰、扫频干扰等[3]。常规干扰的频域示意图如图 2.1 所示。

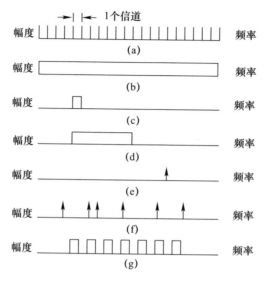

图 2.1 常规干扰的频域示意图

(a)信道划分；(b)宽带噪声干扰；(c)窄带噪声干扰；(d)部分频带噪声干扰；
(e)单音干扰；(f)多音干扰；(g)宽带梳状谱干扰。

1. 宽带噪声干扰

宽带噪声干扰是指噪声干扰覆盖目标电台所使用的整个频段。它可以建模为高斯白噪声，其幅度服从均值为 0、方差为 σ^2 的正态分布，幅度的概率密度函数(Probability Density Function，PDF)可以表示为

$$f(x) = \frac{1}{\sqrt{2\pi}\sigma} \exp\left(-\frac{x^2}{2\sigma^2}\right) \tag{2.5}$$

令 $j(n)$ 代表某一时刻的高斯白噪声，由于白噪声在不同时刻互不相关，其自相关函数为

$$\rho_j(m) = \mathrm{E}\{j(n)j^*(n-m)\} = \sigma^2 \delta(m) \tag{2.6}$$

对自相关函数做傅里叶变换，得到高斯白噪声的功率谱为

$$S_j(\omega) = \sigma^2 \tag{2.7}$$

定义 N 维干扰矢量 $\boldsymbol{j}(n) = [j(n), j(n-1), \cdots, j(n-N+1)]^\mathrm{T}$，可推得干扰矢量的 N 阶自相关矩阵为

$$\begin{aligned}\boldsymbol{R}_j^{(N)} &= E\{\boldsymbol{j}(n)\boldsymbol{j}^H(n)\}\\&=\begin{bmatrix}\rho_j(0) & \rho_j(1) & \cdots & \rho_j(N-1)\\ \rho_j(-1) & \rho_j(0) & \cdots & \rho_j(N-2)\\ \vdots & \vdots & & \vdots\\ \rho_j(-N+1) & \rho_j(-N+2) & \cdots & \rho_j(0)\end{bmatrix}=\begin{bmatrix}\sigma^2 & 0 & \cdots & 0\\ 0 & \sigma^2 & \cdots & 0\\ \vdots & \vdots & & \vdots\\ 0 & 0 & \cdots & \sigma^2\end{bmatrix}\end{aligned}$$
(2.8)

下面给出宽带噪声干扰的仿真结果。设白噪声 $\varepsilon(t) \sim N(0, P_J/2W_I)$，其中 P_J 为干扰功率，W_I 为低通滤波器的截止频率，则宽带噪声干扰可以表示为 $n(t) = \varepsilon(t) \otimes h(t)$，滤波器的频域表达式为

$$H(j2\pi f) = \begin{cases}1, & |f| \leq W_I\\ 0, & \text{其他}\end{cases}$$
(2.9)

设定 $P_J = 1\text{W}$，$W_I = 6000\text{Hz}$，采样率为 $40 \times 10^3 \text{Sa/s}$，生成的宽带噪声干扰信号时域波形及其单边频谱分别如图 2.2(a) 和 (b) 所示。

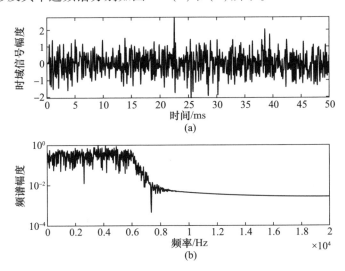

图 2.2 宽带噪声干扰时域信号波形与其单边频谱

2. 窄带噪声干扰

窄带干扰可以用白噪声通过一个窄带数字滤波器来进行建模，通常在时域干扰抵消中采用全零点数字滤波器，因此干扰为 p 阶自回归（Autoregression，AR）模型，其满足差分方程

$$j(n) = -\sum_{l=1}^{p} a_l j(n-l) + \varepsilon(n) \tag{2.10}$$

式中：$a_1, a_2, \cdots, a_p$ 为 AR 模型的系数；激励噪声 $\{\varepsilon(n)\}$ 是方差为 σ_ε^2 的零均值高斯白噪声序列。

全极点滤波器的传递函数为

$$H(z) = \frac{1}{1 + a_1 z^{-1} + \cdots + a_p z^{-p}} \tag{2.11}$$

因此 $\{j(n)\}$ 的功率谱可表示为

$$S_j(\omega) = \left| \frac{1}{1 + a_1 z^{-1} + \cdots + a_p z^{-p}} \right|^2_{z=e^{j\omega}} \sigma_\varepsilon^2 \tag{2.12}$$

由式(2.12)可以看出，如果 $H(z)$ 在 z 平面上有一个极点，$S_j(\omega)$ 就会在相应的位置出现一个峰值，峰值的角频率(窄带干扰的归一化角频率)就是极点在 z 平面上与实轴的夹角，且极点的位置越靠近单位圆，阶数越高，则峰值越高，频带越窄。通过合理地设计传递函数极点的位置，就可以产生各种不同的干扰模型。图 2.3 给出二阶 AR(AR(2))模型极点分布示意图。本节主要考虑实系数窄带干扰模型，因此传递函数的极点必须成对，且共轭对称。对于一阶 AR(AR(1))模型而言，极点必须位于实轴上。

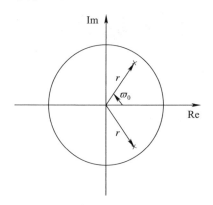

图 2.3　AR(2)模型极点分布示意图

在抗窄带干扰研究中，通常将窄带干扰建模为 AR(1)模型和 AR(2)模型。AR(1)模型满足差分方程

$$j(n) = -a_1 j(n-1) + \varepsilon(n) \tag{2.13}$$

由式(2.13)可见，$j(n)$ 与 $j(n-1)$ 和 $\varepsilon(n)$ 有关，即可将 $j(n)$ 看成是 $j(n-1)$ 的"线性递归"，而 $\varepsilon(n)$ 起到一个误差项的作用。为研究 AR(1)模型的统计特

性，需要首先求解差分方程，以获得 $j(n)$ 与 $\varepsilon(n), \varepsilon(n-1), \cdots$ 之间的关系，在给定初始条件下，如果 $j(0)=0$，经过重复置换得到

$$\begin{aligned} j(n) &= -a_1 j(n-1) + \varepsilon(n) \\ &= -a_1(-a_1 j(n-2) + \varepsilon(n-1)) + \varepsilon(n) \\ &\quad \cdots\cdots \\ &= \varepsilon(n) + (-a_1)\varepsilon(n-1) + \cdots + (-a_1)^{n-1}\varepsilon(1) \end{aligned} \quad (2.14)$$

对上式两边求均值，可得

$$E\{j(n)\} = 0 \qquad (2.15)$$

$j(n)$ 的自相关函数可计算如下：

$$\begin{aligned} \rho_j(m) &= E\{j(n)j^*(n-m)\} \\ &= E\{[\varepsilon(n) - a_1\varepsilon(n-1) + \cdots + (-a_1)^{n-1}\varepsilon(1)] \times \\ &\quad [\varepsilon(n-m) - a_1\varepsilon(n-m-1) + \cdots + (-a_1)^{n-m-1}\varepsilon(1)]^*\} \\ &= \sigma_\varepsilon^2(-a_1)^m(1 + a_1^2 + \cdots + a_1^{2(n-m)+2}) \\ &= \begin{cases} \sigma_\varepsilon^2(-a_1)^m\left(\dfrac{1-a_1^{2(n-m)}}{1-a_1^2}\right), & |a_1| < 1 \\ \sigma_\varepsilon^2(n-m), & |a_1| = 1 \end{cases} \end{aligned} \quad (2.16)$$

由此可见，窄带干扰的自相关函数是 n 的函数，所以 $j(n)$ 不是平稳过程。但是，当 $|a_1|<1$，且 n 足够大时，则有

$$\rho_j(m) = \sigma_\varepsilon^2(-a_1)^m/(1-a_1^2) \qquad (2.17)$$

式(2.17)只是时延 m 的函数，因此当 $|a_1|<1$ 时，AR(1) 过程是渐进平稳的。考虑自相关函数的偶对称性，式(2.17)可改写为

$$\rho_j(m) = \sigma_\varepsilon^2(-a_1)^{|m|}/(1-a_1^2) \qquad (2.18)$$

对于 AR(p) 自回归干扰模型，一般取初值为 $j(0) = j(-1) = \cdots = j(-p+1) = 0$，强加初始条件使离散随机过程 $j(n)$ 不平稳。如果 $j(n)$ 能够忘记初始值，那么当 $n\to\infty$ 时，$j(n)$ 具有渐进平稳特性。这一特性可以通过使特征方程的根幅度小于 1 达到。AR(p) 过程的特征方程为

$$1 + a_1 z^{-1} + \cdots + a_p z^{-p} = 0 \qquad (2.19)$$

在式(2.13)两端同乘 $j^*(n-m)$，再对等式两端取平均，得到

$$E\left\{\sum_{l=0}^{p} a_l j(n-l) j^*(n-m)\right\} = E\{\varepsilon(n) j^*(n-m)\} \qquad (2.20)$$

由式(2.13)可知，$j(n)$由$\varepsilon(n),\cdots,\varepsilon(n-p)$以及$j(n-1),\cdots,j(n-p)$决定。又$\varepsilon(n)$为零均值高斯白噪声，因此式(2.20)可整理为

$$\sum_{l=0}^{p} a_l \rho_j(m-l) = 0, \quad m > 0 \tag{2.21}$$

以及

$$\sum_{l=0}^{p} a_l \rho_j(-l) = \sigma_\varepsilon^2 \tag{2.22}$$

式(2.21)等价于

$$\rho_j(m) = -a_1 \rho_j(m-1) - \cdots - a_p \rho_j(m-p), \quad m > 0 \tag{2.23}$$

或者表示为

$$\rho_j^*(m) = b_1 \rho_j^*(m-1) + \cdots + b_p \rho_j^*(m-p), \quad m > 0 \tag{2.24}$$

式中：$b_l = -a_l^* (l=1,2,\cdots,p)$。

式(2.24)就是$AR(p)$自相关函数所满足的差分方程，将自相关函数视为已知量，AR 参数视为未知量，式(2.24)可表示为如下 Yule–Walker 方程：

$$\begin{bmatrix} \rho_j(0) & \rho_j(1) & \cdots & \rho_j(p-1) \\ \rho_j^*(1) & \rho_j^*(0) & \cdots & \rho_j(p-2) \\ \vdots & \vdots & & \vdots \\ \rho_j^*(p-1) & \rho_j^*(p-2) & \cdots & \rho_j^*(0) \end{bmatrix} \begin{bmatrix} b_1 \\ b_2 \\ \vdots \\ b_p \end{bmatrix} = \begin{bmatrix} \rho_j^*(1) \\ \rho_j^*(2) \\ \vdots \\ \rho_j^*(p) \end{bmatrix} \tag{2.25}$$

对于复随机过程，自相关函数是共轭对称的，即$\rho_j(-m) = \rho_j^*(m)$，对于实随机过程，有$\rho_j(-m) = \rho_j(m)$，此时 Yule–Walker 方程退化为

$$\begin{bmatrix} \rho_j(0) & \rho_j(1) & \cdots & \rho_j(p-1) \\ \rho_j(1) & \rho_j(0) & \cdots & \rho_j(p-2) \\ \vdots & \vdots & & \vdots \\ \rho_j(p-1) & \rho_j(p-2) & \cdots & \rho_j(0) \end{bmatrix} \begin{bmatrix} b_1 \\ b_2 \\ \vdots \\ b_p \end{bmatrix} = \begin{bmatrix} \rho_j(1) \\ \rho_j(2) \\ \vdots \\ \rho_j(p) \end{bmatrix} \tag{2.26}$$

对于常用的实 $AR(2)$ 窄带干扰模型，其特征方程为

$$1 + a_1 z^{-1} + a_2 z^{-2} = 0 \tag{2.27}$$

方程的两个根为

$$z_{1,2} = \frac{1}{2}\left(-a_1 \pm \sqrt{a_1^2 - 4a_2}\right) \tag{2.28}$$

为保证 $AR(2)$ 过程具有渐进稳定性，要求$|z_{1,2}| < 1$，即

$$\begin{cases} a_2 + a_1 \geq -1 \\ a_2 - a_1 \geq -1 \\ -1 \leq a_2 \leq 1 \end{cases} \quad (2.29)$$

在式(2.26)中令 $p=2$，得到 AR(2) 过程的 Yule–Walker 方程为

$$\begin{bmatrix} \rho_j(0) & \rho_j(1) \\ \rho_j(1) & \rho_j(0) \end{bmatrix} \begin{bmatrix} b_1 \\ b_2 \end{bmatrix} = \begin{bmatrix} \rho_j(1) \\ \rho_j(2) \end{bmatrix} \quad (2.30)$$

根据式(2.30)可求出

$$\begin{cases} a_1 = -\dfrac{\rho_j(1)[\rho_j(0) - \rho_j(2)]}{\rho_j^2(0) - \rho_j^2(1)} \\ a_2 = -\dfrac{\rho_j(0)\rho_j(2) - \rho_j^2(1)}{\rho_j^2(0) - \rho_j^2(1)} \end{cases} \quad (2.31)$$

以及

$$\begin{cases} \rho_j(1) = \dfrac{-a_1}{1+a_2}\rho_j(0) \\ \rho_j(2) = \left(-a_2 + \dfrac{a_1^2}{1+a_2}\right)\rho_j(0) \end{cases} \quad (2.32)$$

在式(2.23)中令 $p=2$，得到 AR(2) 过程自相关函数所满足的差分方程为

$$\rho_j(m) + a_1\rho_j(m-1) + a_2\rho_j(m-2) = 0, \quad m > 0 \quad (2.33)$$

令式(2.22)中 $p=2$，可以得到

$$\rho_j(0) + a_1\rho_j(1) + a_2\rho_j(2) = \sigma_\varepsilon^2 \quad (2.34)$$

将式(2.32)代入式(2.34)可以得到 AR(2) 过程的方差 $\rho_j(0)$ 与白噪声激励的方差 σ_ε^2 之间的关系为

$$\rho_j(0) = \left(\frac{1+a_2}{1-a_2}\right)\frac{\sigma_\varepsilon^2}{(1+a_2)^2 - a_1^2} \quad (2.35)$$

自相关函数的一般表示式为以式(2.32)和式(2.35)为边界条件，差分方程式(2.23)的通解，其表达式为

$$\rho_j(m) = B_1 z_1^m + B_2 z_2^m, \quad m > 0 \quad (2.36)$$

利用式(2.32)和式(2.35)确定常数 B_1、B_2，可得到 AR(2) 自相关函数的一般表达式为

$$\rho_{\mathrm{j}}(m) = \frac{(1-z_2^2)z_1^{m+1} - (1-z_1^2)z_2^{m+1}}{(z_1-z_2)(1+z_1z_2)}\rho_{\mathrm{j}}(0), \quad m>0 \tag{2.37}$$

下面给出窄带噪声干扰的仿真结果。与宽带噪声干扰产生方法类似，将白噪声通过一个窄带滤波器，得到瞄准某一个窄带范围的阻塞信号。窄带滤波器的频域表达式为

$$H(\mathrm{j}2\pi f) = \begin{cases} 1, & |f-f_\mathrm{J}| \leqslant \dfrac{W_\mathrm{I}}{2} \\ 0, & \text{其他} \end{cases} \tag{2.38}$$

式中：f_J 为瞄准频率。

设定 $f_\mathrm{J}=6000\,\mathrm{Hz}$，$W_\mathrm{I}=800\,\mathrm{Hz}$，采样率为 $40\times10^3\,\mathrm{Sa/s}$，得到窄带噪声干扰信号时域波形和其单边频谱分别如图2.4(a)和(b)所示。

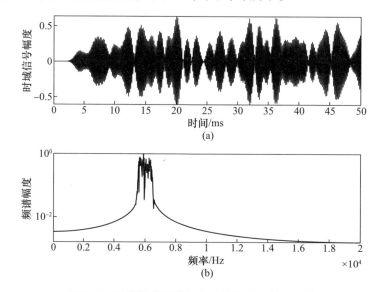

图2.4　窄带噪声干扰信号时域波形和单边频谱

3. 部分频段噪声干扰

与宽带和窄带噪声干扰不同，部分频段噪声干扰是指噪声干扰在频谱上覆盖了目标通信的部分工作频带，也可说是将干扰能量集中在目标所使用的频谱范围内的部分信道上。这些信道可能相邻，也可能不相邻。在部分频段干扰中存在一个干扰机瞬时覆盖频段占目标网整个工作频段的比例问题，该比例用系数 θ 表示。可以证明，最佳部分频段噪声干扰要比宽带噪声干扰更有效，而这里的"最佳"即指 θ 取最佳值。

4. 单音干扰

单音干扰也称为点频干扰,是指干扰信号在一个干扰频率上发射,即干扰信号是一个单频连续波音调。其时域表达式为

$$j(t) = A_j \cos(\omega_j t + \varphi_0), \quad \varphi_0 \sim (0, 2\pi) \tag{2.39}$$

式中:A_j 为干扰信号振幅;ω_j 为干扰信号角频率;φ_0 为干扰信号相位且服从均匀分布。

在仿真中,设定 $A_j = 1, \omega_j = 5000 \times 2\pi, \varphi_0 = 0.5\pi$,采样率为 $40 \times 10^3 \text{Sa/s}$,得到如图 2.5(a) 和(b) 所示时域波形和单边频谱。

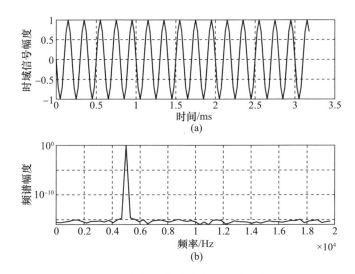

图 2.5 单音干扰时域波形和单边频谱

5. 多音干扰

多音干扰是指干扰机发射一个以上的音调,这些音调的分布既可随机也可固定分配在特定频率上,视目标通信系统而定。

音频窄带干扰信号可建模为 Q 个(复)正弦信号之和,其数学表达式为

$$j(n) = \sum_{l=1}^{Q} \sqrt{P_l} e^{j(2\pi f_l n + \theta_l)} \tag{2.40}$$

式中:P_l、f_l 分别为第 l 个正弦波的功率和归一化频率;θ_l 为第 l 个正弦波的随机相位,在区间 $[0, 2\pi)$ 服从均匀分布。

音频干扰的自相关函数为

$$\begin{aligned}
\rho_j(m) &= \mathrm{E}\{j(n)j^*(n-m)\} \\
&= \sum_{l=1}^{Q}\sum_{k=1}^{Q} \mathrm{E}\{\sqrt{P_l}\mathrm{e}^{\mathrm{j}(2\pi f_l n+\theta_l)}\sqrt{P_k}\mathrm{e}^{-\mathrm{j}(2\pi f_k(n-m)+\theta_k)}\} \\
&= \sum_{l=1}^{Q}\sum_{k=1}^{Q}\sqrt{P_l}\mathrm{e}^{\mathrm{j}2\pi f_l n}\sqrt{P_k}\mathrm{e}^{-\mathrm{j}2\pi f_k(n-m)}\mathrm{E}\{\mathrm{e}^{\mathrm{j}(\theta_l-\theta_k)}\} \\
&= \sum_{l=1}^{Q} P_l \mathrm{e}^{\mathrm{j}2\pi f_l m}
\end{aligned} \qquad (2.41)$$

根据 θ_l 互相独立,并且在 $[0,2\pi)$ 区间上均匀分布可知,$\mathrm{E}\{\mathrm{e}^{\mathrm{j}(\theta_l-\theta_k)}\}=\delta(l-k)$。显然,干扰的总功率等于 Q 个单音干扰功率之和,即

$$\rho_j(0) = \sum_{l=1}^{Q} P_l \qquad (2.42)$$

对式(2.41)进行傅里叶变换,可得到音频干扰的功率谱为

$$S_j(\omega) = 2\pi\sum_{l=1}^{Q} P_l \delta(\omega-2\pi f_l) \qquad (2.43)$$

由式(2.43)可知,音频干扰的功率谱为线谱。

定义 N 维窄带干扰矢量 $\boldsymbol{j}(n)=[j(n),j(n-1),\cdots,j(n-N+1)]^\mathrm{T}$,干扰矢量的 N 阶自相关矩阵为记作

$$\begin{aligned}
\boldsymbol{R}_j^{(N)} &= \mathrm{E}\{\boldsymbol{j}(n)\boldsymbol{j}^\mathrm{H}(n)\} \\
&= \begin{bmatrix} \rho_j(0) & \rho_j(1) & \cdots & \rho_j(N-1) \\ \rho_j(-1) & \rho_j(0) & & \rho_j(N-2) \\ \vdots & \vdots & & \vdots \\ \rho_j(-N+1) & \rho_j(-N+2) & \cdots & \rho_j(0) \end{bmatrix} \\
&= \begin{bmatrix} \sum_{l=1}^{Q} P_l & \sum_{l=1}^{Q} P_l \mathrm{e}^{\mathrm{j}(2\pi f_l)} & \cdots & \sum_{l=1}^{Q} P_l \mathrm{e}^{\mathrm{j}2\pi(N-1)f_l} \\ \sum_{l=1}^{Q} P_l \mathrm{e}^{-\mathrm{j}(2\pi f_l)} & \sum_{l=1}^{Q} P_l & & \sum_{l=1}^{Q} P_l \mathrm{e}^{\mathrm{j}2\pi(N-2)f_l} \\ \vdots & \vdots & & \vdots \\ \sum_{l=1}^{Q} P_l \mathrm{e}^{-\mathrm{j}2\pi(N-1)f_l} & \sum_{l=1}^{Q} P_l \mathrm{e}^{-\mathrm{j}[2\pi(N-2)f_l]} & \cdots & \sum_{l=1}^{Q} P_l \end{bmatrix} \\
&= \sum_{l=1}^{Q} P_l \boldsymbol{g}_l \boldsymbol{g}_l^\mathrm{H}
\end{aligned} \qquad (2.44)$$

式中

$$g_l = [1, e^{j2\pi f_l}, \cdots, e^{j2\pi(N-1)f_l}]^H \qquad (2.45)$$

显然，$g_l^H g_l = N$。由式（2.44）可知，多音干扰自相关矩阵的秩为 $\text{rank}(R_j) = Q$，等于不同频率干扰的个数，当 $N > Q$ 时，N 阶自相关矩阵 $R_j^{(N)}$ 为奇异矩阵。同理可证，若 $j(n)$ 由 Q 个实正弦信号组成，则 $R_j^{(N)}$ 的秩最大为 $2Q$。

在仿真中，设定 $P_l = 25\text{W}$，$f_l = 4000\text{Hz} + l \times 400\text{Hz}$，$l = 1,2,\cdots,10$，采样率为 $40 \times 10^3 \text{Sa/s}$，得到如图 2.6(a) 和 (b) 所示多音干扰的时域波形和单边频谱。

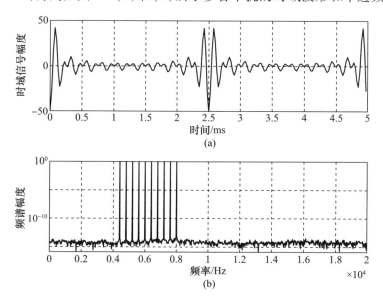

图 2.6 多音干扰时域波形和单边频谱

6. 宽带梳状谱干扰

在宽带噪声调频干扰中，功率谱在某个频带内连续分布。如果在某个频带内有多个离散的窄带干扰，形成多个窄带谱峰，则为宽带梳状谱干扰。

梳状谱干扰的时域数学模型（时域表达式）为

$$J(t) = \sum_{l=1}^{Q} J_l(t) = \sum_{l=1}^{Q} A_l(t)\cos[2\pi f_l t + \theta_l(t)] \qquad (2.46)$$

式中：$J_l(t)$ 为第 l 个窄带信号；$A_l(t)$ 为第 l 个窄带干扰信号的包络；f_l 为第 l 个窄带干扰信号的载频；$\theta_l(t)$ 为第 l 个窄带干扰信号的包络。

通过该数学模型可知，梳状谱干扰与等间隔频率排列、每个信道分配一个干扰频率的多音干扰较为类似。不同之处在于，多音干扰每个谱峰只包含一根谱线,而梳状谱干扰每个谱峰有一定带宽。

下面给出宽带梳状谱干扰的仿真结果。将白噪声通过多个部分频带滤波器,可生成瞄准多个部分频带范围的梳状阻塞信号。宽带梳状谱干扰的滤波器频域表达式为

$$H(j2\pi f) = \begin{cases} 1, & |f - f_{J,i}| \leq \dfrac{W_{J,i}}{2} \\ 0, & \text{其他} \end{cases} \quad (2.47)$$

式中:$i = 1, 2, \cdots, Q$,Q 表示部分频带滤波器的个数。

设定 $Q = 4$,第 i 个部分频带滤波器的瞄准频率 $f_{J,i} = 3500\text{Hz} + (i-1) \times 2000\text{Hz}$,$i = 1, 2, \cdots, Q$,$W_{J,i} = 800\text{Hz}$,采样率为 $40 \times 10^3 \text{Sa/s}$,得到宽带梳状谱干扰信号时域波形和其单边频谱如图 2.7 所示。

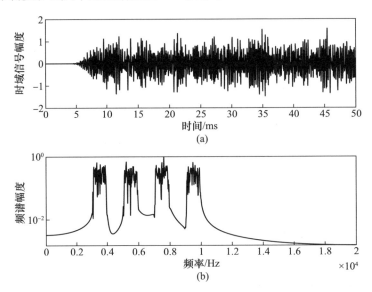

图 2.7　宽带梳状谱干扰信号时域波形和频谱

7. 扫频干扰

扫频干扰的概念类似于宽带或部分频段噪声干扰,就是用一个带宽相对较窄的信号在某时间段内在整个感兴趣频段上扫频或扫描。

扫频干扰一般用线性调频(Linear Frequency Modulation,LFM)信号来生成,其时域表达式为

$$J(t) = A(t)\exp(j\beta_i t^2/2 + j\omega_i t + j\varphi) \quad (2.48)$$

式中:β_i 为扫频速率;ω_i 为初始角频率;φ 为初始相位;$A(t)$ 为

$$A(t) = A\text{rect}(t/T) = \begin{cases} A, & |t| \leq T/2 \\ 0, & \text{其他} \end{cases} \quad (2.49)$$

其中:T 为扫频持续时间。

由时域表达式可以看出,扫频干扰的瞬时频率随时间呈线性变化。

在仿真中,设定线性调频幅度 $A=1$,$\beta_i = 100\pi \text{rad/s}$,$\omega_i = 20\pi \text{rad}$,$\varphi = 0$,$T=2\text{s}$,得到扫频干扰时域信号和其单边频谱如图 2.8(a)、(b)所示。

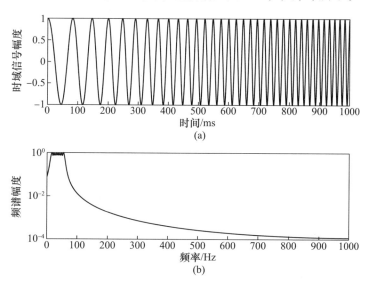

图 2.8 扫频干扰信号时域波形和频谱

2.2.2 脉冲干扰

脉冲干扰是利用窄脉冲序列组成的干扰信号。脉冲干扰的概念与部分频段干扰类似。

脉冲干扰的时域表达式为

$$J(t) = \sum_{n=-\infty}^{+\infty} A g_\tau(t - nT_r) \quad (2.50)$$

式中:τ 为脉冲宽度;T_r 为脉冲重复周期。脉冲重复频率 $F_r = 1/T_r$。脉冲干扰的占空比 $\gamma = \tau/T_r$。下面对脉冲干扰的功率谱进行分析。

由时域表达式可推得脉冲干扰的功率谱表达式为

$$P_j(f) = \frac{A}{2T_r} \sum_{n=-\infty}^{+\infty} G(f)\delta(f - n/T_r) \quad (2.51)$$

式中：$G(f)$ 为单个矩形脉冲的傅里叶变换，且有

$$G(f) = \frac{\sin(\pi f \tau)}{\pi f} = \tau \cdot \text{Sa}\left(\frac{\omega \tau}{2}\right)$$

易知，脉冲干扰的功率谱为离散谱，其离散谱线间隔等于脉冲重复频率 F_r，离散谱的幅度为

$$a_n = \frac{A}{2T_r} G(n\omega_r) = \frac{A\tau}{2T_r} \text{Sa}\left(\frac{\tau}{2} n\omega_r\right) \tag{2.52}$$

脉冲干扰功率谱的主瓣宽度 $B_m = \frac{2}{\tau} = \frac{2\gamma}{T_r}$。脉冲干扰信号的能量主要集中在主瓣内，为了使其主要能量进入通信接收机，脉冲宽度应大于接收机带宽（对于信道间隔 25 kHz 的超短波通信，脉冲宽度 80 μs 即满足要求）。实际对抗系统中，脉冲干扰可以在接收机射频前端发挥作用，预选滤波器之前往往需要采取抗烧毁措施。

合理地选择脉冲干扰参数，可以实现单音和多音干扰效果。例如：满足 $T_r B \leq 1$ 和 $P\tau^2 \geq P_0 T_r^2$ 时，可以用周期窄脉冲实现单音干扰；满足 $N-1 < T_r B < N+1$ 时，可以用周期窄脉冲实现多音干扰。

2.2.3 反应式干扰

反应式干扰信号属于智能干扰信号，该类型干扰通过接收和分析通信信号，可以自适应地改变其发射干扰的特征，使信号接收方容易受到欺骗。同时，发射功率一般较低，与通信信号功率类似，使得通信双方难以对其进行侦察。

反应式干扰信号与目标通信信号的互相关性越强，其相似程度越高，干扰信号越逼真，干扰效果通常越好。信号的相似度或者互相关性与干扰机的侦察引导系统的性能有关。它对侦察引导的测频精度、调制参数测量精度、调制类型识别概率等有较高的要求。侦察引导系统的引导精度越高，相似度越高。

反应式干扰接收信号模型可建模为原信号和干扰信号两部分线性相加，信号传输通路的模型如图 2.9 所示。

在图 2.9 中，源信号为 x，通过信道 h 进行传输，链路时延为 τ_h，到达信宿；同时，该信号通过信道 k_e 传输，经时延 τ_e 可以被干扰机接收；干扰信号则可通过信道 k_j 经时延 τ_j 传输。$\beta(t)$ 为干扰机接收机对信号进行的时变变换，根据信道示意模型，得到系统的接收信号表达式为

$$y(t) = hx(t - \tau_h) + k_j \beta(t) \left[k_e x(t - \tau_e - \tau_{\text{jam}} - \tau_j) + n_j \right] + n_d \tag{2.53}$$

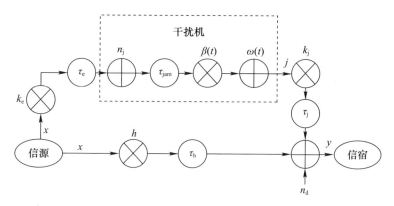

图 2.9 反应式干扰信号传输通路模型

当干扰机采用自身生成的信号作为干扰信号时,即 $k_e x(t-\tau_e-\tau_{jam}-\tau_j)=0$,系统接收信号为

$$y(t) = hx(t-\tau_h) + \omega(t-\tau_e-\tau_{jam}-\tau_j) + n_d \tag{2.54}$$

直接转发干扰中 $\beta(t)=\beta_a$,为一常数,干扰信号为

$$j(t) = k_j \beta_A [k_e x(t-\tau_e-\tau_{jam}-\tau_j)] \tag{2.55}$$

幅度调制干扰中 $\beta(t)=V(t)\in[0,2]$,呈均匀分布:

$$j(t) = k_j V(t)[k_e x(t-\tau_e-\tau_{jam}-\tau_j)] \tag{2.56}$$

相位翻转干扰中 $\beta(t)=U(t)\in\{-1,1\}$,以等概率分布:

$$j(t) = k_j U(t)[k_e x(t-\tau_e-\tau_{jam}-\tau_j)] \tag{2.57}$$

将连续波信号作为干扰信号,频率与接收信号相同,幅度、相位与接收信号独立:

$$j(t) = \begin{cases} \cos(2\pi f(t-\tau_e-\tau_{jam})), & x \text{ 被检测到} \\ 0, & \text{其他} \end{cases} \tag{2.58}$$

式中:f 为跳频信号载频。

带限噪声干扰中 $\omega(t)=n_{jam}(t)$,噪声信号是以检测出的载波频点为中心频率的窄带噪声:

$$j(t) = \begin{cases} n_{jam}(t-\tau_e-\tau_{jam}), & x \text{ 被检测到} \\ 0, & \text{其他} \end{cases} \tag{2.59}$$

此处列举的干扰信号形式不能涵盖所有的反应式干扰信号类型,但大部分反应式干扰工作模式是基于以上信号模型的。

2.3 通信干扰性能分析

在通信系统中常用干信比(Jamming Signal Ratio,JSR)来衡量干扰对信号影响的程度。干信比定义为干扰的平均功率与信号的平均功率之比,因此又称平均干信功率比。

对模拟通信的干扰分析,是在一定的输入干信比下,用接收机输出的干信比大小作为衡量干扰效果的标志。文献[4]详细分析了典型通信干扰作用于模拟调制信号的干扰效果,本书不再赘述。

对于数字通信系统,通常是在一定的输入干信比下,用产生的误码率来衡量干扰的效果。具体而言,数字通信接收机从信道中选择己方的发射信号,该信号的参数(如频率、调制方式和参数等)是收发双方预定好的。如果信道中存在干扰信号,只要干扰信号的频率落入通信接收机带宽内,通信接收机就允许干扰信号进入。当解调器输入端的干扰信号与通信信号叠加后,会扰乱解调器的门限判决过程,造成判决错误,使其传输误码率增加。误码率的增加意味着正确传输的信息量减少和通信线路的效能降低,当误码率达到某一值(如50%)时,就认为通信传输过程已被破坏,干扰有效[4]。

2.3.1 对2ASK调制信号的干扰

2ASK信号可以表示为

$$s(t) = \begin{cases} A\cos\omega_c t, & \text{发送"1"时} \\ 0, & \text{发送"0"时} \end{cases} \tag{2.60}$$

干扰信号表达式为

$$j(t) = J(t)\cos[\omega_j t + \varphi_j(t)] \tag{2.61}$$

目标通信接收机输入端的信号、干扰和噪声的合成信号为

$$x(t) = \begin{cases} A\cos\omega_c t + J(t)\cos(\omega_j t + \varphi_j(t)) + n(t), & \text{发送"1"时} \\ J(t)\cos(\omega_j t + \varphi_j(t)) + n(t), & \text{发送"0"时} \end{cases} \tag{2.62}$$

式中:$n(t)$为信道的窄带高斯噪声,假定它的均值为0、方差为σ_n^2。窄带高斯噪声可以表示为

$$n(t) = n_c(t)\cos\omega_c t - n_s(t)\sin\omega_c t \tag{2.63}$$

考虑单音干扰,其数学表达式见式(2.39)。为简单起见,设$\omega_j = \omega_c$,$\varphi_0 = 0$,则通信接收机输入端的合成信号为

$$x(t) = \begin{cases} (A + A_j)\cos\omega_c t + n(t), & \text{发送"1"时} \\ A_j\cos\omega_c t + n(t), & \text{发送"0"时} \end{cases} \quad (2.64)$$

在通信系统中,2ASK 信号的解调器有相干解调器和非相干解调器两种。常用的是非相干的包络解调器。

由式(2.64)可得,包络解调器输出的包络为

$$v(t) = \begin{cases} \sqrt{(A + A_j + n_c(t))^2 + n_s^2(t)}, & \text{发送"1"时} \\ \sqrt{(A_j + n_c(t))^2 + n_s^2(t)}, & \text{发送"0"时} \end{cases} \quad (2.65)$$

输出包络为随机过程,它服从广义瑞利分布。设解调器判决门限为 b,发"1"时包络检波器输出的信号加干扰的幅度 $a_1 = A + A_j$,发"0"时包络检波器输出的干扰的幅度 $a_0 = A_j$,则按照通信信号检测理论,当信息码等概分布时,可以得到 2ASK 系统的错误概率为

$$P_e = \frac{1}{2}(P_{e1} + P_{e0}) = \frac{1}{2}\left(1 - Q\left(\frac{a_1}{\sigma_n}, \frac{b}{\sigma_n}\right) + Q\left(\frac{a_0}{\sigma_n}, \frac{b}{\sigma_n}\right)\right) \quad (2.66)$$

式中:P_{e1} 为发"1"时的错误概率;P_{e0} 为发"0"时的错误率;$Q(\alpha,\beta)$ 是 Q 函数,其定义为

$$Q(\alpha,\beta) = \int_\beta^\infty t I_0(\alpha t)\exp\left(-\frac{t^2+\alpha^2}{2}\right)dt \quad (2.67)$$

令 $r_s = \dfrac{A}{\sigma_n}, r_j = \dfrac{A_j}{\sigma_n}, b_0^* = \dfrac{b^*}{\sigma_n}$ 表示归一化门限,则误码率可以表示为

$$\begin{aligned} P_e &= \frac{1}{2}(1 - Q(r_s + r_j, b_0) + Q(r_j, b_0)) \\ &= \frac{1}{2}(1 - Q(r_s(1 + \sqrt{\text{JSR}}), b_0) + Q(r_s\sqrt{\text{JSR}}, b_0)) \end{aligned} \quad (2.68)$$

式中:JSR 为接收机输入端的干信比,$\text{JSR} = \dfrac{A_j^2}{A^2}$。

当检测器取归一化最优门限 $b_0^* = \dfrac{A}{2\sigma_n} = \dfrac{1}{2r_s}$,同时在大信噪比条件下,$Q$ 函数可以用误差函数近似为

$$Q(\alpha,\beta) \approx 1 - \frac{1}{2}\text{erfc}\left(\frac{\alpha - \beta}{\sqrt{2}}\right) \quad (2.69)$$

此时,误码率表示为

$$P_e = \frac{1}{2}\left(1 + \frac{1}{2}\mathrm{erfc}\left(r_s \frac{1+2\sqrt{\mathrm{JSR}}}{2\sqrt{2}}\right) - \frac{1}{2}\mathrm{erfc}\left(r_s \frac{2\sqrt{\mathrm{JSR}}-1}{2\sqrt{2}}\right)\right)$$

$$= \frac{1}{4}\left(\mathrm{erfc}\left(r_s \frac{1+2\sqrt{\mathrm{JSR}}}{2\sqrt{2}}\right) + \frac{1}{2}\mathrm{erfc}\left(r_s \frac{1-2\sqrt{\mathrm{JSR}}}{2\sqrt{2}}\right)\right) \tag{2.70}$$

由式(2.70)可见,2ASK 系统的误码率与信噪比、干信比有关,关系曲线如图2.10所示。

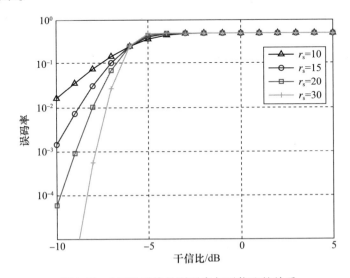

图 2.10 2ASK 系统的误码率与干信比的关系

在上面的分析中,检测器的最优门限是在无干扰存在的条件下确定的。当存在干扰时,如果通信系统具有根据干扰电平自适应调节门限的能力,则可以使干扰无效。如无干扰的最优门限 $b=A/2$,则存在干扰时的归一化门限修正为

$$b_0^* = \frac{b}{\sigma_n} = \frac{r_s}{2}(1+2\sqrt{\mathrm{JSR}}) \tag{2.71}$$

其误码率修正为

$$P_e \approx \frac{1}{2}\left(\frac{1}{2}\mathrm{erfc}\left(\frac{r_s}{2\sqrt{2}}\right) + \frac{1}{2}\mathrm{erfc}\left(\frac{r_s}{2\sqrt{2}}\right)\right) = \mathrm{erfc}\left(\frac{r_s}{2\sqrt{2}}\right) \tag{2.72}$$

由式(2.72)可见,当通信系统采用自适应门限后,误码率与干信比无关。这种情况下单频干扰对 2ASK 信号无效。

2.3.2 对 2FSK 调制信号的干扰

2FSK 信号在一个码元持续时间内可以表示为

$$s(t) = \begin{cases} A\cos\omega_1 t, & \text{发送"1"时} \\ A\cos\omega_2 t, & \text{发送"0"时} \end{cases} \quad (2.73)$$

设目标通信接收机采用非相干解调器(包络解调器)解调信号。该解调器有两个独立的通道,使频率 ω_1 通过的通道称为"传号"通道,使频率 ω_2 通过的通道称为"空号"通道。

设单音干扰信号与目标信号的频率完全重合,则可以表示为

$$j(t) = A_{j1}\cos(\omega_1 t + \varphi_{j1}) + A_{j2}\cos(\omega_2 t + \varphi_{j2}) \quad (2.74)$$

发送"1"时,"传号"通道和"空号"通道输出的合成信号分别为

$$x_{11}(t) = A\cos\omega_1 t + A_{j1}\cos(\omega_1 t + \varphi_{j1}) + n_1(t) = B_1\cos(\omega_1 t + \varphi_1) + n_1(t)$$
$$(2.75)$$

$$x_{12}(t) = A_{j2}\cos(\omega_2 t + \varphi_{j2}) + n_2(t) \quad (2.76)$$

式中

$$B_1^2 = A^2 + 2AA_{j1}\cos\phi_{j1} + A_{j1}^2, \quad \varphi_1 = \arctan\left(\frac{A_{j1}\sin\varphi_{j1}}{A + A_{j1}\cos\varphi_{j1}}\right) \quad (2.77)$$

分别为合成信号的包络和相位;$n_1(t)$ 和 $n_2(t)$ 分别是"传号"通道和"空号"通道输出的窄带高斯噪声,它包括接收机内部噪声和有意干扰噪声两个部分,设其平均功率(方差)为

$$N_1 = N_t + N_{j1}, \quad N_2 = N_t + N_{j2} \quad (2.78)$$

发送"0"时,"传号"通道和"空号"通道输出的合成信号分别为

$$x_{01}(t) = A_{j1}\cos(\omega_1 t + \varphi_{j1}) + n_1(t) \quad (2.79)$$

$$x_{02}(t) = A\cos\omega_2 t + A_{j2}\cos(\omega_2 t + \varphi_{j2}) + n_2(t) = B_2\cos(\omega_2 t + \varphi_2) + n_2(t)$$
$$(2.80)$$

式中

$$B_2^2 = A^2 + 2AA_{j2}\cos\varphi_{j2} + A_{j2}^2, \varphi_2 = \arctan\left(\frac{A_{j2}\sin\varphi_{j2}}{A + A_{j2}\cos\varphi_{j2}}\right) \quad (2.81)$$

发送"1"或发送"0"时,"传号"通道和"空号"通道输出的合成信号是一个随机过程,当采用包络检波器检测时,输出包络均服从广义瑞利分布。检测器对"传号"通道和"空号"通道进行判决:当"传号"通道输出大于"空号"通道输出时,判决为"1";否则,判决为"0"。可以证明,发送"1"或发送"0"时的错误概率分别为

$$P_{e1} = Q\left(\frac{A_{j2}}{\sqrt{N_0}}, \frac{B_1}{\sqrt{N_0}}\right) - \frac{N_1}{N_0}\exp\left(-\frac{B_1^2 + A_{j2}^2}{2N_0}\right)I_0\left(\frac{B_1 A_{j2}}{N_0}\right) \quad (2.82)$$

$$P_{e0} = Q\left(\frac{A_{j1}}{\sqrt{N_0}}, \frac{B_2}{\sqrt{N_0}}\right) - \frac{N_2}{N_0}\exp\left(-\frac{B_2^2 + A_{j1}^2}{2N_0}\right)I_0\left(\frac{B_2 A_{j1}}{N_0}\right) \quad (2.83)$$

其中：$I_0(\cdot)$ 是零阶贝塞尔函数；$N_0 = N_1 + N_2$。

当发送"1"和发送"0"等概率时，总的误码率 $P_e = (P_{e1} + P_{e0})/2$。该式是在单音干扰初始相位已知的条件下的误码率的表达式。一般情况下，单音干扰的初始相位是 $[0, 2\pi]$ 内均匀分布的随机变量，此时总误码率为

$$P_e = \frac{1}{4\pi}\int_0^{2\pi}(P_{e1} + P_{e0})\mathrm{d}\varphi \quad (2.84)$$

下面分别讨论不同的干扰策略时，2FSK 系统的误码率：

（1）对单通道的单音干扰。

首先考虑只对"传号"通道进行单音干扰的情形。令 $A_{j2} = 0$，则 $B_2 = A$，$N_0 = N_1 = N_2 = N_t$，可以得到

$$\begin{cases} P_{e1} = Q\left(0, \frac{B_1}{\sqrt{2N_t}}\right) - \frac{1}{2}\exp\left(-\frac{B_1^2}{4N_t}\right)I_0(0) = \frac{1}{2}\exp\left(-\frac{B_1^2}{4N_t}\right) \\ P_{e0} = Q\left(\frac{A_{j1}}{\sqrt{2N_t}}, \frac{A}{\sqrt{2N_t}}\right) - \frac{1}{2}\exp\left(-\frac{A^2 + A_{j1}^2}{4N_t}\right)I_0\left(\frac{AA_{j1}}{2N_t}\right) \end{cases} \quad (2.85)$$

根据 $Q(0, \beta) = \exp\left(-\frac{\beta^2}{2}\right)I_0(0) = 1$，可以得到总误码率为

$$P_e = \frac{1}{4\pi}\int_0^{2\pi}(P_{e1} + P_{e0})\mathrm{d}\varphi = \frac{1}{4\pi}\int_0^{2\pi}P_{e1}\mathrm{d}\varphi + \frac{1}{2}P_{e0} \quad (2.86)$$

根据贝塞尔函数定义可得

$$I_0(x) = \frac{1}{2\pi}\int_0^{2\pi}\exp(x\cos(v+u))\mathrm{d}v$$

则式（2.86）中的第一项表示为

$$P'_{e1} = \frac{1}{2}\exp\left(-\frac{A^2 + A_{j1}^2}{4N_t}\right)\frac{1}{2\pi}\int_0^{2\pi}\exp\left(\frac{AA_{j1}}{2N_t}\cos\varphi\right)\mathrm{d}\varphi$$

$$= \frac{1}{4}\exp\left(-\frac{A^2 + A_{j1}^2}{4N_t}\right)I_0\left(\frac{AA_{j1}}{2N_t}\right) \quad (2.87)$$

因此,对"传号"通道进行单音干扰时的总误码率为

$$P_e = P'_{e1} + \frac{1}{2}P_{e0} = \frac{1}{2}Q\left(\frac{A_{j1}}{\sqrt{2N_t}}, \frac{A}{\sqrt{2N_t}}\right) \tag{2.88}$$

以上是对"传号"通道进行单音干扰的分析。

当只对"空号"通道进行单音干扰时,令 $A_{j1}=0$,则有 $B_1=A, N_0=N_1=N_2=N_t$,可以得到

$$P_{e1} = Q\left(\frac{A_{j2}}{\sqrt{2N_t}}, \frac{A}{\sqrt{2N_t}}\right) - \frac{1}{2}\exp\left(-\frac{A^2+A_{j2}^2}{4N_t}\right)I_0\left(\frac{AA_{j2}}{2N_t}\right)$$

$$P_{e0} = Q\left(0, \frac{B_2}{\sqrt{2N_t}}\right) - \frac{1}{2}\exp\left(-\frac{B_2^2}{4N_t}\right)I_0(0) = \frac{1}{2}\exp\left(-\frac{B_2^2}{4N_t}\right) \tag{2.89}$$

与"传号"通道单音干扰的推导过程类似,可以得到对"空号"通道进行单音干扰时的总误码率为

$$P_e = \frac{1}{2}Q\left(\frac{A_{j2}}{\sqrt{2N_t}}, \frac{A}{\sqrt{2N_t}}\right) \tag{2.90}$$

由此可见,如果 $A_{j1}=A_{j2}$,那么"空号"通道和"传号"通道的误码率相等(因为它们是完全对称的)。此外,如果 $A_{j1}=A_{j2}=0$,即无干扰时,P_e 为 2FSK 包络检波的误码率。

(2)对双通道的双音干扰。

双通道双音干扰是指利用两个频率为 ω_1 和 ω_2 的单音同时干扰"传号"通道和"空号"通道。令 $A_{j1}=A_{j2}=A_j$,则 $N_0=N_1=N_2=N_t$,可以得到发送"1"和发送"0"的错误概率为

$$P_{e1} = P_{e0} = Q\left(\frac{A_j}{\sqrt{2N_t}}, \frac{B}{\sqrt{2N_t}}\right) - \frac{1}{2}\exp\left(-\frac{B^2+A_j^2}{4N_t}\right)I_0\left(\frac{BA_j}{2N_t}\right) \tag{2.91}$$

式中

$$B = \sqrt{A^2 + 2AA_j\cos\varphi + A_j^2}$$

此时,总的误码率为

$$P_e = \frac{1}{2\pi}\int_0^{2\pi} P_{e1}\mathrm{d}\varphi = \frac{1}{2\pi}\int_0^{2\pi} P_{e0}\mathrm{d}\varphi$$

$$= \frac{1}{2\pi}\int_0^{2\pi}\left\{Q\left(\frac{A_j}{\sqrt{2N_t}}, \frac{B}{\sqrt{2N_t}}\right) - \frac{1}{2}\exp\left(-\frac{B^2+A_j^2}{4N_t}\right)I_0\left(\frac{BA_j}{2N_t}\right)\right\}\mathrm{d}\varphi \tag{2.92}$$

为了与单通道单音干扰性能进行比较,双音干扰的总功率应该等于单音干扰的功率,这样双音干扰时每个单音的功率只有单音干扰时的一半。所以式(2.92)中的 N_j 应该用 $N_j/\sqrt{2}$ 代替,则总误码率为

$$P_e = \frac{1}{2\pi}\int_0^{2\pi}\left\{Q\left(\frac{A_j}{2\sqrt{N_t}}, \frac{B}{\sqrt{2N_t}}\right) - \frac{1}{2}\exp\left(-\frac{2B^2+A_j^2}{8N_t}\right)I_0\left(\frac{BA_j}{2\sqrt{2}N_t}\right)\right\}d\varphi \tag{2.93}$$

式中

$$B = \sqrt{A^2 + \sqrt{2}AA_j\cos\varphi + A_j^2/2}$$

(3) 对单通道的噪声干扰。

单通道噪声干扰是指利用中心频率为 ω_1(或 ω_2)的窄带高斯噪声对传号通道(或空号通道)进行的干扰。

以对"传号"通道进行单通道噪声干扰为例。令 $A_{j1}=A_{j2}=0$,则 $B_1=B_2=A$,$N_1=N_t+N_j$,$N_2=N_t$,可以得到发送"1"和发送"0"的错误概率分别为

$$P_{e1} = Q\left(0, \frac{A}{\sqrt{2N_t+N_j}}\right) - \frac{N_t+N_j}{2N_t+N_j}\exp\left(-\frac{A^2}{2(2N_t+N_j)}\right)I_0(0)$$

$$= \frac{N_t}{2N_t+N_j}\exp\left(-\frac{A^2}{2(2N_t+N_j)}\right) \tag{2.94}$$

$$P_{e0} = Q\left(0, \frac{A}{\sqrt{2N_t+N_j}}\right) - \frac{N_t}{2N_t+N_j}\exp\left(-\frac{A^2}{2(2N_t+N_j)}\right)I_0(0)$$

$$= \frac{N_t+N_j}{2N_t+N_j}\exp\left(-\frac{A^2}{2(2N_t+N_j)}\right) \tag{2.95}$$

因此,对"传号"通道进行单通道噪声干扰时总的误码率为

$$P_e = \frac{1}{2}(P_{e1}+P_{e0}) = \frac{1}{2}\exp\left(-\frac{A^2}{2(2N_t+N_j)}\right) \tag{2.96}$$

同理可以得到,对"空号"通道进行单通道噪声干扰时,其误码率与上式相同。

(4) 对双通道的噪声干扰。

利用两个中心频率分别为 ω_1 和 ω_2 的窄带高斯噪声同时干扰传号通道和空号通道,称为双通道噪声干扰。令 $A_{j1}=A_{j2}=0$,则 $B_1=B_2=A$,$N_1=N_2=N_t+N_j$,可推得

$$P_{e1} = P_{e0} = \frac{1}{2}\exp\left(-\frac{A^2}{4(N_t + N_j)}\right)$$

$$P_e = \frac{1}{2}(P_{e1} + P_{e0}) = \frac{1}{2}\exp\left(-\frac{A^2}{4(N_t + N_j)}\right) \quad (2.97)$$

同样,为了与单通道噪声干扰性能进行比较,式(2.97)中的 N_j 应该用 $N_j/2$ 代替,则总误码率具有与式(2.96)相同的表达式。这就表明,干扰总功率不变时,双通道噪声干扰和单通道噪声干扰具有相同的效果。

前面分析了四种针对 2FSK 系统的干扰样式,给出了相应的误码率的表达式。为了对这几种干扰样式的误码率性能进行比较,下面采用统一的信噪比 r_s、单音干扰的干信比 r_j 和噪声干扰的干信比 r_n 来表示,其定义分别为

$$r_s = \frac{A^2}{2N_t}, \quad r_j = \frac{A_j^2}{A^2}, \quad r_n = \frac{2N_j}{A^2} \quad (2.98)$$

则单通道单音干扰的误码率为

$$P_e = \frac{1}{2}Q(\sqrt{r_s}\sqrt{r_j}, \sqrt{r_s}) \approx \frac{1}{2}\left[1 - \frac{1}{2}\mathrm{erfc}\left(\frac{\sqrt{r_s}\sqrt{r_j} - \sqrt{r_s}}{\sqrt{2}}\right)\right] \quad (2.99)$$

双通道双音干扰的误码率为

$$P_e = \frac{1}{2\pi}\int_0^{2\pi}\left\{Q\left(\sqrt{r_s}\sqrt{\frac{r_j}{2}}, \sqrt{r_s}d_1(\varphi)\right) - \frac{1}{2}\exp(-r_s d_2(\varphi))I_0\left(r_s\sqrt{\frac{r_j}{2}}d_1(\varphi)\right)\right\}d\varphi$$

$$(2.100)$$

式中

$$d_1(\varphi) = \sqrt{1 + 2\sqrt{\frac{r_j}{2}}\cos\varphi + \frac{r_j}{2}}, \quad d_2(\varphi) = \frac{1}{2} + \sqrt{\frac{r_j}{2}}\cos\varphi + \frac{r_j}{2}$$

单/双通道噪声干扰的误码率为

$$P_e = \frac{1}{2}\exp\left(-\left(\frac{2}{r_s} + r_n\right)^{-1}\right) \quad (2.101)$$

以信噪比 r_s 为参量,单音干扰的干信比 r_j 和噪声干扰的干信比 r_n 为自变量(设 $r_j = r_n$),计算得到不同干扰策略下 2FSK 系统的误码率曲线如图 2.11 所示。由图 2.11 可见,对于 2FSK 数字调制信号,只要干信比大于 -1dB,其误码率就将高于 10%,得到很好的干扰效果。

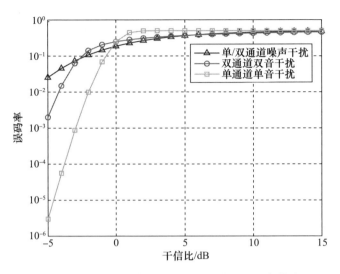

图 2.11 不同干扰策略下 2FSK 系统的误码率曲线

2.3.3 对 2PSK 调制信号的干扰

2PSK 信号在一个码元持续时间内可以表示为

$$s(t) = \begin{cases} A\cos\omega_0 t, & 发送"1"时 \\ -A\cos\omega_0 t, & 发送"0"时 \end{cases} \quad (2.102)$$

设干扰为单音信号和噪声。假设信息码元为 $k \in \{0,1\}$ 时单音干扰的幅度和相位分别为 A_{jk} 和 φ_{jk}，则单音干扰可以表示为

$$j_k(t) = A_{jk}\cos(\omega_j t + \varphi_{jk}), k = 0,1 \quad (2.103)$$

当单音干扰载波相位 φ_{jk} 是 $[0,2\pi]$ 内均匀分布的随机变量时，合成信号为

$$\begin{cases} x_1(t) = A\cos\omega_0 t + A_{j1}\cos(\omega_j t + \varphi_{j1}) + n_1(t), & 发送"1"时 \\ x_0(t) = -A\cos\omega_0 t + A_{j0}\cos(\omega_j t + \varphi_{j0}) + n_0(t), & 发送"0"时 \end{cases} \quad (2.104)$$

式中：$n_1(t)$、$n_0(t)$ 为窄带高斯噪声，其均值为 0，方差（平均功率）分别为 N_1 和 N_0，即

$$n_k(t) = n_{ck}(t)\cos\omega_0 t - n_{sk}(t)\sin\omega_0 t, k = 0,1 \quad (2.105)$$

它包括信道噪声和人为干扰噪声两部分，两者是统计独立的，并且满足

$$N_1 = N_t + N_{j1}, N_0 = N_t + N_{j0} \quad (2.106)$$

设目标通信接收机采用相干解调器解调 2PSK 信号。该解调器有一个通道,它将本地载波与信号相乘后,经过低通滤波,再进行判决,恢复信息码元。当单音干扰频率与目标信号的频率完全重合时,低通滤波器实际上是在一个码元持续时间 T 内对输入信号的积分,其输出在发送"1"和发送"0"时分别为

$$\begin{cases} v_1(t) = \dfrac{A^2}{2}T + \dfrac{AA_{j1}\cos\varphi_{j1}}{2}T + \dfrac{A}{2}\int_{nT}^{(n+1)T} n_{c1}(t)\,\mathrm{d}t \\ v_0(t) = -\dfrac{A^2}{2}T + \dfrac{AA_{j0}\cos\varphi_{j0}}{2}T + \dfrac{A}{2}\int_{nT}^{(n+1)T} n_{c0}(t)\,\mathrm{d}t \end{cases} \quad (2.107)$$

式中:$n_{c1}(t)$、$n_{c0}(t)$ 为噪声的同相分量,它仍然是窄带高斯噪声,其均值分别为

$$\mu_1 = E\{v_1(t)\} = \dfrac{A^2}{2}T + \dfrac{AA_{j1}\cos\varphi_{j1}}{2}T$$

$$\mu_0 = E\{v_0(t)\} = -\dfrac{A^2}{2}T + \dfrac{AA_{j0}\cos\varphi_{j0}}{2}T \quad (2.108)$$

方差分别为

$$\sigma_1^2 = E\{(v_1(t) - \mu_1)^2\} = \dfrac{A^2}{4}\int_{nT}^{(n+1)T}\int_{nT}^{(n+1)T} E\{n_{c1}(\tau)n_{c1}(t)\}\,\mathrm{d}\tau\,\mathrm{d}t = \dfrac{A^2}{4}n_{10}T$$

$$\sigma_0^2 = E\{(v_0(t) - \mu_0)^2\} = \dfrac{A^2}{4}n_{00}T \quad (2.109)$$

其中:n_{10}、n_{00} 分别为噪声 $n_{c1}(t)$ 和 $n_{c0}(t)$ 的单边带功率谱密度(Power Spectral Density,PSD)。

因此,在发送"1"和发送"0"时,低通滤波器输出的抽样值 $v_1 = v_1(t_0)$ 和 $v_0 = v_0(t_0)$ 分别是服从 $N(\mu_1, \sigma_1^2)$ 和 $N(\mu_0, \sigma_0^2)$ 分布的随机变量,其概率密度函数为

$$p_{vk}(x) = \dfrac{1}{\sqrt{2\pi}\sigma_k}\exp\left(-\dfrac{(x-\mu_k)^2}{2\sigma_k^2}\right), k = 0,1 \quad (2.110)$$

发送"1"的错误概率为

$$P_{e1} = \int_{-\infty}^{0} p_{v1}(x)\,\mathrm{d}x = 1 - \int_{0}^{+\infty} p_{v1}(x)\,\mathrm{d}x = 1 - Q\left(-\dfrac{\mu_1}{\sigma_1}\right) = Q\left(\dfrac{\mu_1}{\sigma_1}\right)$$

$$(2.111)$$

式中

$$Q(x) = \dfrac{1}{\sqrt{2\pi}}\int_{x}^{+\infty}\exp\left(-\dfrac{t^2}{2}\right)\mathrm{d}t$$

发送"0"的错误概率为

$$P_{e0} = \int_0^{+\infty} p_{t0}(x)\,dx = Q\left(-\frac{\mu_0}{\sigma_0}\right) = 1 - Q\left(\frac{\mu_0}{\sigma_0}\right) \tag{2.112}$$

当发送"1"和发送"0"等概率时,总的误码率为

$$P_e' = \frac{1}{2}(P_{e1} + P_{e0}) = \frac{1}{2}\left(1 + Q\left(\frac{\mu_1}{\sigma_1}\right) - Q\left(\frac{\mu_0}{\sigma_0}\right)\right) \tag{2.113}$$

把均值和方差及 $n_{10} = \dfrac{N_1}{B/2}$, $n_{00} = \dfrac{N_0}{B/2}$ 代入式(2.113),得到

$$P_e' = \frac{1}{2}\left(1 + Q\left(\sqrt{\frac{A^2 TB}{2N_1}} + \sqrt{\frac{A_{j1}^2 TB}{2N_1}}\cos\varphi_{j1}\right)\right) - \frac{1}{2}Q\left(-\sqrt{\frac{A^2 TB}{2N_0}} + \sqrt{\frac{A_{j0}^2 TB}{2N_0}}\cos\varphi_{j0}\right) \tag{2.114}$$

式中:B 为积分带宽,并且 $TB \approx 1$。这样,式(2.114)简化为

$$P_e' = \frac{1}{2}Q\left(\sqrt{\frac{A^2}{2N_1}} + \sqrt{\frac{A_{j1}^2}{2N_1}}\cos\varphi_{j1}\right) + \frac{1}{2}\left(1 - Q\left(-\sqrt{\frac{A^2}{2N_0}} + \sqrt{\frac{A_{j0}^2}{2N_0}}\cos\varphi_{j0}\right)\right)$$

$$= \frac{1}{2}Q\left(\sqrt{\frac{A^2}{2N_1}} + \sqrt{\frac{A_{j1}^2}{2N_1}}\cos\varphi_{j1}\right) + \frac{1}{2}Q\left(\sqrt{\frac{A^2}{2N_0}} - \sqrt{\frac{A_{j0}^2}{2N_0}}\cos\varphi_{j0}\right) \tag{2.115}$$

考虑到单音干扰的初始相位是随机变量,总误码率应该修正为

$$P_e = \frac{1}{4\pi}\int_0^{2\pi} Q\left(\sqrt{\frac{A^2}{2N_1}} + \sqrt{\frac{A_{j1}^2}{2N_1}}\cos\varphi_{j1}\right)d\varphi_{j1} +$$

$$\frac{1}{4\pi}\int_0^{2\pi} Q\left(\sqrt{\frac{A^2}{2N_0}} - \sqrt{\frac{A_{j0}^2}{2N_0}}\cos\varphi_{j0}\right)d\varphi_{j0} \tag{2.116}$$

下面分别讨论单音干扰和噪声干扰下 2PSK 系统的误码率:

（1）单音干扰。

在 2PSK 接收机检测器中只有一个通道,因此单音干扰是指用载波频率为 ω_0 的单音对"1"和"0"码元比特同时进行干扰,即干扰信号是一种连续单音干扰。这时有 $A_{j1} = A_{j0} = A_j$, $\varphi_{j1} = \varphi_{j0} = \varphi_j$, $N_1 = N_0 = N_t$,代入式(2.116)可以得到

$$P_e = \frac{1}{4\pi}\int_0^{2\pi}\left(Q\left(\sqrt{\frac{A^2}{2N_t}} + \sqrt{\frac{A_j^2}{2N_t}}\cos\varphi_j\right) + Q\left(\sqrt{\frac{A^2}{2N_t}} - \sqrt{\frac{A_j^2}{2N_t}}\cos\varphi_j\right)\right)d\varphi_j$$

$$\tag{2.117}$$

（2）噪声干扰。

噪声干扰是指用中心频率为 ω_0 的窄带高斯噪声对"1"和"0"码元比特同时进行干扰,这种干扰是连续的噪声干扰。这时有 $A_{j1} = A_{j0} = 0, N_1 = N_0 = N_t + N_j$,可以得到

$$P_e = \frac{1}{2}\left(Q\left(\sqrt{\frac{A^2}{2(N_t + N_j)}}\right) + Q\left(\sqrt{\frac{A^2}{2(N_t + N_j)}}\right)\right) = Q\left(\sqrt{\frac{A^2}{2(N_t + N_j)}}\right)$$

(2.118)

前面分析了针对 2PSK 系统的单音干扰和噪声干扰,给出了相应的误码率表达式。

根据式(2.98)的定义,单音干扰下 2PSK 误码率为

$$P_e = \frac{1}{4\pi}\int_0^{2\pi}(Q(\sqrt{r_s}(1 + \sqrt{r_j}\cos\varphi_j)) + Q(\sqrt{r_s}(1 - \sqrt{r_j}\cos\varphi_j)))\mathrm{d}\varphi_j$$

(2.119)

噪声干扰下 2PSK 误码率为

$$P_e = Q\left(\sqrt{\frac{r_s}{1 + r_s r_n}}\right)$$

(2.120)

图 2.12 给出单音干扰和噪声干扰下 2PSK 系统的误码率曲线。仿真结果表明,当干信比大于 2dB 时,2PSK 系统误码率大于 0.1,干扰效果较好。

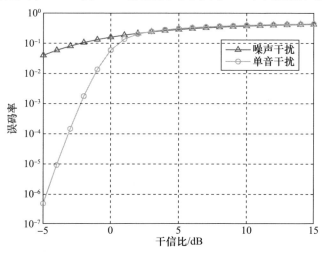

图 2.12 对 2PSK 信号的两种干扰样式的误码率曲线

参 考 文 献

[1] 张邦宁,魏安全,郭道省,等. 通信抗干扰技术[M]. 北京:机械工业出版社,2006.
[2] 姚富强. 通信抗干扰工程与实践[M]. 2版. 北京:电子工业出版社,2012.
[3] 苟彦新. 无线电抗干扰通信原理及应用[M]. 西安:西安电子科技大学出版社,2005.
[4] 邓兵,张韫,李炳荣. 通信对抗原理及应用[M]. 北京:电子工业出版社,2017.

第3章 通信干扰检测与认知

干扰检测与识别是通信抗干扰技术的重要环节之一。干扰检测与识别的目的是获得实时的干扰信号的能量、频段及干扰类型等信息,重构电子干扰信号,为后面的干扰抑制工作提供必要信息。例如,可以对干扰信号进行置零或者等比例缩放等处理来改善通信系统的误码率;或者根据干扰信号信息自适应地躲避干扰信号频段,利用时间上或空间上的没有被干扰频段来传输通信信号,这种动态传输通信信号的工作方式将大大提高系统性能。因此,在易遭受通信干扰的环境中,通信方必须实时监测干扰信号信息,为后续的抗干扰处理奠定坚实的基础。干扰检测技术的精度和可靠性决定了是否能进行正常的通信。

对于干扰的检测与识别,通常有两种技术路线:一种是先进行干扰的存在性检测,再提取特征并进行干扰类型识别;另一种是将提取的特征作为干扰检测的依据,同时也用于识别干扰类型。

本章首先介绍常用的干扰检测算法,包括时域干扰检测、频域干扰检测等,在此基础上给出干扰检测的应用案例;然后介绍干扰识别,主要包括基于决策树的常规干扰信号和反应式干扰信号的分类识别。

3.1 通信干扰检测

单纯的干扰检测是一个确认干扰信号存在与否的二元判决问题,其理论基础是概率论和数理统计知识。干扰检测通常采用假设检测方法,即首先假定信号处于一种什么状态,然后按照最大似然准则、贝叶斯准则、最大后验概率准则等判定是否处于这种状态。

干扰检测算法根据所选取观测空间的不同可以分为基于时域空间的干扰检测算法和基于变换域空间的干扰检测算法。基于时域的干扰检测算法,如时域能量检测法,只能检测出信号传输的整个频段内是否存在干扰,并不能获得干扰信号的精确参数及其在整个频带上的分布态势。基于变换域的干扰检测及抑制技术最早由 Milstein 等提出,他们利用快速傅里叶变换(Fast Fourier Transformation, FFT)和声波表面器材构建了扩频接收机中的干扰检测单元。一般地,在变换域上进行干扰检测的主要思想是根据干扰信号、接收信号以及噪声信号在不同变换域上表现出的不同特征来对信号样式进行区分并检测,其中不同的变换域是利用选取不同的变换基来实现,如离散傅里叶变换、离散余弦变换、短时傅里叶变换、小波变换等。在上述变换域干扰检测方案中,研究最多和运用最广泛的是基于频域的干扰检测,一些典型的频域干扰检测算法有基于一阶矩/二阶矩的门限法、连续均值去除(Consecutive Mean Excision,CME)算法、前向连续均值去除(Forward Consecutive Mean Excision,FCME)算法、双门限检测算法等[1-2]。

通信系统在工作过程中存在静默期和非静默期。在干扰环境下,非静默期接收到的信号一般包含有噪声、干扰和信号三部分;而静默期没有信号发射,即接收信号只含有噪声和干扰两部分。为了提高干扰信号的检测概率,大多数干扰检测算法是在仅有噪声的情况下进行检测,这种情况下的干扰检测性能也易于分析。

3.1.1 时域干扰检测

时域干扰检测的基本思想是运用适当的处理方法获得在一定时间内信号的能量,并计算出信号的平均能量作为干扰检测的参考门限;然后通过实时地将计算获取的信号能量与参考门限进行对比,根据能量大小确定干扰信号存在与否。时域干扰检测的典型算法是时域能量检测法。

1. 工作原理

时域能量干扰检测原理框图如图 3.1 所示[3]。

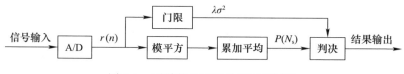

图 3.1　时域能量干扰检测原理框图

在图 3.1 中:$r(n)$ 为模拟信号转化后的数字信号;λ 为常数因子;σ^2 为噪声功率;$P(N_s)$ 为检测到的干扰功率,N_s 为检测时间内对干扰信号的采样点数,功率 $P(N_s)$ 的表达式为

$$P(N_s) = \frac{1}{N_s}\sum_{n=0}^{N_s-1} |r(n)|^2 \tag{3.1}$$

一般而言,信号通过带通滤波器进行滤波,然后通过 A/D 转换器把模拟连续时间信号转化为数字信号再进行平方求和,计算出功率,并与判决门限相比较,判断是否存在干扰。时域干扰检测算法是最简单有效的干扰检测方法;但是只能判断干扰信号的有无,并不能提供干扰信号的频点位置。

2. 检测性能分析

静默期的时域能量干扰检测算法可以表征为如下的二元假设检验问题：

$$\begin{cases} H_0: r(t) = w(t) \\ H_1: r(t) = j(t) + w(t) \end{cases} \quad (3.2)$$

式中：$w(t)$ 为高斯白噪声；$j(t)$ 为干扰；H_0、H_1 分别表示干扰信号 $j(t)$ 不存在和存在两种状态。

在高斯噪声干扰下，时域能量检测统计量 $P(N_s)$ 具有如下统计规律：

$$\begin{cases} H_0: P/\sigma_w \sim \chi^2(N_s) \\ H_1: P/\sqrt{\sigma_w^2 + \sigma_j^2} \sim \chi^2(N_s) \end{cases} \quad (3.3)$$

式中：σ_w^2 为高斯噪声的方差；σ_j^2 为干扰信号的平均功率，$\chi^2(N_s)$ 表示自由度为 N_s 的卡方分布。给定判决门限时可通过查找 $\chi^2(N_s)$ 分位数表得到干扰信号的检测概率 P_d 与虚警概率 P_f。

3. 应用举例：基于盒差分滤波和瞬时幅度估计的到达前沿估计

盒差分（Difference of Boxes, DOB）滤波器是数字图像处理中常用的滤波器之一。在图像处理领域，边缘是图像最基本，也是最重要的特征之一，在图像中表现为局部范围灰度的突变，而边缘检测正是基于幅度不连续性进行图像分割的方法。脉冲信号的检测一般是在中频数字化信号的基础上，从含噪信号中检测脉冲的前后沿，脉冲信号部分与脉冲之间的纯噪声部分也会存在不连续性，于是可以利用数字图像边缘检测的思想对脉冲进行检测。边缘检测的基本思想是：首先利用边缘增强算子突出图像中的局部边缘，然后定义像素中的"边缘强度"，通过设置门限的方法提取边缘点集。

基于 DOB 滤波和信号瞬时幅度估计的脉冲到达前沿估计的算法流程如图 3.2 所示。

从图 3.2 可以看到，整个算法不需要对门限的选择，只需要做一次卷积、若干次递推运算和极值检测，就可以得到到达时间（Time of Arrival, TOA）、结束时间（Time of End, TOE）、脉冲宽度（Pulse Wide, PW）的估计值。算法简单，实时性好，检测精度高。

大小为 N 的 DOB 滤波器 $h(k)$ 为

$$h(k) = \begin{cases} 1, & -N \leq k \leq -1 \\ 0, & k = 0 \\ -1, & 1 \leq k \leq N \end{cases} \quad (3.4)$$

假设输入信号为 $x(k)$，长度为 M，滤波器 $h(k)$ 阶数为 $2N+1$，经过 DOB 滤

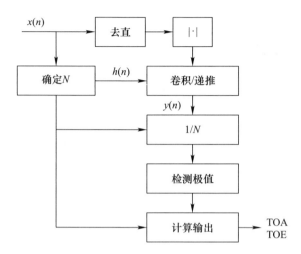

图 3.2 基于 DOB 滤波和信号瞬时幅度估计的脉冲到达前沿估计的算法流程图

波器后的输出信号为

$$y(k) = x(k) \otimes h(k) = \sum_j x(j)h(k+1-j) \tag{3.5}$$

一般情况下,信号长度 M 远大于滤波器阶数 $2N+1$,根据滤波器移位的情况不同,由线性卷积计算的过程可知,对于输出信号 $y(k)$ 的计算主要有以下七种情况:

$$y(k) = \begin{cases} \sum_{p=1}^{k} x(p), & 1 \leqslant k \leqslant N \\ \sum_{p=2}^{N+1} x(p), & k = N+1 \\ \sum_{p=k-N+1}^{k} x(p) - \sum_{q=1}^{k-N-1} x(q), & N+2 \leqslant k \leqslant 2N+1 \\ \sum_{p=k-N+1}^{k} x(p) - \sum_{q=k-2N}^{k-N-1} x(q), & 2N+2 \leqslant k \leqslant M-1 \\ \sum_{p=k-N+1}^{M} x(p) - \sum_{q=k-2N}^{k-N-1} x(q), & M \leqslant k \leqslant M+N-1 \\ -\sum_{p=M-N}^{M-1} x(p), & k = M+N \\ -\sum_{p=k-2N}^{M} x(p), & M+N+1 \leqslant k \leqslant M+2N \end{cases} \tag{3.6}$$

则输出信号 $y(k)$ 可以递推表示为

$$y(k+1) = \begin{cases} y(k) + |x(k+1)|, 1 \leq k \leq N-1 \\ y(k) - |x(k-N)| - |x(k-N+1)| + |x(k+1)|, N+1 \leq k \leq 2N \\ y(k) + |x(k-2N+1)| - |x(k-N)| - |x(k-N+1)| + \\ |x(k+1)|, 2N+1 \leq k \leq M-2 \\ y(k) + |x(k-2N)| - |x(k-N)| - |x(k-N+1)|, \\ M-1 \leq k \leq M+N-2 \\ y(k) + |x(k-2N)|, M+N+ \leq k \leq M+2N-1 \end{cases}$$

(3.7)

假设 $x(k) = |s(k) + n(k)|$,即对接收信号先做一次取绝对值操作,再送入 DOB 滤波器:

$$y(k) = \sum_{p=k-N+1}^{k} |s(p) + n(p)| - \sum_{q=k-2N}^{k-N-1} |s(q) + n(q)| \qquad (3.8)$$

为了适应不同阶数的 DOB 滤波器,先将滤波器输出结果除以滤波器大小 N,再寻找极值,检测脉冲边沿。

图 3.3 给出了上述 TOA 估计算法的计算机仿真结果。输入信号为突发 BPSK 调制信号,DOB 滤波器阶数为 601,信号起始时间为 400ms,结束时间为 600ms,信噪比分别为 10dB、5dB。

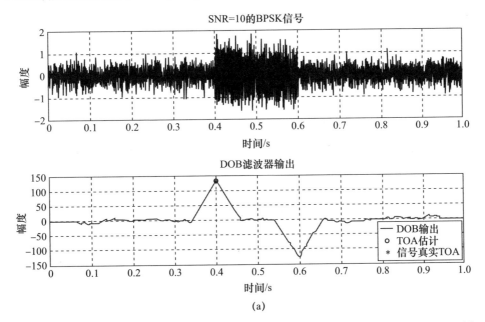

(a)

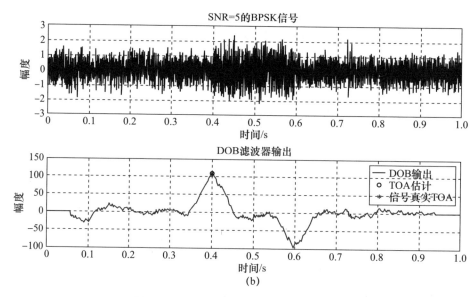

图 3.3 基于 DOB 滤波的 TOA 估计结果
（a）SNR = 10dB；（b）SNR = 5dB。

在大信噪比的环境下,选择合适的滤波器阶数,可以得到较为完美的滤波器输出,最大值与最小值分别代表了 TOA 和 TOE,估计值基本与真值重合。随着信噪比的降低,DOB 输出会出现一些抖动,不过最大值与最小值附近抖动不大,可以得到较为精确的 TOA 估计。

3.1.2 频域干扰检测

1. 检测模型

基于频域的干扰检测算法的基本思想是:首先把经过模拟数字转换器（Analog – to – Digital Converter, ADC）采样后的接收信号进行 FFT 来得到其频域信息;然后对其频域上计算获得的统计量进行干扰检测。频域干扰检测基本原理框图如图 3.4 所示

图 3.4 频域干扰检测基本原理框图

上述干扰检测的一般流程如下：

（1）首先将经过 ADC 采样后的接收信号 $r(n)$ 进行 FFT 得到其频域信号：

$$R(k) = \text{FFT}[r(n)] = \text{Re}[R(k)] + \text{Im}[R(k)], \quad k = 0,1,\cdots,N_{\text{FFT}}-1 \quad (3.9)$$

然后采取一定方法计算对应的统计量以待检测。例如，可以将频谱的模值（包络）作为检测统计量：

$$A(k) = |R(k)| = \sqrt{\text{Re}[R(k)]^2 + \text{Im}[R(k)]^2} \quad (3.10)$$

（2）获取判决门限，通常利用频谱的各种统计特征与门限因子来得到。

（3）将每个频点上的检测统计量与对应的判决门限进行比较，大于判决门限的模值，其所对应的频点判定为受干扰的频点。

频域干扰检测算法中检测统计量的计算与判决门限的确定是比较关键的两个问题。

2. 基于一阶矩/二阶矩的门限检测法

根据统计检测理论，判决门限可由门限因子与整个频谱的统计矩来确定。例如，基于一阶矩的门限检测算法（又称为"均值法"）是较常用的门限获取方式。该方法的门限值仅与接收信号频谱的均值（也称期望）$\text{E}[A(k)]$ 以及固定的门限因子 T 有关，可表示为

$$\text{E}[A(k)] = \frac{1}{N_{\text{FFT}}} \sum_{k=0}^{N_{\text{FFT}}-1} A(k) \quad (3.11)$$

$$A_{\text{Th}} = T \cdot \text{E}[A(k)] \quad (3.12)$$

基于二阶矩的门限算法是在基于一阶矩门限算法的基础上引入了标准差 δ 这一统计特征，因此该门限可以表示为

$$A_{\text{Th}} = \text{E}[A(k)] + T \cdot \delta \quad (3.13)$$

由于上述第二种方式中标准差 δ 这一统计特征计算较复杂，在实际应用中的估计比较困难，因此通常采用第一种方式来获取判决门限。

在门限获取中另外一个对干扰信号的检测起到关键性作用的是门限因子 T。基于一阶矩的门限法，T 可以通过通信系统处于静默期且无干扰信号存在时频谱的统计特性推导得出。推导过程如下：

在静默期，当经过采样后的接收信号 $r(n)$ 中不存在干扰信号 $j(n)$ 时，其经过 FFT 运算后将变成

$$R(k) = \text{FFT}[w(n)] = W(k) = \text{Re}[W(k)] + \text{Im}[W(k)], \quad k = 0,1,\cdots,N_{\text{FFT}}-1 \quad (3.14)$$

式中：$W(k)$ 为高斯白噪声信号 $w(n)$ 经过 FFT 后的离散频谱。

由于时域上的高斯白噪声服从高斯分布,即 $w(n) \sim N(0,\sigma_w^2)$,根据数理统计知识可知,高斯白噪声频谱的实部与虚部也服从 0 均值的高斯分布,即 $\mathrm{Re}[W(k)] \sim N(0,N_{\mathrm{FFT}}\sigma_w^2/2)$,$\mathrm{Im}[W(k)] \sim N(0,N_{\mathrm{FFT}}\sigma_w^2/2)$,且 $\mathrm{Re}[W(k)]$ 与 $\mathrm{Im}[W(k)]$ 相互独立。因此,噪声的频谱包络 $A(k) = \sqrt{\mathrm{Re}[W(k)]^2 + \mathrm{Im}[W(k)]^2}$ 服从瑞利分布,其概率密度函数为

$$f(A_k) = \begin{cases} \dfrac{2A_k}{N_{\mathrm{FFT}}\sigma_w^2} \exp\left(-\dfrac{A_k^2}{N_{\mathrm{FFT}}\sigma_w^2}\right), & A_k > 0 \\ 0, & A_k < 0 \end{cases} \quad (3.15)$$

频谱包络的均值为

$$\mathrm{E}[A(k)] = \frac{N_{\mathrm{FFT}}\sigma_w^2}{2}\sqrt{\frac{\pi}{2}} \quad (3.16)$$

累积概率分布函数为

$$F(A) = \mathrm{Pr}(A_k < A; \mathrm{H}_0) = 1 - \exp\left(-\frac{2A^2}{(N_{\mathrm{FFT}}\sigma_w^2)^2}\right) \quad (3.17)$$

即

$$A = \sqrt{-(N_{\mathrm{FFT}}\sigma_w^2)^2/2 \cdot \ln(1-F(A))}$$

又根据判决门限与门限因子的关系可得

$$T = \frac{A_{\mathrm{Th}}}{\mathrm{E}[A(k)]} \quad (3.18)$$

因此可推出门限因子为

$$T = \frac{\sqrt{-(N_{\mathrm{FFT}}\sigma_w^2)^2/2 \cdot \ln(1-F(A_{\mathrm{Th}}))}}{\dfrac{N_{\mathrm{FFT}}\sigma_w^2}{2}\sqrt{\dfrac{\pi}{2}}} = \frac{2}{\sqrt{\pi}}\sqrt{-\ln(1-F(A_{\mathrm{Th}}))} \quad (3.19)$$

式中:$1-F(A_{\mathrm{Th}})$ 为虚警概率 P_f,所以通过设定相应的虚警概率便可以得到对应的门限因子。

上述基于一阶矩/二阶矩的干扰检测算法的门限获取方式比较简单,且时延很小,易于实现。然而,由于该算法在确定检测门限时,仅仅是简单地将整个频谱的均值或者方差作为对背景噪声的估计,并没有考虑潜在干扰信号对频谱的影响,因此当干扰信号存在且功率较大时,整个频谱的均值就会增大并偏离真实的背景噪声平均功率,此时基于一阶矩/二阶矩的门限检测法会造成较大的漏检概率。针对该问题,研究者提出了一系列基于迭代的干扰检测算法,如 CME 和

FCME干扰检测算法等,这类算法通过引入排序和迭代操作使检测门限的选取更加合理。

3. CME 干扰检测算法

CME干扰检测算法利用多次迭代使判决门限不断更新的方式来实现干扰检测。该算法的基本思想:将接收信号的谱线分为受干扰谱线 J_m 与未受干扰谱线 I_m 两个集合,且在初始化阶段将接收信号所有的谱线都看成未受干扰影响的谱线集合 J_1,并将其均值作为初始门限设定的依据,随后通过多次迭代的方式对未受干扰的谱线幅度进行检测以剔除其中受干扰影响的谱线并更新均值,最终保证集合 J_m 中只保留受噪声影响的谱线,从而使得未受干扰谱线集合的均值不断接近实际的噪声水平。

基于 CME 检测算法的具体步骤如下:

(1)将经过 ADC 采样后的接收信号进行 FFT 来得到其频域信号,同时计算其频谱的模值(包络)作为待检测的统计量。

(2)通过分析其接收信号的统计特性和需要获得的检测概率来确定其检测门限因子 T。

(3)初始化数据,第 1 次迭代($m=1$)时将所有谱线都加入未受干扰的集合 I_m,此时 $I_m = \{1,2,\cdots,N_{\text{FFT}}\}$。

(4)计算 I_m 集合中谱线幅度的均值 $\text{E}[A_m(k)]$:

$$\text{E}[A_m(k)] = \frac{1}{N_m}\sum_{k\in I_m}A_m(k) \qquad (3.20)$$

式中:$N_m = \text{size}(I_m)$。然后,通过 $A_{\text{Th}} = T \cdot \text{E}[A_m(k)]$ 得到判决门限 A_{Th},并将幅值小于门限的谱线序号保留作为下一次迭代的未受干扰集合 I_{m+1},从而去除了受干扰影响的谱线。

(5)判断集合 I_{m+1} 相对于 I_m 是否不再更新,或者迭代次数达到预设的最大值:如果满足其中一项,结束迭代过程并进入步骤(6);如果都不满足则 $m = m+1$,并跳转步骤(4)进行下一轮迭代。

(6)利用最终获取的判决门限 A_{Th} 对所有的谱线进行检测,找出受干扰影响的谱线。

4. FCME 干扰检测算法

FCME 与 CME 干扰检测算法类似,同样利用迭代更新门限的方式来获取其最终的干扰检测结果,唯一不同的是 FCME 干扰检测算法在初始化阶段只将模值较小的小部分谱线加入到未受干扰的谱线集合中,并且将其作为初始的均值。具体区别体现在步骤(3),即初始化数据,第 1 次迭代($m=1$)时将所有谱线的模值进行排序,并将模值较小的部分谱线加入未受干扰的集合 I_m 中,该小部分谱线的数量为 $N_1 = \text{size}(I_1)$。

5. 双门限干扰检测算法

在单门限干扰检测过程中,由于干扰的非稳态,一些干扰频点的能量可能低于门限值,此时一段干扰信号可能会被误判为几段信号,导致检测失败。如果为了解决上述问题而把门限值设定得很低,会导致虚警概率增加。因此,双门限干扰检测算法应运而生。双门限检测算法的基本思路:分析的对象不再仅仅限于单个频点,而是把大于低门限的频点组定义为"簇";然后把"簇"里最大的频点和高门限比较来判断"簇"是干扰信号还是噪声,如果大于高门限,判定"簇"是干扰信号,否则,认定是噪声信号。

下面进一步通过图 3.5 对双门限检测算法的基本原理进行说明。图 3.5 中有三个门限,当选择最大的门限 T_3 时能检测出 5 个干扰信号,把本来的一个窄带干扰信号判断成了 5 个信号;当选择最小的门限 T_1 时能检测出 5 个信号,会把原来的噪声频点判断为干扰信号,造成虚警概率升高;如果采用双门限干扰检测算法,用低门限 T_1 判断出有 5 个"簇",然后将这些"簇"和高门限比较,则只有一组频点被判断为干扰信号。

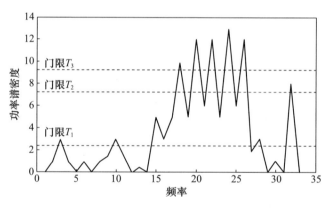

图 3.5 双门限检测示意图

基于双门限检测算法的具体步骤如下:

(1) 认为接收信号谱线中最小的几根谱线是没有被干扰的,用它来估计 $\text{E}[A_m(k)]$。

(2) 其余的谱线与 $T_{\text{low}} \cdot \text{E}[A_m(k)]$ 进行比较,小于该低门限的谱线认为是没有被干扰的谱线,加入到 $\text{E}[A_{m+1}(k)]$ 的计算中。

(3) 更新 $\text{E}[A_{m+1}(k)]$,同时重复步骤(1)和步骤(2),直到没有谱线小于门

限 $A_{\text{Th\_low}} = T_{\text{low}} \cdot \text{E}[A_m(k)]$ 或者最大允许的迭代次数达到后,本步操作停止。

(4)步骤(3)操作会检测出很多的"簇",即一段段的大于低门限的频点组,计算高门限 $A_{\text{Th\_high}} = T_{\text{high}} \cdot \text{E}[A_m(k)]$。将每个"簇"里的最高频点和高门限进行比较,大于高门限的认为是干扰信号频段,否则认为是噪声信号频段。

6. 应用举例:OFDM 系统宽带干扰检测

假设宽带干扰信号 $j(n)$ 的带宽至少大于系统带宽的 10%。同时,为了讨论方便,设 $j(n)$ 服从 $(0,\sigma_j^2)$ 的高斯噪声分布,且与背景噪声 $w(n)$ 相互独立。噪声 $w(n)$ 是服从 0 均值、方差为 σ_w^2 的高斯白噪声。

假设系统是同步的,并且不存在码间串扰和子载波间干扰,第 k 个子载波上的接收数据为

$$y(k) = x(k)h(k) + j(k) + w(k), \quad k = 0,1,2,\cdots,p-1 \tag{3.21}$$

式中:k 为子载波的序号;$x(k)$ 为发送信号;$h(k)$ 为第 k 个子载波上的信道增益;$j(k)$ 为服从 $(0,N\sigma_j^2)$ 高斯分布的干扰,N 为傅里叶变换的点数;$w(k)$ 为加性高斯白噪声(Additive White Gaussian Noise,AWGN),其均值为 0、方差为 $N\sigma_w^2$;p 为子载波个数。$w(k)$ 和 $j(k)$ 是相互统计独立的[4]。

利用最小二乘(Least Square,LS)估计算法对导频位置的数据进行处理得到

$$\hat{h}(k) = \frac{y(k)}{x(k)}, \quad k = 0,1,2,\cdots,p-1 \tag{3.22}$$

将式(3.21)代入式(3.22)得到

$$\hat{h}(k) = h(k) + \frac{j(k)}{x(k)} + \frac{w(k)}{x(k)} \tag{3.23}$$

假设发送的导频符号全部为 $1 + j \cdot 0$,则由式(3.23)进一步得到

$$\hat{h}(k) = h(k) + j(k) + w(k) \tag{3.24}$$

同时假设信道是频率选择性慢衰落信道:$h_i(m+1) = h_i(m)$,即每个子载波连续接收的两个导频数据的增益因子相同,其中 $h_i(m)$ 表示第 m 个 OFDM 符号的第 i 个导频处的信道增益因子。

对第 i 个导频处利用 LS 估计算法处理后的数据前后做差,得到

$$D_i = \frac{1}{\sqrt{2}}\{\hat{h}_i(m+1) - \hat{h}_i(m)\} = \frac{1}{\sqrt{2}}\{[j_i(m+1) - j_i(m)] + [w_i(m+1) - w_i(m)]\}$$

$$\tag{3.25}$$

对 D_i 求方差可得

$$\text{var}(D_i) = \frac{1}{2}\text{var}\{[j_i(m+1) - j_i(m)] + [w_i(m+1) - w_i(m)]\}$$

$$= \frac{1}{2}E\{[j_i(m+1) - j_i(m) + w_i(m+1) - w_i(m)]^2\}$$

$$= \frac{E\{[j_i(m+1) - j_i(m) + w_i(m+1) - w_i(m)][\overline{j_i}(m+1) - \overline{j_i}(m) + \overline{w_i}(m+1) - \overline{w_i}(m)]\}}{2}$$

$$= \frac{1}{2}E\{[j_i(m+1) - j_i(m)][\overline{j_i}(m+1) - \overline{j_i}(m)]\} +$$

$$\frac{1}{2}E\{[w_i(m+1) - w_i(m)] \cdot [\overline{w_i}(m+1) - \overline{w_i}(m)]\}$$

$$= \frac{1}{2}(2\sigma_j^2 + 2\sigma_w^2) = \sigma_j^2 + \sigma_w^2 \tag{3.26}$$

利用干扰与噪声的不相关特性,可通过式(3.26)求出信道估计数据差分后的方差。当干扰不存在的时,差分检测到的方差为

$$\text{var}(D_i) = \frac{1}{2}(2\sigma_w^2) = \sigma_w^2 \tag{3.27}$$

从式(3.26)和式(3.27)分别可以看出:当干扰存在时,通过差分检测算法可以检测到干扰和噪声的方差之和;当干扰不存在时,通过差分检测算法则只检测到噪声的方差。

3.1.3 拟合优度干扰检测

拟合优度检验通常用来判断一组未知分布的随机样本是否来自某个已知的分布或者两组未知随机样本是否来自同一分布。因此,拟合优度干扰检测的基本思想:通过验证接收信号样本的分布与干扰存在(或不存在)时的分布是否一致来判断是否存在干扰信号。基于拟合优度检验来进行干扰信号检测的优点是其对信号先验知识的要求少,所需样本点数少,同时性能优于同样不需要信号先验知识的能量检测方法[5]。

1. 拟合优度检验原理

拟合优度检验考虑的是用特定统计模型对采集到的数据进行拟合是否合适的问题。具体来说,检验拟合优度通常是考察一个来自某个未知分布的随机样本,检验其未知分布函数 $F(x)$ 是否符合零假设为某个已知而具体的分布,即零假设具体指明了某个分布 $F^*(x)$,通过某种方式将一组来自某个总体的随机样本 $x_1, x_2, \cdots, x_n$ 与 $F^*(x)$ 比较,来判断 $F^*(x)$ 为这组样本真实分布是否合理。

检验问题可以表述为

$$\begin{cases} H_0: F = F^* \\ H_1: F \neq F^* \end{cases} \tag{3.28}$$

一种符合逻辑的办法是,把随机样本的经验分布函数(Empirical Cumulative Distribution Function, ECDF) $F_n(x)$ 与 $F^*(x)$ 做比较,如图 3.6 所示(图为由 100 个取自标准正态分布的样点得到的经验概率分布曲线和标准正态分布理论曲线的对比),看它们是否吻合。如果它们不能很好地吻合,则可以拒绝零假设,并得出结论:此未知的真实分布函数 $F(x)$,不是由零假设中的 $F^*(x)$ 给定的。

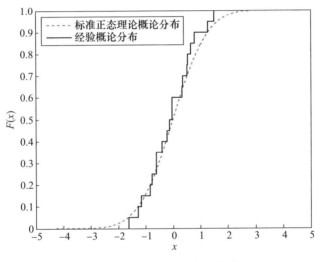

图 3.6 拟合优度检验示意图

由数理统计主定理可知,经验分布函数 $F^*(x)$ 是真实分布 $F(x)$ 的强相合估计。当 H_0 成立时,$F^*(x)$ 和 $F(x)$ 应相当"接近"。"接近"的精确程度通常用两者之间的距离度量。距离的取法有多种多样,以不同的方式定义距离将得到不同的基于经验分布函数的拟合优度检验方法。例如,取最大一致距离就得到 KS(Kolmogorov – Smirnov)型统检验,取平方距离就得到 CvM(Cramer – von Mises)型检验等。这里需要指出的是,基于样本的经验分布函数来进行拟合优度检验只是众多拟合优度检验方法中的一类,例如,还有基于样本频数的 χ^2 检验、基于回归与相关的 Shapiro – Wilk 检验等。在各类拟合优度检验方法中,基于经验分布函数的拟合优度检验具有分布无关性,可以适用于任意分布函数的检验,因此在实际中应用最为广泛。

2. 拟合优度干扰检测流程

基于拟合优度进行干扰信号检测时,问题可以转化为:当接收到的信号样本的分布与干扰存在时的分布一致时,则说明存在干扰信号;当接收到的信号样本的分布与干扰存在时的分布不一致时,则说明不存在干扰信号。当然,在实际操作中也可以选择将接收信号样本的分布与干扰不存在时的分布进行比较。

下面给出基于经验分布函数的拟合优度干扰信号检测的一般流程(以"存在干扰信号"记为零假设 H_0 为例):

(1)根据给定的虚警概率 α 和拟采用的接收信号样本长度 n,确定检测门限 γ。检测器的虚警概率一般由下式给出:

$$P_{FA} = \Pr\{T > \gamma | H_0\} \tag{3.29}$$

由于在检测前检验统计量在零假设 H_0 下(即干扰存在时)的分布是已知的,因此给定门限 γ,通过式(3.29)事先可以计算出所能够保证的虚警概率;根据所要求的虚警概率,也可以事先确定所应该采取的门限。

(2)根据接收信号样本 X(或其变换样本 Y)形式确定零假设下的理论分布 $F^*(x)$。

这里涉及判决统计量的选取,可以是直接取复观测信号的实部和虚部进行拼接,也可以是取其模值,或者将观测样本变换至频域,甚至使用其功率谱进行处理。当选定了判决统计量以后,确定该检验统计量在零假设下的理论分布,也就是待检验的分布。

(3)计算接收信号样本 X(或其变换样本 Y)的经验概率分布 $F_n(x)$。

使用下式计算判决统计量的经验概率分布:

$$F_n(z) \equiv \begin{cases} \dfrac{1}{2n}(\text{小于} z \text{的判决统计量的个数}), & z \text{取实部/虚部} \\ \dfrac{1}{n}(\text{小于} z \text{的判决统计量的个数}), & z \text{取模值} \end{cases} \tag{3.30}$$

(4)根据所选用的拟合优度检验计算检验统计量 T。

拟合优度检验统计量要根据应用场景、性能要求以及复杂度要求从下列统计量中选取:

① KS(Kolmogorov-Smirnov)检验统计量:

$$D_n = \sup_{x \in \mathbf{R}} |F_n(z) - F^*(z)| \tag{3.31}$$

计算式为

$$D_n = \max\left(\max_{1 \le i \le n}\left(\frac{i}{n} - u_{(i)}\right), \max_{1 \le i \le n}\left(u_{(i)} - \frac{i-1}{n}\right)\right) \tag{3.32}$$

② Kuiper 检验统计量：
$$V_n = \sup_{x \in \mathbf{R}}\{F_n(z) - F^*(z)\} + \sup_{x \in \mathbf{R}}\{F^*(z) - F_n(z)\} \quad (3.33)$$

计算式为
$$V_n = \max_{1 \leq i \leq n}\left(\frac{i}{n} - u_{(i)}\right) + \max_{1 \leq i \leq n}\left(u_{(i)} - \frac{i-1}{n}\right) \quad (3.34)$$

③ CvM 检验统计量：
$$W_n^2 = n \int_{-\infty}^{+\infty} [F_n(z) - F^*(z)]^2 \mathrm{d}F^*(z) \quad (3.35)$$

计算式为
$$W_n^2 = \frac{1}{12n} + \sum_{i=1}^{n}\left(u_{(i)} - \frac{2i-1}{2n}\right)^2 \quad (3.36)$$

④ AD(Anderson – Darling) 检验统计量：
$$A_n^2 = n \int_{-\infty}^{+\infty} \frac{[F_n(z) - F^*(z)]^2}{F^*(z)(1 - F^*(z))} \mathrm{d}F^*(z) \quad (3.37)$$

计算式为
$$A_n^2 = -n - \frac{1}{n}\sum_{i=1}^{n}(2i-1)[\ln u_{(i)} + \ln(1 - u_{(n-i+1)})] \quad (3.38)$$

在以上所有的计算表达式中，有 $u_{(i)} = F^*(z_{(i)})$，$\{z_{(i)}\}$ 为 $\{z_i\}$ 的顺序统计量，设 $z_{(1)} \leq z_{(2)} \leq \cdots \leq z_{(n)}$。

需要注意的是，使用检验统计量的原始表达式时，需要使用步骤(3)来计算经验概率分布；但是使用计算式时，经验概率分布 $F_n(x)$ 的计算步骤可以省略。

(5) 检验判决。如果检验统计量 T 大于所选门限 γ，则拒绝零假设，即接收信号样本中不存在干扰信号。

拟合优度干扰检测框图如图 3.7 所示。

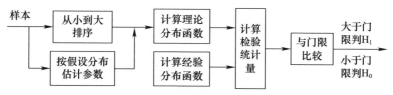

图 3.7　拟合优度干扰检测框图

3. 应用举例:卫星导航欺骗干扰检测

基于拟合优度的欺骗干扰检测思路:在欺骗干扰检测中,需要检测有无欺骗干扰存在,问题可以转化为当接收到的样本的分布与欺骗干扰存在时的分布一致时,说明存在欺骗干扰,当接收到的样本的分布与欺骗干扰存在时的分布不一致时,说明不存在欺骗干扰。

根据文献[6],导航卫星信道可以用 Lutz 模型来表述,该模型是从信号功率的角度建模的,是基于广域环境和概率分布的两状态马尔可夫切换过程。根据接收到的信号中是否存在直射分量,Lutz 模型将卫星与地面之间的信道环境分为"好状态"和"坏状态",两者具有完全不同的概率密度分布特性。根据通信过程中实际的环境变化,模型将在这两种状态之间进行切换,所以又把 Lutz 模型称为"两状态"模型。

Lutz 模型假设在"好状态"信道中接收到的信号中只存在直射分量和多径分量没有阴影遮蔽,则接收到的信号的包络服从莱斯(Rice)分布,其概率密度函数为

$$f(r) = \frac{r}{\sigma_1^2}\exp\left(-\frac{r^2+z^2}{2\sigma_1^2}\right)I_0\left(\frac{rz}{\sigma_1^2}\right) \qquad (3.39)$$

式中:σ_1^2 为"好状态"下莱斯分布的方差。

Lutz 模型假设在"坏状态"信道中接收到的信号中只有多径分量,完全没有直射分量,并且存在阴影遮蔽的效应,所以其包络服从瑞利 – 对数正态(Rayleigh – Lognormal)分布,若不考虑噪声的影响,其概率密度函数可以表示为

$$f(r) = \int_0^\infty \frac{1}{u}f_{\text{Ray}}\left(\frac{r}{u}\right)f_{\text{Log}}(u)\mathrm{d}u \qquad (3.40)$$

式中:$f_{\text{Ray}}(u)$ 和 $f_{\text{Log}}(u)$ 分别为瑞利分布与对数正态分布,即

$$f_{\text{Ray}}(u) = \frac{u}{\sigma_R^2}\exp\left(-\frac{u^2}{2\sigma_R^2}\right), f_{\text{Log}}(u) = \frac{1}{\sqrt{2\pi}\sigma_L u}\exp\left[-\frac{1}{2}\left(\frac{\ln u - \mu}{\sigma_L}\right)^2\right] \qquad (3.41)$$

其中:σ_R^2 为瑞利分布的方差;μ、σ_L^2 分别为 $\ln u$ 的均值和方差。

干扰信号的信道与导航卫星信道的统计特性存在较大差异。具体而言,干扰信号的包络服从如下的瑞利分布

$$f(x) = \frac{x}{\sigma_R^2}\exp\left(-\frac{x}{2\sigma_R^2}\right) \qquad (3.42)$$

根据上述分析,卫星信号的包络在不同状态下服从不同的分布,但是不管在"好状态"下,还是在"坏状态"下,干扰信号的包络始终服从瑞利分布。所以,将

干扰信号的累积分布函数作为拟合优度检测的理论分布函数,可以表示为

$$F(x) = 1 - \exp\left(-\frac{x}{2\hat{\sigma}_R^2}\right) \quad (3.43)$$

式中:$\hat{\sigma}_R^2$ 为 σ_R^2 的似然估计,$\hat{\sigma}_R^2 = \frac{1}{2n}\sum_{i=1}^{n}x_i^2$。

综上,只要检验接收到的信号的包络是否服从瑞利分布,若服从瑞利分布则为欺骗干扰信号,否则为卫星信号。分别仿真产生两种状态下的卫星信号,使得"好状态"下卫星信号的包络服从莱斯分布,"坏状态"下卫星信号的包络服从对数正态分布(因为此时瑞利分布对其影响较小,可以忽略),欺骗干扰信号的包络服从瑞利分布。

3.2 通信干扰认知

3.2.1 常规干扰信号分类与识别

1. 特征参数提取

在对接收信号进行特征参数提取前,要对其进行预处理,保证提取到参数的一致性。预处理包含归一化和中心化两部分。

(1)归一化:将样本数据归一化到[-1,1]区间,处理过程为

$$y(k) = \frac{x(k) - x_{\text{mid}}}{\frac{1}{2}(x_{\max} - x_{\min})}, k = 1, 2, \cdots, N \quad (3.44)$$

$$x_{\text{mid}} = \frac{x_{\max} + x_{\min}}{2} \quad (3.45)$$

式中:$x_{\max}$ 为最大值;$x_{\min}$ 为最小值。

(2)中心化:利用 Z 分法处理,即

$$y(k) = \frac{x(k) - \mu}{\sigma}, k = 1, 2, \cdots, N \quad (3.46)$$

式中:μ 为随机变量 X 的均值;σ 为其标准差。

在对信号进行预处理后,可以对信号的特征参数进行提取,这里用到的参数有如下 6 种[7]:

(1)R 参数:

$$R = \frac{\sigma^2}{\mu^2} \quad (3.47)$$

式中:μ 为随机变量 X 的均值,σ 为其标准差,反映了变量 X 包络的变化程度。R 越大,说明信号包络的变化程度越大;R 越小,信号包络的变化程度越小。对 6 种类型的通信干扰信号计算其 R 参数,R 参数随干噪比(Jamming Noise Katio,JNR)变化如图 3.8 所示。

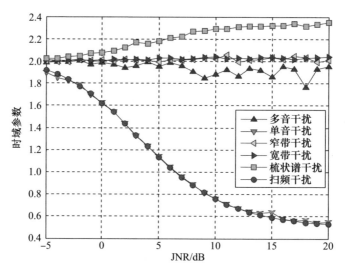

图 3.8　6 种干扰信号 R 参数随 JNR 变化

可以看到通过 R 参数能够将单音干扰和扫频干扰与其他信号分离开,因为这两种信号的时域包络是恒定的。

(2) 时域矩偏度系数:

$$a_3 = \frac{\mathrm{E}(x-\mu)^3}{\sigma^3} \tag{3.48}$$

式中:μ 为时域信号包络 x 的均值;σ 为其标准差。

a_3 描述了时域信号包络偏离正态分布的程度,a_3 越大信号包络越偏离正态分布;a_3 参数也可以用在频谱端,描述频谱偏离正态分布程度。

(3) 载波因子系数(C 参数):

对时域信号 $x(n), n=1,2,\cdots,N$ 进行 FFT 得到频域离散信号 $X[n], n=1, 2,\cdots,N_{\mathrm{FFT}}$,按幅值由大到小进行排序得到 $X[\lambda_1], X[\lambda_2], \cdots, X[\lambda_{N_{\mathrm{FFT}}}]$,则 $X[\lambda_1]$ 与 $X[\lambda_2]$ 之比,定义为载波因子系数,描述信号谱线突出程度。其表达式为

$$C = \frac{X[\lambda_1]}{X[\lambda_2]} \tag{3.49}$$

图 3.9 显示了 6 种干扰信号 C 参数随 JNR 变化。

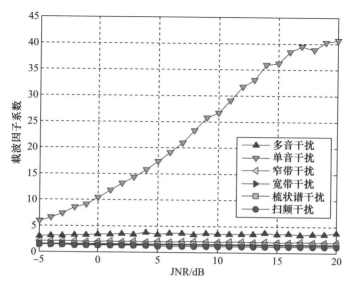

图 3.9　6 种干扰信号 C 参数随 JNR 变化

单音干扰由于其单频载波,频谱在单个频率有尖峰,C 参数比其他信号大很多。C 参数可以用来区分单音干扰与其他干扰信号。

(4) 平均频谱平坦系数:

$$\text{Fse} = \sqrt{\frac{1}{N}\sum_{n=0}^{N_s-1}(X_1(n) - \overline{X_1(n)})^2} \quad (3.50)$$

$$X_1(n) = X(n) - X_2(n) \quad (3.51)$$

$$X_2(n) = \frac{1}{2L+1}\sum_{i=-L}^{L}X(n+i) \quad (3.52)$$

式中:$X(n)$ 为信号幅度;$\overline{X_1(n)}$ 为 $X(n)$ 均值;$X_1(n)$ 是对 $X(n)$ 进行平滑滤波。Fse 反映了信号局部是否存在明显的冲激信号。图 3.10 为 6 种常规干扰信号 Fse 随 JNR 变化。

根据图 3.10 可看出,单音干扰和多音干扰 Fse 参数较大,因为这两种信号频谱都存在比较高的谱峰,其他干扰则不明显。Fse 越大,意味着信号冲击部分波动较大,平坦度低,平坦系数较小时,冲激部分波动较小,平坦度高。

(5) 频域 R_f 参数:

$$R_f = \frac{\sigma^2}{\mu^2} \quad (3.53)$$

式中:μ 为频谱 Y 的均值,σ 为其标准差,反映了变量 Y 包络的变化程度。R_f 越

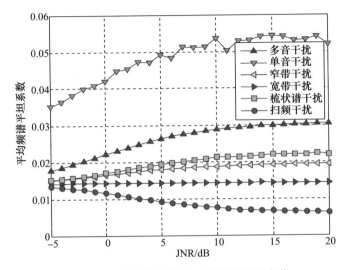

图 3.10 6 种干扰信号 Fse 参数随 JNR 变化

大,说明信号频谱包络的变化程度越大。

6 种干扰信号 R_f 参数随 JNR 变化趋势如图 3.11 所示。由图可以看出,单音干扰、多音干扰以及窄带干扰的频域 R_f 参数值随 JNR 增大而逐渐增大,且单音干扰增大趋势较快。宽带干扰的 R_f 参数最小,扫频干扰和梳状谱干扰的 R_f 参数也较低。在频谱上可发现,宽带干扰和扫频干扰的幅度变化较小,即其频谱包络变化程度较小。

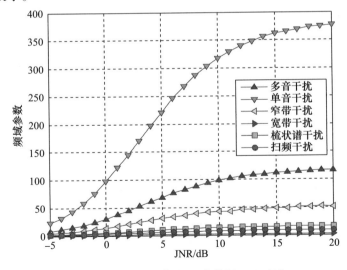

图 3.11 6 种干扰信号 R_f 参数随 JNR 变化

(6) 频域矩偏度系数:

$$b_3 = \frac{E(X-\mu)^3}{\sigma^3} \quad (3.54)$$

式中:μ 为频谱幅度 X 的均值;σ 为其标准差。b_3 描述了频谱偏离正态分布的程度。b_3 越大,说明频谱偏离正态分布的程度越大。

图 3.12 为 6 种干扰信号 b_3 参数随 JNR 变化。

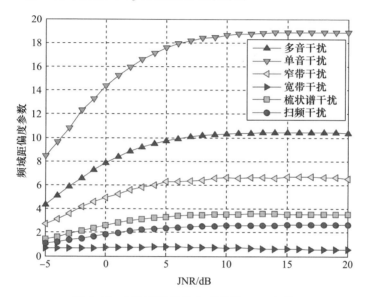

图 3.12　6 种干扰信号 b_3 参数随 JNR 变化

可以看出,单音干扰偏离正态分布程度最大,其次是多音干扰、窄带干扰和梳状谱干扰。宽带干扰与正态分布类似,因为宽带干扰只是截断频带的高斯噪声,因此保留了近似随机的特性。

2. 决策树分类

基于决策树理论的分类是利用信号的特征参数与预设门限进行比较,将超出和未达到门限的信号分为两类,以此类推,直到最终分出各类信号。影响该方法的主要因素有选择合适的特征参数和确定合理门限阈值。

根据以上两个要素,这里采用载波因子系数 C、平均频谱平坦系数 Fse、R_f 参数、频域矩偏度系数 b_3 四组参数对干扰信号进行分类。门限分别选定为:$T(C)=5.04, T(b_3,1)=7.03, T(\text{Fse})=0.013, T(R_f)=2, T(b_3,2)=4.2$。基于决策树的干扰识别流程如图 3.13 所示。

为方便实验,将干扰信号类型进行编号,如表 3.1 所列。

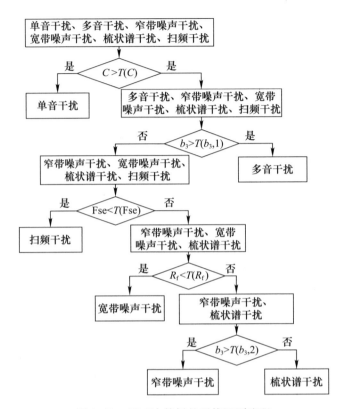

图 3.13 基于决策树的干扰识别流程

表 3.1 干扰类型编号

编号	干扰类型	编号	干扰类型
1	单音干扰	2	多音干扰
3	窄带噪声干扰	4	宽带噪声干扰
5	梳状谱干扰	6	扫频干扰

得到混淆矩阵如图 3.14 所示,在不同 JNR 下的正确识别率如图 3.15 所示。可以看出,当 JNR 在 0~15dB 范围内,对于除多音干扰外的全部干扰信号,正确识别率均大于 95%。其中,单音干扰、宽带噪声干扰、扫频干扰的正确识别率在不同的 JNR 下均为 100%,梳状谱干扰的平均正确识别率达到 99.9%。在 JNR>2dB 以后,多音干扰正确识别率大于 95%。根据混淆矩阵,造成多音干扰在低 JNR 时识别率低的问题主要是在低 JNR 时,由于 b_3 参数比较接近,窄带干扰信号被识别为多音干扰信号。

本节对常规固定频带干扰进行了分类与识别,主要利用了求取特征参数的方法,直接对信号进行特征参数提取并对门限进行分类。信号处理流程结构比较清晰,最终分类效果也较好。根据识别正确率曲线,在较高的 JNR 下识别正确率较高。

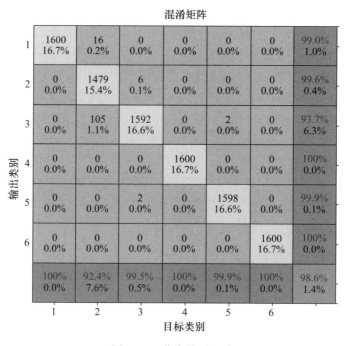

图 3.14　分类错误矩阵

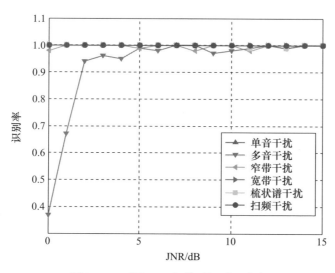

图 3.15　不同 JNR 条件下识别正确率

3.2.2 反应式干扰信号分类与识别

反应式干扰信号属于智能干扰信号,在2.3节已介绍了其信号模型,下面给出反应式干扰信号的识别方法。

1. 特征参数选择方法及理论分析

反应式干扰信号不同于传统单频,带限噪声等干扰信号、干扰信号频谱、时域特征都不明显,容易与通信信号相混淆,并且判别时需要用到的特征参数多,所以提取特征参数时需要进行特殊处理。下面对需要用到的特征参数进行提取:

1) 自相关特征

根据接收信号的自相关函数能够对信号种类进行初步判断,接收信号的自相关函数为

$$R_y(\tau) = \mathrm{E}[y(t)y(t+\tau)^*] \quad (3.55)$$

对不同干扰信号进行自相关波形分析:

(1) 对直接转发式干扰,有

$$j(t) = k_j \beta_A [k_e x(t - \tau_e - \tau_{jam} - \tau_j) + n_j] \quad (3.56)$$

为简化运算,设 $h=1, k_j \beta_A k_e = A, t = t - \tau_h, \tau_0 = \tau_e + \tau_{jam} + \tau_j - \tau_h$,则

$$y(t) = x(t) + Ax(t - \tau_0) + n_d \quad (3.57)$$

假设 $x(t)$ 是伪随机信号(经信道编码),则当 $\tau=0$ 和 $\tau=\tau_0$ 时,有

$$R_y(0) = (1 + A^2)\mathrm{E}[x(t)^2] + \sigma_n^2 \quad (3.58)$$

$$R_y(\tau_0) = A \cdot \mathrm{E}[x(t)^2] + \sigma_n^2 \quad (3.59)$$

根据分析,信号在 $\tau=0$ 和 $\tau=\tau_0$ 处存在自相关峰。

(2) 对幅度调制转发干扰,有

$$j(t) = k_j V(t)[k_e x(t - \tau_e - \tau_{jam} - \tau_j) + n_j] \quad (3.60)$$

将参数合并化简,可得

$$y(t) = x(t) + A * \beta(t) x(t - \tau_0) + n_d \quad (3.61)$$

$$\beta(t) = V(t) \in [0, 2] \quad (3.62)$$

则当 $\tau=0$ 和 $\tau=\tau_0$ 时,分别有

$$R_y(0) = (1 + A^2 \cdot \mathrm{E}[\beta(t)^2])\mathrm{E}[x(t)^2] + \sigma_n^2 \quad (3.63)$$

$$R_y(\tau_0) = A \cdot \mathrm{E}[\beta(t)]\mathrm{E}[x(t)^2] + \sigma_n^2 \quad (3.64)$$

由于 $\beta(t) = V(t) \in [0,2]$，故 $E[\beta(t)] = 1$。所以幅度调制转发干扰在 $\tau = 0$ 和 $\tau = \tau_0$ 时存在自相关峰。其余部分近似为白噪声功率。

(3) 对相位翻转转发干扰，有

$$j(t) = k_j V(t) [k_e x(t - \tau_e - \tau_{\text{jam}} - \tau_j) + n_j] \quad (3.65)$$

运用变量替换的方法，将参数合并化简，得到

$$y(t) = x(t) + A \cdot \beta(t) x(t - \tau_0) + n_d \quad (3.66)$$

$$\beta(t) = U(t) \in \{-1, 1\} \quad (3.67)$$

则当 $\tau = 0$ 和 $\tau = \tau_0$ 时，分别有

$$R_y(0) = (1 + A^2 \cdot E[\beta(t)^2]) E[x(t)^2] + \sigma_n^2 \quad (3.68)$$

$$R_y(\tau_0) = A \cdot E[\beta(t)] E[x(t)^2] + \sigma_n^2 \quad (3.69)$$

由于 $\beta(t) = U(t) \in \{-1, 1\}$，故 $E[\beta(t)] = 0$。所以相位翻转干扰在 $\tau = \tau_0$ 处无自相关峰。

(4) 连续波干扰和带限噪声干扰 $\tau = \tau_0$ 处无自相关峰，故根据 $\tau = \tau_0$ 自相关峰存在与否可以对信号进行分类。

自相关峰的检测可以利用载波因子系数（C 参数）确定，见式（3.49）。5 种干扰自相关函数 C 参数如图 3.16 所示。

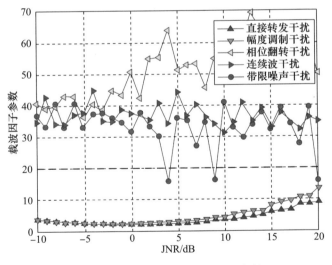

图 3.16 5 种干扰自相关波形 C 参数

2) 时域特征

希望通过时域波形对干扰进一步区分，对幅度调制干扰：

$$y(t) = x(t) + V(t)x(t-\tau_0) + n_d \tag{3.70}$$

由于调制信号幅值随机,幅度调制干扰在时域上会有高低起伏波动。

对相位翻转干扰:

$$y(t) = x(t) + A \cdot U(t)x(t-\tau_0) + n_d \tag{3.71}$$

设 $x(t) = a(t)\cos(f_i t + \varphi)$,$f_i$ 为某时刻信号载频,则有

$$y(t) = a(t)\cos(f_i t) + \beta(t)a(t-t_0)\cos(f_i(t-t_0)) \tag{3.72}$$

由于 $a(t)$ 相对于跳频载波为慢变信号,实际信号中 t_0 不大时,存在 t_i 使得

$$a(t_i) \approx a(t_i - t_0) \tag{3.73}$$

此时将接收信号两部分合并:

$$y(t) \approx a(t)(\cos(f_i t) + \beta(t)\cos(f_i(t-t_0))) \tag{3.74}$$

当 $\beta(t) = 1$ 时,有

$$y(t) \approx a(t) \cdot 2\cos(f_i t - f_i t_0/2)\cos(f_i t_0) \tag{3.75}$$

当 $\beta(t) = -1$ 时,有

$$y(t) \approx a(t) \cdot (-2)\sin(f_i t - f_i t_0/2)\sin(f_i t_0) \tag{3.76}$$

当 $\beta(t) = 1$ 时,信号按正常幅值跳变;$\beta(t) = -1$ 时,由于 $f_i t_0$ 值较小,信号幅值会大大减小。

考虑从时域波形进行区分。为突出信号特征首先对信号取包络,然后分别计算几种干扰时域矩偏度系数 a_3 参数,见式(3.48)。

图 3.17 为 5 种干扰 a_3 参数随 JNR 的变化。

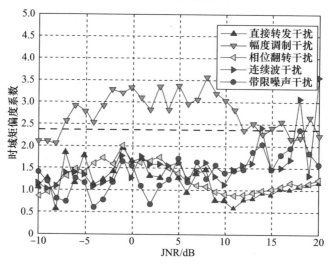

图 3.17　5 种干扰 a_3 参数随 JNR 的变化

3）频谱特征

从频谱方面分析,相位翻转干扰特征较为明显,干扰信号经过双极性信号 $U(t)$ 调制并延时,近似于直接序列扩频。经直扩后信号频谱被扩展,会出现明显带外分量。连续波干扰和带限噪声干扰频谱则较为集中。采用频谱特征区分合适。计算干扰信号频谱 R_f 参数。

图 3.18 为 5 种干扰 R_f 参数随 JNR 的变化,计算方法见式(3.53)。

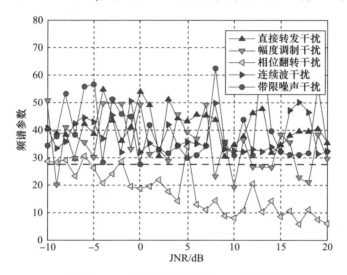

图 3.18　5 种干扰 R_f 参数随 JNR 的变化

4）互相关特征

互相关特征是指接收信号与解跳载波信号的互相关函数波形特征。对连续波干扰,设解跳载波信号 $z(t)=\cos(f_i t)$,则有

$$y(t)=a(t)\cos(f_i t)+A\cdot\cos(f_i(t-t_0)) \tag{3.77}$$

$$R_{yz}(\tau)=\mathrm{E}[a(t)\cos(f_i t)\cos(f_i(t+\tau))+ \\ A\cdot\cos(f_i(t-t_0))\cos(f_i(t+\tau))] \tag{3.78}$$

由于 $a(t)$ 和跳频载波信号不相关,故第一项可写为

$$\mathrm{E}[a(t)]\mathrm{E}[\cos(f_i t)\cos(f_i(t+\tau))] \tag{3.79}$$

由于 $a(t)$ 有伪随机性,易知 $\mathrm{E}[a(t)]=0$,所以有

$$R_{yz}(\tau)=\mathrm{E}[A\cdot\cos(f_i(t-t_0))\cos(f_i(t+\tau))] \tag{3.80}$$

$$R_{yz}(t_0)=A\cdot 0.5\cdot\cos(2f_i t_0) \tag{3.81}$$

由 f_i 和 t_0 取值范围计算得 $2f_i t_0 \leq 0.1$,所以 $\cos(2f_i t_0) > 0.99$,故互相关函数在 $\tau = t_0$ 有相关峰出现。

带限干扰信号为带限噪声,相位不固定,所以没有互相关峰。将 5 种干扰信号互相关函数分别求平均谱平坦系数 Fse 参数,得到结果如图 3.19 所示。

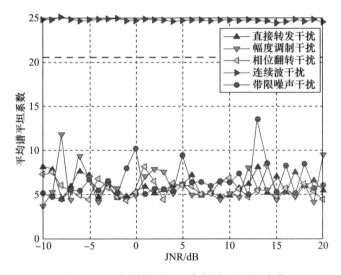

图 3.19 互相关波形 Fse 参数随 JNR 的变化

在以上各个信号域采用的相应特征参数具有稳定性,能够反映信号的波形特征,可以应用于几种干扰信号的识别。其中粗虚线为分类设置的门限值。

2. 基于决策树的反应式干扰信号识别

仿真采用一组卫星-飞行器测控系统参数:信息速率为 8kHz,跳速为 16kHz,跳频频带为 4.8MHz~9.6MHz,采样率为 20MHz,对 8kHz 进行归一化,固定 SNR = 10dB,与真实跳频系统参数吻合[7]。基于决策树的反应式干扰识别流程见图 3.20。

下面对决策树关键节点进行说明:

(1)自相关波形参数:根据分析可知,直接转发干扰和幅度调制干扰有第二自相关峰;相位翻转、连续波干扰和带限噪声干扰无第二自相关峰,计算 C 参数如图 3.16 所示,C 参数门限设置为 20,能够将直接转发干扰、幅度调制干扰与其他类型干扰区分。另外,在高干噪比条件下,带限噪声干扰的随机性导致有时其自相关函数能够越过分类门限造成错判,所以增加一步 Fse 参数判断以提高分类正确率。

(2)时域波形参数:时域波形参数 a_3 将分类门限值设置为 2.2,能够区分直

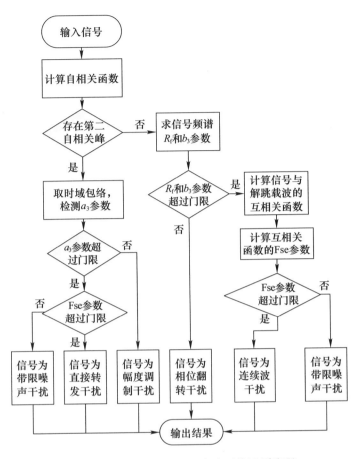

图 3.20 基于决策树的反应式干扰识别流程

接转发干扰和幅度调制干扰,幅度调制干扰波形起伏随机性更大故 a_3 参数更大,如图 3.17 所示。

(3) 频谱波形参数:相位翻转干扰频谱泄露较为明显,主瓣降低副瓣升高,包络起伏变小,与其他信号频谱波形差别较大。所以其 R_f 参数明显变小,可以作为分类参数,将门限值设置为 28,这样才能够区分,如图 3.18 所示。

(4) 互相关波形参数:连续波干扰存在互相关峰,其余几种干扰都无互相关峰。所以连续波干扰互相关波形更加不平坦,其 Fse 参数要明显高于其他干扰样式,将门限设置为 19,如图 3.19 所示。

采用蒙特卡罗仿真,随机样本信号 15500 组,每种干扰信号 3100 组,−10 ~ 20dB 每一 JNR 下 100 组数据,每组数据 1000bit。固定信噪比为 10dB,干扰信号在不同干噪比下识别正确率曲线如图 3.21 所示。

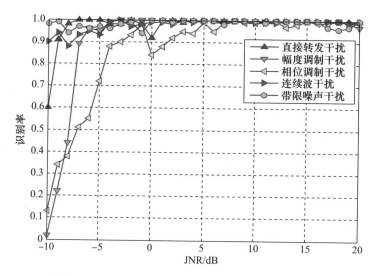

图 3.21 干扰信号在不同干噪比下识别正确率曲线

除相位调制干扰,其余在 0～20dB 条件下识别正确率大于 96%,错误主要分布于相位调制干扰低干噪比区,原因是相位调制干扰频谱波形在低干噪比下扩展不明显,R_f 参数偏高。可以结合 C 参数综合分析。

另外给出错误矩阵如图 3.22 所示,1～5 分别代表直接转发干扰、幅度调制

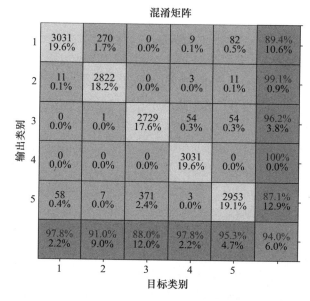

图 3.22 分类树法不同干扰信号识别错误矩阵

干扰、相位翻转干扰、连续波干扰和带限噪声干扰。错误矩阵结合分类树和识别正确率曲线能够确定分类误差偏大的步骤,做相应调整。

参 考 文 献

[1] 杨敏.基于OFDM系统的同步及干扰检测技术研究[D].长沙:湖南大学,2019.
[2] 吕再兴.通信对抗中的干扰检测算法研究[D].成都:电子科技大学,2011.
[3] 黄禹.DSSS系统的干扰检测技术研究与实现[D].西安:西安电子科技大学,2014.
[4] 王艳杉.OFDM系统中宽带干扰的差分检测及SINR估计算法的研究[D].桂林:桂林电子科技大学,2011.
[5] 付永明.基于拟合优度检验的通信信号检测与识别技术[D].长沙:国防科学技术大学,2015.
[6] 赵纳森.基于干扰认知的测控系统抗干扰技术研究[D].长沙:国防科技大学,2019.
[7] 秦源.基于信道差异和决策融合的欺骗干扰检测识别[D].杭州:杭州电子科技大学,2016.

第4章 直接序列扩频通信

作为最常用的抗干扰通信波形之一,扩展频谱通信(以下简称扩频通信)已广泛应用于军事通信系统。扩频技术的最初构想是在第二次世界大战期间形成的,干扰和抗干扰技术成为决定胜负的重要因素,并在战后得出了"最好的抗干扰措施就是好的工程设计和扩展工作频谱"的结论[1]。直接序列扩频(DS-SS)通信是一种典型的扩频通信方法,扩频后的传输信号带宽远大于携带信息带宽。扩频通信除了优良的抗干扰能力,还具有低截获、抗多径衰落等优势,并支持多址通信,已成功应用于数据链、遥测遥控、导航、深空探测等领域。

本章重点讨论直接序列扩频通信波形,包括二进制直接序列扩频、混沌扩频、跳码扩频、Chirp 扩频等工作原理及其抗干扰性能。

4.1 扩频通信基本理论

扩频通信技术将发送信号调制扩频到一个更宽的频带上,扩频后的带宽远大于原始信号的带宽,扩展后的信号带宽受到独立于信息的特殊序列的控制,在接收端采用相同的特殊序列副本进行解扩与信息恢复。扩频技术将低维矢量空间的信号矢量通过扩谱矢量扩展到了高维的信号矢量空间,但是信号所承载的原始信息量是不变的。这样用高维数的矢量来传递低维数信息的方法,使得信号的冗余度大大增加,降低了对信噪比的要求,实现了带宽和信噪比的互换。

香农定理指出,信道容量的大小取决于信道带宽与信噪比,即

$$C = B\log_2(1 + S/N) \tag{4.1}$$

式中:C 为通信系统的信道容量(b/s),即单位时间内信道中无差错传输的最大信息量;B 为通信系统的信道带宽(Hz);S 为通信系统的信号功率(W);N 为噪声功率(W)。

在给定信噪比和带宽的条件下,只要信源的信息传输速率小于信道容量,则总可以找到一种编码方式,能以任意小的差错概率实现信息速率为 C 的信息传输。

当信噪比很小时,即 $x = S/N \to 0$,随着信号带宽 B 增大,噪声功率 N 也随之

增大,$B \to +\infty$,由

$$\lim_{x \to 0} \frac{\log_2(1+x)}{x} = \log_2 e \approx 1.44$$

可得

$$C/B \approx 1.44 S/N \tag{4.2}$$

在信道容量 C 保持不变的条件下,增大信号带宽 B,对信噪比 S/N 的要求越小。可以看出,通过扩展频谱(增大信号带宽)可以降低对系统信噪比的要求,实现可靠通信。

衡量一个系统是否是扩频通信系统主要依据以下三个准则:
(1) 信号所占带宽远远超过了传递信息所必需的最小带宽;
(2) 带宽扩展依赖一个与数据独立的特征码来完成;
(3) 在接收端必须采用和发端相同的特征码且同步以完成解扩和数据恢复。

4.2 直接序列扩频通信

直接序列扩频技术是应用最广泛的一种扩展频谱技术,它是将待传信息与一个高速的伪随机码(PN 码)波形相乘后直接控制(调制)射频载波的某一个参量,从而扩展信号传输带宽的一种传输体制。

4.2.1 工作原理

1. 系统组成

图 4.1 给出了直接序列扩频通信的基本结构,与普通的非扩频通信相比,增加了扩频和解扩单元。发射端对扩频后的信号进行成形滤波、数字载波调制;接收端完成解调、匹配滤波,输出与本地产生的扩频码进行相关处理完成解扩和判决。

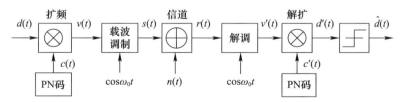

图 4.1 直接序列扩频通信的基本结构

图 4.1 中的 PN 码可以是二进制扩频序列、多进制或实值扩频序列,二进制扩频实现简单、应用广泛,多进制或实值扩频信号的抗截获能力强,本节主要围绕二进制扩频展开讨论。

2. 主要性能参数

1) 扩频增益

扩频增益又称为扩展比,定义为同样调制样式下扩频后信号带宽与非扩频信号带宽之比,即

$$G_p = W_{ss}/W_d \tag{4.3}$$

常用分贝数表示为

$$G_p = 10\lg(W_{ss}/W_d)(\text{dB}) \tag{4.4}$$

式中:W_d 为非扩频信号带宽,取决于扩频前数据速率 R_d,$W_d \propto R_d$;W_{ss} 为非扩频信号带宽,取决于扩频信号速率 R_c,$W_{ss} \propto R_c$。

扩频增益又可以表示为

$$G_p = N = \frac{T_b}{T_c} = \frac{R_c}{R_d} \tag{4.5}$$

2) 干扰容限

干扰容限定义为 DS-SS 系统在解调性能满足要求(系统输出信噪比一定)的前提下,接收机前端所能容忍的干扰信号比有用信号超出的分贝(dB)数(最大干信比),一般用 M_j 来表示,即

$$M_j = G_p - (S/N)_{\min} - L_s \tag{4.6}$$

式中:G_p 为扩频增益;$(S/N)_{\min}$ 为满足系统解调要求下相关解扩输出端的最小信噪比;L_s 为系统的实现损耗。

3. 主要特点

DS-SS 系统主要有以下优点:

(1) 抗干扰能力强。DS-SS 直扩系统具有强的干扰抑制能力。存在窄带干扰时 DS-SS 系统收发信号的频谱特性如图 4.2 所示,发射端原始窄带信号的频谱被展宽,传输过程中存在窄带干扰信号,接收信号即宽带扩频信号与窄带干扰的叠加,经解扩处理,从与本地 PN 序列相关的 DS-SS 信号中恢复出原始窄带信号;而与 PN 序列不相关的窄带干扰经解扩后被"平均"地分配到整个被展宽了的射频带宽上,再通过窄带滤波器滤除了大部分干扰功率,干扰信号的能量只有一小部分进入解调器,从而有效地抑制干扰,扩频增益越大,抗干扰能力越强。

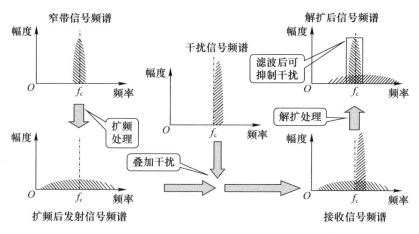

图 4.2　DS－SS 系统抗干扰示意图

（2）隐蔽性好。相对常规通信系统，DS－SS 信号占据了更大的带宽，发射功率相同的情况下，DS－SS 信号的功率谱密度远远小于扩频前的信号功率谱密度，甚至可以在信号谱线完全被噪声淹没时正常工作。但对于不了解扩频信号有关参数的第三方，难以在频谱上对 DS－SS 信号进行侦听和截获。

（3）具有一定的抗衰落能力。信道多径衰落是影响无线通信系统性能的重要因素，多径衰落使接收端接收信号产生失真，导致码间串扰，引起噪声增加。扩频信息占据很宽的带宽，当遇到衰落时，它只影响到扩频信号的一部分频谱衰落。当 PN 码片宽度（持续时间）小于多径时延时，DS－SS 系统可以利用扩频码之间的相关特性，在接收端采用相关技术从多径信号中提取并分离出多条路径的有用信号，并按一定准则把多个路径来的同一 PN 序列波形相加使之得到加强，从而有效地抵抗多径干扰。

（4）易于实现多址通信。DS－SS 系统占用了很大的带宽，其频率利用率低。但可以让多个用户共享这一频带，即为不同用户分配不同的扩频序列，所选择的 PN 序列具有良好的自相关特性和互相关特性，接收端利用相关检测技术对不同用户分别进行解扩，区分不同用户信号的同时提取有用信号。多个用户可以在同一时刻、同一地域内工作在同一频段上，而相互造成的影响很小，即码分多址（Code Division Multiple Access，CDMA）系统。

（5）可实现无线测距。DS－SS 系统的信号带宽很宽，接收端的相关处理其时间分辨率较窄带系统要高得多。同时，利用 PN 码的相关性，还可以获得较大的无模糊作用距离，克服常规信号不能同时满足估计精度高和作用距离远的矛盾。DS－SS 系统在这方面最成功的应用当属美国的全球定位系统（Global Positioning System,GPS)和我国的"北斗"导航定位系统。

4.2.2 二进制扩频

图 4.1 中的 PN 码为二进制扩频序列即二进制扩频,扩频前后的基带数据流均为二进制。对于二进制扩频,需要澄清以下三个概念:

(1) 非相干扩频与相干扩频。在相干扩频中,信息数据时钟和伪随机码时钟同步,信息数据率通常不变;而在非相干扩频中,信息数据时钟和伪随机码时钟不同步,并且比特速率在一定范围内可变。

(2) 系统扩展比不一定是整数。扩展比是由扩频码速率和数据速率的比值确定的,这个比值不一定要求是整数。

(3) 载波调制方式的选择。由于扩频后输出二进制数据流,原则上讲载波调制可以是振幅键控、多进制相移键控、多进制频移键控、最小频移键控、连续相位调制等任意一种数字调制方式。

1. DS – BPSK

在调制方式上应用最广泛的是直接序列 – 二进制相移键控(DS – BPSK)调制,其具有如下优势:

(1) 相位调制具有较好的传输性能;

(2) 扩频和解扩可以通过简单的乘法运算完成,实现简单;

(3) DS – BPSK 信号无离散谱,信号隐蔽性好。

设输入持续时间 T_b 的信息序列为

$$d(t) = \sum_{k=1}^{\infty} d_k g_{T_b}(t - kT_b) \qquad (4.7)$$

式中:$d_k \in \{+1, -1\}$;$g(t)$ 是宽度为 T_b 的矩形脉冲。

PN 码输出伪随机序列可以表示为

$$c(t) = \sum_{n=0}^{N-1} c_n p_{T_c}(t - nT_c) \qquad (4.8)$$

式中:$c_n \in \{+1, -1\}$;$p(t)$ 是宽度为 T_c 的矩形脉冲,且 $T_c \ll T_b$。

信息序列与 PN 序列直接相乘,得到 DS – SS 基带信号为

$$v(t) = d(t)c(t) = \sum_k d_k \sum_{n=0}^{N-1} c_n \cdot p_{T_c}(t - kT_b - nT_c) \qquad (4.9)$$

式中:N 为扩频因子,$N = T_b/T_c \gg 1$。

则 DS – BPSK 信号输出为

$$s(t) = \sqrt{2E_c} v(t) \cos\omega_0 t \qquad (4.10)$$

式中：E_c 为每个 PN 码片的能量，$E_c = E_b/N$；ω_0 为载波角频率。

DS-BPSK 信号的时域波形如图 4.3 所示。

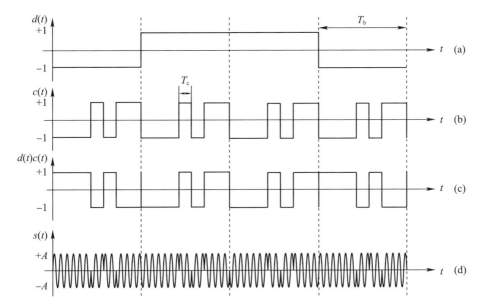

图 4.3　DS-BPSK 信号的时域波形

根据文献[2]关于数字调制信号功率谱的分析，假设 PN 码 c_n 是离散独立同分布随机序列，则 DS-BPSK 信号的功率谱密度函数可近似表示为

$$P_s(f) = \frac{E_c T_c}{2} \{ \mathrm{Sa}^2[\pi(f+f_0)T_c] + \mathrm{Sa}^2[\pi(f-f_0)T_c] \} \quad (4.11)$$

相比 BPSK 调制的谱零点带宽 $2/T_b$，DS-BPSK 信号的谱零点带宽变为 $2/T_c$，展宽了 N 倍，所以称其为扩频因子。在 AWGN 信道条件下，接收信号表示为

$$r(t) = s(t) + n(t) \quad (4.12)$$

式中：$s(t)$ 为发射信号；$n(t)$ 为零均值高斯白噪声；其单边功率谱密度为 $N_0/2$。

首先进行 BPSK 相干解调：

$$v'(t) = r(t)\sqrt{2}\cos\omega_0 t \big|_{\mathrm{LPF}} = \sqrt{E_c} \sum_k d_k \sum_{n=0}^{N-1} c_n \cdot p_{T_c}(t - kT_b - nT_c) + n'(t) \quad (4.13)$$

$n'(t)$ 的功率谱密度与 $n(t)$ 相同，此时的信噪比为

$$\gamma_{\text{in}} = \frac{\mathrm{E}^2[v'(t)]}{2\mathrm{var}[v'(t)]} = \frac{E_c}{N_0} \tag{4.14}$$

假设收发两端的 PN 序列同步,即 $c'(t) = c(t)$,$c'(t)$ 与 $v'(t)$ 相关积分,解扩输出:

$$\begin{aligned} d'(t) &= \sum_k \int_{(k-1)T_b}^{kT_b} v'(t)c'(t)\mathrm{d}t \\ &= N\sqrt{E_c}\sum_k d_k p_{T_b}(t - kT_b) + \sum_k \int_{(k-1)T_b}^{kT_b} n'(t)c'(t)\mathrm{d}t \end{aligned} \tag{4.15}$$

利用 $c'(t)c(t) = c^2(t) = 1$,不考虑信道噪声 $n'(t) = 0$,则相关积分后输出扩频调制前的信息序列;若 $n'(t) \neq 0$,其输出信噪比为

$$\gamma_{\text{out}} = \frac{\mathrm{E}^2[d'(t)]}{2\mathrm{var}[d'(t)]} = \frac{N^2 E_c}{N \cdot N_0} = \frac{E_b}{N_0} \tag{4.16}$$

可以看出:①相关器输入与输出信噪比满足 $\gamma_{\text{out}} = N \cdot \gamma_{\text{in}}$;②AWGN 信道下,DS–BPSK 信号解扩输出信噪比与常规 BPSK 解调输出相同,噪声性能一致;③理论上,DS–BPSK 系统的接收机灵敏度与常规 BPSK 接收机相同。

2. 循环扩频调制

循环码移键控(Cyclic Code Shift Keying,CCSK)调制是一种多进制非正交的编码扩频信号。CCSK 编码扩频是通过选用一个周期自相关特性优良的函数 $f(t)$ 作为基函数 S_0,并用 S_0 及其循环移位序列 $S_1, S_2, \cdots, S_{M-2}, S_{M-1}$ 表示数据信息(从数据信息序列向循环移位的函数集作映射),并对载波进行调制而得到的。

在多数情况下,基函数为一个二进制序列,$S_0 = (b_0, b_1, b_2, \cdots, b_{M-2}, b_{M-1})$,$b_m = \pm 1$,其中 $0 \leq m \leq M-1$,M 为伪码长度,对应的循环移位序列为(左移)$S_1 = (b_1, b_2, \cdots, b_{M-2}, b_{M-1}, b_0)$,$S_2 = (b_2, b_3, \cdots, b_{M-2}, b_{M-1}, b_0, b_1), \cdots$。该函数集 $\{S_0, S_1, S_2, \cdots, S_{M-1}\}$ 中 M 个元素最多可表示 k 比特数据信息,$2^k = M$,映射方式多为以 k 比特符号的符号值对应函数集中该移位值的移位序列。设数据符号为 $D = (d_{k-1}, d_{k-2}, \cdots, d_1, d_0)$,符号值由 $V_D = \sum_{i=0}^{k-1} d_i 2^i$ 计算。

4.2.3 抗干扰性能

根据频域卷积原理,带宽为 W_J 的宽带干扰与本地 PN 相关输出的干扰信号带宽约为两者带宽之和,即 $W_J + W_{ss}$,经过带宽为 W_d 的滤波器,同样只有带宽为 W_d 的干扰信号输出,则滤波后输出功率为

$$J_{\text{out}} = J_{\text{in}} \cdot \frac{W_{\text{d}}}{W_{\text{J}} + W_{\text{ss}}} \tag{4.17}$$

有用扩频信号的功率不变,相应的输出信干比为

$$\text{SJR}_{\text{out}} = \frac{W_{\text{J}} + W_{\text{ss}}}{W_{\text{d}}} \cdot \frac{S_{\text{in}}}{J_{\text{in}}} \tag{4.18}$$

对比式(4.17)和式(4.18)可以看出:①系统扩频增益越大,相同条件下的输出信干比越大,干扰抑制能力越强;②干扰功率相同的情况下,干扰带宽越小,输出信干比越小,干扰效果越好。

扩频信号 $s(t)$ 与本地 PN 序列相关,经窄带滤波器输出至解调器,恢复出原始信息,根据式(4.12)~式(4.15),解扩前后信号的功率不发生变化,$S = E_{\text{c}}/T_{\text{c}} = E_{\text{b}}/T_{\text{b}}$。而单频连续波干扰与本地 PN 序列相乘,根据频域卷积原理,干扰信号功率被本地 PN 信号扩展成与 PN 信号带宽 W_{ss} 相同的宽带干扰,再经过带宽为 W_{d} 的滤波器,只有带宽为 W_{d} 的干扰信号输出,功率为

$$J_{\text{out}} = J_{\text{in}} \cdot \frac{W_{\text{d}}}{W_{\text{ss}}} = J_{\text{in}}/G_{\text{p}} \tag{4.19}$$

则滤波器输出信干比为

$$\text{SJR}_{\text{out}} = G_{\text{p}} \cdot \frac{S_{\text{in}}}{J_{\text{in}}} \tag{4.20}$$

考虑图 4.4 所示的简化等效接收机结构,中频信号 $x(t)$ 首先经过一个带通滤波器滤除带外噪声和干扰,假设带通滤波器具有理想的通带特性,忽略中频带通滤波对带内信号的影响,基带低通滤波器 $H(f)$ 的通带带宽等于信息带宽,即

$$H(f) = \begin{cases} 1, & |f| \leq R_{\text{b}} \\ 0, & \text{其他} \end{cases} \tag{4.21}$$

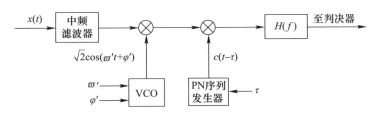

图 4.4 DS-SS 接收机等效简化模型

设信息波形 $b(t)$ 与扩频码波形 $c(t)$ 是相互独立的,有用信号经过天线辐射到空间,在传播过程中受空间各种信号和干扰噪声的污染,接收信号在传播过程

中会产生一定的随机时延 τ、多普勒频移 ϖ_d 及随机相移 φ，在接收端经过射频前端处理，中频信号模型为

$$x(t) = \sqrt{2P_s}\,b(t)c(t)\cos[(\varpi_0+\varpi_d)t+\varphi]+j(t)+v(t) \quad (4.22)$$

本地载波可表示为 $\sqrt{2}\cos(\varpi't+\varphi')$，基带低通滤波器 $H(f)$ 的输出信号为

$$\zeta(t) = \int_{-\infty}^{+\infty} h(t-\alpha)x(\alpha)c(\alpha-\tau)\times\sqrt{2}\cos(\varpi'\alpha+\varphi')\mathrm{d}\alpha \quad (4.23)$$

假定图 4.4 中的相关器是理想的(并能滤除二次谐波)，且中频滤波器和基带滤波器都是线性的，则建立的模型也是线性的，即从中频到基带输出整个处理过程都是线性的[3]。根据线性系统的性质，式(4.23)中各项可以利用线性叠加原理分别求出其在基带滤波器输出端的响应，再求总的响应。

首先假定干扰和噪声项为零，对扩频信号进行分析，式(4.22)可简化为

$$x(t) = \sqrt{2P_s}\,b(t)c(t)\cos[(\varpi_0+\varpi_d)t+\varphi] \quad (4.24)$$

将式(4.24)代入式(4.23)并做积分变量代换，得到

$$\begin{aligned}\zeta(t) &= \int_{-\infty}^{+\infty} h(t-\alpha)\sqrt{2P_s}\,b(\alpha)c(\alpha)\cos[(\varpi_0+\varpi_d)\alpha+\varphi]c(\alpha-\tau)\times\\ &\quad \sqrt{2}\cos(\varpi'\alpha+\varphi')\mathrm{d}\alpha\\ &= 2\sqrt{P_s}\int_{-\infty}^{+\infty} h(t-\alpha)b(\alpha)c(\alpha)c(\alpha-\tau)\cos[(\varpi_0+\varpi_d)\alpha+\varphi]\cos(\varpi'\alpha+\varphi')\mathrm{d}\alpha\end{aligned}$$

$$(4.25)$$

当扩频码同步 $\tau=0$，载波频率锁定 $\varpi'=\varpi_0+\varpi_d$，相位锁定 $\varphi'=\varphi$ 时，基带滤波器输出的有用信号为

$$\zeta(t) = \sqrt{P_s}\int_{-\infty}^{+\infty} h(t-\alpha)b(\alpha)\mathrm{d}\alpha \quad (4.26)$$

从式(4.26)可以看出，只要基带滤波器 $H(f)$ 能无失真地通过信息波形 $b(t)$，在接收端就可以无失真地恢复出信息波形 $b(t)$ 以及对应的信息序列。

以上建立的 DS-SS 系统简化模型是对扩频系统在理论上的抽象和概括，对扩频系统的本质做了描述，虽然这种描述是在若干假设条件下，忽略了许多次要因素进行的，但它反映了扩频系统最本质的特性，在下面讨论扩频系统抗干扰性能时，这一简化模型是非常有用的。

1. DS-SS 抗阻塞噪声干扰

阻塞高斯噪声干扰与接收机热噪声具有相同的性质，可放在一起讨论，设 $v'(t)=j(t)+v(t)$，其中 $j(t)$、$v(t)$ 相互独立，阻塞噪声 $j(t)$ 干扰单边功率谱密度用 N_j 表示，热噪声 $v(t)$ 单边功率谱密度为 N_0。经过中频带通滤波器，进入接收机的干扰功率为

$$\sigma_{v'}^2 = E\{|v'(t)|^2\} = \int_{f_0-B_{IF}/2}^{f_0+B_{IF}/2} \frac{(N_0+N_j)}{2}df = (N_0+N_j)R_c \quad (4.27)$$

假定载波同步和PN码同步已实现,经过图4.4接收机处理,基带滤波器输出的干扰为

$$\zeta_{v'}(t) = \int_{-\infty}^{+\infty} h(t-\alpha)v'(\alpha)c(\alpha) \times \sqrt{2}\cos(\varpi'\alpha+\varphi')d\alpha$$

$$= 2\int_{-\infty}^{+\infty} h(t-\alpha)u(\alpha)c(\alpha)\cos^2[(\varpi_0+\varpi_d)\alpha+\varphi]d\alpha \quad (4.28)$$

其中$u(t)$为$v'(\alpha)$的基带表示,并且有关系式$v'(\alpha) = \sqrt{2}u(t)\cos[(\varpi_0+\varpi_d)\alpha+\varphi]$,将$\cos^2[(\varpi_0+\varpi_d)\alpha+\varphi]$项展开,并认为二次谐波被完全滤除,上式化简为

$$\zeta_{v'}(t) = \int_{-\infty}^{+\infty} h(t-\alpha)u(\alpha)c(\alpha)d\alpha \quad (4.29)$$

式中:$u(t)$是一个平稳高斯过程,并且$u(t)$与$c(t)$相互独立。下面分析干扰经过接收机输出端信号$\zeta_{v'}(t)$的统计特性。对式(4.29)求均值可得

$$E\{\zeta_{v'}(t)\} = \int_{-\infty}^{+\infty} h(t-\alpha)E\{u(\alpha)\}E\{c(\alpha)\}d\alpha = 0 \quad (4.30)$$

方差为

$$\sigma_{\zeta_{v'}}^2 = \text{var}\{\zeta_{v'}(t)\} = E\{|\zeta_{v'}(t)|^2\} = \int_{-\infty}^{+\infty}|H(f)|^2 S_u(f)*S_c(f)df \quad (4.31)$$

式(4.31)表明:平稳高斯干扰$u(t)$的功率谱$S_u(f)$与频谱很宽的扩频信号功率谱$S_c(f)$卷积而被进一步展宽,同时又被基带滤波器$H(f)$限制,从而大大降低了干扰对系统的影响;而有用信号进入接收机,由于与本地PN码具有很强的相关性,在卷积过程中有用信号的带宽从扩频码的带宽内集中到基带滤波器带宽内,从而提高了信号电平,即提高了系统的输出信噪比。这就是扩频系统具有很强的抗干扰性能的基本原理。

假设信息带宽比扩频信号带宽小得多,中频滤波器带宽也满足这一条件,所以在$f = \pm f_0$附近的噪声双边谱密度可以表示为

$$N_n/2 = S_u(f)*S_c(f) \approx \frac{N_j+N_0}{B_{RF}}\int_{-B_{RF}/2}^{+B_{RF}/2}\text{sinc}^2(2\pi f/B_{RF})df \quad (4.32)$$

式(4.32)积分是在$\text{sinc}^2(2f/B_{RF})$主瓣下的面积,这个面积是$0.903B_{RF}/2$。如果干扰带宽比扩频带宽大得多,式(4.32)的积分应当包含对$\text{sinc}^2(2f/B_{RF})$函

数的许多旁瓣的积分，$N_n/2$ 将趋向于极限 $(N_j+N_0)/2$。将式(4.32)代入式(4.31)得到

$$\sigma_{\xi_{v'}}^2 \approx \frac{N_0+N_j}{2}\int_{-\infty}^{+\infty}|H(f)|^2\mathrm{d}f = \frac{N_0+N_j}{2}\int_{-R_b}^{+R_b}1\mathrm{d}f = (N_0+N_j)R_b \tag{4.33}$$

假定基带滤波器输出的噪声服从高斯分布，对于 BPSK 调制，接收端的误比特率可表示为[4]

$$P_e = Q\left(\sqrt{\frac{2E_b}{(N_0+N_j)}}\right) \tag{4.34}$$

设进入接收机的干扰总功率 $P_j = N_j R_{RF}/2 = N_j R_c$，或者有 $N_j = P_j/R_c$，信干比等于 P_s/P_j，又 $E_b = P_s T_b = P_s/R_b$，式(4.34)可改写为

$$P_e = Q\left(\sqrt{\frac{2}{\dfrac{N_0 R_b}{P_s}+\dfrac{P_j}{P_s}\dfrac{R_b}{R_c}}}\right) = Q\left(\sqrt{\frac{2}{\left(\dfrac{E_b}{N_0}\right)^{-1}+\dfrac{\mathrm{SIR}^{-1}}{L}}}\right) \tag{4.35}$$

在式(4.35)中，令信道噪声 $N_0=0$，观察阻塞高斯噪声干扰对系统的影响可知，经过解扩处理和基带滤波之后，干扰的功率减弱为原来的 $1/L$，即对于扩频系统而言，要达到与非扩频系统相同的干扰效果，阻塞噪声干扰的功率应该为非扩频系统干扰功率的 L 倍。这说明在阻塞噪声干扰下，扩频系统的处理增益决定了其抗干扰性能。图4.5 给出在扩展比 $L=64$，比特信噪比 E_b/N_0 分别为 4dB、6dB、8dB、10dB 时，接收端误码率与信干比的关系曲线。

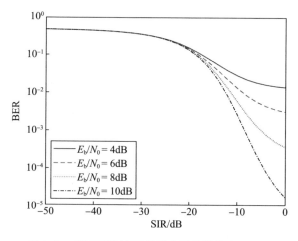

图 4.5　直扩系统抗阻塞噪声干扰性能($L=64$)

2. DS–SS 抗单音干扰

对单音干扰的分析中,接收机热噪声的影响可参考前面对阻塞噪声干扰分析结果。设单音干扰的角频率为 ϖ_j,功率为 P_j,并且进入接收机的单音干扰与有用信号和噪声是相互独立的,干扰信号的表达式为

$$j(t) = \sqrt{2P_j}\cos(\varpi_j t + \varphi_j) \tag{4.36}$$

经过中频滤波器的单音干扰在相关处理后,在基带低通滤波器输出端的响应为

$$\begin{aligned}\zeta_j(t) &= \int_{-\infty}^{+\infty} j(\alpha)c(\alpha)\sqrt{2}\cos[(\varpi_0 + \varpi_d)\alpha + \varphi]h(t-\alpha)\mathrm{d}\alpha \\ &= 2\sqrt{P_j}\int_{-\infty}^{+\infty} c(\alpha)\cos(\varpi_j\alpha + \varphi_j)\cos[(\varpi_0 + \varpi_d)\alpha + \varphi]h(t-\alpha)\mathrm{d}\alpha\end{aligned} \tag{4.37}$$

假设相关后滤除二次谐波,则有

$$\begin{aligned}\zeta_j(t) &= \sqrt{P_j}\int_{-\infty}^{+\infty} c(\alpha)\cos[(\varpi_0 + \varpi_d - \varpi_j)\alpha + \varphi - \varphi_j]h(t-\alpha)\mathrm{d}\alpha \\ &= \sqrt{P_j}\int_{-\infty}^{+\infty} c(\alpha)\cos[(\Delta\varpi_j)\alpha + \varphi'_j]h(t-\alpha)\mathrm{d}\alpha \\ &= \sqrt{P_j}\int_{-\infty}^{+\infty} c(\alpha)[\cos(\Delta\varpi_j\alpha)\cos\varphi'_j - \sin(\Delta\varpi_j\alpha)\sin\varphi'_j]h(t-\alpha)\mathrm{d}\alpha\end{aligned} \tag{4.38}$$

式中:$\Delta\varpi_j$ 为干扰频率相对于本地载波的频偏,$\Delta\varpi_j = \varpi_0 + \varpi_d - \varpi_j$;$\varphi'_j$ 为干扰相位与本地载波相位差 $\varphi'_j = \varphi - \varphi_j$,不失一般性,设 φ'_j 服从 $(0,2\pi]$ 区间上的均匀分布。

首先求 $\zeta_j(t)$ 的均值为

$$\mathrm{E}\{\zeta_j(t)\} = \sqrt{P_j}\int_{-\infty}^{+\infty}\mathrm{E}\{c(\alpha)\cos[(\Delta\varpi_j)\alpha + \varphi'_j]\}h(t-\alpha)\mathrm{d}\alpha = 0 \tag{4.39}$$

由式(4.39)可得下变频并滤除二次谐波后干扰 $j(t)$ 的功率谱密度为

$$S_j(f) = \frac{1}{2}P_j[\delta(f - \Delta\varpi_j/2\pi) + \delta(f + \Delta\varpi_j/2\pi)] \tag{4.40}$$

本地 PN 码波形 $c(t)$ 的功率谱密度为[5]

$$S_c(f) = \frac{1}{L^2}\delta(f) + \frac{L+1}{L^2}\mathrm{sinc}^2(\pi T_c f)\sum_{\substack{k=-\infty \\ k\neq 0}}^{+\infty}\delta\left(f - \frac{k}{LT_c}\right) \tag{4.41}$$

式中:k 为非零整数。

基带滤波器输出端干扰信号的方差为

$$\sigma_{\zeta_j}^2 = \int_{-\infty}^{+\infty} |H(f)|^2 S_j(f) * S_c(f) \mathrm{d}f \tag{4.42}$$

式中

$$\begin{aligned} S_j(f) * S_c(f) &= \frac{1}{2}P_j[\delta(f - \Delta\varpi_j/2\pi) + \delta(f + \Delta\varpi_j/2\pi)] * S_c(f) \\ &\approx \frac{1}{2L^2} \int_{-R_b}^{+R_b} [S_{B_j}(f + \Delta f_j) + S_{B_j}(f - \Delta f_j)] + \\ &\quad \frac{L+1}{2L^2}\mathrm{sinc}^2(\pi T_c f) \sum_{\substack{k=-\infty \\ k\neq 0}}^{+\infty} \int_{-R_b}^{+R_b} \left[S_{B_j}\left(f + \Delta f_j - \frac{k}{LT_c}\right) + \right. \\ &\quad \left. S_{B_j}\left(f - \Delta f_j - \frac{k}{LT_c}\right) \right] \mathrm{d}f \end{aligned} \tag{4.43}$$

式中:$\Delta f_j = \Delta\varpi_j/2\pi$。

将式(4.43)代入式(4.42)可得

$$\sigma_{\zeta_j}^2 \approx \frac{1}{2L^2} \int_{-R_b}^{+R_b} [S_{B_j}(f + \Delta f_j) + S_{B_j}(f - \Delta f_j)] + \frac{1}{2L}P_j\mathrm{sinc}^2(\pi T_c f) \times$$

$$\int_{-R_b}^{+R_b} \left[\sum_{\substack{k=-\infty \\ k\neq 0}}^{+\infty} \delta\left(f - \frac{k}{LT_c} - \Delta f_j\right) + \sum_{\substack{k=-\infty \\ k\neq 0}}^{+\infty} \delta\left(f - \frac{k}{LT_c} + \Delta f_j\right) \right] \mathrm{d}f \tag{4.44}$$

上式中,只有满足条件

$$\left| f - \frac{k}{LT_c} - \Delta f_j \right| \leq R_b \text{ 或 } \left| f - \frac{k}{LT_c} + \Delta f_j \right| \leq R_b \tag{4.45}$$

的谱线落在积分区间$[-R_b, R_b]$内,由于$R_b = R_c/L = 1/LT_c$,所以上式积分区间内最多只有两根谱线,并且输出端的干扰功率与单音干扰的频偏有关。不失一般性,设单音干扰的频偏 $\Delta\varpi_j = 2\pi n/LT_c$,代入式(4.44)可得

$$\sigma_{\zeta_j}^2 = \begin{cases} \dfrac{P_j}{L^2}, & \Delta f_j = 0 \\ \dfrac{L+1}{2L^2}P_j\left[\mathrm{sinc}^2\left(\dfrac{\pi(n-k)}{L}\right) + \mathrm{sinc}^2\left(\dfrac{\pi(n+k)}{L}\right)\right], & \Delta f_j \neq 0 \end{cases} \tag{4.46}$$

由式(4.46)可知,当干扰正好落在 DS-SS 信号功率谱"凹槽"内时,系统的

处理增益为 L^2，干扰落在其他频段时系统的处理增益为

$$G_p = \frac{1}{\dfrac{L+1}{2L^2}\left[\text{sinc}^2\left(\dfrac{\pi(n-k)}{L}\right) + \text{sinc}^2\left(\dfrac{\pi(n+k)}{L}\right)\right]} \geq L \quad (4.47)$$

特别的，当扩展比足够大 $(L \gg 1)$，并且 $(n-k)/L \ll 1$，$(n+k)/L \ll 1$ 时，输出端干扰功率近似为 $\sigma_{\zeta_j}^2 \approx P_j/L$。由以上分析可知，对于单音干扰在最不利的情况下，接收机基带输出端的干扰功率不超过 P_j/L，处理增益仍不低于扩展比 L，并且扩频增益越大，对单音干扰的抑制能力越强。图 4.6 给出了 DS-SS 系统在不同扩展比下对单音干扰的处理增益曲线，其中基准线表示处理增益等于扩展比 L。图 4.6 的结果表明：当干扰频率恰好等于载波频率时，系统的处理增益最大；当干扰频率与载波频率有偏差时，系统的处理增益会降低，但是仍高于扩展比 L。

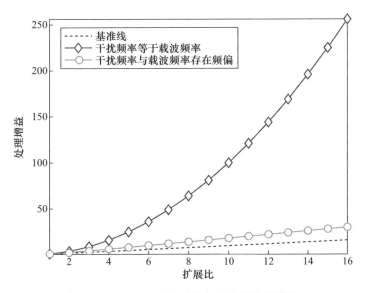

图 4.6　DS-SS 系统对单音干扰的处理增益

3. DS-SS 抗部分频带干扰

对部分频带干扰，假设干扰的带宽为 B_j，相对于载波频偏为 Δf_j，干扰 $j(t)$ 为零均值高斯噪声，单边功率谱密度为 N_j，设功率谱函数为

$$S_{B_j}(f) = \begin{cases} N_j, & |f| \leq B_j \\ 0, & \text{其他} \end{cases} \quad (4.48)$$

部分频带干扰 $j(t)$ 的功率谱密度可表示为

$$S_j(f) = \frac{1}{2}[S_{B_j}(f+\Delta f_j) + S_{B_j}(f-\Delta f_j)] \qquad (4.49)$$

由式(4.49)可知,基带滤波器输出端干扰信号的方差为

$$\begin{aligned}\sigma_{\zeta_j}^2 &= \frac{1}{2}\int_{-\infty}^{+\infty}|H(f)|^2[S_{B_j}(f+\Delta f_j) + S_{B_j}(f-\Delta f_j)] * S_c(f)\mathrm{d}f \\ &= \frac{1}{2}\int_{-R_b}^{+R_b}[S_{B_j}(f+\Delta f_j) + S_{B_j}(f-\Delta f_j)] * S_c(f)\mathrm{d}f\end{aligned} \qquad (4.50)$$

为便于分析,假设干扰频偏为谱线间隔的整数倍,即 $\Delta f_j = n/LT_c$,n 为整数,又 $R_b = 1/LT_c$,代入式(4.50),得到

$$\begin{aligned}\sigma_{\zeta_j}^2 = & \frac{1}{2L^2}\int_{-R_b}^{+R_b}[S_{B_j}(f+nR_b) + S_{B_j}(f-nR_b)] + \\ & \frac{L+1}{2L^2}\mathrm{sinc}^2(\pi T_c f)\sum_{\substack{k=-\infty \\ k \neq 0}}^{+\infty}\int_{-R_b}^{+R_b}[S_{B_j}(f+(n-k)R_b) + S_{B_j}(f-(n+k)R_b)]\mathrm{d}f\end{aligned}$$

$$(4.51)$$

下面分两种情况进行讨论:

(1) 干扰带宽小于比特速率($B_j < R_b$)。

干扰带宽小于比特速率时,将式(4.50)代入式(4.51)可得

$$\sigma_{\zeta_j}^2 = \begin{cases}\dfrac{P_j}{L^2}, & \Delta f_j = 0 \\ \dfrac{L+1}{2L^2}P_j\left[\mathrm{sinc}^2\left(\dfrac{\pi(n-k)}{L}\right) + \mathrm{sinc}^2\left(\dfrac{\pi(n+k)}{L}\right)\right], & \Delta f_j \neq 0\end{cases} \qquad (4.52)$$

式中: P_j 为干扰信号的功率; $P_j = N_j B_j$。由式(4.52)可见,当干扰正好落在 DS-SS 信号功率谱"凹槽"内时,系统的处理增益为 L^2,干扰落在其他频段时系统的处理增益为

$$G_p = \frac{1}{\dfrac{L+1}{2L^2}\left[\mathrm{sinc}^2\left(\dfrac{\pi(n-k)}{L}\right) + \mathrm{sinc}^2\left(\dfrac{\pi(n+k)}{L}\right)\right]} \qquad (4.53)$$

(2) 干扰带宽大于比特速率($B_j \geq R_b$)。

当干扰带宽大于比特速率时,将式(4.50)代入式(4.52),可近似认为落在

滤波器通带内的干扰功率谱是平坦的,式(4.52)第二项中求和项的个数近似等于 $M=\lfloor B_j/R_b \rfloor$,并忽略第一项的影响,可得

$$\sigma_{\zeta_j}^2 = \frac{L+1}{2L^2} \frac{P_j R_b}{B_j} \left[\operatorname{sinc}^2\left(\frac{\pi(n_1-k)}{L}\right) + \operatorname{sinc}^2\left(\frac{\pi(n_1+k)}{L}\right) + \cdots + \right.$$

$$\left. \operatorname{sinc}^2\left(\frac{\pi(n_M-k)}{L}\right) + \operatorname{sinc}^2\left(\frac{\pi(n_M+k)}{L}\right) \right] \tag{4.54}$$

假设扩展比 $L \gg 1$,并且 $(n_1-k)/L \ll 1$,$(n_1+k)/L \ll 1$,$\cdots$,$(n_M-k)/L \ll 1$,$(n_M+k)/L \ll 1$,式(4.54)可写为 $\sigma_{\zeta_j}^2 \approx P_j/L$。

如图4.7所示,设置扩展比 $L=16$,经过解扩后干扰功率明显降低。当干扰带宽小于比特速率且干扰频率等于载波频率时,干扰抑制性能最好,干扰功率降低约24dB;当干扰频率与载波频率存在偏差时,干扰抑制性能次之,干扰功率降低约14dB;当干扰带宽大于比特速率时,干扰抑制性能最差,解扩后干扰功率降低约12dB。

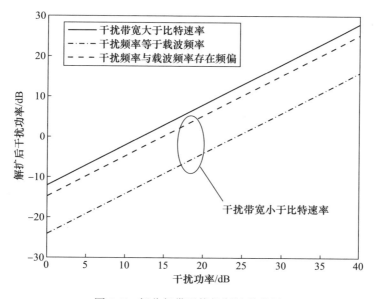

图4.7 部分频带干扰抑制性能分析

综上所述,直接序列扩频系统具有很强的抗阻塞干扰、单音干扰、部分频带干扰能力,经过解扩相关处理之后,输出端干扰功率大约为进入接收机干扰总功率的 $1/L$。也就是说,其抗干扰能力与扩频增益成正比,扩频增益越大,系统抗不相关干扰的能力越强。这是扩频通信技术的重要特点之一。

4.3　混沌扩频通信

混沌是非线性系统的一个重要部分,广泛存在于自然界中,可以说,混沌理论是 20 世纪自然科学上最伟大的理论之一。1963 年,美国著名气象学家 Edward Norton Lorenz 发表了《确定性的非周期流》一文,引领了混沌学研究的大潮,文中提出"由于天气观测存在自不待言的非精确性和不完全性,长期、准确的天气预报将是不可能的",并得出"一个确定性的系统能够以最简单的方式表现出非周期的性态"的结论。这就是著名的"蝴蝶效应"[6]。本节主要介绍采用切比雪夫(Chebyshev)映射产生的混沌序列及其相关特性,以及混沌相移键控(Chaotic Shift Keying, CSK)和差分混沌相移键控(Differential Chaotic Shift Keying, DCSK)两种混沌扩频通信系统。

4.3.1　混沌序列及其相关特性

混沌的定义很多,常用的是 Devaney[7] 对离散时间混沌系统的定义:

令 Ω 为一个集合,如果满足以下条件,则称 $f:\Omega \to \Omega$ 在 Ω 上是混沌的:

(1) Ω 对初始值的敏感性:存在 $\delta > 0$,对于任意的 $x \in \Omega$ 和 x 的任意邻域 U,存在 $y \in U$ 和 $n \geq 0$,使得 $|f^n(x) - f^n(y)| > \delta$。

(2) f 拓扑传递性:对于任意一对开集 $V, W \in \Omega$,存在 $k > 0$,使得 $f^k(V) \cap W \neq \varnothing$。

(3) 周期点集在 Ω 中稠密。

混沌序列经由一个确定性方程产生,在确定的方程参数和初始值下进行迭代,出现混沌现象,该序列对初始值非常敏感,一个极微小的变化也会产生一个截然不同的混沌序列。

常用的映射有逻辑斯谛(logistic)映射、切比雪夫映射、帐篷(tent)映射等。本节主要介绍由切比雪夫映射[8]生成的混沌序列,定义为

$$g_\mu(x) = \cos(\mu \arccos(x)), \quad -1 \leq x \leq 1 \tag{4.55}$$

对于 $\mu = 2$,有

$$g_2(x) = 2x^2 - 1 \tag{4.56}$$

将 $x = \cos\phi$ 代入式(4.56)中,可以得到

$$\begin{aligned} g_2(\cos\phi) &= 2\cos^2\phi - 1 = \cos 2\phi \\ g_2^{(2)}(\cos\phi) &= g_2[g_2(\cos\phi)] = \cos(2^2\phi) \\ &\vdots \\ g_2^{(k)}(\cos\phi) &= g_2[g_2^{(k-1)}(\cos\phi)] = \cos(2^k\phi) \end{aligned} \tag{4.57}$$

其概率密度分布为

$$\rho(x) = \begin{cases} \dfrac{1}{\pi}\dfrac{1}{\sqrt{1-x^2}}, & |x|<1 \\ 0, & 其他 \end{cases} \quad (4.58)$$

通过概率密度分布可以得到切比雪夫混沌序列的统计特性：

$$E[x_k] = \int_{-1}^{1} x \frac{1}{\pi}\frac{1}{\sqrt{1-x^2}} dx = 0 \quad (4.59)$$

$$\mathrm{var}[x_k] = E[x_k^2] = \int_{-1}^{1} x^2 \frac{1}{\pi}\frac{1}{\sqrt{1-x^2}} dx = \frac{1}{2} \quad (4.60)$$

$$\mathrm{var}[x_k^2] = \int_{-1}^{1} \left(x^2 - \frac{1}{2}\right)^2 \frac{1}{\pi}\frac{1}{\sqrt{1-x^2}} dx = \frac{1}{8} \quad (4.61)$$

$$E\{x_k x_{k+m}\} = \frac{1}{\pi}\int_0^{\pi} \cos\phi \cos(2^m \phi) d\phi = \begin{cases} 1/2, & m=0 \\ 0, & m \neq 0 \end{cases} \quad (4.62)$$

$$\mathrm{var}\{x_k x_{k+m}\} = \begin{cases} 1/8, & m=0 \\ 1/4, & m \neq 0 \end{cases} \quad (4.63)$$

式中：E[·]为期望算子；var[·]为方差算子。

图4.8为$\mu=2$切比雪夫混沌序列的均值和方差，每64个混沌信号为一个码元，对1000个码元取统计平均。从直方图中可以看出，该混沌序列的均值中心为0，方差中心为0.5。

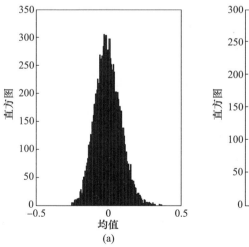
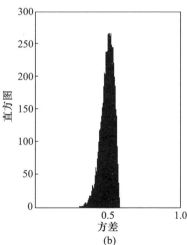

图4.8 切比雪夫混沌序列的均值和方差

由统计特性和图 4.9、图 4.10 可以看出：切比雪夫混沌序列具有良好自相关特性，在 $m=0$ 时有非常尖锐的峰值，互相关函数也与零均值高斯白噪声一致；功率谱也没有明显的尖峰，与白噪声类似，因而非常适用于宽带扩频通信系统。

此外，混沌信号对初始值极度敏感。图 4.11 所示的是初始值分别为 0.3 和

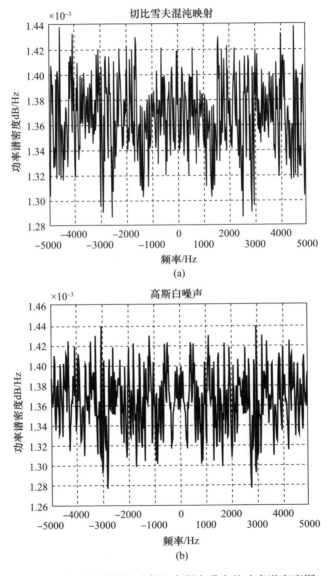

图 4.9 切比雪夫混沌映射和高斯白噪声的功率谱密度图

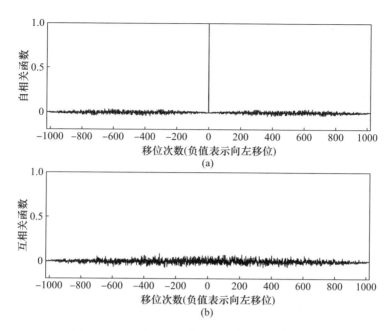

图 4.10 切比雪夫混沌序列的自相关和互相关函数

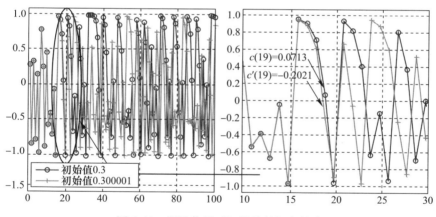

图 4.11 混沌信号对初始值的极度敏感

0.300001 的切比雪夫混沌序列,从图中可以看到,尽管初始值相差仅 10^{-6},但迭代 16 次后两个序列的值已经开始出现分化,迭代 18 次后两个序列的值已经出现正、负号的差别,之后更是演化成完全不同的两个序列。

4.3.2 混沌相移键控通信系统

混沌数字调制是通过映射将传输符号调制成混沌信号。在混沌相移键控通信系统中,信息信号被调制在由混沌序列生成的载波上进行扩频,该系统由于采用相干接收,在发送端和接收端实现混沌严格同步的传输状态下有很好的传输性能。但遗憾的是,由于无线通信的传输信道非常复杂,混沌同步的难度很大,因而混沌相移键控通信系统的发展一直受到限制。在二进制系统中,CSK 信号可以使用一个或两个混沌信号发生器来实现。本节介绍使用一个混沌信号发生器的双极性 CSK(Antipodal CSK)系统(简称 CSK 系统)。

1. CSK 调制解调

CSK 系统调制解调框图如图 4.12 所示。在发送端,以第一个传输符号为例,系统首先由混沌信号发生器生成一个混沌序列 $c = \{c(1), c(2), \cdots, c(M)\}$,然后与信息符号相乘,当发送的信息 $d(n) = \pm 1$ 时,发送的 CSK 信号为混沌序列 c,当发送的信息 $d(n) = -1$ 时,发送的 CSK 信号为负的混沌序列 $-c$,则发送的 CSK 信号定义为

$$s(1) = d(1)c(k), \quad k = 1, 2, \cdots, M \tag{4.64}$$

式中:$d(n) \in \{-1, +1\}$;$c(k)$ 为混沌序列;M 为 CSK 扩频因子。

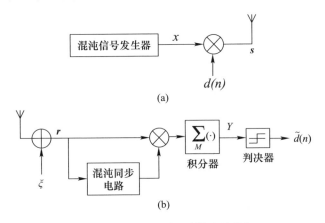

图 4.12 CSK 系统调制解调框图
(a)发送端;(b)接收端。

假设信道为高斯白噪声信道,且接收端实现混沌严格同步,则接收端接收到的信号为

$$r(1) = d(1)c(k) + \xi(k), \quad k = 1, 2, \cdots, M \tag{4.65}$$

式中:$\xi(k)$ 为零均值高斯白噪声,功率谱密度为 $N_0/2$。

对接收信号进行相干解调,与同步后的混沌序列进行相乘,积分后得到判决变量为

$$Y(1) = \sum_{k=1}^{M}\left[d(1)c^2(k) + \xi(k)c(k) \right] \tag{4.66}$$

式(4.66)中第一项是有用的信息项,第二项为噪声干扰项。判决器通过判断判决变量 $Y(1)$ 的正负来解调得到原始信息符号,即

$$\tilde{d}(1) = \mathrm{sgn}[Y(1)] \tag{4.67}$$

2. CSK 理论误码率及仿真

由于混沌序列自身的良好自相关和互相关特性,以及混沌序列与高斯白噪声之间互不相关,因而根据中心极限定理可以判断式(4.66)近似服从高斯分布。采用高斯近似(Gaussian Approximation,GA)误码率计算方法和精确(Exact)误码率计算方法,可以得到 CSK 系统在 AWGN 信道下和瑞利衰落信道下的高斯近似误码率表达式和精确误码率表达式分别为

$$\mathrm{BER}_{\mathrm{CSK-GA}}^{\mathrm{AWGN}} = \frac{1}{2}\mathrm{erfc}\left[\left(\frac{1}{4M} + \frac{1}{E_b/N_0}\right)^{\frac{1}{2}}\right] \tag{4.68}$$

$$\mathrm{BER}_{\mathrm{CSK-GA}}^{\mathrm{Rayleigh}} = \int_{0}^{+\infty}\frac{1}{2}\mathrm{erfc}\left[\left(\frac{1}{4M} + \frac{1}{\gamma_b}\right)^{-\frac{1}{2}}\right]\frac{1}{\bar{\gamma}_b}e^{-\frac{\gamma_b}{\bar{\gamma}_b}}\mathrm{d}\gamma_b \tag{4.69}$$

$$\mathrm{BER}_{\mathrm{CSK-Exact}}^{\mathrm{AWGN}} = \mathrm{E}\left\{\varPhi\left(-\sqrt{\frac{2E_b}{N_0}}\right)\right\} \tag{4.70}$$

$$\mathrm{BER}_{\mathrm{CSK-Exact}}^{\mathrm{Rayleigh}} = \int_{0}^{+\infty}\mathrm{E}\left\{\varPhi(-\sqrt{2\gamma_b})\right\}\frac{1}{\bar{\gamma}_b}e^{-\frac{\gamma_b}{\bar{\gamma}_b}}\mathrm{d}\gamma_b \tag{4.71}$$

式中:$\mathrm{erfc}(\cdot)$ 为互补误差函数;$\mathrm{erfc}(\cdot) = \frac{2}{\sqrt{\pi}}\int_{0}^{+\infty}e^{-t^2}\mathrm{d}t$;$E_b/N_0$ 为每比特的传输信噪比;r_b 为信号的瞬时信噪比,$r_b = \alpha^2 E_b/N_0$;$\bar{r}_b$ 为信号的平均信噪比,$\bar{\gamma}_b = \mathrm{E}[\alpha^2]E_b/N_0$;$\alpha$ 为瑞利衰落信道的乘性干扰;$\varPhi(\cdot)$ 是标准正态分布的分布函数。

图 4.13 所示的是 CSK 系统在高斯白噪声信道下的仿真误码率曲线和理论误码率曲线。从图中可以看出:当扩频因子 M 增大时,CSK 系统的性能有所提升;高斯近似误码率在扩频因子 M 较小时与仿真误码率曲线存在较大偏差,随着 M 的逐渐增大,偏差有所减小;精确误码率计算方法由于考虑到每个比特的能量 E_b 的变化,得到的误码率曲线与仿真误码率曲线较为一致。

图 4.14 所示的是 CSK 系统在瑞利衰落信道下的仿真误码率曲线和理论误码率曲线。从图中可以看出:与在 AWGN 信道下相同,当扩频因子 M 较小时与

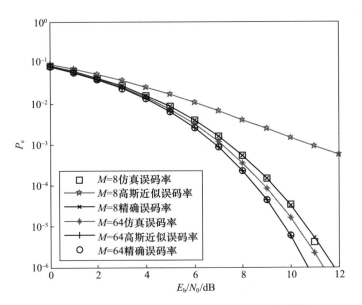

图 4.13 CSK 系统在 AWGN 信道下的误码率曲线

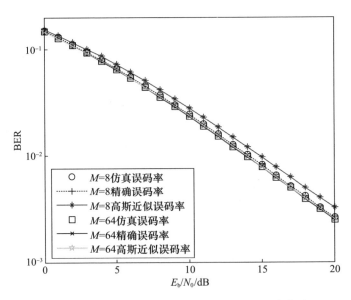

图 4.14 CSK 系统在瑞利衰落信道下的误码率曲线

仿真误码率曲线存在较大偏差,随着 M 的逐渐增大,偏差有所减小;精确误码率计算方法得到的曲线与仿真误码率曲线较为一致,但与 AWGN 信道下的表现不同的是,增大扩频因子 M 后,CSK 系统的性能并未像在 AWGN 信道下那样出现很大的提升,仅仅是略微有所提升。

4.3.3 差分混沌相移键控通信系统

由于混沌同步较难实现,研究人员提出了差分混沌相移键控通信系统,该系统采用非相干解调的方法实现混沌数字通信系统,通过将信号分为参考段和信息承载段,信息信号被调制在由参考段上的混沌序列生成的载波上进行扩频,然后延迟半个符号周期长度进行传输,在接收端不需要进行混沌同步,因而能适应各种无线通信环境,具有良好的鲁棒性和噪声性能。本节主要介绍 DCSK 系统及其理论误码率表达式,并进行仿真验证。

1. DCSK 原理

图 4.15 所示的是 DCSK 系统调制解调框图。在发送端,以第一个传输符号为例,首先把一个符号周期 T_b 分成两个时隙:前半段称为参考段,传送由混沌信号发生器生成的混沌序列 $\boldsymbol{c} = \{c(1), c(2), \cdots, c(M)\}$;后半段称为信息承载段,传送调制的数据。当发送信息为"+1"时,信息承载段内容即为参考混沌信号;当发送信息为"-1"时,信息承载段内容为参考混沌信号取负。即发送端发送的信号为

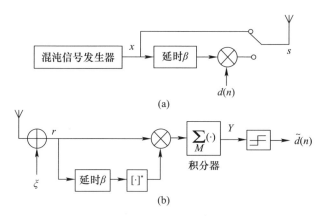

图 4.15 DCSK 系统调制解调框图
(a)发送端;(b)接收端。

$$s(1) = \begin{cases} c(k), & k = 1, 2, \cdots, M \\ d(1)c(k-M), & k = M+1, M+2, \cdots, 2M \end{cases} \quad (4.72)$$

在高斯白噪声信道下,接收端接收到的信号为

$$r(1) = \begin{cases} c(k) + \xi(k), & k = 1, 2, \cdots, M \\ d(1)c(k-M) + \xi(k), & k = M+1, M+2, \cdots, 2M \end{cases} \quad (4.73)$$

将接收信号的前半段延时 MT_c 后,与后半段信号相乘,进行非相干解调,积分后得到判决变量为

$$Y(1) = \sum_{k=1}^{M} [c(k) + \xi(k)][d(1)c(k) + \xi(k+M)]$$
$$= \sum_{k=1}^{M} [d(1)c^2(k) + d(1)c(k)\xi(k) + c(k)\xi(k+M) + \xi(k)\xi(k+M)]$$

(4.74)

式(4.74)中第一项为有用项,后三项为噪声干扰项。判决器通过判断判决变量 $Y(1)$ 的正、负来解调得到原始信息符号:当判决变量 $Y(1) \geq 0$ 时,判决发送的信息 $d(1) = +1$;当判决变量 $Y(1) < 0$ 时,判决发送的信息 $d(1) = -1$。即

$$\hat{d}(1) = \text{sgn}[Y(1)]$$

(4.75)

2. DCSK 系统传输性能及仿真

根据中心极限定理,DCSK 系统判决器的输出信噪比为[9]

$$\rho_{\text{DCSK}} = \frac{E^2\{\Re[Y(1)]\}}{\text{var}\{\Re[Y(1)]\}} = \left\{ \frac{\text{var}[c^2]}{ME^2[c^2]} + \frac{\text{var}[c]N_0}{ME^2[c^2]} + \frac{N_0^2}{4ME^2[c^2]} \right\}^{-1}$$

(4.76)

从式(4.76)可以看出,选用不同的混沌序列对混沌扩频系统的输出信噪比有很大影响。选用 $\mu = 2$ 的切比雪夫混沌映射生成混沌序列,其统计特性有

$$E_b = 2ME_c = 2ME[c^2]$$

(4.77)

式(4.77)代入式(4.76)可得

$$\rho_{\text{DCSK}} = \left\{ \frac{1}{2M} + \frac{2N_0}{E_b} + \frac{MN_0^2}{E_b^2} \right\}^{-1}$$

(4.78)

则 DCSK 系统在高斯白噪声信道下和瑞利衰落信道下的高斯近似误码率[10-11]和精确误码率[12]分别为

$$\text{BER}_{\text{DCSK-GA}}^{\text{AWGN}} = \frac{1}{2}\text{erfc}\left\{ \left[\frac{1}{M} + \frac{4}{E_b/N_0} + \frac{2M}{(E_b/N_0)^2} \right]^{-\frac{1}{2}} \right\}$$

(4.79)

$$\text{BER}_{\text{DCSK-GA}}^{\text{Rayleigh}} = \int_0^{+\infty} \frac{1}{2}\text{erfc}\left\{ \left[\frac{1}{M} + \frac{4}{\gamma_b} + \frac{2M}{\gamma_b^2} \right]^{-\frac{1}{2}} \right\} \frac{1}{\overline{\gamma}_b} e^{-\frac{\gamma_b}{\overline{\gamma}_b}} d\gamma_b$$

(4.80)

$$\text{BER}_{\text{DCSK-Exact}}^{\text{AWGN}} = \int_0^{+\infty} F_{\text{CDF}}\left[1, M, M, \frac{4}{N_0}E_b \right] dE_b$$

(4.81)

$$\text{BER}_{\text{DCSK-Exact}}^{\text{Rayleigh}} = \int_0^{+\infty}\int_0^{+\infty} F_{\text{CDF}}\left[1,M,M,\frac{4}{N_0}E_b\gamma_b\right]\frac{1}{\overline{\gamma}_b}e^{-\frac{\gamma_b}{\overline{\gamma}_b}}dE_b d\gamma_b \quad (4.82)$$

式中:$F_{\text{CDF}}(\cdot)$ 为非中心 F 分布的累积分布函数,表达式为

$$F_{\text{CDF}}(\alpha,\beta,\gamma) = \sum_{j=0}^{+\infty}\left[\frac{(\gamma/2)^j}{j!}e^{\frac{\gamma}{2}}\right]I\left(\frac{\beta\cdot\alpha}{\beta+\beta\cdot\alpha}\bigg|\frac{\beta}{2}+j,\frac{\beta}{2}\right) \quad (4.83)$$

式中:$B(x|a,b)$ 为不完全 Beta 函数,其表达式为

$$B(x|a,b) = \sum_{i=a}^{a+b-1}\frac{(a+b-1)!}{(a+b-1-j)!}x^j(1-x)^{a+b-1-j} \quad (4.84)$$

图 4.16 所示的是 DCSK 系统在 AWGN 信道下的误码率曲线和理论误码率曲线。从图中可以看出:DCSK 系统在 AWGN 信道下有较好的误码性能,但与 CSK 系统不同,DCSK 系统的性能并未随着扩频因子 M 的增大而变好,M = 64 时 DCSK 系统性能要差于 M = 8 时,这是因为随着 M 的变大,相关时间也相应变长,引入的噪声也就越多,导致系统误码性能下降;随着扩频因子 M 的增大,判决变量更近似于服从高斯分布,因而高斯近似误码率曲线和精确误码率曲线也更加逼近于仿真误码率曲线。

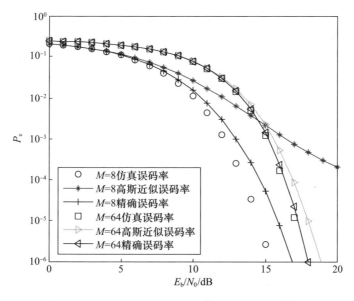

图 4.16　DCSK 系统在 AWGN 信道下的误码率曲线

图 4.17 所示的是 DCSK 系统在瑞利衰落信道下的误码率曲线和理论误码率曲线。由图可以看出:由于受到瑞利衰落信道的乘性干扰,DCSK 系统误码性

能不是十分理想,扩频因子 $M=8$ 时 DCSK 系统性能好于 $M=64$ 时;相比 $M=8$ 而言,$M=64$ 时高斯近似误码率曲线和精确误码率曲线更逼近于仿真误码率曲线。

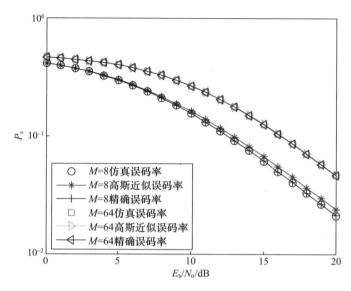

图 4.17 DCSK 系统在瑞利衰落信道下的误码率曲线

4.4 跳码扩频通信

在常规的直扩通信系统中多采用固定的直扩码组[13-14],或在一段时间内进行直扩码组替换,虽然随着信码符号的变化,所用码组中的直扩码字在传输中也随之变化,但各直扩码与信码符号之间的对应关系是固定的,因而直扩码字的变化具有重复性。这种固定性和重复性使得常规直扩体制受到截获和相关干扰的严重威胁。但是,如果直扩码组随时间伪随机跳变,且其每个码组驻留时间远小于直扩侦察所需的积累时间,其输出端将难以达到所需的信噪比,也就提高了直扩通信的抗截获和相关干扰性能。至此,希望实现一种直扩码字随时间跳变的跳码扩频(Code Hopping Spread Spectrum,CHSS)通信体制:时变直扩,其直扩码组及其与信码符号之间的对应关系按照规定的算法随时间伪随机跳变,使得直扩信号体积增加一维时域分割空间,以实现以上目的。

根据目前的研究成果和跳变码组形成的机理,本节重点介绍两种基本类型的跳码扩频:一种是基于预编码直扩(Pre-encoded Spread Spectrum,PESS)的跳码,简称预编码跳码[15];另一种是基于自编码直扩(Self-encoded Spread Spectrum,SESS)的跳码,简称自编码跳码[16]。

4.4.1 基本原理

1. 预编码跳码扩频

预编码跳码扩频实际上是借用跳频扩频的原理对固定码直扩体制的一种扩展,即选定 M 组直扩码组成直扩码集(类似于跳频通信中的频率表),网内各用户采用同一个载频,并按照跳码图案在 M 组直扩码上伪随机地同步跳变。

信源数据 $d(t)$ 可用下式表示:

$$d(t) = \sum_{k=0}^{+\infty} d_k g_d(t - kT_s) \qquad (4.85)$$

式中:T_s 为码元符号持续时间;d_k 为双极性信号,即取 ± 1;$g_d(t)$ 为门函数,在区间 $[0, T_s]$ 之间取值为 1,其余为 0。

跳码合成器的输出(跳变的伪码信号)可以表示为

$$p_i(t) = \sum_{k=0}^{n-1} p_{ik} g_c(t - kT_c) \qquad (4.86)$$

式中:p_{ik} 为第 i 个直扩码的第 k 个码元,与数据一样取双极性信号;n 为直扩码长;$g_c(t)$ 为门函数,在区间 $[0, T_c]$ 之间取值为 1,其余为 0。

对于双极性信号,相乘与模 2 加运算的结果是相同的,因此发送的跳码信号表达式为

$$S_{CH}(t) = A d(t) p_i(t) \cos(\omega_0 t + \varphi), \quad i = 1, 2, \cdots, M \qquad (4.87)$$

式中:A 为信号振幅;ω_0 为信号载频;φ 为信号相位;M 为直扩码组数量。

接收机解跳解扩过程可表示为

$$r'(t) = r(t) \cos(\omega_0 t) c'(t) \qquad (4.88)$$

式中:$r(t)$ 表示接收机接收的混合信号,$r(t) = s_{CH}(t) + n(t) + J(t) + s_J(t)$,后三项分别表示噪声、人为干扰和用户间的多址干扰;$c'(t)$ 为接收端的伪码。

由以上原理可见,预编码跳码直扩是常规直扩体制的推广,常规直扩是预编码跳码直扩的一种特殊形式,当预编码跳码直扩采用一个直扩码组时即退化为常规直扩,预编码跳码直扩对于常规固定码直扩具有很好的兼容性。

2. 自编码跳码扩频

自编码跳码扩频利用无冗余信码序列的自身及其随机性来实现跳码直扩,其实质是利用前 n 个信码比特作为第 $n+1$ 个信码的直扩码[17-18]。其最大优点是跳码图案和直扩码直接受信码控制,跳码的码集是动态变化的,跳码图案没有

明显的重复周期。

然而,自编码跳码扩频还有一些问题需要研究解决,主要有:一是收发跳码图案的同步。由于直扩码直接受信码控制,相邻直扩码之间没有约束关系,很难实现收发直扩码实时同步,如果隔跳或每跳插入引导码或导频,或周期性地发送同步头[19]等勤务信息,可能会影响原有的无冗余设计,且发送的导频或勤务跳会降低反侦察和抗干扰性能。二是原始信码的随机化处理。由于自编码跳码中时变的直扩码直接来源于信码,而未经处理的信码会出现长连 0 和长连 1,难以保证局部的 0、1 对称,存在直扩调制和发送信号的载波泄漏,所以需要对信码进行随机化处理,使得发送的信源达到最大熵,否则会影响系统的反侦察和安全性能。三是各直扩码之间的相关性。即使对信码进行了很好的随机化处理,但因为来源于信码的各直扩码之间的相关性没有相应的约束,难以保证各直扩码之间具有很好的正交性,使得相邻直扩码之间会出现很大的互相关和部分相关,对相关性较强的信源,还可能预测出所用的直扩码,不利于反侦察。四是误码传播。因为自编码跳码通信系统收端的直扩码序列依赖于解扩后恢复的信码,在低信噪比条件下或某一跳受到人为干扰,恢复的数据就会出现误码,直接导致下一跳直扩码和数据解扩的错误,即误码传播,需要采取相应的措施。

4.4.2 跳码图案产生

跳码图案是指各直扩码组按照一定的算法随时间伪随机变化的规律,其性能的优劣直接关系到预编码跳码通信系统抗相关干扰性能。

与常规跳频图案的产生方法类似,预编码跳码图案的产生与信息码流没有关系,需要预先设置跳码图案算法。参考跳频图案产生算法的构造及其流程,根据其使用的伪随机序列的不同,有多种跳码图案产生方法,但都具备一个基本的物理模型,如图 4.18 所示,其中 TOD(Time of Day)为实时时间参数,PK(Primary Key)为跳码原始密钥,输出的控制字用于控制直扩码跳变。

图 4.18　基于伪随机码的预编码跳码图案产生示意图

由于该方法中 TOD 与 PK 运算后实际上产生了流动密钥,并且经过多次变换,可大大增加破译预编码跳码图案的难度。同时通过改变所采用的伪随机码序列和密钥 PK,可以生成不同的预编码跳码图案。为了满足预编码跳码通信的要求和方便对预编码跳码图案的性能进行检验,预编码跳码图案的设计应满足以下基本的要求,也是其应具备的特点:遍及跳码码集中的所有码字或码组;具有良好的一维均匀性;具有良好的随机性(功率谱平坦);具有较大的非线性和复杂度;具有尽可能多的算法数目。

4.4.3 抗干扰性能

1. 抗相关干扰性能[14]

常规固定码直扩通信系统对于非相关干扰具有处理增益,对于相同码型和载频的相关干扰,扩频处理增益将失去作用。然而,跳码通信系统不仅具有对非相关干扰的扩频处理增益,而且具有对相关干扰的跳码处理增益。

如果干扰方采用一个或几个与跳码码集中相同的直扩码进行相关干扰,在不能实时破译跳码图案的条件下,仅能对直扩码相同或相似的跳码信号形成相关干扰,而对其他直扩码相当于受到非相关干扰,扩谱处理增益仍然存在,可将这种情况称为部分码字相关干扰。此时,总的处理增益为

$$G_{CH} = (M-j)n, \quad 1 \leq j \leq M \tag{4.89}$$

取分贝数为

$$G_{CH} = 10\lg(M-j) + 10\lg n, \quad 1 \leq j \leq M \tag{4.90}$$

式(4.89)和式(4.90)中:M 为跳码码集中可用直扩码字的个数;j 为被相关干扰的直扩码字的个数;n 为直扩码的长度,即直扩处理增益;$M-j$ 为跳码增益,当 $j=M$ 时,所有码字都受到相关干扰,称为全相关干扰,此时直扩处理增益将失去作用。

在全相关干扰情况下,跳码通信系统从理论上相当于固定直扩码受到有效相关干扰。但实际上干扰方需要与 M 个正交的直扩码字相匹配,即干扰方在理论上要付出比相关干扰一个固定码字高 M 倍的代价,这也是跳码带来的好处。可见,跳码通信系统抗相关干扰的性能要高于固定码直扩通信系统,即具有跳码增益。

即使在单网工作条件下,要想匹配跳变的直扩码是相当困难的,目前的干扰手段还很难做到。当跳码通信系统多网工作时,多网的跳码信号在空中交织在一起,要想相关干扰其中的一个目标网可以说是难上加难,即同时工作的多个跳码网具有更强的抗相关干扰能力。

2. 抗非相关干扰性能[14]

如果跳码通信系统中 M 个正交的码字同时受到非相关干扰,由于各码字均在同一个频率上和同一个带宽内工作,每一个码字的受扰情况相同,此时失去跳

码增益,但仍有直扩处理增益,设直扩码长为 n,则无论是二进制直扩还是多进制直扩[20],此时跳码通信系统抗非相关干扰的处理增益为

$$G_{CH} = G_{DS} = n \qquad (4.91)$$

可见,跳码通信系统抗非相关干扰的性能与固定码直扩系统相同,即跳码对抗非相关干扰没有贡献。

设直扩码的长度为 1023,跳码码集中可用直扩码字的个数 M 分别为 100、150、200,跳码直扩系统对相关干扰和非相关干扰的处理增益如图 4.19 所示。对比抗相关干扰和抗非相关干扰的处理增益可以发现,跳码直扩系统对于相同码型和载频的相关干扰具有较高的处理增益,其主要原因是通过跳码避开了干扰。另外,随着跳码码集中可用码字数量增加,系统抗相关干扰的处理增益会升高,意味着在设计跳码直扩系统时可以选取码集较大的伪随机序列来提升系统的抗干扰性能。

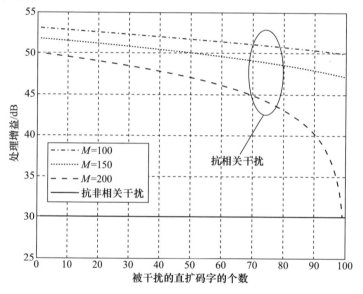

图 4.19　跳码直扩系统抗干扰性能

4.5　Chirp 扩频通信

Chirp 信号是一种线性调频信号,Chirp 扩频技术利用 Chirp 信号固有的频率线性增长/减少特性,同时完成扩频和调制。Chirp 扩频技术具有低功耗和抗干扰能力强等优点,而且可以降低发射机和接收机的成本和复杂度,在雷达及通

信领域得到了广泛应用。

4.5.1 Chirp 信号基本特性

矩形包络的复 Chirp 信号可表示为

$$S(t) = A(t)\exp\left[j2\pi\left(f_0 t + \frac{kt^2}{2}\right)\right] \tag{4.92}$$

式中:f_0 为信号的中心频率;k 为信号的调频率;$A(t)$ 为门函数,可表示为

$$A(t) = \begin{cases} 1, & -\frac{T}{2} \leqslant t \leqslant \frac{T}{2} \\ 0, & \text{其他} \end{cases} \tag{4.93}$$

其中:T 为 Chirp 信号的持续时间。

Chirp 信号的瞬时相位可以表示为

$$\theta(t) = 2\pi\left(f_0 t + \frac{kt^2}{2}\right), -\frac{T}{2} \leqslant t \leqslant \frac{T}{2} \tag{4.94}$$

信号的瞬时频率为

$$f(t) = \frac{1}{2\pi}\frac{d\theta(t)}{dt} = f_0 + kt, -\frac{T}{2} \leqslant t \leqslant \frac{T}{2} \tag{4.95}$$

由式(4.95)可知,调频率 k 是 Chirp 信号瞬时频率的变化率,其符号决定了 Chirp 信号的扫频方向:$k>0$ 时为升调频信号,简称为升频(Up-Chirp)信号;$k<0$ 时为降调频信号,简称为降频(Down-Chirp)信号。典型的升频信号波形如图 4.20 所示,典型的降频信号波形如图 4.21 所示。由于 Chirp 信号的瞬时频率和时间呈线性关系,因此 Chirp 信号也称为线性调频信号。

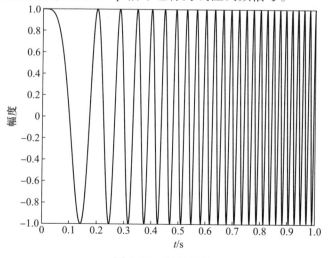

图 4.20 升频信号

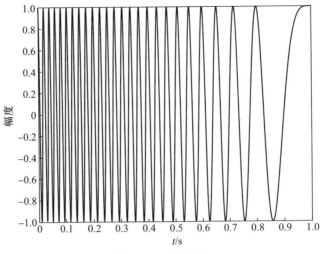

图 4.21 降频信号

由式(4.95)还可推导出 Chirp 信号的带宽满足 $B=kT$,即 Chirp 信号的带宽与调频率 k 和信号持续时间 T 成正比。将 Chirp 信号的时宽带宽积定义为

$$D = BT \tag{4.96}$$

由带宽的定义可知,时宽带宽积也可表示为

$$D = kT^2 = B^2/k \tag{4.97}$$

即 Chirp 信号的时宽带宽积 D 和调频率 k 也有关系。当信号的调频率 k 不变时,D 和信号带宽 B 以及持续时间 T 的平方成正比;当信号带宽 B 不变时,D 和 k 成反比;当信号持续时间 T 不变时,D 和 k 成正比。

4.5.2 Chirp 调频率扩频

Chirp 调频率扩频是利用 Chirp 信号的调频率作为信息载体,同时完成数据映射和调制的一种扩频通信方式。发送数据利用 Chirp 信号不同的调频率 k 来进行映射,因为 Chirp 信号具有频谱扩展特性,因此可以增强发送信号的抗干扰和抗截获能力,还可以同其他常用扩频方式如直接序列扩频,组成混合扩频系统来增大通信系统的用户容量[21-22]。

在二进制通信系统中,一般利用调频率为 k(默认 $k>0$)的升频信号表示码元"1",调频率为 $-k$ 的降频信号表示码元"0"。文献[23]已经证明,当 Chirp 信号的时宽带宽积 $D>40$ 时,调频率互为相反数的两个 Chirp 信号可认为近似正交,所以这种 Chirp 调频率调制方式又称为 Chirp 二元正交键控(Chirp – BOK)调制,即采用 Chirp 信号调频率的符号来表征二元比特信息。

对于 Chirp – BOK 调制系统,其信号一般可以表示为

$$x(t) = \cos\left[2\pi\left(f_0 t + \frac{b(t)kt^2}{2}\right)\right] \tag{4.98}$$

式中:$b(t)$ 为调制信号,表达式为

$$b(t) = \sum_{n=-\infty}^{+\infty}(2b_n - 1)g_b(t - nT) \tag{4.99}$$

式中:b_n 为"0""1"比特的二进制码元信息;$g_b(t)$ 为门函数,其满足

$$g_b(t) = \begin{cases} 1, & 0 \leq t \leq T \\ 0, & 其他 \end{cases} \tag{4.100}$$

利用 Chirp 信号的调频率承载信息的 Chirp – BOK 技术的发送端基本结构如图 4.22 所示。输入数据控制两路选通器,当输入数据为"1"时选择 Up – Chirp 作为发送信号,当输入数据为"0"时选择 Down – Chirp 作为发送信号。由于在实际通信中传送的都是实信号,故此处采用来分别表示 Up – Chirp 和 Down – Chirp 信号。Chirp – BOK 系统的调制前后波形示意图如图 4.23 所示。

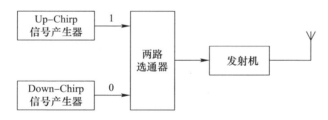

图 4.22　基于 Chirp – BOK 调制的发射机基本结构

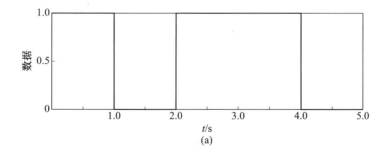

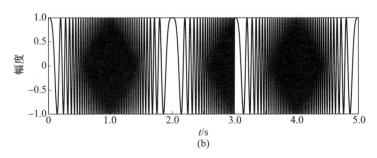

图 4.23 Chirp – BOK 调制前后波形示意图

4.5.3 Chirp 直接调制扩频

Chirp 直接调制(Chirp Direct Modulation,Chirp – DM)仅采用一路 Chirp 信号来调制数据符号,发送端的数据符号可以是二进制符号也可以是多进制符号,所以相比于 Chirp – BOK 调制会更加灵活。由于数据符号不受限制,其也可与常规的数字调制方法结合,如 Chirp – DM + BPSK,Chirp – DM + QPSK 等。

在 Chirp – DM 调制解调系统的发送端,先对数据比特进行符号映射,映射后的数据符号和 Chirp 信号相乘进行频谱扩展,扩频后信号被发射出去。在接收端,接收到的信号首先经过 Chirp 匹配滤波器,然后对匹配滤波器输出的窄脉冲峰值进行采样,最后根据发送端映射规则的逆映射对采样值解映射恢复数据比特。其具体结构如图 4.24 所示。

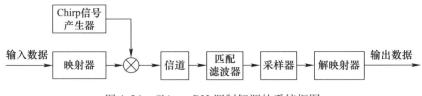

图 4.24 Chirp – DM 调制解调的系统框图

由图 4.24 可以看出,Chirp – DM 调制解调系统与普通的数字调制系统的主要区别是发送端的调制后增加了 Chirp 扩频以及在接收端的解调前增加了 Chirp 解扩模块。

Chirp 直接调制方法按照符号时间长度和 Chirp 信号持续时间长度间的关系可以分为单周期 Chirp 直接调制和多周期 Chirp 直接调制两大类,分别如图 4.25 和图 4.26 所示。

图 4.25 中,每个符号的时间长度和 Chirp 信号持续时间长度相同,即用短 Chirp 信号的初始相位信息传递了符号信息。发送的 Chirp – DM 调制信号经过

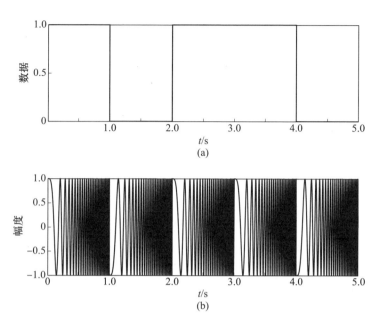

图 4.25 单周期 Chirp – DM + BPSK 调制前后波形示意图

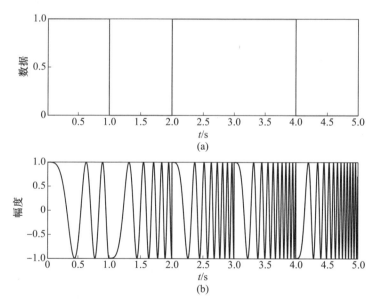

图 4.26 多周期 Chirp – DM + BPSK 调制波形示意图

Chirp 扩频之后,利用 Chirp 信号频谱扩展特性和时域脉冲压缩特性可以提高通信系统的抗干扰能力[24]。根据 Chirp – DM 调制原理,可以在 Chirp 信号直接调制基础上进行改进,将 Chirp 信号的持续时间延长,使得一个 Chirp 信号持续时间内包含 N 个符号,即 $T_{\text{chirp}} = NT_s$,N 为正整数。图 4.26 给出了 $N = 5$ 的多周期 Chirp 直接调制波形示意图。

4.5.4 远距离无线电调制解调

近年来,随着移动无线通信技术的发展,物联网的概念在多个垂直行业获得了极高的关注度。为了满足物联网中低功耗、远距离以及大量节点的连接需求,业界提出了低功耗广域网(Low-Power Wide-Area Network,LPWAN)技术,其中,远距离无线电(Long Range Radio,LoRa)是目前应用前景非常看好的一种 LPWAN 技术。LoRa 起源于 Semtech 公司,以中国科学院和中兴为代表的国内研究机构也正在大力推进 LoRa 技术的应用普及。实际上,LoRa 的物理层波形正是采用线性调频扩频(Chirp Spread Spectrum,CSS)信号。本节具体介绍 LoRa 调制解调原理。

与传统扩频技术相比,LoRa 调制技术通过对基本 Chirp 信号进行循环移位得到调制信号,每个符号起始位置的初始频率偏移承载所需传输的信息。具体地,传统扩频技术将一个数据比特分割成 N_{SF} 个码片进行扩频传输,而 LoRa 调制将 N_{SF} 个数据比特分割成 $2^{N_{\text{SF}}}$ 个码片进行扩频传输。其码片速率 R_c 和比特速率 R_b 为

$$
\begin{aligned}
R_c &= B \\
R_b &= \frac{R_c}{2^{N_{\text{SF}}}} N_{\text{SF}}
\end{aligned}
\quad (4.101)
$$

式中:B 为调制带宽;N_{SF} 取值为 6~12。

LoRa 调制信号由 Chirp 信号进行循环移位获得,不失一般性,考虑采用左偏循环移位方式,则 LoRa 调制信号的瞬时频率为

$$
f(t) = \begin{cases} \mu \dfrac{B}{T_s}\left(t - \dfrac{K}{B}\right), & -\dfrac{T_s}{2} \leq t \leq \dfrac{T_s}{2} - \dfrac{K}{B} \\ \mu \dfrac{B}{T_s}\left(t - \dfrac{K}{B}\right) - \mu B, & -\dfrac{T_s}{2} - \dfrac{K}{B} \leq t \leq \dfrac{T_s}{2} \end{cases}
\quad (4.102)
$$

式中:$\mu \in \{+1, -1\}$,分别表示 Up-Chirp 和 Down-Chirp;T_s 为信号扫频时间,即符号周期;K 为循环移位值,即偏移的码片数,且有

$$
K = \sum_{i=0}^{N_{\text{SF}}-1} v_i \cdot 2^i \quad (4.103)
$$

其中:$V = [v_0, v_1, \cdots, v_{N_{\text{SF}}-1}]$ 是由 N_{SF} 个数据比特组成的矢量,即所需传输的信息比特,其由式(4.103)调制成一个符号进行发送。

在接收端,可采用匹配滤波的方法对 LoRa 调制信号进行解调,即利用本地未调制的基本 Chirp 信号进行共轭相乘,得到的接收信号波形为

$$s_{rx}(t) = \begin{cases} \exp\left(j2\pi \dfrac{K}{T_s}t\right), & -\dfrac{T_s}{2} \leq t \leq \dfrac{T_s}{2} - \dfrac{K}{B} \\ \exp\left(j\left(2\pi \dfrac{K}{T_s}t - 2\pi Bt\right)\right), & \dfrac{T_s}{2} - \dfrac{K}{B} \leq t \leq \dfrac{T_s}{2} \end{cases} \quad (4.104)$$

采样后的离散信号为

$$s'_{rx}(n) = \exp\left(j2\pi \dfrac{nK}{2^{N_{SF}}}\right), \quad 0 \leq n \leq 2^{N_{SF}} - 1 \quad (4.105)$$

对式(4.105)进行离散傅里叶变换,可得到其频谱为

$$S'_{rx}(r) = \sum_{n=0}^{N-1} \exp\left(j\dfrac{2\pi n(K-k)}{N}\right) = \begin{cases} N, & k = K \\ 0, & \text{其他} \end{cases} \quad (4.106)$$

式中:$N = 2^{N_{SF}}$。

由式(4.106)可知,通过离散傅里叶变换得到的信号频谱在循环移位 K 处取得峰值 N,而在其余点位置处频谱值均为 0。利用这一特性,即可计算得到循环移位值 K,进而解调得到发送比特信息。另外,由式(4.106)可知,扩频因子 N_{SF} 越大,接收端谱峰越高,系统误码性能越好。

为了验证系统的抗干扰性能,下面对 Chirp 扩频通信在 AWGN 信道和干扰下的误码性能进行仿真。采样频率为 10MHz,Chirp 信号频率变化范围为 125kHz,载波频率为 2.1MHz,扩频因子分别为 6、7、8。干扰样式为单音干扰信号,载波频率同为 2.1MHz,信干比为 0dB。仿真结果如图 4.27 所示。

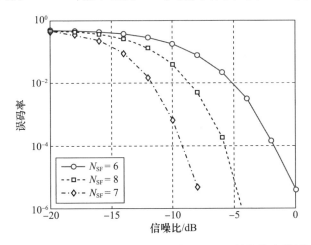

图 4.27 Chirp 扩频通信在单音干扰下的误码性能仿真结果图

由仿真结果可知,随着扩频因子 N_{SF} 变大,Chirp 扩频通信的抗干扰能力逐渐增强。

参 考 文 献

[1] Lamarr H,Antheil G. Secret Communication System:397412[P]. 1942.

[2] 朱近康. 扩展频谱通信及其应用[M]. 合肥:中国科学技术大学出版社,1991.

[3] Poor H V. Active interference suppression in CDMA overlay systems[J]. IEEE Journal on Selected Areas in Communications,2001,19(1):4 – 20.

[4] Ketchum J,Proakis J. Adaptive algorithms for estimating and suppressing narrow – band interference in PN spread – spectrum systems[J]. Communications IEEE Transactions on,1982,30(5):913 – 924.

[5] 田日才,迟永钢. 扩频通信[M]. 2 版. 北京:清华大学出版社,2014.

[6] 丁玖. 智者的困惑——混沌分形漫谈[M]. 北京:高等教育出版社,2013.

[7] 冯久超. 混沌信号与信息处理[M]. 北京:清华大学出版社,2012.

[8] 谭伟文,刘重明,谢智刚. 数字混沌通信——多址方式及性能评估[M]. 北京:科学出版社,2007.

[9] Galias Z,Maggio G M. Quadrature chaos – shift keying:theory and performance analysis[J]. IEEE Transactions on Circuits and Systems I:Fundamental Theory and Applications,2001,48(12):1510 – 1519.

[10] Hasan M Z. Performance analysis of a non – coherent differential chaos – shift keying technique[C]//2nd International Conference on Advances in Electrical Engineering. Piscataway:IEEE Press,2013:19 – 21.

[11] Chen Y P,Shi Y,Li H. Analysis of performance for DCSK over Rayleigh fading channel[C]//5th International Conference on Wireless Communications,Networking and Mobile Computing. Piscataway:IEEE Press,2009:1 – 3.

[12] Zhi B Z,Tong Z,Jin X W. Exact BER analysis of differential chaos shift keying communication system in fading channels[C]//4th International Conference on Wireless Communications,Networking and Mobile Computing. Piscataway:IEEE Press,2008:1 – 4.

[13] Dixon R C. 扩展频谱系统[M]. 王守仁,项海格,迟惠生,译. 北京:国防工业出版社,1982.

[14] 姚富强. 现代专用移动通信系统研究[D]. 西安:西安电子科技大学,1992.

[15] Stefan Parkvall. Variability of user performance in cellular DS – CDMA – long versus short spreading Sequences[J]. IEEE Transactionson Communications,2000,48(7):1178 – 1187.

[16] 陈仲林,周亮,李仲令. 自编码直接扩谱通信原理与机制[J]. 系统仿真学报,2004,16(12):2842 – 2846.

[17] Lim Nguyen. Self – encoded spread spectrum communications[C]//IEEE Military Communications Conference. Piscataway:IEEE Press,1999:182 – 186.

[18] Kong Y,Nguyen L,Jang W M. Self – encoded spread spectrum and multiple access communications[C]//IEEE 6th International Symposium on Spread Spectrum Technology&Applications. Piscataway:IEEE Press,2000:394 – 398.

[19] 林丹,甄维学,李仲令. 自适应滤波自编码扩频系统的同步捕获研究[J]. 信息与电子工程,2005,3(2):110 – 113.

[20] 姚富强. 通信抗干扰工程与实践[M]. 北京:电子工业出版社,2008.

[21] Kowatsch M, Lafferl J. A spread – spectrum concept combining chirp modulation and pseudonoise coding [J]. IEEE Transactions on Communications,1983,31(10):1133 – 1142.

[22] 邓兵,陶然,平殿发. 基于分数阶 Fourier 变换的 chirp – rate 调制解调方法研究[J]. 电子学报,2008(06):1078 – 1083.

[23] 张鹏. 基于 Chirp 的宽带超宽带通信技术研究[D]. 成都:电子科技大学,2007.

[24] 王明. 基于 Chirp 超宽带通信技术的研究与实现[D]. 成都:电子科技大学,2010.

第5章 跳频扩频通信

跳频扩频(FH/SS)通信是一种重要的抗干扰通信方式,它是一种"躲避"式抗干扰通信系统,其载波频率是在伪随机码的控制下跳变,所以称为跳频通信。作为一种重要的抗干扰技术,FH/SS 从 20 世纪 70 年代开始被广泛研究。70 年代末,美国、英国、德国、以色列等国相继推出了实用的跳频无线电台,包括美国的 SINCGARS、HAVE QUICK、单信道陆空天线电台(Single Channel Ground and Airborne System, SINCGARS)、相关跳频增强扩谱(Correlated Hopping Enhanced Spread Spectrum, CHESS)等,英国的 JAGUAR、SCIMIFAR,法国的 PR4G 等。在 20 世纪 80 年代,跳频电台已经在战场网络无线通信中逐步推广使用。

本章重点讨论跳频通信波形,包括跳频扩频通信原理、自适应跳频、差分跳频扩频、消息驱动跳频等工作原理及其抗干扰性能。

5.1 经典跳频扩频通信

传统的无线通信一般是"定频"通信,即收发双方工作时采用的载波频率在一个时间段是固定不变的。随着通信技术的发展,在军事通信中,"定频"通信受到的干扰日益激烈。在空间传播、通信过程中,无线电波是暴露在自然环境中的,不仅合法接收方能检测到该信息,敌方也能对该信息进行截获或者通过无线电检测技术侦察我方电台的载波频率,进而实施干扰。跳频通信的快速发展主要因为其本身具有极强的抗干扰性,满足现代战争中电子对抗的要求。近年来,因为数字信号处理技术以及微电子技术的快速发展,使得跳频系统的实际应用越来越广泛,其不仅是军事抗干扰通信中的重要体制,而且在民用通信中也占有一席之地。

5.1.1 工作原理

1. 系统组成

FH/SS 把可用的信道带宽分割成大量相邻的频率间隙(简称频隙),在任一信号传输间隔内,发送信号占据一个或多个可用的频隙。在每个信号传输间隔内,按照伪随机数发生器的输出随机地选择一个或多个频隙。图 5.1 给出了在时-频平面上的一个特定的跳频图样。

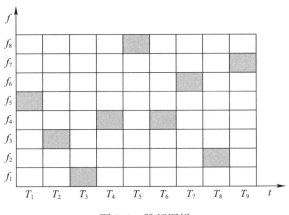

图 5.1 跳频图样

跳频通信系统的核心部件包括跳频序列发生器、频率合成器和跳频同步器。跳频序列发生器产生伪随机的多值序列,该序列用作频率合成器的生成频率依据。频率合成器将一个或多个高稳定度、高精确度的参考频率,经过各种频率变换过程,生成具有同样频率稳定度、精确度的大量离散频率,作为承载信息序列的载波。跳频同步器用于接收电路中,保证接收机产生的跳频频率序列与发射信号的载波序列完全一致。

图 5.2 给出了跳频扩频系统的基本模型,与通常的定频通信系统(载波频率固定不变)相比,增加了载频跳变和解跳单元。发射端对信息进行信道编码、成形滤波等调制之后,按照伪随机的规律快速改变发射载波频率;接收端在事先知道对方跳频规律(又称为"跳频图案")的情况下,首先产生一个与发射端跳变规律相同但相差一个固定中频的本地参考信号,混频后实现对固定中频信号的解调。在某个确定频率点上的瞬间跳频信号是某窄带调制信号,可在整个频率跳变过程中所覆盖的射频带宽远远大于原信息带宽,从而实现了频谱扩展。

跳频扩频系统中一般采用二进制/多进制频移键控或差分相移键控(Differential Phase Shift Keying,DPSK),其主要原因有:①跳频等效为用 PN 序列进行多频频移键控的通信方式,可以直接和频移键控调制相对应;②解跳后信号载波不再具有连续的相位,不宜采用相干解调方式,而 MFSK 和 DPSK 具有良好的非相干解调性能。

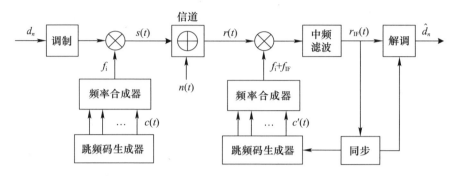

图 5.2 跳频扩频系统的基本模型

采用 2FSK 调制的 FH/SS 信号可以表示为

$$s(t) = \sqrt{2P}\cos(2\pi f_0 t + 2\pi f_k t + 2\pi d_k \Delta f_k), \quad kT_h \leq t \leq (k+1)T_h \quad (5.1)$$

式中：P 为信号平均功率；f_0 为载波频率；f_k 为第 k 个频率跳变的时间间隔内的跳变载波频率；T_h 为跳周期（每跳的持续时间），跳速 $R_h = 1/T_h$；d_k 为第 k 个频率跳变的时间间隔内的二进制数字信息序列；Δf_k 为 2FSK 的频率间隔。

跳变的载波频率 f_k 由二进制 PN 序列控制，如果用 L 个二进制 PN 码来代表跳变载波频率，则共有 $2L$ 个离散的频点。假定收发跳频 PN 码序列严格同步，接收端可以产生相应的本地跳变载波信号：

$$c(t) = \cos(2\pi f_0 t + 2\pi f_k t), \quad kT_h \leq t \leq (k+1)T_h \quad (5.2)$$

用 $c(t)$ 与输入信号进行混频滤波、跳时刻同步，得到一个具有固定频率的 2FSK 窄带信号：

$$c(t) = \cos(2\pi f_k t), \quad kT_h \leq t \leq (k+1)T_h \quad (5.3)$$

用传统的 2FSK 非相干解调方法即可恢复出二进制数字信息序列 $\hat{d}_n$。

跳频系统在各个时刻的工作频率是近似随机地在多个频率点间跳变，"第三方"不知道频率跳变规律的情况下无法实施有效的信号侦收和干扰，具有较强的抗干扰和抗截获能力。具体地，跳频系统的主要优点如下：

（1）抗干扰能力强。FH/SS 系统具有较强的抗频率瞄准式干扰、宽带阻塞式干扰、跟踪式窄带干扰的能力。跳频系统依靠宽的跳频带宽和众多的射频频率以分散敌方的干扰功率，在一定数量的频率被干扰的条件下系统还能正常工作，只要可用跳频频率数目足够大，跳频带宽足够大，即可有效对抗宽带阻塞式干扰。跳频系统抗跟踪式干扰的机理主要是依靠高于跟踪干扰机的跳速和跳频图案的随机性"躲避"引导式的跟踪干扰。跳频系统的抗干扰能力主要取决于跳速和可用频率数目。

（2）低截获概率。FH/SS 信号是一种低截获概率信号,载波频率的快速跳变使得敌方难以截获通信信号;即使截获了部分信号,由于跳频序列的伪随机性和超长的序列周期,敌方也无法预测跳频图案。

（3）多址能力。利用跳频图案的正交性可构成跳频码分多址系统,共享频谱资源。不同用户选用不同的跳频序列作为地址码,当多个 FH/SS 信号同时进入接收机时,只有与本地跳频序列保持同步的信号被解跳,其他用户的信号则像噪声或干扰一样被抑制。

（4）抗频率选择性衰落。FH/SS 信号在整个跳频带宽内跳变,多径信道引起的频率选择性衰落只会引起信号短时间内的畸变。载频快速跳变的 FFH/SS 系统,一个信息符号间隔内发生多次频率跳变,具有一定的频率分集作用。

（5）无明显的远近效应。近距离的大功率信号只能在某个频率点上产生干扰,当载波频率跳变到另一个频率时不再受其影响。

（6）与窄带通信系统的兼容性好。在某个跳频频率上 FH/SS 是瞬时窄带系统,若跳频系统处于某一固定载波频率,即可与其他定频窄带系统兼容,实现互联互通;同时,跳频扩频只是对载波频率进行随机控制,对于现有的窄带定频电台,只要在其射频前端增加收发跳频器,就"升级"为跳频电台。

2. 主要性能参数

跳频扩频系统的主要参数有跳频带宽、信道间隔、跳频频率数与跳频频率表、跳频处理增益、跳频速率(简称跳速)、跳频驻留时间与跳频周期、跳频序列周期等[1]。

（1）跳频带宽:系统工作最高频率与最低频率之间的频带宽度。带宽越大,系统处理增益越大,抗干扰能力越强。

（2）跳频间隔:系统中任意两个相邻信道之间的频率之差,记作 Δf。短波电台的信道间隔通常是 1kHz、100Hz,根据 GJB 2929—1997《战术短波跳频电台通用规范》的规定,我军战术短波电台的跳频信道间隔为 100Hz。超短波电台的信道间隔通常为 25kHz、12.5kHz,根据 GJB 2928—1997《战术超短波跳频电台通用规范》的规定,我军战术超短波电台的跳频信道间隔为 25kHz,如另有要求,可在 12.5kHz、8.33kHz 和 5kHz 中选取。

（3）跳频频率数与跳频频率表:FH/SS 系统中频率跳变可用的载波频率点数目称为跳频频率数,记作 N;跳频系统工作时所使用的载波频率点的集合称为跳频频率表。在跳频带宽内有很多个可以使用的频点,但在一次通信中往往只使用其中的一部分,跳频频率表是整个跳频频率数的一个子集;在正交跳频组网中,通常将整个频率集划分成几个相互正交的子集,以供不同的子网使用。

（4）跳频处理增益:与直接序列扩频的处理增益定义相同,FH/SS 的处理增

益表示为

$$G_p = W_{ss}/W_d \tag{5.4}$$

式中：W_{ss} 为跳频带宽；W_d 为某一跳频频点上的瞬时信号带宽。

跳频增益 G_p 与跳频间隔 Δf、跳频频率数 N 之间存在关系：①跳频间隔大于信号瞬时带宽，$\Delta f > W_d$，相邻信道的频谱不会发生混叠，则 $G_p > N$；②跳频间隔等于信号瞬时带宽，$\Delta f = W_d$，相邻信道的频谱刚好不会发生混叠，则 $G_p = N$；③跳频间隔小于信号瞬时带宽，$\Delta f < W_d$，相邻信道的频谱将发生混叠，则 $G_p < N$，频谱发生混叠的部分对跳频处理的贡献不应重复计算，此时敌方释放一个干扰可能同时干扰多个相邻的信道。

（5）跳频速率：即载波频率跳变的速率，通常用每秒载波跳变的次数表示，记作 R_h。FH/SS 系统的跳频速率受限于通信信道和元器件水平，短波电台的跳频速率一般小于 50 跳/s，超短波电台的跳频速率大多为 100～2000 跳/s，美军的联合战术信息分发系统工作在 L 波段，跳频速率高达 76000 跳/s。FH/SS 的跳频速率越大，抗跟踪式干扰的能力越强。

（6）跳频驻留时间与跳频周期：FH/SS 系统在每个载频上发送和接收信息的时间称为跳频驻留时间。从一个信道频率切换到另一个信道频率并达到稳态所需要的时间称为跳频转换时间。两者之和即跳频周期，记作 T_h。一般情况下，信道切换时间较短，约为跳频周期的 1/10 甚至更小，在理论分析时可以忽略不计。跳频周期是跳频速率的倒数，$T_h = 1/R_h$。

（7）跳频序列周期：跳频序列不重复出现的最大长度。GJB 2929—1997 规定的战术短波电台的跳频序列周期不小于 1 年，GJB 2928—1997 规定的战术超短波电台的跳频序列周期不小于 10 年。跳频序列周期越长，敌方对跳频图案破译的难度越大。

3. 慢跳频与快跳频

根据跳频速率 $R_h = 1/T_h$ 与信息符号速率 R_s 之间的关系，FH/SS 可分为慢跳频（Slow Frequency Hopping，SFH）和快跳频（Fast Frequency Hopping，FFH）系统。

FFH/SS 系统满足 $R_h > R_s$，即跳频速率大于符号速率，每个数据比特都要用多个频率跳变来传输，通常情况下 $R_h = mR_s$，m 为正整数。某 FFH/SS 系统的跳频图案（时频矩阵图）如图 5.3 所示，调制方式为 4FSK，$R_h = 2R_s$，整个带宽 W_{ss} 被均匀划分为 8 个跳频间隔，一个周期内频率跳变的规律为 $f_1 \to f_6 \to f_7 \to f_3 \to f_8 \to f_4 \to f_2 \to f_5$，在一个符号间隔内载波频率跳变 2 次，在每个跳频载波上为 4FSK 调制信号。

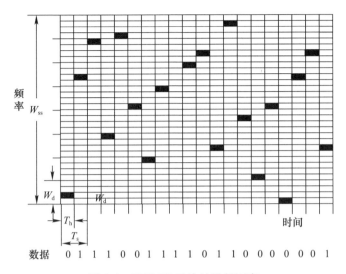

图 5.3 FFH/SS 系统的跳频图案

与 FFH/SS 系统相反,SFH/SS 系统的跳频速率小于符号速率,$R_h < R_s$,在一个跳频驻留时间内存在多个信息符号,$T_h = mT_s$,m 为正整数。某 SFH/SS 系统的跳频图案(时频矩阵图)如图 5.4 所示,调制方式及跳频变化规律与图 5.3 的 FFH/SS 系统相同,而 $R_h = R_s/2$,在一个跳频驻留时间 T_h 内传输了 2 个信息符号。

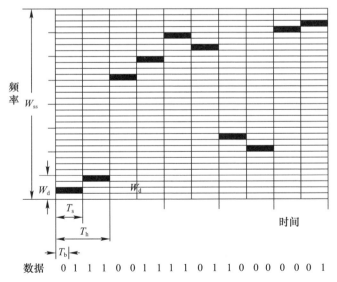

图 5.4 SFH/SS 系统的跳频图案

5.1.2 SFH/SS 抗干扰性能

SFH/SS 系统的跳频速率小于符号速率,并且在一个跳频驻留时间内存在多个信息符号。下面分析 SFH/SS 系统的抗干扰性能。

1. 宽带噪声干扰

对慢跳频的干扰与对快跳频的干扰一样,宽带噪声提高了频谱中每一处的噪声电平。假设干扰噪声的带宽等于扩频带宽 W_{ss},干扰功率为 J,则宽带噪声干扰的功率谱密度为

$$N_j = J/W_{ss} \tag{5.5}$$

对于 SFH/BFSK 系统,$E_b = S/R_b$,于是得到

$$\frac{E_b}{N_j} = \frac{S}{J} \frac{W_{ss}}{R_b} = \frac{S}{J} G_p \tag{5.6}$$

按照传统 BFSK 非相干解调分析方法,不考虑系统加性高斯白噪声的情况下,其系统误码率为

$$P_b = \frac{1}{2} e^{-(\frac{E_b}{2N_j})} = \frac{1}{2} e^{-(\frac{S}{2J}G_p)} \tag{5.7}$$

假设宽带噪声干扰和信道本身的加性高斯白噪声统计独立,则 SFH/BFSK 系统的误码率为

$$P_b = \frac{1}{2} e^{-(\frac{E_b}{2(N_j+N_0)})} = \frac{1}{2} e^{-\left(\frac{1}{2\left(\left(\frac{E_b}{N_0}\right)^{-1}+\left(\frac{S}{J}G_p\right)^{-1}\right)}\right)} \tag{5.8}$$

类似地,可得到 SFH/MFSK 系统的符号错误概率为

$$P_s = \frac{1}{M} \sum_{i=2}^{M} (-1)^i \binom{M}{i} e^{-(\frac{E_s}{N_j})(1-\frac{1}{i})} \tag{5.9}$$

对于发生错误的某个符号来说,K 比特中发生 n 个错误的概率为

$$P(n/K) = \frac{C_K^n}{\sum_{n=1}^{K} C_K^n} = \frac{C_K^n}{M-1} \tag{5.10}$$

因此,一个符号发生错误时引起的平均错误比特数为

$$\sum_{n=1}^{K} n \frac{C_K^n}{M-1} = \frac{K 2^{K-1}}{M-1} = \frac{KM}{2(M-1)} \tag{5.11}$$

由于每个符号有 K 比特,所以 $P_b = \frac{M}{2(M-1)} P_s$。又已知 $E_s = K E_b$,得到 SFH/MFSK 系统的错误比特率为

$$P_b = \frac{M}{2(M-1)} P_s = \frac{1}{2(M-1)} \sum_{i=2}^{M} (-1)^i \binom{M}{i} e^{-\left(\frac{E_s}{N_j}\right)\left(1-\frac{1}{i}\right)} \leq 2^{K-2} e^{-\frac{KE_b}{2N_j}}$$

(5.12)

式(5.12)在 $M=2$ 时取等号。显然,SFH/MFSK 的性能随 K 的增加而增加,多进制的性能要优于二进制的性能。E_b/N_j 可以看成是解扩后的信噪比,而 S/J 可以看成是解扩前的信噪比。根据式(5.6),处理增益的作用是将信噪比降低,解扩后的信噪比是解扩前的信噪比的 G_p 倍。

图 5.5 给出了 SFH/BFSK 系统在宽带噪声干扰下的误码性能。从图中可以看到,随着干信比的增加,系统误码率逐渐降低,直到达到误码平层。在相同干信比下,当比特信噪比增加时,系统误码性能也逐渐变好。另外,随着处理增益的增加,系统抗干扰性能也得到提升。

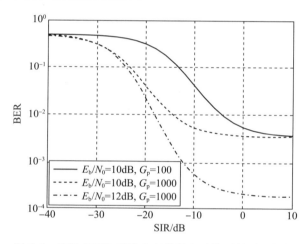

图 5.5 SFH/BFSK 系统在宽带噪声干扰下的误码性能

2. 部分频带噪声干扰

部分频带噪声干扰机干扰的信道不一定是连续的,干扰机可将其能量分不到几个不相邻的信道上,同时干扰机也可能会周期性地改变受干扰的频谱部分。假设部分频带噪声的带宽等于 W_j,W_j 与扩频带宽 W_{ss} 的比值定义为

$$\rho = W_j / W_{ss} \tag{5.13}$$

部分频带干扰的功率谱密度为

$$N_j' = J / W_j \tag{5.14}$$

对于 SFH/BFSK 系统,$E_b = S/R_b$,于是得到

$$\frac{E_\text{b}}{N'_\text{j}} = \frac{S}{J}\frac{W_\text{j}}{R_\text{b}} = \frac{S}{J}G_\text{p}\rho = \frac{E_\text{b}}{N_\text{j}}\rho \tag{5.15}$$

为方便与宽带噪声干扰进行比较,式(5.15)中 N_j 同式(5.5)的定义,因此可以用 E_b/N_j 作为统一变量来比较两者的性能。假定 W_ss 与解跳后 MFSK 信号的带宽相比足够大,并完整覆盖整数个信道,且一个完整的 MFSK 信道要么落入干扰带内,要么落入干扰带外。同时假定跳频信号在整个扩频带宽内是等概率的,落入每一个信道的概率相同,那么有

$$P_\text{r} = \rho,\ 信道受到干扰 \tag{5.16}$$

$$P_\text{r} = 1-\rho,\ 信道未受到干扰 \tag{5.17}$$

在不考虑系统加性高斯白噪声的情况下,其系统平均误码率为

$$P_\text{b} = \rho\frac{1}{2}\text{e}^{-\left(\frac{E_\text{b}}{2N_\text{j}}\right)} + (1-\rho)\times 0 = \frac{\rho}{2}\text{e}^{-\left(\frac{E_\text{b}}{\rho 2N_\text{j}}\right)} = \frac{\rho}{2}\text{e}^{-\rho\frac{S}{2J}G_\text{p}} \tag{5.18}$$

显然,与宽带噪声干扰相比,在相同的干信比 J/S 的情况下,部分频带干扰会使系统的平均误码率急剧恶化,因此部分频带干扰是一种有效的针对跳频系统的干扰样式。在 E_b/N_j 给定的情况下,存在 $\rho=\rho_\text{w}$,它使系统的平均误码率最大,这种情况称为最恶劣干扰。对式(5.18)求导,可以得到 SFH/BFSK 在部分频带干扰条件下的 ρ_w 为

$$\rho_\text{w} = \begin{cases}\dfrac{2}{E_\text{b}/N_\text{j}}, & E_\text{b}/N_\text{j} > 3\text{dB} \\ 1, & E_\text{b}/N_\text{j} \leq 3\text{dB}\end{cases} \tag{5.19}$$

对应的系统平均误码率为

$$P_\text{b} = \begin{cases}\dfrac{\text{e}^{-1}}{E_\text{b}/N_\text{j}}, & E_\text{b}/N_\text{j} > 3\text{dB} \\ \dfrac{1}{2}\text{e}^{-\left(\frac{E_\text{b}}{2N_\text{j}}\right)}, & E_\text{b}/N_\text{j} \leq 3\text{dB}\end{cases} \tag{5.20}$$

将其推广到 SFH/MFSK 系统中,可以得到 SFH/MFSK 系统的平均误码率为

$$P_\text{b} = \frac{\rho}{2(M-1)}\sum_{i=2}^{M}(-1)^i\binom{M}{i}\text{e}^{-\left(\frac{KE_\text{b}}{N_\text{j}}\right)\left(1-\frac{1}{i}\right)} \tag{5.21}$$

在最恶劣情况下,SFH/MFSK 在部分频带干扰条件下的 ρ_w 和相应的平均误码率可以用式(5.22)和式(5.23)来逼近[2]:

$$\rho_\text{w} = \begin{cases}\dfrac{\lambda}{E_\text{b}/N_\text{j}}, & [E_\text{b}/N_\text{j}] > \lambda \\ 1, & [E_\text{b}/N_\text{j}] \leq \lambda\end{cases} \tag{5.22}$$

$$P_b = \begin{cases} \dfrac{\beta}{E_b/N_j}, & [E_b/N_j] > \lambda \\ \dfrac{1}{2(M-1)} \sum_{i=2}^{M} (-1)^i \binom{M}{i} e^{-\left(\frac{KE_b}{N_j}\right)\left(1-\frac{1}{i}\right)}, & [E_b/N_j] \leq \lambda \end{cases} \quad (5.23)$$

式中:λ 和 β 为特定常数,对不同进制数 M,λ 和 β 有不同取值。

图 5.6 给出了 SFH/BFSK 系统在部分频带噪声干扰下的误码性能,仿真中不考虑信道本身的高斯白噪声,处理增益 G_p 设置为 25,干扰带宽与扩频带宽的比值 ρ 设置为 0.1、0.3、0.5、1,$\rho=1$ 表示全频带干扰。对比 $\rho=0.5$ 和 $\rho=1$ 的误码曲线可以发现,在相同的干信比的情况下,部分频带干扰的干扰效果比宽带噪声干扰更好。

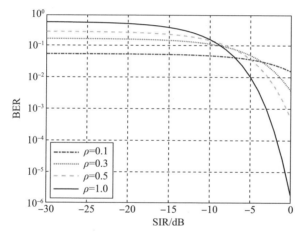

图 5.6 SFH/BFSK 系统在部分频带噪声干扰下的误码性能

3. 多音干扰

设多音干扰的总功率为 J,样式为多个等功率的单音干扰,每一个单音干扰的功率为 S_j,单音个数 $Q = J/S_j$。整个扩频带宽 W_{ss} 内共有 N_t 个间隔 R_c 的正交频点,$N_t = W_{ss}/R_c$。每个 SFH/MFSK 信号用相邻的 M 个频点发送一个 M 进制数据符号,假定跳频信号在整个扩频带宽内均匀分布,且干扰者准确知道扩频带宽 N_t 频点的位置,并把 Q 个干扰信号施放在这些频点上,那么 SFH/MFSK 干扰频点和信号频点的比值为

$$\rho = \frac{Q}{N_t} = \frac{J/S_j}{W_{ss}/R_c} \quad (5.24)$$

对于一个特定的 M 进制数据符号,M 个相邻频点中的一个频点用来发送信息,如果在未发送信息的其他 $M-1$ 个频点上检测到的能量大于发送信息频点

上的能量,即 $S_j \geq S$ 时,就发生误码。因此,干扰者最有效的干扰方式是在一个 MFSK 信号带宽内,只释放一个干扰频点,并干扰在未发送信息的频点上,一个 MFSK 信号带宽为 MR_c,信道数为 N_t/M,因此每一个 M 进制数据符号被干扰的概率为

$$\mu = \frac{Q}{N_t/M} = \frac{QM}{N_t} = M\rho \tag{5.25}$$

由于干扰点位于发送信息的频点时不会产生判决错误,因此符号错误概率为

$$P_s = \frac{M-1}{M}\mu = (M-1)\rho \tag{5.26}$$

从干扰者的角度看,当 $S_j = S$ 时,有效干扰频点最多(这里不考虑干扰信号相位),ρ 取得最大值

$$\rho = \frac{Q}{N_t} = \frac{J/S}{W_{ss}/R_c} = \frac{J/S}{KG_p} = \frac{1}{KG_p}(\text{SIR})^{-1} \tag{5.27}$$

式中:$K = \log_2 M$。

则比特错误概率为

$$P_b = \frac{M}{2(M-1)}P_s = \frac{M}{2}\rho = \frac{M}{2KG_p}(\text{SIR})^{-1} \tag{5.28}$$

扩频增益 $G_p = 1000$,调制阶数分别为 2、16、256、1024,SFH/MFSK 在多音干扰下的误码性能如图 5.7 所示。仿真结果表明,随着进制数 M 的增大,系统误码性能逐渐恶化。图 5.8 对比了 SFH/BFSK 在宽带干扰、部分频带干扰和多音干扰下的误码性能,扩频增益 $G_p = 1000$,不考虑信道噪声,多音干扰采用有效干扰频点最多的方式。仿真结果表明,多音干扰对跳频系统的影响最严重。

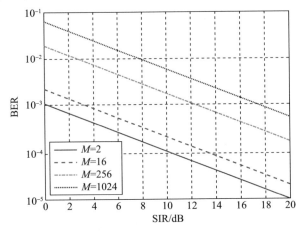

图 5.7 SFH/MFSK 在多音干扰下的误码性能

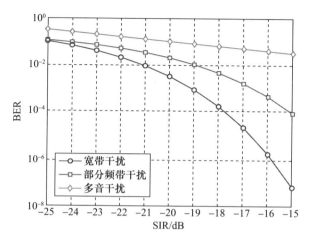

图 5.8 SFH/BFSK 在三种干扰下的误码性能

4. 跟踪干扰

对跳频通信,尤其是慢跳速系统,比较有效的干扰方式是跟踪式干扰,即对跳频通信进行侦听和处理,根据所获得的频率参数再以同样的频率来施放干扰。

定义有效干扰因子 γ:若一跳周期内有 γT_h 时间未被干扰,则此跳频信号可以正常解调,有效干扰因子越小,跳频通信的容错能力越强,实施有效干扰的难度越大。

跟踪干扰的形成会受到收发机/干扰机相对距离、电磁波传播速度等多维局限性,使得跟踪干扰只能在一定的地域内起作用,文献[3]指出该地域的几何数学模型为一椭圆。下面介绍干扰椭圆的形成机理。跳频通信装备使用全向天线,跳频发射机与干扰机之间的距离为 d_2,干扰机与跳频接收机之间的距离为 d_3,跳频发射机与跳频接收机之间的距离为 d_1,干扰机的反应时间(含侦察引导或转发)为 T_j,有效干扰因子为 γ,电磁传播速度为 c。要实现跟踪干扰,必须满足跳频发射机到干扰机,以及干扰机到跳频接收机的传输时间与干扰机反应时间之和小于或等于跳频发射机到跳频接收机传输时间与跳频周期之和,即有效干扰必须满足

$$\frac{d_2 + d_3}{c} + T_j \leq \frac{d_1}{c} + \gamma T_h \quad (5.29)$$

整理后,得

$$d_2 + d_3 \leq d_1 + (\gamma T_h - T_j)c \quad (5.30)$$

对于对抗双方的实际装备和地理位置,式(5.30)右边各参数均为固定值,

即 $d_2 + d_3$ 小于或等于一个常数,若取等号,则式(5.30)描述了一个以跳频发射机和接收机为焦点的椭圆。可见,跳频电台与跟踪干扰机的地域几何关系为一椭圆,称为干扰椭圆,如图5.9所示。

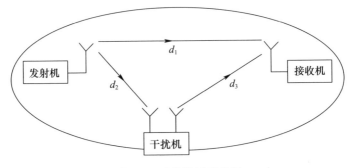

图5.9 干扰椭圆示意图

根据文献[4]对干扰椭圆的分析可知,当干扰机的反应速度高于跳频速率时,干扰椭圆存在,其大小仅与两跳频电台之间的距离 d_1 以及跳频周期与反应时间的差值 ΔT 两个因素有关。ΔT 和 d_1 越大,干扰椭圆越大,此时很容易使干扰椭圆的一部分覆盖干扰方区域,即只要干扰机位于椭圆之内,跟踪干扰就成为可能(功率足够大)。干扰椭圆越小,干扰机进入干扰椭圆内的可能性越小,跳频通信装备抗跟踪干扰的能力就越强。

当跟踪干扰的调制方式采用窄带噪声时,MFSK跳频通信的误码率为[5]

$$P_b = \frac{M}{2(M-1)} \sum_{n=1}^{M-1} (-1)^{n+1} \binom{M-1}{n} \frac{\frac{1}{n+1}}{1+\frac{E_b/N_0}{E_b/N_J}\frac{n}{n+1}} \exp\left(-\frac{\log_2 M E_b/N_J}{1+\frac{E_b/N_J}{E_b/N_0}\left(\frac{n+1}{n}\right)}\right)$$
(5.31)

式中:M 表示进制数。

为了验证不同干信比下 SFH – MFSK 通信系统在跟踪干扰下的通信性能,对窄带噪声跟踪干扰下系统误码性能进行了仿真。设进制数 $M=2$,E_b/N_0 分别为10dB、20dB 和30dB,图5.10给出了系统误码率。从图中可以看到,当系统受到窄带噪声跟踪干扰时,随着信干比 SIR 和比特信噪比 E_b/N_0 的增加,系统的误码率逐渐降低。但是,跟踪干扰会显著降低跳频通信的性能,例如当 $E_b/N_0 = $ 10dB,干信比达到10dB时,系统误码率仍高达 10^{-2},因此需要采取积极的策略对抗跟踪干扰。

对抗跟踪式干扰有以下三种方法:

(1)提高跳频速率。跳频通信中对抗跟踪式干扰的主要手段之一是提高跳

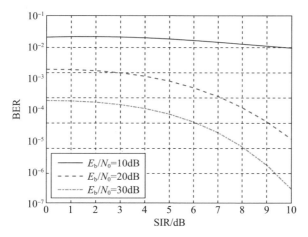

图 5.10　SFH/2FSK 在跟踪干扰下的误码性能

频速率。跳频速率越高,敌方对跳频电台的截获、跟踪和测向越困难,对抗跟踪干扰的能力越强。

（2）采用变速跳频策略。跳速越高,对同步的精度要求也越高,而且高的跳速还会产生更多的寄生信号,存在频段带宽和设备造价等对跳速限制的因素。因此,各国研制的跳频电台逐步向变速跳频发展,变速跳频或变驻留时间有利于打破跟踪干扰策略,使得干扰侦察设备只能扫描到无时间规律的跳频信号,增加敌方对跟踪干扰的难度。

（3）应用干扰椭圆抗跟踪干扰的战术措施。由干扰椭圆方程知,跟踪干扰的有效性主要由跳频信号空中驻留时间、干扰机反应时间和收发天线之间的配置距离和位置决定。通过对跟踪干扰椭圆的分析可以得知对抗跟踪干扰有:增加干扰方的系统反应时间,跳频电台组网可以增加干扰方对跳频网和跳频电台的识别难度,使得敌方侦察、分选难度增加,处理时间增加;减少空中驻留时间;避免干扰台落入干扰椭圆,在战术通信中,必须尽量减少跟踪干扰椭圆的范围,才能有效降低跳频电台受干扰的概率。可以通过缩小我方收发信机之间的距离和提高跳频速率等手段缩小干扰椭圆。

5.1.3　FFH/SS 抗干扰性能

跳频系统的抗干扰机理和直扩系统不同,直扩系统是通过相关接收把干扰功率分散在整个带宽以抑制干扰的,而跳频系统使用了伪随机序列改变发射频率,以躲避的方式抗干扰。

快跳频信号是通过对每个数据比特都用多个频率跳变来传输的信号($R_h > R_s$),

跳频速率越高,抗干扰性能越好;但过分地提高跳频速率,除了成本大幅度提高外,还会使其他性能下降。本节讨论 FFH/SS 在宽带阻塞式干扰、多音干扰下的性能[6-9],抗跟踪式干扰的分析与上一节相同。

1. 宽带阻塞式干扰

直接序列扩频系统中单音窄带干扰比宽带干扰更有效,但在 FH/SS 系统中宽带干扰更有效。宽带阻塞式干扰的基本原理是先侦察欲干扰的跳频通信的最低频率和最高频率,再对调频通信全频段进行固定或轮流功率压制干扰。该干扰方式的优点是:干扰带宽越大,"击中"跳频信号的概率越大,且不需要太多跳频通信系统的先验知识。

跳频通信系统的总比特误码率可表示为

$$P_e = 1 - \sum_{k=I}^{m} \binom{m}{k} [P_{e_k}]^{m-k} [(1 - P_{e_k})]^k \tag{5.32}$$

若有 I 跳以上检测错误(一般 $I \geq m/2$),则认为该数据比特接收错误。当 $\gamma = 1$ 时,在每一个驻留时间 T_h 内未被检测到的概率为

$$P_{e_k} = \frac{1}{2} \exp\left(-\frac{1}{2} \frac{R}{P_t + J}\right) \tag{5.33}$$

式中:P_t 为噪声功率,由发射机中的电子设备噪声、传播介质中的噪声和接收机噪声、人为噪声或其他噪声组成;J 是干扰机在每赫带宽内增加的噪声干扰功率。

因此,总误比特率为

$$P_e = 1 - \sum_{k=I}^{m} \binom{m}{k} \left[\frac{1}{2}\exp\left(-\frac{1}{2}\frac{R}{P_t + J}\right)\right]^{m-k} \left[1 - \frac{1}{2}\exp\left(-\frac{1}{2}\frac{R}{P_t + J}\right)\right]^k \tag{5.34}$$

从另一个角度看,若在整个跳频带宽内实施宽带阻塞式干扰,就容易造成我方通信的干扰,且所需的功率和带宽在技术上变得难以实现。例如,甚高频(VHF)超短波跳频电台的工作频率为 30~90MHz,频率间隔为 25kHz,共有 2400 个跳频频率,如电台的发射功率为 3W,干扰机与发射机到接收机之间的距离相等,则要求干扰机的发射功率至少为 7200W,带宽达到 100%(60MHz)覆盖,基本上不可实现。

2. 多音干扰

Milstein 等对编码和编码跳频扩谱系统的单音干扰进行了研究,得出快跳频系统抗单音干扰性能很好的结论,因为单音干扰很容易受到热噪声的影响。

设多音干扰的总功率为 J,单音个数为 Q,每个单音干扰的功率相同,即 $J_i = J/Q$;跳频系统的跳频频率数为 N。假设:①跳频信号在整个扩频带宽内均匀分布;②干扰方准确知道扩频带宽内 N 个频点的位置,并将 Q 个干扰信号施放在这些频点上;③每个单音干扰的功率足够大,直接引起被"击中"频率上瞬时窄带信号的解调,二进制信息比特的判决误码率为 0.5。则由 Q 单音干扰引起的系统平均误码率为

$$P_e = Q/2N \tag{5.35}$$

从提高干扰效果的角度,干扰方需要在尽可能多的频率上施放比有用信号功率大的干扰。从提高抗干扰性能的角度,最有效的方法是采用自适应跳频技术,在通信过程中拒绝使用曾用过但传输不成功的跳频频点,即实时去除跳频频率集中被干扰掉的频点,使之在无干扰的可用频点上进行通信。

5.2　自适应跳频

5.2.1　概述

首先介绍两个概念。

三分之一频段干扰门限效应:系统的抗阻塞干扰能力主要表现在跳频干扰容限和功率等方面,当跳频处理固有损耗和所需解调最小信噪比一定时,跳频干扰容限的大小就取决于处理增益。从实际效果来看,在频域上两两相邻瞬时频谱零点相接(最小频率间隔 $\Delta f_{\min}$ 等于跳频瞬时带宽 B),或两两相邻的跳频瞬时频谱不交叠(最小频率间隔 $\Delta f_{\min}$ 大于跳频瞬时带宽 B)时,抗阻塞干扰能力一般小于各自跳频总带宽或总频率数的三分之一, $\Delta f_{\min}$ 小于 B 时的实际抗阻塞干扰能力还要低于此值,可以将此值称为常规跳频通信实际抗阻塞干扰能力的门限值[10]。如果干扰带宽超过该门限值,跳频通信效果将严重恶化甚至通信中断,实际上此时系统得不到应有的跳频处理增益。

盲跳频:在实际工程中,由于跳频通信系统的频率集一般是固定不变的,在受到点频和部分频带阻塞干扰(包括民用干扰)的情况下,系统仍盲目地往干扰频点上跳,从而造成"频率盲区",使得系统平均误码率随着受干扰频率数 J 的增加而线性增加,形成了所谓的"盲跳频"现象。

针对"盲跳频"及其三分之一频段干扰门限效应,干扰方普遍采用"三分之一频率数"干扰策略[10]。此时,常规跳频系统实际得到的有效跳频处理增益只有理论值的三分之一左右。在这种情况下,为了提高跳频通信的抗阻塞干扰能力,研究人员采取了一些增效措施,主要是追求跳频处理增益(任何一个处理单

元或系统的输出与输入信噪比之间的比值),即增加可用频率数。提高跳频处理增益可以提高抗阻塞干扰的绝对门限值,但不能从根本上提高相对意义上的"三分之一"相对门限值并解决抗干扰问题。需要采取更为有效的措施,以追求跳频通信的实际系统增益,而实现这一目标的重要途径就是采用自适应跳频(Adaptive Frequency Hopping,AFH)技术[11-14]。

实际上,AFH 有关的内容很广,如跳频频率表自动扫描建立、跳速 AFH、数据速率 AFH、频率 AFH、功率 AFH 等。跳频频率表自动扫描建立是指在跳频通信之前扫描信道,将无干扰频点或干扰较弱的频点组成跳频频率表,通信过程中不再改变跳频频率表。跳速 AFH 是指根据跟踪干扰的情况,自适应改变跳频通信系统的跳速,以抵抗跟踪干扰。数据速率 AFH 是指根据电磁环境的变化,自适应改变跳频通信系统的数据传输速率,以提高跳频通信系统的战场适应性。频率 AFH 是指在跳频通信过程中根据阻塞干扰的情况,实时动态地修改频率表、删除受干扰频率,以提高跳频通信系统的抗阻塞干扰性能。功率 AFH 是指根据干扰强度变化和跳频通信系统误码率的变化,自适应改变跳频通信系统的发射功率,以提高跳频通信系统的硬抗能力、网间电磁兼容性以及电子反侦察性能。这里重点讨论实时跳速 AFH、实时频率 AFH 和实时功率 AFH。

5.2.2 实时跳速自适应跳频

跳速的高低直接反映跳频系统的性能,一般而言跳速越高抗干扰性能越好,军用的跳频系统可以达到每秒上万跳。实际上全球移动通信系统(Global System for Mobile Communications,GSM)也是跳频系统,其规定的跳速为 217 跳/s。

1. 抗干扰原理

跳频通信的"天敌"就是跟踪式干扰。跟踪式干扰的干扰步骤是侦听、处理和施放干扰。在通信过程中,当敌方截获到并完成分析我方的跳频图案后,迅速地以同样的跳频图案施放干扰,由于两个跳频图案的矢量叠加必然会导致我方接收错误,致使我方无法达成正常的跳频通信,即有可能导致通信瘫痪。如果我方能在侦察到有敌方施放干扰的情况下,迅速改变跳频速率,即变换新的跳频图案,这样敌方很难锁定我方的信号,使其干扰失败。因此可以判定,通过跳速自适应跳频技术就能提高防窃听、抗干扰的能力。

2. 跳频速率选取的关键

本节所讲的实时跳速自适应跳频技术的关键所在就是关于跳速问题:跳速选取的限制因素、跳速选择的高低问题、跳速的扩展方法等都是待于研究的问题。

1) 跳速选取的限制因素

电台使用的工作频段是在选择跳频速率之前第一个需要考虑的问题。对于短波跳频电台,跳频速率的提高受到多方面的限制:除了邻道干扰、跳频同步实现等技术难题和成本诸多因素外,一个重要的限制因素就是由于短波频率范围窄,天线的阻抗变化大,不易采用较宽频率范围内的宽带调谐技术,限制了其跳频速率的提高。目前,实用的短波电台的跳速多在100跳/s。

从理论而言,跳频速率越高,抗跟踪式干扰的能力也就越强,对该电台定位的困难性也就越大。但是,跳频速率过高存在许多技术问题:所要求的频率合成器的频率切换速度变快,使频率合成器的设计困难,成本上升;跳频速率越快,对同步系统的要求也更高,一方面不得不使用更多的同步序列,因而系统效率下降,另一方面复杂的同步系统也使再入网同步变得更加复杂;快速跳频传输信号,形成高速突发脉冲,这样信息分布在甚高频段,犹如一宽带干扰机会造成对邻道的干扰,因此必须采用较宽的信道间隔以防对邻道的干扰;接收频率改变时,接收机中频滤波器会产生瞬时扰动,使电磁兼容性能严重下降,且这种扰动需较长时间才能衰减;

2) 跳速选择的高低问题

目前,针对跳频系统的跟踪式干扰机已达到能干扰500跳/s跳速的跳频系统,提高跳频速率是对抗跟踪干扰的有效手段。但是,由于跳频换频及功率上升下降在时间上总有一定的开销,提高跳速,减小跳周期就相应缩短了驻留时间。为保证对业务的支持,就必须提高空间传输的信息速率,导致占用更多的频谱资源。所以,一味地提高跳速,会导致频谱资源紧张,降低通信的效率。另外,当跳频通信在达到一定跳频速率后,如1000跳/s,跟踪干扰的效率将会极大降低。

3) 跳速的扩展方法

提高跳速并不能有效地对抗梳状干扰。在固定跳频速率的通信中,由于跳频有周期规律,干扰侦收技术很容易按跳沿为主要依据分辨出预干扰链路所处网系,并分选形成梳状干扰。频率集变速跳频也称时变跳频,不但实现了伪随机变化的频率跳变规律,而且将跳频的规律隐藏起来,实现了驻留时间的伪随机变化,从而使干扰侦收设备只能扫描到无时间规律的跳频信号,而无法有效地判断出干扰目标工作的网系。该技术的实现方法有如下考虑:

(1) 以某种固定跳速为基准,通过改变基带信号的空中速率形成多种跳速。该方法的优点:跳频信号的时序产生非常简单,与固定跳速时一样只需更改基准时钟即可。缺点:换频时间与驻留时间的比例是常数,跳速较低时,换频时间过长,跳速较高时,又可能不够;另外,变化的基带信号速率会导致位同步及时域均衡难以实现。

（2）保持固定的换频开销。只改变驻留时间,相应的跳频周期就产生了变化,将一定数量的跳频周期形成与频率集类似的跳速表。根据伪随机序列形成以帧为单位的跳速变化规律,即帧的周期可以是常数,但每帧内跳速变化的规律是伪随机的而且不重复。

比较上述两种方法,第二方案合理可行,设计可变跳速跳频通信信号的结构应从如下方面着手:设换频开销为 B 比特,平均驻留时间为 C 比特,周期即为 $B+C$ 比特,以此为基准跳,向上向下扩展出 $2N$ 种跳信号,上下对称的任意两种跳周期的和等于 2 倍基准跳周期后的帧结构,跳频基带信号速率等参数可按跳周期为 $B+C$ 的常规跳频体制来计算。

5.2.3 实时频率自适应跳频

1. 实时频率自适应跳频处理方法

1) 实时频率 AFH 处理过程

实时频率 AFH 的基本处理过程如图 5.11 所示[10]。系统完成跳频数传的同时,进入实时频率自适应处理过程。在处理过程中,首先要完成受干扰频率的检测与估计,接着在可通频率上重复进行通知与应答过程,以使通信双方确认受干扰频率,只要跳频频率表没有全部被压制干扰,该过程总是能够实现的。确认完成后,双方同时删除受干扰频率,并用无干扰频率或弱干扰频率替代。

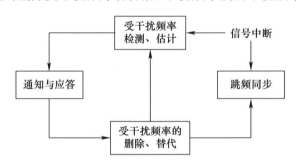

图 5.11 实时频率 AFH 的基本处理过程

2) 受干扰频率检测与估计算法

受干扰频率检测与估计的目的是判定频率是受干扰或无干扰,这是跳频通信系统频率自适应处理的一个重要环节。可使用基于最小错误概率准则的二元假设的贝叶斯检测、估计算法,也就是给每一个错误类型分配代价。假定希望设计一个系统来自动地判别频率是否受到干扰,可以建立如下假设检验,并且给错误分配代价:

H_0：无干扰

H_1：受干扰

令 C_{ij} 表示 H_j 为真时判 H_i 的代价。例如，要求 $C_{01} > C_{10}$，如果判该频率是无干扰的，但实际上证明是受到干扰的，那么整个跳频系统可能是无法正常通信的，要承担较大的代价。然而，如果频率是无干扰的，而判为有干扰，那只需要承担频率更换的那一部分较少的代价。一旦代价进行了分配，判决规则就是使平均代价或者错误概率最小。即确定两个假设 H_0、H_1 后，根据观测空间中的 L 个观察值形成的观测矢量 $\boldsymbol{x} = (x_1, x_2, \cdots, x_L)$，计算它们的似然比并与固定门限做比较，按如下准则进行判决：

$$\frac{p(\boldsymbol{x}|H_1)}{p(\boldsymbol{x}|H_0)} > \frac{(C_{10} - C_{00})P(H_0)}{(C_{01} - C_{11})P(H_1)} = \gamma \tag{5.36}$$

式中：$P(H_0)$、$P(H_1)$ 分别为 H_0、H_1 出现的概率；$p(\boldsymbol{x}|H_0)$ 和 $p(\boldsymbol{x}|H_1)$ 为对应的两个条件概率密度。

判决过程是在收集到 L 个观察值后进行，并且在每次判决中保持不变。基于最小平均代价的贝叶斯准则的优点：在 AFH 中，观察值的个数 L 即为对某个频率的观察次数，频率表中的频率个数，并且这两个数值以及对单个频率受干扰的判决门限值在一次通信中都是设定的，所以从理论上讲实现该算法并不难。但是这种算法的缺点也很明显，它需要知道两个条件概率密度 $p(\boldsymbol{x}|H_1)$ 和 $p(\boldsymbol{x}|H_0)$ 以便计算似然比。同时，还需要知道两个先验概率 $P(H_0)$、$P(H_1)$ 和代价函数 C_{ij}，以计算似然比判决的门限值。这对于跳频通信系统是很困难的，因为系统很难知道干扰方要干扰哪个或哪几个频率的先验知识。

此时，只能假设 $C_{01} = C_{10}$，$C_{00} = C_{11}$，那么判决准则就可以用最大后验概率来等价：

$$p(\boldsymbol{x}|H_{ij})P(H_i) = P(H_i|\boldsymbol{x}) \tag{5.37}$$

由此，可以用最大后验概率准则来代替最小平均代价的贝叶斯准则，即

$$H_1 \text{ 真}：P(H_1|\boldsymbol{x}) > P(H_0|\boldsymbol{x}) \tag{5.38}$$

$$H_0 \text{ 真}：P(H_1|\boldsymbol{x}) < P(H_0|\boldsymbol{x}) \tag{5.39}$$

在 AFH 系统中，后验概率是可以实时得到的，因为可以通过附加信道或跳频冗余信道对每个频率进行特殊的编码，并且该编码对于收发两端是已知的，以对每个跳频频率的受干扰情况进行实时监测。子样个数 L 即为一次判决对某一频率的检测次数，设编码码长为 N，受干扰时每个频率编码的检测门限为 N_1，则每个频率单次检测受干扰为真的概率为

$$P(H_0 | x_1) = \sum_{k=0}^{N-N_1} C_N^k P_e^k (1 - P_e)^{N-k} \quad (5.40)$$

对该频率 f 平均检测 L 次，若每次均受干扰，则认为 f 受干扰为真。所以某一频率未受干扰的概率为

$$P(H_1 | \boldsymbol{x}) = 1 - P(H_0 | \boldsymbol{x}) = 1 - \prod_{i=1}^{L} P(H_0 | x_i) \quad (5.41)$$

3）受干扰频率的替代算法

在检测和估计出受干扰频率后，替代受干扰频率一般可采用两种方式：一是从当前频率表中选取无干扰频率或弱干扰频率替代；二是从备用频率集中选取理想的频率。

两种频率替代方式各有优劣：前者的运算量较小，系统复杂度较低，其缺点是随着干扰频点的增加，当前频率表中的可用频率点数逐步减少；后者是从备用频率中向当前频率表中逐步添加新的频率，当然这是以存在备用频率资源为前提的，并且其运算量较大，系统复杂度较高。值得注意的是，为了提高系统抗阻塞干扰性能，两种替代方式都要求保持跳频图案算法的随机性和均匀性。影响频率替代的因素还有数据传输的可靠性、检测估计的可靠度以及对频率自适应收敛时间的要求等。

4）受干扰频率报告与应答

报告与应答是指收方检测出某一频率受干扰后，以信令的方式在可用频率（反馈信道）上通知对方，而对方收到该信令后，又以同样的方式向检测方发应答信令，等检测方收到应答信令后，即双方完成了某一频率受干扰的确认过程。完成该过程的条件是在频率表中至少有一个或几个频率没有受干扰。

报告与应答信令传输的正确性对于频率自适应处理十分重要。为此，需要采用高冗余度的编码，并且在好频点上反复传输，直至完全正确为止。

2. 实时频率自适应跳频性能分析[10]

1）干扰容限

理论上分析，频率表中只要有一个频率未被干扰，跳频通信就能以单跳频的方式进行。实时频率 AFH 最多能处理的受干扰频率数为

$$N_j \leq N - 1 \quad (5.42)$$

式中：N 为跳频频率表中的频率个数。

实际上，N_j 就是实时频率 AFH 的干扰容限，即可以容忍被有效干扰的频率数。可见，此时的跳频干扰容限与跳频处理增益已不构成直接关系，并且突破了三分之一频段干扰门限效应。

2）受干扰频率的处理时间

受干扰频率的处理时间是指从检测某一个频率受到有效干扰到该频率受干扰信令正确传输完毕所需要的时间。假设,受干扰频率的检测与估计时间为T_1,受干扰频率报告信令正确传输时间为T_2,受干扰频率应答信令正确传输时间为T_3,那么受干扰频率的处理时间有

$$T = T_1 + T_2 + T_3 \tag{5.43}$$

频率数为N的跳频频率表中每个频率出现的概率为$1/N$,所以每个频率受干扰的检测与估计时间T_1的最大值为

$$T_{1\max} = N \cdot L \cdot T_h \tag{5.44}$$

在干扰报告信令和应答信令传输中,设定只要一跳收到即为真,干扰频率数最多为$N-1$,所以T_2和T_3的最大值约为

$$T_{2\max} = T_{3\max} = N \cdot T_h \tag{5.45}$$

$$T_{\max} = N \cdot L \cdot T_h + 2N \cdot T_h = (2+L) \cdot N \cdot T_h \tag{5.46}$$

当N个频率中只有一个频率受干扰,则T的最小值为

$$T_{\min} = N \cdot L \cdot T_h + 2T_h = (2+L \cdot N)T_h \tag{5.47}$$

设受干扰频率点数为M、跳频图案相邻时间的两个频率不重复,由跳频图案的遍历性可得出

$$T_M = N \cdot L \cdot T_h + 2(M+1)T_h \tag{5.48}$$

由此可见,对于一定数量的受干扰频率,跳频通信系统的实时频率 AFH 处理存在一个暂态过程,受干扰频率数越多,该暂态过程持续的时间就越长。暂态过程结束后系统即进入相对稳定的数传状态,此种稳定状态下若出现少量频点干扰,则很快处理完毕。

实际上,受干扰频率报告信令正确传输时间T_2和受干扰频率应答信令正确传输时间T_3与跳频通信系统的通信质量有关。将T_2和T_3统称为收敛时间。收敛时间为一段时间间隔,起始时刻为通信接收方通过链路质量分析检测出受干扰频率,终止时刻是通信双方同时更换受干扰频率。

为了满足信令交互过程中的可靠性,通常会通过$k(k>1)$跳传送信令,即接收方通过多条反馈给发送方信令消息。对于理想信道,假设每个频率的信道传输概率相同,且为P',根据概率统计原理,可以得到k跳可靠传输信息的概率累计值为[11]

$$P = \sum_{i=1}^{k} (-1)^{k-1} \cdot C_k^i \cdot \left[\left(1 - \frac{J}{N}\right) \cdot P'\right]^i \tag{5.49}$$

假定收、发双方在 k 跳后满足可靠性要求,则收敛时间为

$$T = k/R_h \tag{5.50}$$

收敛时间受频率集中频率总数和受扰频率数的影响较大。当受干扰频率较少时,收敛时间较短。当前频率集中频率总数越多,处理受干扰频率的能力越强(处理相同数目受干扰频率的收敛时间短)。

3) 抗阻塞干扰能力

常规跳频的抗阻塞干扰能力主要用跳频处理增益(工作频段中的可用频率数)和跳频干扰容限两个指标来描述,是相对于定频通信抗干扰能力而言的。实时频率 AFH 抗阻塞干扰能力可以用相对于常规跳频抗阻塞干扰能力而言系统误码率改善的倍数和干扰容限改善的倍数两个指标来描述。

这里将同样阻塞干扰情况下两种跳频方式误码率的相对比值 G(实时频率 AFH 相对于常规跳频对系统误码率改善的程度)定义为实时频率 AFH 的增益,这是最终追求的目标。设受干扰频率数为 J,频率自适应跳频能处理的受干扰频率数为 N_j,可以得到

$$G = \frac{J}{J - N_j} \tag{5.51}$$

如图 5.12 所示,G 随着 N_j 的增加而非线性增加,当 $N_j = J$ 时,$G \to \infty$。此时,系统由于阻塞干扰所造成的误码率为 0,只剩下传输损耗、系统的固有损耗、白噪声等因素所造成的误码率。因此,尽管有很多频率被干扰,系统也将获得在无干扰频率上跳频通信的效果。

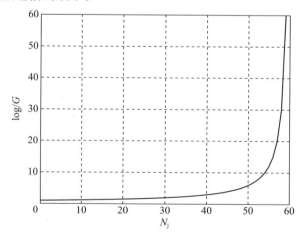

图 5.12 实时频率 AFH 增益

根据三分之一干扰容限效应,常规跳频干扰容限约为 0.33N,而实时频率 AFH 干扰容限为 N_j,其改善的倍数(或称干扰容限增益)为

$$G_M \approx (10/3) \times \frac{N_j}{N} \tag{5.52}$$

例如当 $N = 64$,$N_j = 63$ 时,$N_j/N = 98.44\%$,$G_M \approx 3.281$;当 $N_j = 60$ 时,$N_j/N = 93.75\%$,$G_M \approx 3.125$,将常规跳频 30% 数量级的抗阻塞干扰能力提高到 90% 以上。可见,实时频率自适应跳频的抗阻塞干扰能力大幅度提高,可以打破人为"三分之一频点"干扰策略。

值得一提的是,频率自适应跳频抗阻塞干扰能力的提高是以增大频域和时域资源开销为代价的,其抗干扰能力也是有限度的,不能要求频率表的所有频率都被有效干扰的情况下和在所有干扰样式下都能正常。

5.2.4 实时功率自适应跳频

在自适应跳频通信中,功率自适应控制的目的是用最小的发射机输出功率获得正常通信效果,以达到极大地降低被有意探测窃听和测距的概率。它不是为了自适应调整发射机功率去抑制干扰信号。因此,它应根据跳频信号和连续宽带噪声干扰比的大小来调整发射机的额定功率。对于某种载波调制方式,其信噪比和误码率有相对固定的函数关系,因此,使用上述实时信道质量评估方法中的门限误码率准则也是可行的。

1. 控制策略

在不同的通信阶段,自适应功率控制策略也有所不同。在具有前导同步头的自适应跳频通信中,在同步头发送阶段,发射机的发射功率应进行盲调整,或者由于同步头同步阶段时间极短,瞬时的大功率发射不会对信号的暴露造成太大的影响,因此,功率起始点可以为最大额定发射功率,以保证发送信号被迅速检测和达到同步;而在扫频和通信阶段,则可根据门限误码率准来进行功率自适应调整。调整额定功率的误码率范围可根据数据终端要求的误码率指标来确定,对于数话终端机,门限误码率的范围一般为 $10^{-3} \sim 10^{-4}$。

自适应功率控制可以控制发射机的平均功率,也可以控制发射机在每一个跳频频率点上的瞬时发射功率。二者应用门限误码率准则时,测量信道误码率的统计方法上有区别。对于收发信道特性均匀性较好的情况,采用前者较好,因为它的误码率统计相对后者要大大减少,易于工程实现。由突发干扰引起的大量瞬时误码,会造成自适应功率控制的错误调整。解决的办法是在信道误码率实际统计中扣除突发干扰引起的大量瞬时误码,或者利用长的误码率统计时间,

或者多次统计平均,使其不引起自适应功率调整。

2. 控制技术要求

自适应功率控制要求可以归结为发射机功率可调整动态范围、调整步距、响应时间。一般要求功率调整范围为 25dB 左右,响应时间可以从几十至几百毫秒,调整步距可以是线性的,或者与收发之间距离平方成正比。自适应功率控制的调整时间间隔应视信道变化的特性采用合适的算法来加以确定。

5.3 差分跳频扩频

5.3.1 工作原理

差分跳频(DFH)通信是 20 世纪 90 年代初出现的新型跳频通信方式。美国 Sanders 公司研制成功的电台就采用了这种差分跳频技术[13-14]。CHESS 电台采用了多项先进技术,如差分跳频、异步跳频等,其中差分跳频是 CHESS 电台的核心技术,集跳频图案、信息调制与解调于一体,实现了无干扰扩频、频分复用、减少多径衰落影响和降低干扰等性能,能提供可靠的高速短波数据通信。CHESS 电台基本指标如表 5.1 所列。CHESS 电台可用频点数可达 256 个,工作频段为 2~30MHz,跳速高达 5000 跳/s,其中 200 跳用于通道探测,4800 跳用于数据传输。数据传输速率最低为 2.4kb/s,当不使用纠错编码时,数据率可达 19.2kb/s。

表 5.1 CHESS 电台基本指标

频点数	64 或 256
频段/MHz	2~30
跳频带宽/MHz	2
跳频速率/(跳/s)	5000
每跳比特数/bit	1~4
数据速率/(kb/s)	2.4、4.8、7.2、9.6、14.4、19.2

与传统的跳频方式不同,差分跳频不是采用普通的调制加上伪随机跳变的载波,而是把跳频直接融入调制的过程中,利用前后频点的相关性来传输信息,是一种特殊的频率编码调制技术。差分跳频的基本原理:当前时刻的工作频率 f_n 由上一跳的工作频率值 f_{n-1} 和当前时刻的信息符号 b_n 决定,即

$$f_n = G(f_{n-1}, b_n) \tag{5.53}$$

式中：G 为频率转移函数，使相邻频率之间有相关性，相关性携带了待发送的数据信息，用待发送的数据信息控制跳频图案，函数从频率集中选定下一跳的频率。接收端还原数据信息也需要根据其相关性，依据检测到的跳频频率点序列，反推出发送信息序列：

$$b_n = G^{-1}(f_n, f_{n-1}) \tag{5.54}$$

以频率集频率数 $N = 64$，每跳比特数（Bit Per Hop，BPH）为 2 为例，每个节点有 4 个分支（00,01,10,11）。差分跳频的实例如图 5.13 所示，可以看出 G 函数将调制、编码和跳频技术结合在一起：

（1）对输入信息数据进行差分频移键控调制功能。差分跳频通过前后连接的信号传输间的频率转移关系进行信息编码实现信息的调制，图中第 f_{n-1} 跳到第 f_n 跳的频率转移关系 0-0、0-1、0-2 和 0-3，分别对应于信息比特 00、01、10、11。

（2）纠错编码功能。图 5.13 中输入的比特信息数据通过频率转移函数与输出 N 个频率信息之间建立了某种校验关系，当这种校验关系因传输错误而受到破坏时，是可以被发现并予以纠正的。

（3）跳频序列产生功能。对应每跳输入不同信息数据，频率转移函数的输出为跳变的频率序列。

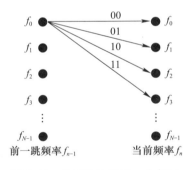

图 5.13 G 函数映射的一个例子

下面将常规跳频体制和差分跳频体制相比较，总结出差分跳频体制的特点：

（1）差分跳频体制是一种相关跳频体制。常规跳频时间上相邻的频率以及频率表中的各跳变频率受跳频图案的约束，与数据信息无相关性；而 G 函数使相邻或多跳频率与待发的数据存在的相关性。

（2）差分跳频体制是一种异步跳频体制。常规跳频收发端需要实现频率跳变的同步，初始同步后，可预知每个时刻的发送频率。差分跳频的接收端无法预知每个时刻的发送频率，只能在工作带宽内进行宽带的数字化扫描接收的发送频率,然后根据发送端数据与频率之间的变换关系,进行反变换,得到发射的数据信息,不需要跳频图案的同步,故称之为异步跳频。

(3) G 函数相当于多进制频移键控。当前跳的数据符号决定了当前跳向下一跳的频率,且只能被转移到 $m=2^{BPH}$ 个频率中的某一个,这与 MFSK 概念一致。但是它们的区别在于:G 函数的频率映射在射频上,是动态的,即每跳都是变化的。

(4) G 函数具备产生跳频图案的功能,有频率甄别功能。差分跳频体制不需要专门的跳频图案产生器,数据传输中经过 G 函数的变换直接产生跳频图案,且跳频图案受数据流以及 G 函数的控制。

接收端依赖数据的相关性还原数据,前提是接收端正确地检测有效频率。G 函数决定了频率变化的规律,可实现频率的甄别。

(5) 具备高速数据传输能力,存在误码扩散问题。常规跳频的数据传输速率主要受系统带宽、调制方式等的制约,与跳速没有直接关系。而差分跳频体制,在 BPH 一定的情况下,跳速越高,数据传输率越高;最高的数据传输速率主要受信道特性、频率资源等因素的制约。由于频率跳变与数据流存在相关性,一旦出现某个频率检测错误,后续跳即使正确检测也会导致误码的出现。

(6) 提高跳速的出发点是提高数据率。常规跳频体制调高跳速的目的是抗跟踪干扰,差分跳频体制的目的是以高跳速提高数据传输速率而非抗跟踪干扰与多径干扰。

(7) 处理复杂、数字化程度高、频率选择困难。一方面,差分跳频单个频点的频率展宽主要是时间窗导致而非数字调制,G 函数可直接控制和选择单个射频频率,直接射频数字化;另一方面,短波差分跳频系统可工作的天波窗口的最大带宽 2MHz 左右,带内同时选择多个干净的频点较困难。为了检测差分跳频信号,通常需要进行大量的频率检测和转移路径甄别运算,对接收机的运算能力要求很高。

5.3.2 关键技术

1. G 函数构造

系统依靠 G 函数建立相关性,直接影响系统的抗截获、抗破译等能力,是差分跳频系统正确编译码的关键。设跳频频率集为 $\{f_0, f_1, \cdots, f_{K-1}\}$,频率点数为 K,信息符号集合为 $\{0,1,2,\cdots,2^q-1\}$,即每跳携带 q 比特信息。那么,一种最简单的加法型 G 函数为

$$m = (n + b_n) \bmod K \tag{5.55}$$

其中当前的工作频率为 f_n,下一跳要传输的信息符号为 b_n,下一跳的工作频率为 f_m。

例如,一个 $q=2$ 的采用上面定义的加法型 G 函数的相干差分跳频系统,假设其跳频点数 $K=10$,其 G 函数可以用表 5.2 表示。

表 5.2 函数表

前一跳频率编号	n			
当前传送的符号	00	01	10	11
下一跳频率编号	$(n+1) \mod 10$	$(n+2) \mod 10$	$(n+3) \mod 10$	$(n+4) \mod 10$

若其起始工作频率为 f_4,传送的信息为 11、01、00、10、01、10、10、00,则根据表 5.2 可知,其跳频频率依次为 $f_4 \to f_8 \to f_0 \to f_1 \to f_4 \to f_6 \to f_9 \to f_2 \to f_3$。

接收端通过宽带多通道接收,判断当前工作频率和前一跳的工作频率,由 G 函数的反变换即可恢复出发送的信息。如果在接收的过程中出现错误,即某时刻在几个频点上都收到了信号,则依靠 G 函数的相关性可纠正部分错误。

以图 5.14 为例,对于上面发送的信号,假设收到的频率依次为 $f_4 \to (f_1, f_8) \to f_0 \to f_1 \to (f_4, f_5) \to f_6 \to f_9 \to f_2 \to f_3$。

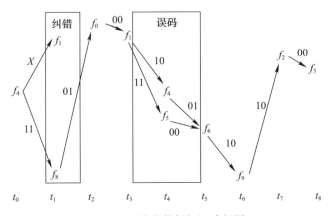

图 5.14 接收数据解调路径图

2. 差分跳频信号检测

跳频序列的规律不是由伪随机序列控制的,而与传输的信息相关,接收端一方并不预知跳频序列,不能采用常规跳频的解跳方法,因此中频滤波器必须允许所有的跳频点都能通过,经滤波后的中频信号是"宽带"的,经 A/D 转换后,用基于 FFT 的宽带信号检测方法依次对一定时间窗口的数字信号进行 FFT 分析,得到每个跳频频率的时域信号和频域信息特征,检测存在的频点,对跳频序列进行分析,剔除干扰,然后解调出数据信息[15]。

接收机通过分析多跳所使用的频率之间是否符合特定的差分转移关系来剔除干扰,并估计发射机发送的数据。这是差分跳频有别于传统慢速跳频系统的主要特点。

接收和检测差分跳频信号的能力是决定差分跳频体制是否具有生命力的关键。这是因为接收带宽内存在多个强度相差悬殊的信号时会出现"远近效应"现象,如果不能在强干扰背景下有效地检测出幅度相对较小的有用差分跳频信号,就无法建立起差分跳频通信或出现通信中断;即使同一带宽内多个强度相差悬殊的信号均能有效接收,如果大量未使用的差分跳频频点因干扰被检测为使用的频点,则在差分解跳时仍会因为出现过多的合法路径而导致通信中断。

接收端接收整个跳频频带内的信号,进行数字化,然后经过FFT到频域时,信号的检测一般需要根据以下原则判定:

（1）信号的频域形状是否符合要求,频谱的能量是否达到一定的门限,该门限根据信道的特性确定;

（2）信号的时域形状是否符合要求,信号持续的时间是否与每一跳的驻留时间接近;

（3）信号的强弱与它周围信号的对比情况。

3. 差分跳频信号同步技术

在同步捕获完成后,就要转入对接收跳频信号实施跟踪的过程,基于FFT的跟踪方法在实际过程中由于存在FFT窗口和数据不对齐的情况,故需要进一步采用跟踪算法,减小窗口偏差,直至精确对准,并一直保持下去。目前常用的跟踪方法有数据拟合法和早迟门计算法等[16]。

5.3.3 抗干扰性能

差分跳频体制主要利用满足特定差分关系的频域特征来识别和剔除干扰。如果干扰信号在频域上不能满足特定的差分频率转移关系,则在差分解跳时会被剔除[10]。

1. 抗阻塞干扰的能力

系统的抗阻塞能力主要依赖跳频处理增益。与常规短波窄带跳频相比,短波差分跳频系统是一种宽带跳频系统,相应地提高了阻塞干扰能力,所以差分跳频通信系统的抗部分频带干扰能力有所增强。

如果为单音干扰或多音干扰,则在常规跳频系统中主要是同频形成干扰,在差分跳频系统中主要是异频形成干扰。如果干扰为部分频带或全频段的压制干扰,则表现为干信比的变化,此时只能依赖频率检测算法和提高发射功率,不便与常规跳频直接对比。

通过优化 G 函数算法、实时频率自适应技术、增加可用频率等可以在一定程度上提高系统抗部分频带干扰的能力。

2. 抗跟踪干扰的能力

跟踪干扰机难以对短波差分跳频通信形成干扰,其原因:差分跳频跳速高,按常规跳频通信的干扰椭圆很小或不存在;使用了完全随机的数据流控制跳频图案,敌方难以预测跳频图案,难以进行网台的分选;即使干扰方获得 G 函数算法,但只要起始频率不一样,且数据流相当于随机密匙,也难以实现波形跟踪干扰。

但是,不能形成跟踪干扰不代表不形成干扰。只要干扰频率落入合法的路径,就会成为干扰,所以不能说具有高跳速就具有绝对的抗跟踪干扰的优势。同时也应该注意到,即使频点被跟踪也未必形成干扰,只有干扰信号的相位与当前跳的差分跳频信号相位相反时才形成干扰。

3. 抗多径干扰的能力

多径时延与信号传输的距离及信号频率有关。一般来说,多径时延等于或大于 0.5ms 的占 99.5%,等于或大于 2.4ms 的占 50%,超过 5ms 的仅占 0.5%。

在多径到达之前,系统接收端早已结束了对当前跳信号的接收和检测,因此,多径信号对当前跳信号不会产生影响。相比之下,多径时延会对后面到达的信号有影响。这种影响具体来说有两种情况:一是某一跳由于多径时延可能在到达接收端的时候与之后某一跳具有相同的频率,此时可能会增强,也可能减弱,依赖于二者的相位差;二是某一跳由于多径时延可能在到达接收端的时候与之后某一跳具有不同的频率。

5.4 消息驱动跳频

常规跳频方案有两个主要的限制:一是对同步性能的要求。在现有的跳频系统中,需要保持在发射器和接收器之间准确的频率同步。对复杂同步系统的需求直接影响了跳频系统的性能和设计,成为快速跳频系统的设计中的一个重大的挑战。二是大带宽低频谱效率。通常情况下,跳频系统需要较大带宽,其带宽正比于跳频速率和所有可用的频道数目。在常规跳频系统中,每个用户跳变的频率是基于其自身的伪随机序列,当有两个用户在相同的频率时就会发生碰撞。

消息驱动跳频(Message Driven Frequency Hopping,MDFH)的基本思想是在

发射端将消息的一部分作为选择载波频率的 PN 序列。换句话说，载波频率的选择是直接控制加密的消息流，而不是常规跳频中预先确定的伪随机序列。在接收端，使用基于 FSK 接收机的滤波器组捕获发射频率而非频率合成器。那么载波频率（信息嵌入到频率选择）可以在每个频点被盲检测到，降低了在接收端频率同步的负担。更重要的是，通过嵌入在跳频选择过程的信息很大一部分无须使用额外的带宽或功率，就能实现附加的信息传输。因此，MDFH 技术极大地提高了系统的频谱效率，尤其是在快跳频宽带系统中[17-19]。

本节主要介绍直接映射 MDFH(Direct Mapping - MDFH，DM - MDFH)技术、编码辅助映射 MDFH(Coded - MDFH，C - MDFH)技术的系统框图和工作原理，分析 MDFH 技术抗部分频带干扰和多音干扰的性能。

5.4.1 直接映射 MDFH 技术

1. DM - MDFH 系统框图及工作原理

图 5.15 是 DM - MDFH 系统框图，分为发送端和接收端两个部分。在 DM - MDFH 系统的发射端，信源数据比特序列通过数据分离，分成普通比特序列 Y_n 和载波比特序列 $[X_{n,1}, X_{n,2}, \cdots, X_{n,N_h}]$，此处定义每个跳频符号中普通比特数为 B_s，载波比特数为 B_c，则可用频率数目 $N = 2^{B_s + B_c}$，普通比特每个符号的跳频分集数 $N_h = T_s / T_h$，T_s 为符号周期，T_h 为频率驻留时间。普通比特序列 Y_n 经过 MFSK 调制产生基带调制信号 $m(t)$，载波比特序列 $[X_{n,1}, X_{n,2}, \cdots, X_{n,N_h}]$ 通过直接映射算法控制频率合成器产生跳变的载波频率序列；然后与基带调制信号一起通过跳频调制产生跳频信号 $s(t)$；最后送入射频处理部分，经过与射频本振混频合成射频信号，搬移到可用频带，经过滤波、功率放大，经过射频天线发射出去。

在 DM - MDFH 系统的接收端，接收天线收到的 MDFH 信号进入射频处理部分，经频率搬移、功率放大、滤波等得到中频信号 $r(t)$，进入中频处理部分。中频信号 $r(t)$ 通过一组并行的、中心频率分别为 f_i 的匹配滤波器，再经平方律检测，从平方律检测输出信号中选择信号最强频率信道，以此得到载波频率 f_i，再经过直接映射的逆向运算，检测得到载波比特序列；平方律检测输出信号，结合检测得到的载波频率 f_i，经选择合并，检测得到普通比特序列；最后将普通比特序列和载波比特序列数据融合，得到接收数据。

2. DM - MDFH 系统工作原理

DM - MDFH 系统与传统跳频系统最大的区别是跳频图案由部分数据信息控制产生。

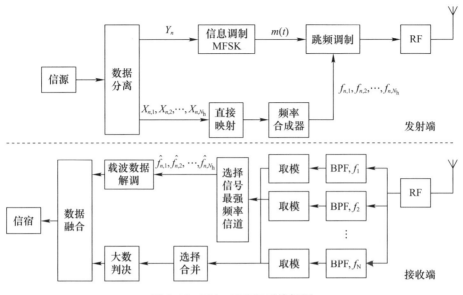

图 5.15 DM-MDFH 系统框图

在 DM-MDFH 系统的发射端,信源数据将按图 5.16 所示的格式分段划分。

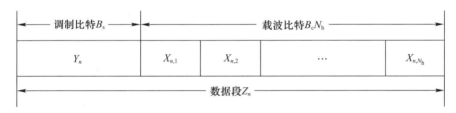

图 5.16 信源数据分段格式示意图

如图 5.16 所示,定义信源数据段中第 n 段 Z_n 总比特数为 L,其中普通比特的比特数为 B_s,载波比特再次划分为 N_h 段,每段比特数为 B_c,则有

$$L = N_h B_c + B_s \tag{5.56}$$

普通比特采用 MFSK 调制,B_s 个比特映射为 M_s 维正交符号的一个,其中 $M_s = 2^{B_s}$,则基带 MFSK 调制的频率间隔 $W_s = R_s/B_s = R \times B_s/L/B_s = R/L$,式中 R 为系统的比特率,因此,每个载波的频率间隔 $W_c = M_s W_s = M_s R/L$。每一个符号周期内载波频率跳变 N_h 次,$N_h = T_s/T_h$,其中 T_s 为符号周期,T_h 为跳频周期,即每一跳频率的驻留时间。

图 5.17 是 DM-MDFH 系统载波比特直接映射过程示意图,载波比特流直接映射为载波频率序列,每 B_c 比特直接映射为 M_c 个载波频率,其中 $M_c = 2^{B_c}$,载

143

波频率序列控制频率合成器产生载波信号,类似于高阶 MFSK 调制。

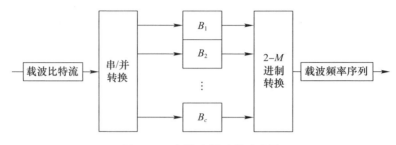

图 5.17 直接映射过程示意图

跳频调制就是将基带调制信号和载波频率混频,产生载波频率跳变的跳频信号。假设可用频率集 $F = \{f_0, f_1, \cdots, f_{N-1}\}$,$N$ 为可用频率总数,有 $N = M_s \times M_c = 2^{B_s + B_c}$,则系统占用的总频率带宽为

$$W = N \times W_s = 2^{B_s + B_c} R/N_h B_c + B_s \tag{5.57}$$

在 DM – MDFH 系统的接收端,与传统跳频系统不同,不再采用与发射端完全同步的本地载波对接收信号进行解跳,而是将接收的中频信息通过一组并行的中心频率为 f_i 的匹配滤波器处理,再通过平方律检测,从检测值中选择信号功率最强的频率信道 f_i,利用 f_i 解调出载波比特,利用得到的载波频率 f_i,再结合平方律检测值进行基带 MFSK 解调,选择合并,最终检测得到普通比特判决值。由于采用的快速跳频,N_h 跳普通比特判决值还需要经过分集合并、大数判决得到最终的普通比特检测值。最后将载波比特和普通比特按分段格式数据融合,得到最终的接收数据。

5.4.2 编码辅助映射 MDFH 技术

MDFH 系统利用部分数据信息控制跳频图案产生,提高了数据传输能力。传统跳频系统的跳频图案由 PN 序列控制,完成同步后,收发双方跳频图案完全同步;而在 MDFH 系统中,跳频图案由数据信息控制,通过载波频率传输数据信息的同时,跳频图案可能发生错误,从而加剧普通比特的接收错误。为了进一步改善系统性能,可以在载波比特部分引入纠错编码技术,即编码辅助映射 MDFH (C – MDFH) 技术,通过降低一部分数据传输能力,提高系统抗衰落、抗干扰性能。

1. C – MDFH 系统框图

由图 5.18 可知,C – MDFH 系统与 DM – MDFH 系统最大的区别是载波比特的处理上引入了纠错编码技术。C – MDFH 系统中,在发射端,载波比特利用纠错编码技术辅助映射为载波频率序列；在接收端，采用状态网格序列检测算法接收载波比特，同时检测出来的载波频率用于选择信道，辅助检测普通比特。

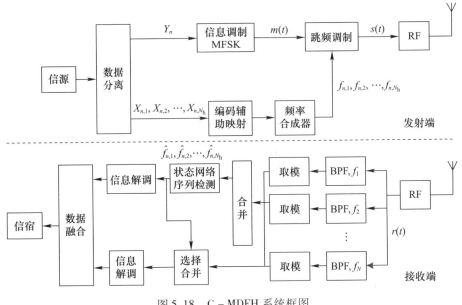

图 5.18　C – MDFH 系统框图

2. C – MDFH 系统工作原理

从系统框图可以看出，C – MDFH 系统与 DM – MDFH 系统基本相同，主要区别是载波频率序列的产生上。在前文中详细介绍过 DM – MDFH 系统工作原理，下面主要针对 C – MDFH 系统的不同之处进行介绍。

信源数据信息经过数据分离后，载波比特进入映射算法模块，借助纠错编码辅助映射产生载波频率序列。下面以卷积编码器为例分析 C – MDFH 系统载波比特的映射过程。C – MDFH 系统中载波比特编码映射模块相对独立，接收端只有载波比特检测模块与之对应。当编码器结构改变时，也只需对载波比特检测模块同步改变，其他部分不用作大的改动，因此便于系统升级与实现。

从图 5.19 可以看到，编码器由 K 级（每级 B_c 比特）移位寄存器和 $\log_2 M$ 个线性的代数函数生成器组成，编码速率 $R_c = B_c / \log_2 M$。

每跳 B_c 载波比特串行输入移位寄存器，更新寄存器状态，同时寄存器中所有比特经过 $\log_2 M$ 个线性的代数函数生成器运算，输出一个映射跳频频率 f_i。

在接收端，进行宽带信号接收，接收信号经过一组并行的匹配滤波器，再经过平方律检测，检测值进行软输入的状态网格序列检测，得到检测载波频率，最后按编码规则逆向映射得到载波比特检测值。图 5.20 是状态网格序列检测原理图。

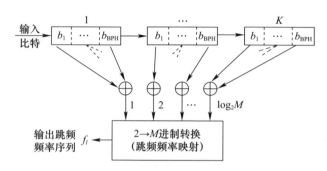

图 5.19 编码辅助的载波比特映射模型示例

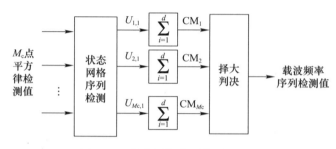

图 5.20 状态网格序列检测原理图

由图 5.20 可知,状态网格序列检测算法基于维特比译码原理,检测模块按合法路径规则对平方律检测值进行累加,针对每一状态通过比较合法转入路径的累积度量值,保留一条幸存路径,当达到译码深度后,对所有状态累积度量值进行择大判决,得到最大似然路径,再回溯得到载波频率,根据编码器逆向映射得到载波比特。

5.4.3 抗干扰性能

本节分析 DM – MDFH 和 C – MDFH 技术的抗干扰性能。考虑的信道为平坦瑞利慢衰落信道,干扰样式为多音干扰[20]。系统仿真参数如下:

C – MDFH 系统可用跳频频率数 $N=128$,其中普通比特 $B_s=1$,采用 BFSK 调制,分集数 $N_h=3$,载波比特 $B_c=1$,采用约束长度 $K=6$ 的卷积编码,其编码器结构用 8 进制表示为([6],[40 20 10 4 2 1]),载波比特采用基于匹配滤波器平方律检测的线性合并,状态网络序列检测接收机,普通比特采用软判决分集合并。

DM – MDFH 系统可用跳频频率数 $N=128$,普通比特采用 BFSK 调制,分集数 $N_h=3$,载波比特 $B_c=6$,载波比特采用基于匹配滤波器平方律检测的线性合

并,普通比特采用软判决分集合并;

假设通信频带内同时存在背景 AWGN 和多音干扰,AWGN 单边带平均干扰功率谱密度为 N_0。多音干扰任意干扰音可表示为正弦单频信号,与可用子频带的中心频率重合,其基带等效表达式为[21-22]

$$s_m(t) = \sqrt{2E_J/T_h}\exp(j2\pi f_j t + \theta_j), \quad m = 0,1,\cdots,N-1 \quad (5.58)$$

式中:E_J 为干扰音单跳能量;随机相位 θ_j 在 $[-\pi,\pi]$ 内均匀分布;干扰频率 f_j 随机分布于有用信号可用频率集。设干扰总功率为 P_{JT},随机均匀分布于 $J(J<N)$ 个音,则单个干扰音的功率 $P_J = P_{JT}/J$,干扰功率谱密度 $N_J = P_J/W$。

如图 5.21 所示,随着多音干扰分布参数 J 增大,C–MDFH 系统性能越来越好,因此,多音干扰最坏干扰条件是 $J=1$,即干扰信号集中干扰一个子带时,干扰效率最高。从图中可以看出,当信干比小于 10dB,J 值也较小时,错误概率较高,由于卷积编码的错误具有传递性,导致系统性能均比较差,且基本相等;当信干比大于 30dB 时,受 AWGN 限制,不同 J 值系统性能都接近并稳定在 10^{-5}。

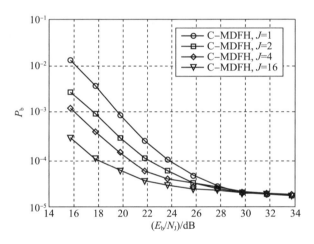

图 5.21　C–MDFH 系统抗多音干扰最差性能分析

图 5.22 的仿真结果表明,DM–MDFH 系统的误码性能随多音干扰分布参数 J 增大而逐渐改善。类似地,当 $J=1$ 时,系统性能最差。当信干比大于 32dB 时,系统性能受限于背景 AWGN,不同 J 值系统误码率性能都趋于稳定。

如图 5.23 所示,当信干比小 15dB 时,C–MDFH 系统受编码错误传递性影响,性能与 DM–MDFH 系统相近,C–MDFH 系统性能全面优于 DM–MDFH 系统;当信干比大于 15dB 时,错误传递性影响减小,C–MDFH 系统性能迅速提高,而 DM–MDFH 系统缓慢提高,因此,C–MDFH 系统增益越来越大;当信干比大于 30dB 时,受 AWGN 限制,两个系统性能都趋于稳定,C–MDFH 系统性能

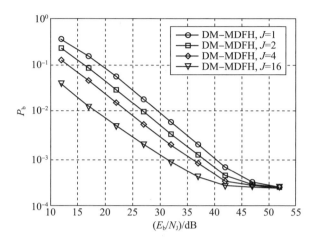

图 5.22　DM-MDFH 系统抗多音干扰最差性能分析

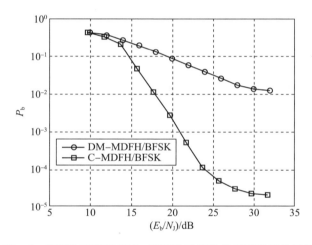

图 5.23　C-MDFH 系统和 DM-MDFH 系统抗多音干扰最差性能对比

明显好于 DM-MDFH 系统。

通过对比分析 DM-MDFH 系统与 C-MDFH 系统在多音干扰下的 BER 性能,可以发现:当干扰功率一定时,干扰信号集中在一个子带内导致系统性能最差,干扰效率最高;C-MDFH 系统性能明显优于 DM-MDFH 系统,并随信干比增大,增益也随之变大。

参 考 文 献

[1] 姚富强,信俊民,扈新林. 跳频通信有效反侦察组网数的确定[J]. 现代军事通信,1995(3):6-11.

[2] 平良子. CHESS:一种新型可靠的高速短波电台[J]. 电信技术研究,1997(11):43-50.
[3] Torrieri D J. Fundamental limitations on repeater jamming of frequency hopping communications[J]. IEEE Journal on Selected Areas in Communications,1989,7(4),569-575.
[4] 姚富强,张毅. 干扰椭圆分析与应用[J]. 解放军理工大学学报(自然科学版),2005,6(1),7-10.
[5] Blanchard E J. A slow frequency hopping technique that is robust repeat jamming[C]//IEEE Military Communications Conference. Piscataway:IEEE Press,1982:1-9.
[6] He Z,Liu X. Modeling and simulation of link-16 system innetwork simulator 2[C]//2010 International Conference on Multimedia Information Networking and Security. Piscataway:IEEE Press,2010:154-159.
[7] 杨光. 战术数据链可靠传输设计及分析技术研究[D]. 长沙:国防科学技术大学,2009.
[8] 孙继银,付光远,车晓春,等. 战术数据链技术与系统[M]. 北京:国防工业出版社,2007.
[9] 杨光,周经伦,罗鹏程. JTIDS 数据链在部分频带干扰下的性能分析[J]. 国防科学技术大学学报, 2010,32(1):122-127.
[10] 姚富强. 通信抗干扰工程与实践[M]. 2版. 北京:电子工业出版社,2012.
[11] Zhang S Y,Yao F Q,Chen J Z,et al. Analysis and simulation of convergent time of the AFH system[C]// The 7th International Confcrence on Signal Processing. Piscataway:IEEE Press,2004:2704-2707.
[12] 姚富强,张少元,李永贵,等. 一种实时频率自适应跳频处理方法研究[J]. 现代军事通信,2008 (3):10-15.
[13] Herrick D L,Lee P K. CHESS:A new reliable high speed HF radio[C]//IEEE Military Communications Conference. Piscataway:IEEE Press,1996:684-690.
[14] Herrick D L,Lee P K. Correlated frequency hopping:An improved approach to HF spread spectrum communications[C]//Tactical Communications Conference. Piscataway:IEEE Press,1996:319-324.
[15] 关胜勇. 差分跳频信号设计和检测技术的研究与实现[D]. 南京:解放军理工大学,2005.
[16] Dominique F,Reed J H. Robust frequency hop synchronisation algorithm[J]. Electronics Letters,2002,32 (16):1450-1451.
[17] Ling Q,Li T. Message-driven frequency hopping:Design and analysis[J]. IEEE Transactions on Wireless Communications,2009,8(4):1773-1782.
[18] Zhang L,Wang H,Li T. Anti-jamming message-driven frequency hopping—Part I:System design[J]. IEEE Transactions on Wireless Communications,2012,12(1):70-79.
[19] Zhang L, Li T. Anti-jamming message-driven frequency hopping—Part II:Capacity analysis under disguised jamming[J]. IEEE Transactions on Wireless Communications,2012,12(1):80-88.
[20] 王达. 编码辅助映射 MDFH 系统性能分析[D]. 四川:电子科技大学,2012.
[21] Han Y,Teh K C. Error probabilities and performance comparsions of various FFH/MFSK receivers with multitone jamming[J]. IEEE transactions on Communications,2005,53(5):769-772.
[22] Teh K C,Kot A C,Li K H. Performance analysis of an FFH/BFSK product-combining receiver under multitone jamming[J]. IEEE Transactions on Vehicular Technology,1999,48(6):1946-1953.

第6章 超宽带抗干扰通信

在无线通信技术发展的历史长河中,干扰和抗干扰技术呈此消彼长的螺旋态势不断发展。本章重点讨论超宽带抗干扰通信波形,包括猝发通信、脉冲幅度调制超宽带(UWB)通信、跳时扩频通信、脉冲相位键控(PPK)窄脉冲通信等通信方式的工作原理和抗干扰性能。本章介绍的波形通过降低时域上的占空比,可以利用时间窗有效地滤除干扰信号。

6.1 猝发通信

通信信号在空中暴露的时间越长,被敌方侦收的可能性越大。猝发通信通过加快通信速度来减少信号的留空时间,从而降低敌方的侦收概率,增加敌方破译难度。作为一种非实时通信方式,猝发通信先将信息存储起来,并进行适当的压缩,然后在某一随机瞬间以正常速度的 10~100 倍或更高的速率快速猝发完成通信,达到发射信号稍纵即逝的目的。接收时则先将信息记录下来,再通过一系列手段恢复出原始信号。由于猝发通信是以高速比特流形式在某一随机瞬间发送数据的通信方式,具有随机性和短暂性,可以避开对方的干扰和测向,大大减少被截获的机会,又能缩短信道的占用时间,降低发射机的功率要求,因此猝发通信系统在无线通信中具有广泛的应用[1-2]。例如:军事应用中潜艇对岸基通信采用猝发模式能提高通信的保密性和隐蔽性,避免被第三方窃取通信内容和暴露自身位置;在卫星通信领域,为全球用户提供移动通信业务的国际海事卫星通信系统也采用了猝发通信体制[3]。本节围绕猝发通信技术,主要介绍猝发通信的调制解调基本原理、抗干扰性能以及典型应用。

6.1.1 猝发通信系统调制解调原理

在猝发通信中,由于信号持续时间短,要求接收端在很短的时间内(通常只有十几个到几十个符号周期)就能达到同步并完整地接收整个发送时隙的数据流,因此必须在调制端采用特定的辅助措施来帮助接收机更快地锁定。通常,在发送数据流中插入一个十几个到几十个符号的前导字,接收端以它作为辅助数据来进行自动增益控制、载波恢复和位时钟恢复。发送时隙的数据包格式一般如图6.1所示。

图6.1 猝发调制的数据包格式

整个数据包的长度一般有几百个到几千个符号。其中,CR是前导字中用于载波恢复的子串,BTR是用于位同步提取的子串,二者共同构成前导字。UW(Unique Word)代表唯一字,可以作为用户标识和前导字与数据之间的定界符,以判定系统是否真正达到稳定以及数据从何处开始。这个唯一字非常重要,因为很多情况下,系统在何时达到稳定是不确定的,有效数据从何时开始也是未知的。CR和BTR的选择很有讲究。通常,CR取为恒定,以保证该段数据实际上代表的即为载波的相位。而BTR通常选为正负交替的二进制码流,它能充分地反映符号的时钟特性。采用什么样的CR和BTR样式,在接收端就应当采用与这种样式相对应的载波和时钟恢复算法。在有些情况下,CR与BTR并没有严格地区分开,此时接收端必须采用高效率的联合载波与时钟恢复技术。

猝发通信相对于普通的调制技术在同步方面具有更高的要求。载波和位时钟恢复算法的性能与前导字的图案相关,前导字作为系统开销,其长度关系到系统的通信效率,因此,在设计猝发调制解调器时总是要求前导字尽可能短,所以要求接收机具有快速捕获能力。

图6.2是猝发通信调制端的基本框图。从图中可以看出,猝发通信在调制前端对数据包进行了处理,数据在一个缓存寄存器里被加上了前导字。其余模块与常规通信方式基本相同,不再赘述。

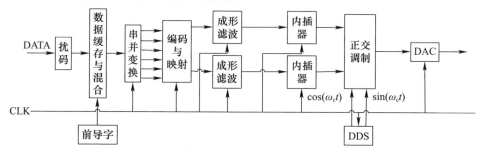

图6.2 猝发通信调制端基本框图

在猝发通信中,快速而高效的参数估计是解调器能否正确接收和同步猝发短数据包的关键。通常是利用前导字估计获取载波参数和位同步信息。图6.3给出了猝发通信解调端基本框图。

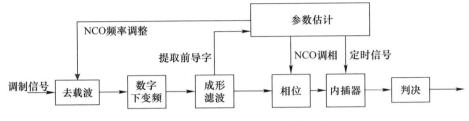

图6.3 猝发通信解调端基本框图

首先把中频采样数据通过下变频抽取等步骤降到基带信号,经过均方根频谱成形;然后通过正交解调、相位旋转、符号同步、样值判决、数据解调、并串变换,再解扰输出信息流。

6.1.2 抗干扰性能

由于猝发通信波形在时域上具有很低的占空比,因此能抵抗较强的脉冲干扰。本节采用对称α稳定分布对脉冲干扰建模[4],该分布可以用特征指数α、尺度参数γ和位置参数μ三个参数来描述。特征指数是分布拖尾厚度的度量,决定了脉冲干扰的密集程度。尺度参数也称为分散度参数,决定了脉冲干扰的平均功率。不失一般性,通常假设位置参数为0。

图6.4给出了不同脉冲干扰密集度下猝发通信系统的误码性能,即不同α下的误码性能。仿真中,基带调制采用64QAM,每次猝发传输的数据段包含100个符号,发送符号能量归一化为1,假设接收端已实现准确的载波同步和位同步。考虑三种不同特征指数,α的取值分别为1、1.5、1.9。α取值越小表示干扰越密集,当$\alpha=2$时,对称α稳定分布退化为高斯分布。从图6.4可以看到,当干扰平均功率$\gamma=-20\text{dB}$,α为1.5和1.9时,系统误码率均在10^{-4}以下,表明猝发通信系统具有一定的抗脉冲干扰能力。另外,在相同干扰平均功率下,随着α减小,猝发通信的误码性能会逐渐恶化,例如当$\gamma=-20\text{dB}$,α为1和1.9时,系统误码率分别为2×10^{-3}和2×10^{-7},表明猝发通信系统在受到较强干扰的情况下解调性能会降低。

图6.5为猝发通信与常规QAM通信在脉冲干扰下的误码性能对比。仿真中,基带信号调制方式均采用16QAM,脉冲干扰的特征因子$\alpha=1.2$。对比图6.5的两条误码率曲线可以发现,采用猝发传输后系统的抗干扰性能得到了显著提升。例如,当干扰平均功率$\gamma=-20\text{dB}$时,猝发通信的误码率约为

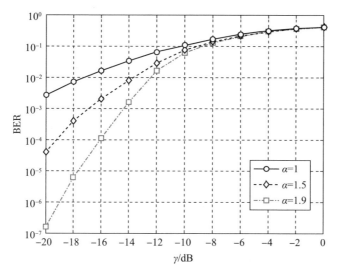

图 6.4　不同脉冲干扰密集度下猝发通信系统误码性能

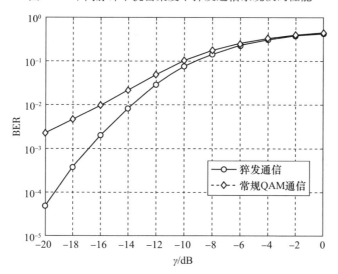

图 6.5　猝发通信与常规 QAM 通信在脉冲干扰下的误码性能对比

4×10^{-5},而常规 QAM 系统的误码率约为 2×10^{-3}。这是因为猝发通信波形的占空比很低,可以时域上避开脉冲干扰,从而提升了抗干扰能力。

6.1.3　猝发通信典型应用

本节以采用 MarkXIIA 系统模式 5 的猝发通信系统为原型[5],介绍猝发通信技术在实际中的应用。系统主要包括询问机和应答机两部分,应答机是系统中的识别目标,而询问机是通信发起方,通过通信的信息交互获取应答机的信息。

1. 系统工作流程

模式 5 是 MarkXIIA 系统询问机和应答机的一种工作技术规范,在该模式下,单次询问—应答过程包括:询问机生成询问信号并向待识别目标方向发射,应答机接收询问信号并进行处理,解密得到询问信息,进而根据该信息生成对应的应答信号发射,最后询问机接收并处理该应答信号,解密得到待识别目标的相关信息。MarkXIIA 系统模式 5 传输链路如图 6.6 所示。

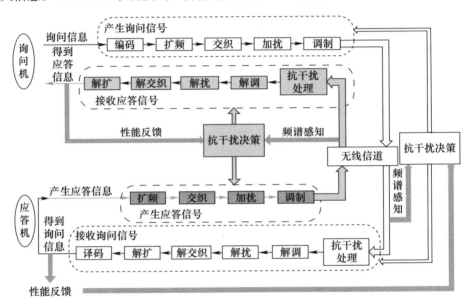

图 6.6 MarkXIIA 系统模式 5 传输链路

询问过程中,在询问机的发送端,对信息进行 RS 编码、Walsh 扩频、交织、加扰、最小频移键控(Minimum Shift Keying,MSK)调制后产生询问信号,将产生的询问信号发送出去;应答机接收端是询问机发送端的逆过程,来自询问机的询问信号经过无线信道的传输到达应答机的接收端,应答机接收端根据抗干扰决策模块决策出的干扰处理方式进行抗干扰处理后对信号进行同步接收,同步接收到的信号经过 MSK 解调、解扰、解交织、解扩和 RS 译码得到询问信息,应答机根据得到的询问信息产生相应的应答信息。

应答过程中,在应答机的发送端,对应答信息一次进行 Walsh 扩频、交织、加扰、MSK 调制后得到应答信号并发送;询问机接收端是应答机发送端的逆过程,来自应答机的应答信号经过无线信道的传输到达询问机的接收端,询问机接收端根据抗干扰决策模块决策出的干扰处理方式对应答信号进行抗干扰处理后进行同步接收,同步接收到的信号经 MSK 解调、解扰、解交织和解扩处理得到应答信号。

在抗干扰决策模块中,决策引擎根据系统当前的状态、频谱感知得到的环境信息(干扰类型、干扰参数、干扰功率、噪声功率等)和接收端反馈的性能信息等对参数配置及干扰处理方式进行决策。

2. 信号格式

询问和应答信号均由同步头脉冲和数据脉冲组成。询问信号格式如图 6.7 所示。

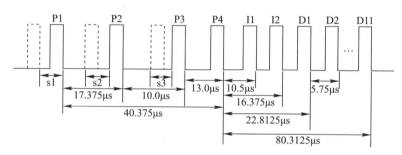

图 6.7 询问信号格式

如图 6.7 所示,P1~P4 为中间隔可变的同步脉冲,每个脉冲包含 16bit 的固定前导码,内容固定,为 0111100010001001,码元持续时间为 0.0625μs,对应的码率 16Mb/s,同步脉冲码元需经过 MSK 调制,无须经过 RS 编码、Walsh 扩频和传输安全函数添加的处理过程,询问机本地密码机产生 P1~P4 对应的抖动值 S1、S2、S3,抖动值 S1 和 S2 的范围为 0~2.875s,抖动值 S3 的抖动范围为 0~1.375μs,I1 和 I2 为询问旁瓣抑制脉冲,用于抑制询问旁瓣,与同步脉冲 P4 分别相隔为 10.5μs 和 16.375μs,物理实现时该脉冲与询问信号其他脉冲发射天线独立,且该脉冲在发射天线主瓣内的能量应小于同步头信号 11dB 以上,在主瓣外的能量不小于同步头信号能量。D1~D11 为 11 个数据脉冲,每个数据脉冲含有 4bit 信息,共 44bit 信息,脉冲持续时间为 1μs,它是对加密机加密后的 36bit 询问信息进行(11,9) RS 编码产生的。询问脉冲经过扩频和 MSK 调制后由询问机发送端进行发射。

系统应答信号格式如图 6.8 所示。

应答信号中脉冲持续时间为 1μs,同步脉冲 P1、P2 为固定的前导码,格式、内容与询问信号的前导码完全相同,P1 位置可变,P1 的抖动值 S1 取值范围为 0.125~1.875μs,S1 由应答机本地密码机产生。D1~D9 为 9 个数据脉冲,每个

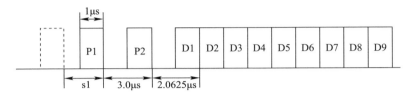

图 6.8 应答信号格式

数据冲含 4bit 信息,加密后得到 36bit 应答信息,经过 Walsh 扩频、加密、MSK 调制后发射出去。应答信号数据部分为连续脉冲,整个回复应答信号长 14~16μs。

3. 抗干扰决策机制

抗干扰决策机制工作原理如图 6.9 所示。

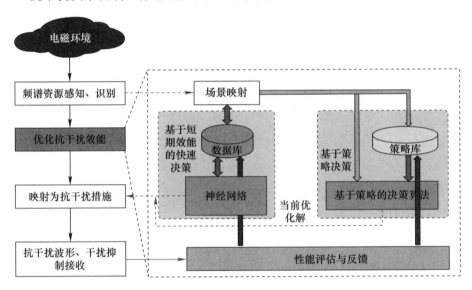

图 6.9 抗干扰决策机制工作原理

其主要功能如下:

(1) 通过频谱资源感知获取突发通信系统工作电磁环境信息(信道质量、干扰特性等),根据知识库的信息(频谱分配、平台能力、管制政策、干扰特性等),这些信息被映射为系统状态参数。

(2) 基于策略决策,根据频谱资源感知、识别的结果,在策略库的支撑下采用基于策略的决策算法对系统参数配置进行决策,并根据反馈得到的传输性能信息对参数配置进行调整。

(3) 基于短期效能的快速决策,采用神经网络算法,在神经网络在由历史传输性能构建的数据库下进行训练,将频谱资源感知、识别的结果作为神经网络的输入,进行快速决策,能够快速得到有效的系统参数配置。

(4)根据反馈的效能结果,对生成的抗干扰策略进行评估,对满足猝发通信系统抗干扰需求的策略,更新数据库。

6.2 基于脉冲幅度调制的超宽带通信

6.2.1 超宽带通信概述

超宽带通信技术的研究始于20世纪60年代。在它的发展过程中,曾有冲激、无载波、非正弦等不同的名字在同时使用,直至1989年才被美国军方明确定名为"超宽带",其定义的特征是信号的相对带宽大于25%的任何信号波形[6-7]。这里的相对带宽是指 $2(f_H - f_L)/(f_H + f_L)$,其中 f_H 为信号高端频率,f_L 为信号低端频率,$f_H - f_L$ 表示信号带宽,即有

$$\frac{2(f_H - f_L)}{f_H + f_L} = \frac{f_H - f_L}{f_c} \geq 0.25 \tag{6.1}$$

式中:f_c 为信号的中心频率,$f_c = (f_H + f_L)/2$。

2002年4月,美国联邦通信委员会(Federal Communications Commission,FCC)给出了UWB的两种定义[8]:第一种定义对军方的定义做了两处修改,一是信号的相对带宽特指10dB带宽,即 f_H 和 f_L 分别表示低于信号最大发射功率10dB处的高端和低端频率,二是信号的相对带宽从大于25%改为大于或等于20%;第二种定义是信号的10dB带宽大于或等于500MHz,而不管相对带宽是多少。

从定义可知,UWB技术与其他通信技术的根本区别是它利用所占频谱范围很宽的信号来传输数据。其主要特点可以归纳为以下几个方面[9-10]。

(1)传输速率高。UWB采用上千兆赫的超宽频带,所以即使把发送信号的功率谱密度控制得很低,也可以实现高达100~500Mb/s的信息速率。

(2)多径分辨能力强。在电磁波的传播过程中会遇到不同物体的反射,在接收端接收到的信号将是来自不同的传播路径的信号的叠加,形成多径效应。为了克服多径效应带来的影响,通常无线系统会加大发射功率,预留较大的裕量(6~10dB),或是采用分集接收和复杂的信号处理方法来克服多径效应带来的不良影响,这样不利于小体积便携式设备的应用。对于超宽带系统,从频域的角度分析,由于UWB信号的带宽极宽,所以信号在传输过程中出现频率选择性衰落现象是一定的;从时域角度看,超宽带系统采用宽度为纳秒级的窄信号,因此

具有很高的时间分辨力,相应地多径分辨率小于几十厘米。因此,相比之下超宽带系统在多径分辨能力这方面具有优势。

(3) 穿透能力强,定位精确。UWB 信号具有很强的穿透树叶和障碍物的能力,因此可以解决常规超短波信号在丛林中不能有效传播的问题,还可在室内和地下进行精确定位。利用带宽达到数吉赫的 UWB 信号,可以实现厘米级的定位精度。这使得超宽带系统在复杂场景下完成通信的同时还能实现准确定位跟踪,定位与通信功能的融合极大地扩展了系统的应用范围。

(4) 隐蔽性好,保密性强,抗干扰能力强。UWB 信号平均功率很小,可以隐蔽在环境噪声或其他信号中传输,难以被敌方检测。同时,采用扩频编码技术对脉冲参数进行随机化后,接收机只有已知发送端扩频码才能解调出传输的数据,进一步提高了系统的保密性能。此外,UWB 信号占空比极低,可以通过时间窗滤除干扰信号,从而达到增强系统抗干扰能力和可靠性的目的。

虽然 UWB 技术有诸多优势,但也存在一定的不足。首先,UWB 系统占用的带宽很宽,可能会干扰其他无线通信系统[11],因此 UWB 系统频谱许可问题一直在争论之中;其次,尽管 UWB 系统发射的平均功率很低,但是由于它的信号持续时间短,瞬时功率峰值会较大,会影响民航等一些系统的正常工作;最后,随着传播距离的增加,高频信号强度快速衰减,因此使用超宽频带的系统仅适用于进行短距离通信。

UWB 信号的实现方式大致可分为两类:一类是脉冲无线电超宽带(Impulse Radio UWB,IR – UWB)。其利用皮秒至纳秒级的极窄脉冲来传输数据,具有很高的时间分辨率和很强的抗多径性能,从而具有极宽的带宽和很低的功率谱密度。使用冲激脉冲发射时,脉冲不需要载波调制,基带信号直接通过天线辐射出去。天线的共振频率决定冲激脉冲辐射部分的中心频率,天线的共振频率决定冲激脉冲幅度部分的中心频率,天线作为带通滤波器可以影响辐射信号的频谱形状。另一类实现 UWB 的方法是多频带超宽带(Multi – Band UWB,MB – UWB),其特点是将 FCC 规定的 3.1 ~ 10.6GHz 频带划分为多个满足超宽带定义的子带,在每个子带上采用多载波调制。这种多频带调制方式一方面可以有效利用带宽,恰当地选择多频带带宽可以确保完全利用整个频带,还可以对各个子频带分别处理,增加了 UWB 系统的灵活性。

6.2.2 脉冲幅度调制解调技术

从通常的通信系统设计思路出发,实现超宽带通信首先要考虑的重要问题是调制技术。UWB 系统中采用的基本调制方式包括脉冲幅度调制(Pulse Amplitude Modulation,PAM)、脉冲位置调制(Pulse Position Modulation,PPM)、开关键控(On Off Keying,OOK)、相位调制(Phase Modulation,PM)以及它们的组合等。UWB 的多址方式包括跳时(Time Hopping,TH)和直接序列扩频等。在多用户系统中,超宽带通信的调制方式是数据信息调制和多址调制的组合,如脉冲位置调制和跳时的组合 TH – PPM 等。本节重点关注基于 PAM 的超宽带通信系统。由于窄脉冲是信息的载体,下面首先介绍常用的高斯脉冲及其各阶导数,给出脉冲序列的一般表达式。

1. 高斯脉冲及其一阶、二阶导数

超宽带脉冲通信技术中最简单通用的单周期脉冲模型是持续时间为 0.5 ~ 20ns 的高斯脉冲及其各阶导数。

高斯脉冲信号表达式为

$$w(t) = \pm A e^{-\left(\frac{t}{\tau}\right)^2} \tag{6.2}$$

式中:A 为脉冲幅度;t 为时间;τ 为衰减常数。

高斯脉冲的宽度取决于衰减常数 τ,减小 τ 的数值,脉冲宽度将会被压缩,频域会被相应地扩展,因此对同一脉冲波形可以通过改变 τ 值得到不同的带宽。另外,对高斯脉冲微分也会影响其能量谱密度,峰值频率和脉冲宽度都会随着微分阶数的增加而改变。

高斯脉冲的一阶导数为

$$w'(t) = \mp \frac{2A}{\tau^2} t e^{-\left(\frac{t}{\tau}\right)^2} \tag{6.3}$$

高斯单脉冲类似于单周期正弦波,频谱结构中的直流及接近直流的频谱成分较弱,有利于极窄脉冲信号的传输,接收端易于相关检测与识别。事实上,由于发射天线的微分作用,若发射端天线输入为高斯脉冲,则输出信号为高斯脉冲的一阶微分。

高斯单脉冲频域表达式为

$$W(f) = j2A\pi\sqrt{\pi}\tau f e^{-\pi^2\tau^2 f^2} \tag{6.4}$$

中心频率为

$$f_c = \frac{1}{2\pi\tau} \tag{6.5}$$

相对于中心频率的 3dB 功率点的频率为

$$\begin{cases} f_1 = 0.319 f_c \\ f_u = 1.922 f_c \end{cases} \tag{6.6}$$

因而,相对带宽是中心频率的 160%。

在实际应用中,一般采用高斯二阶导函数脉冲作为超宽带通信系统中最基本的信号单元,高斯二阶导函数表达式为

$$g(t) = \mp \frac{2A}{\tau^2} \left(1 - \frac{2t^2}{\tau^2}\right) e^{-\left(\frac{t}{\tau}\right)^2} \tag{6.7}$$

高斯二阶导函数频域表达式为

$$W(\omega) = -A\sqrt{\pi}\tau\omega^2 e^{-\frac{\omega^2\tau^2}{4}} \tag{6.8}$$

一般而言,由脉冲宽度、脉冲重复频率和脉冲幅度三个变量来定义 UWB 脉冲。实际通信中 UWB 系统一般发送的是纳秒级脉冲串,脉冲宽度远小于脉冲之间的平均间隔,两个脉冲之间的间隔可以固定,也可以时变。所以 UWB 波形的扩频带宽是直接产生的,波形的占空比很小,峰均比很大。此外,由于其功率谱密度类似白噪声,UWB 脉冲比传统无线信号更加难以探测。图 6.10 示出了脉宽为 2ns 的高斯二阶导数脉冲的时域波形,由图可见,随着衰减常数的减小,脉冲宽度逐渐变窄。

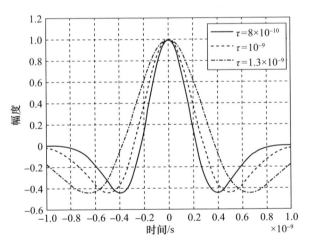

图 6.10 高斯二阶导数脉冲时域波形

2. 基于 PAM 的 IR – UWB 系统发射机工作原理

图 6.11 是基于 PAM 的 IR – UWB 系统发射机系统框图,首先将传输的信源进行调制,然后由脉冲调制到发射前的滤波器中,最后由发射天线发射出去。

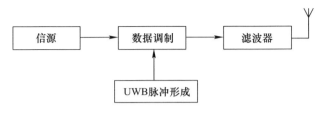

图 6.11 IR-UWB 发射端框图

假设系统输入为二进制序列,比特周期为 T_s,根据输入的信源比特,首先产生周期为 T_s 的参考脉冲信号,然后根据 PAM 原理,当发射比特"1"时,在当前参考脉冲 T_D 秒后发送一个幅度为 A_1 的脉冲;当发射比特"0"时,在当前参考脉冲 T_D 秒后发送一个幅度为 A_2 的脉冲。其具体表达式为

$$s(t) = \sum_j g(t-jT_s) + A_i g(t-jT_s-T_D) \tag{6.9}$$

式中:A_i 为比特序列对应的脉冲幅度 $i \in \{1,2\}$。

为了便于理解,考虑发送比特序列为 [1 0 1 1 0 1 0],$A_1=1$,$A_2=\sqrt{3}/3$,参考脉冲周期为 $T_s=300\text{ns}$,$T_D=50\text{ns}$,则发送信号的时域波形如图 6.12 所示。

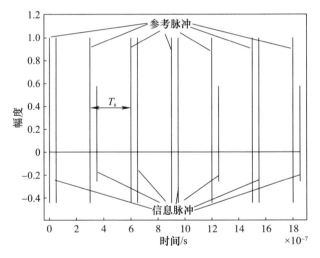

图 6.12 IR-UWB 信号时域波形图

图 6.13 为单个符号周期内 IR-UWB 信号时域波形图,图 6.13(a) 为第 1 个符号周期内的时域波形,图 6.13(b) 为第 2 个符号周期内的时域波形。从图中可以看到,当发送比特"1"时,信息脉冲的幅度为 1,当发送比特"0"时,信息脉冲的幅度约为 0.58,且信息脉冲和参考脉冲的时延为 T_D。

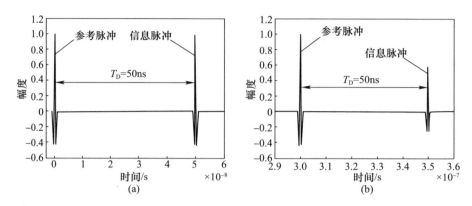

图 6.13 单个符号周期内 IR – UWB 信号时域波形图

(a)第 1 个符号周期的时域波形;(b)第 2 个符号周期的时域波形。

图 6.14 给出 IR – UWB 基带信号的功率谱密度,由于脉冲周期为 300ns,因此信息速率约为 3MHz。从图中观察到 IR – UWB 信号的 10dB 带宽约为 1.4GHz,且功率谱密度最大值仅 – 45dB/Hz,所发送的信号满足超宽带信号的定义,时域上的窄脉冲,在频域上表现为宽频带信号。

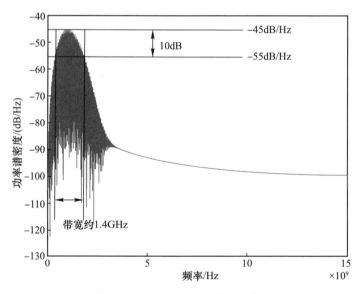

图 6.14 IR – UWB 信号功率谱

3. 基于 PAM 的 IR – UWB 系统接收机工作原理

超宽带接收端的作用是对经过信道的信号进行放大、滤波、变频、解调、译码等处理过程,从而尽可能还原出发射端发射的比特信息。具体的 IR – UWB 接收端的系统框图如图 6.15 所示。首先接收天线接收的信号经过低噪声放大器，然后通过带通滤波器滤掉部分噪声，再经过平方、积分，最后通过门限判决得到数据比特。

图 6.15　IR-UWB 接收端框图

假设信号通过高斯白噪声信道，接收信号经过放大、滤波、平方器后的时域波形如图 6.16 所示。图 6.16(a)为将接收信号平方后所得信号的时域波形图，图 6.16(b)为第 2 个符号周期内接收信号的时域波形图。从图中可以看到，当发送端发射比特为"1"时，接收信号的幅度较大；当发射端发送比特为"0"时，接收信号的幅度较小。

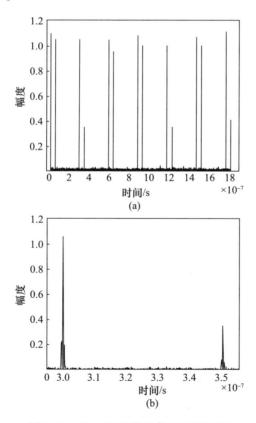

图 6.16　IR-UWB 接收信号时域波形
(a)平方器后接收信号时域波形；(b)第 2 个符号周期内接收信号时域波形。

对平方后的信号在一个符号周期内进行积分,得到的时域波形如图 6.17 所示。同时,根据得到信号幅度的大小,通过预设判决门限,当信号幅度超过判决门限时判为"1",当信号幅度低于判决门限时判为"0",因此接收到的信息比特为[1 0 1 1 0 1 0],与发射端一致。

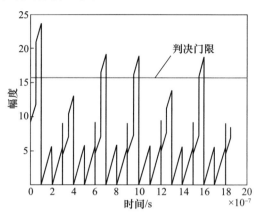

图 6.17　IR－UWB 信号积分后时域波形图

6.2.3　抗干扰性能

本节给出基于脉冲幅度调制的超宽带通信在脉冲干扰下的误码性能。与 6.1.2 节类似,用对称 α 稳定分布对脉冲干扰建模,其特征指数为 α,尺度参数为 γ。对于脉冲幅度调制,当发送比特为"1"时,脉冲幅度为 1;当发送比特为"0"时,脉冲幅度为 $1/\sqrt{3}$。

图 6.18 给出了 IR－UWB 信号在脉冲干扰下的误码性能,图中横坐标为尺

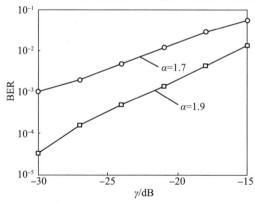

图 6.18　IR－UWB 信号在脉冲干扰下的误码性能

度参数,即脉冲干扰的功率强度。仿真结果表明:一方面,随脉冲干扰功率增强,IR-UWB系统的误码性能随之恶化;另一方面,随特征指数增加,脉冲干扰的密集程度降低,IR-UWB系统的误码性能有所改善。由于IR-UWB信号占空比很低,在积分采样判决的过程中可以通过时间窗滤除一部分脉冲干扰,因此其抗脉冲干扰的能力强于常规的连续波通信。

6.3 跳时扩频通信

扩频通信的出现是通信技术的一次重大突破,是现在无线电通信技术中的研究热点,它与光纤通信、卫星通信一同被誉为信息时代的三种高技术传输方式,在军用和民用领域都有很广泛的应用。直接序列扩频、跳频扩频和跳时扩频是三种最基本的扩频系统,本节主要介绍跳时扩频通信的工作原理、波形设计和抗干扰性能。

6.3.1 跳时扩频通信系统概述

跳时系统用一组伪随机码(通常称为跳时序列)去控制信号的发送时刻以及持续时间,主要用于时分多址通信。通过跳时系统的作用,一个信码的持续时间将分成若干时隙,由伪码序列启闭来键控发射机,在某一个固定的时隙内发送信号[12]。具体来说,首先把时间轴分成许多时片,由伪随机码序列去控制在一帧内某个时片发射信号。跳时相当于用伪随机码序列进行选择的多时片的时移键控。由于采用了很窄的时片去发送信号,相对来说信号的频谱也就展宽了,抗干扰性能从而得到增强[13-16]。跳时扩频信号的帧结构如图6.19所示,它由一个伪随机序列来控制发射机的启闭时间,使发射的信号随伪随机序列的规律而通断,从而产生跳时通信信号。跳时基本原理如图6.20所示。

假设给定待发射的二进制序列

$$b = (b_0, b_1, \cdots, b_k) \tag{6.10}$$

其速率 $R_b = 1/T_b$,重复编码模块使每个比特重复 N_s 次,产生一个新的二进制序列:

$$a = (b_0, b_0, \cdots, b_0, b_1, b_1, \cdots, b_1, \cdots, b_k, \cdots, b_k) \tag{6.11}$$

新序列 a 的比特速率 $R_{cb} = N_s/T_b$,这样引入冗余,实际上是一种 $(N_s, 1)$ 分组信道编码。发送编码器主要是实现跳时编码,它利用一个伪随机整数值序列(跳时序列)与二进制序列 a 产生一个新序列。将这个序列输入到PPK调制器中,便得到脉冲位置的偏移量。跳时编码器包括重复编码器、发送编码器和PPK

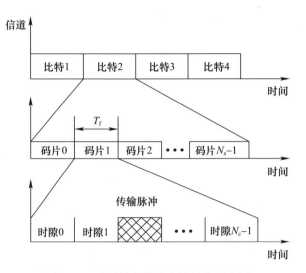

图 6.19 跳时扩频信号的帧结构示意图

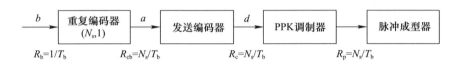

图 6.20 跳时基本原理

调制器三部分。

6.3.2 跳时扩频抗干扰波形设计

针对跳时扩频系统,常用的干扰方式包括单音干扰、多音干扰、时变的单音干扰和扫频干扰等[17-19],其中单音干扰是最常用的干扰方式。本节主要介绍如何分析和改善跳时扩频系统的抗单音干扰能力。

图 6.21 为跳时扩频系统框图,其中 $\delta_D(t)$ 表示狄拉克函数,$\{d_k\}$ 表示比特数据流。每比特包含 N_f 帧,其中每帧持续时间为 T_f。每帧进一步等分为 N_c 个周期为 T_c 的时隙,有 $T_f = N_c T_c$,通常假设 $T_c \ll T_f$。令 $w_{tr}(t)$ 表示跳时扩频系统的一个持续时间为 T_p 的单脉冲,$T_p \ll T_c$,且 T_p 通常在纳秒级。

为了传输比特数据流 $\{d_k\}$,首先生成一组跳时码 $\{c_m\}_{m=1}^{N_h}$,其中每个元素从 $\{1,2,\cdots,N_c\}$ 中随机均匀取值。跳时码决定每个码片在一帧中的位置。例如 $c_5 = 3$ 表示在第 5 帧的第 3 个时隙传输一个脉冲。假设采取脉冲位置调制,则传输比特 1 时,将脉冲时延 δ 后发送,传输比特 0 时,脉冲延时为 0。根据以上描述,跳时扩频系统的传输信号表示为

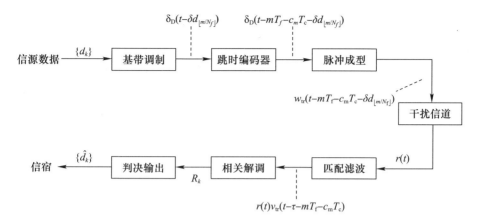

图 6.21 跳时扩频通信系统框图

$$s_{\text{PPM}}(t) = \sum_{m=-\infty}^{+\infty} w_{\text{tr}}(t - mT_{\text{f}} - c_{\text{m}}T_{\text{c}} - \delta d_{\lfloor m/N_{\text{f}} \rfloor}) \quad (6.12)$$

式中:[·]表示下取整。

接收信号可以表示为

$$r(t) = \alpha s_{\text{PPM}}(t - \tau) + j(t) + n(t) \quad (6.13)$$

式中:α 为信道增益;τ 为传输距离导致的路径时延;$j(t)$ 为干扰信号,$n(t)$ 为加性高斯白噪声。

接收端首先将信号 $r(t)$ 与模板脉冲信号 $v_{\text{tr}}(t)$ 做匹配滤波,其中

$$v_{\text{tr}}(t) = w_{\text{tr}}(t) - w_{\text{tr}}(t - \delta) \quad (6.14)$$

假设接收端已实现信号同步,则相关解调器的输出为

$$\begin{aligned} R_k &= \sum_{m=kN_{\text{f}}}^{(k+1)N_{\text{f}}-1} \int_{\tau+mT_{\text{f}}}^{\tau+(m+1)T_{\text{f}}} r(t) v_{\text{tr}}(t - \tau - mT_{\text{f}} - c_{\text{m}}T_{\text{c}}) \mathrm{d}t \\ &= S_k + J_k + N_k \end{aligned} \quad (6.15)$$

式中:S_k、J_k 和 N_k 分别为相关解调器关于跳时信号 $s_{\text{PPM}}(t)$、干扰信号 $j(t)$ 和背景噪声 $n(t)$ 的输出。

判决输出模块根据 R_k 的符号恢复出传输的比特信息,即

$$\hat{d}_k = \frac{1}{2}\{1 - \text{sgn}(R_k)\} \quad (6.16)$$

单音干扰信号可以表示为

$$j(t;f_{\text{J}};\theta_{\text{J}}) = \sqrt{2P_{\text{J}}}\cos(2\pi f_{\text{J}}t + \theta_{\text{J}}) \quad (6.17)$$

式中:P_J、f_J、θ_J 分别为干扰信号的功率、频率和初始相位。

在相关解调器模块中,干扰信号与模板信号之间的相关函数可以表示为

$$R_{\mathrm{tr,T}}(z;\theta_J,f_J,T_c) = \int_0^{T_c} v_{\mathrm{tr}}(t)\cos(2\pi f_J(t+z)+\theta_J)\mathrm{d}t \qquad (6.18)$$

其中为了方便表示,省略了功率因子 $\sqrt{2P_J}$。由于模板信号 $v_{\mathrm{tr}}(t-\tau-mT_f-c_mT_c)$ 仅在一个时隙 T_c 内有非零值,即

$$mT_f + c_mT_c \leqslant t - \tau \leqslant mT_f + (c_m+1)T_c \qquad (6.19)$$

因此,干扰信号 J_k 的表达式可以写为

$$\begin{aligned}
J_k &= \sum_{m=kN_f}^{(k+1)N_f-1} \int_{\tau+mT_f}^{\tau+(m+1)T_f} j(t)v_{\mathrm{tr}}(t-\tau-mT_f-c_mT_c)\mathrm{d}t \\
&= \sum_{m=kN_f}^{(k+1)N_f-1} \int_{\tau+mT_f+c_mT_c}^{\tau+mT_f+(c_m+1)T_c} j(t)v_{\mathrm{tr}}(t-\tau-mT_f-c_mT_c)\mathrm{d}t \\
&= \sum_{m=kN_f}^{(k+1)N_f-1} R_{\mathrm{tr,T}}(\Delta_m;\theta_J,f_J,T_c)
\end{aligned} \qquad (6.20)$$

式中:Δ_m 为模板信号 $v_{\mathrm{tr}}(t)$ 和干扰信号 $j(t)$ 在第 m 帧的相对时移,$\Delta_m = \tau + mT_f + c_mT_c$。

下面考虑设计单脉冲波形 $w_{\mathrm{tr}}(t)$ 来增强跳时扩频系统的抗干扰能力。实际上,从式(6.20)可以看出,相关函数 $R_{\mathrm{tr,T}}$ 是关于 Δ_m 的正弦函数,因此 $R_{\mathrm{tr,T}}$ 的最大值决定了干扰信号的最大强度,也决定了系统的抗干扰能力,即

$$\max_{\Delta_m} |R_{\mathrm{tr,T}}(\Delta_m;\theta_J,f_J,T_c)| \qquad (6.21)$$

设计目标是找到 $w_{\mathrm{tr}}(t)$ 最小化 $R_{\mathrm{tr,T}}$ 的最大值,从而增强系统抗干扰能力。假设 T_c 是已知的,初始相位 $\theta_J = 0$,$\hat{f}_J$ 表示估计的干扰信号的频率。则式(6.21)可以表述为

$$\begin{aligned}
\hat{w}_{\mathrm{tr},\hat{f}_J}(t) &= \arg\min_{w_{\mathrm{tr}}} \max_{\Delta m} |R_{\mathrm{tr,T}}(\Delta_m;\hat{f}_J,T_c)| \\
\mathrm{s.t.} \quad & \|\hat{w}_{\mathrm{tr}}(t)\|^2 = 1
\end{aligned} \qquad (6.22)$$

为了进一步简化式(6.22),首先固定 $w_{\mathrm{tr}}(t)$ 的波形形式,令

$$w_N(t) = \sum_{i=1}^{N} a_i \mathrm{rect}\left(\frac{t-(2i-1)\frac{T_c}{4N}}{\frac{T_c}{2N}}\right) \qquad (6.23)$$

式中:$\mathrm{rect}(t)$ 表示周期为 T_p/N 矩形脉冲,$T_\mathrm{p} = T_\mathrm{c}/2$;$\{a_i\}_{i=1}^{N}$ 表示 N 个的矩形脉冲的加权系数,当 $N = 5$ 时,其波形如图 6.22 所示。

则接收端匹配信号可以表示为

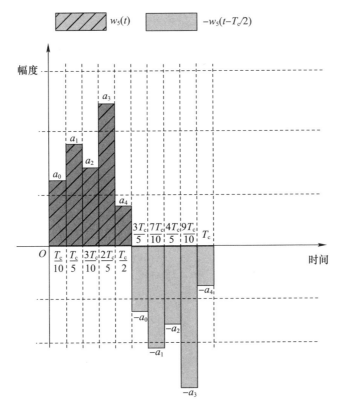

图 6.22 $N = 5$ 时 $w_\mathrm{tr}(t)$ 的近似波形图

$$v_\mathrm{N}(t) = w_\mathrm{N}(t) - w_\mathrm{N}\left(t - \frac{T_\mathrm{c}}{2}\right) \qquad (6.24)$$

式(6.20)中的相关函数表示为

$$R_{\mathrm{N,T}}(\Delta_m;f_\mathrm{J},T_\mathrm{c}) = A_\mathrm{N}(f_\mathrm{J};T_\mathrm{c}) B_\mathrm{N}(\Delta_m,f_\mathrm{J},\{a_i\};T_\mathrm{c}) \qquad (6.25)$$

式中

$$A_\mathrm{N}(f;t) = \frac{2}{\pi f}\sin\frac{\pi f t}{2}\sin\frac{\pi f t}{2N} \qquad (6.26)$$

$$B_\mathrm{N}(\alpha,f,\{a_i\};t) = \sum_{i=1}^{N} a_i \sin\left\{\pi f\left(\frac{N-1+2i}{2N}t + 2\alpha\right)\right\} \qquad (6.27)$$

注意到 $A_N(f;t)$ 与 Δ_m 无关,且 $B_N(\Delta_m,f_J,\{a_i\};T_c)$ 是一组同频正弦函数之和,因此可以得到

$$F_N(f_J,\{a_i\};T_c) = |A_N(f_J;T_c)| \times \max_{\Delta_m} |B_N(\Delta_m,f_J,\{a_i\};T_c)|$$

$$= |A_N(f_J;T_c)| \sqrt{x_N^2 + y_N^2} \qquad (6.28)$$

式中

$$x_N = \sum_{i=1}^{N} a_i \cos \frac{N-1+2i}{2N} \pi f_J T_c \qquad (6.29)$$

$$y_N = \sum_{i=1}^{N} a_i \sin \frac{N-1+2i}{2N} \pi f_J T_c \qquad (6.30)$$

$$F_N(f,\{a_i\};t) = \max_{\alpha} |R_{N,T}(\alpha;f,t)| \qquad (6.31)$$

假设发射机估计的干扰频率是 $\hat{f}_J$,则波形设计问题可以表示为

$$\{\hat{a}_k\}_{k=1}^{N} = \arg \min_{\{a_i\}_{i=1}^{N}} F_N(\hat{f}_J,\{a_i\};T_c)$$

$$\text{s.t.} \sum_{i=1}^{N} a_i^2 = 1 \qquad (6.32)$$

为了求解上述问题,将 $F_N(\hat{f}_J,\{a_i\};T_c)$ 展开表示为

$$F_N(\hat{f}_J,\{a_i\};T_c) = |A_N(\hat{f}_J;T_c)| \sqrt{\sum_{i=1}^{N} a_i^2 + 2\sum_{n=1}^{N-1} \cos \frac{\pi n \hat{f}_J T_c}{N} \sum_{k=1}^{N-n} a_k a_{k+n}}$$

$$= |A_N(\hat{f}_J;T_c)| \sqrt{\boldsymbol{a}^T \boldsymbol{C} \boldsymbol{a}} \qquad (6.33)$$

式中:$\boldsymbol{a} = [a_1,a_2,\cdots,a_N]^T$;矩阵 $\boldsymbol{C}$ 中的元素为

$$c_{i,j} = \cos\left(\frac{\pi \hat{f}_J T_c |i-j|}{N}\right) \qquad (6.34)$$

因此,优化问题可转化为最小化 $\boldsymbol{a}^T \boldsymbol{C} \boldsymbol{a}$,其解应满足 KKT(Karush – Kuhn – Tucker)条件,即

$$\boldsymbol{a}^T(\boldsymbol{C} - \lambda \boldsymbol{I}) = 0, \quad \boldsymbol{a}^T \boldsymbol{a} = 1, \quad \lambda > 0 \qquad (6.35)$$

KKT 条件表明,使 $\boldsymbol{a}^T \boldsymbol{C} \boldsymbol{a}$ 最小的解是矩阵 $\boldsymbol{C}$ 的正特征值对应的归一化特征矢量。由此即可解得全部的加权因子,从而获得最优的抗干扰波形。

6.3.3 抗干扰性能

图 6.23 展示了不同频率单音干扰下的波形优化结果,其中图 6.23(a)中无标志实线为传统高斯二阶脉冲的波形,图 6.23(b)中无标志实线表示 1.5GHz 单音干扰下优化后的波形,图 6.23(c)中无标志实线表示 3GHz 单音

干扰下优化后的波形,图 6.23(d)中无标志实线表示 6.6GHz 单音干扰后的波形。

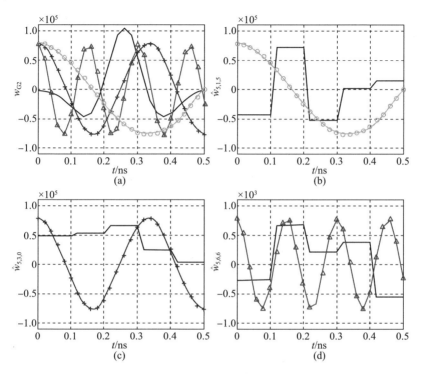

图 6.23 跳时扩频系统优化后波形示意图

(a)传统高斯二阶脉冲(实线);(b)1.5GHz 单音干扰下的波形(实线);
(c)3GHz 单音干扰下的波形(实线);(d)6.6GHz 单音干扰下的波形(实线)。

传统高斯二阶脉冲的表达式为

$$w_{G2}(t+0.25) = A(1-64\pi t^2)\exp(-32\pi t^2) \tag{6.36}$$

经优化计算后,相应波形的加权系数分别为

$$\hat{W}_{5,1.5} = \{-0.441, 0.717, -0.517, 0.013, 0.157\} \tag{6.37}$$

$$\hat{W}_{5,3.0} = \{0.487, 0.523, 0.656, 0.241, 0.032\} \tag{6.38}$$

$$\hat{W}_{5,6.6} = \{-0.282, 0.662, 0.197, 0.370, -0.554\} \tag{6.39}$$

式中:符号 $\hat{W}$ 的第一个下标表示矩形脉冲个数 $N=5$,第二个下标表示单音干扰的频率。

图 6.24 对比了所提方案和传统方案在单音干扰下的误码性能,其中 $E_b/N_0 = 15$dB,信干噪比(SINR)为 -30dB。从图中可以看到,当干扰信号的频率从 $0\sim 9$GHz 之间变化时,所提方案的误码率显著低于传统方案,尤其是在频点 3GHz,

5GHz 和 6.5GHz 附近。

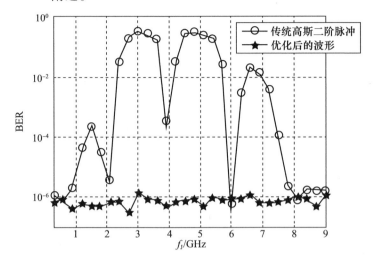

图 6.24 AWGN 信道下所提方案和传统方案误码率对比

如图 6.25 所示,考虑干扰信号的频率为 3GHz 和 6.6GHz,信噪比为 $E_b/N_0 =$ 15dB,所提波形优化方案和传统方案的误码性能随信干噪比变化示意图。图中星号和"+"号线条表示所提波形优化方案的误码率曲线,图形和方形线条表示传统方案的误码率曲线。仿真结果表明所提波形优化方案的误码率几乎不随信干噪比变化而变化,即使信干噪比低至 -30dB,误码率仍在 10^{-6} 附近,而传统方案的误码率在 10^{-2} 以上。

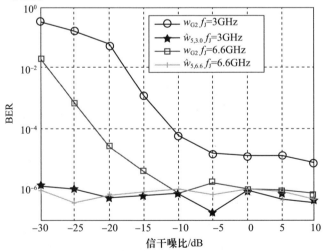

图 6.25 跳时扩频系统误码率随信干噪比变化示意图

6.4 PPK 窄脉冲调制

脉冲位置键控是一种脉冲通信技术,通过时域上脉冲的位置传递信息。由于其系统功率裕量大、抗多径衰落能力强,PPK 技术在遥测领域有广泛且成熟的应用。根据一个符号周期内包含的脉冲数量,可以将 PPK 技术分为单脉冲 PPK(Single-Pulse PPK,SPPK)、多脉冲 PPK(Multiple-Pulse PPK,MPPK)等。本节首先介绍 PPK 技术的调制解调基本原理,并分析其误码性能,然后介绍一种 PPK 与跳时扩频相结合的技术,即 TH-PPK 技术。

6.4.1 PPK 调制技术

1. SPPK 调制原理

假设每个 PPK 符号携带 M 比特信息,对应的码元数量为 2^M 个,对应的 PPK 信号可表示为

$$s_{PPK}(t) = p(t - k \cdot \delta) \tag{6.40}$$

式中:δ 为 PPK 调制的时隙宽度,$\delta = T_s/2^M$,T_s 为符号周期,是符号速率 R_s 的倒数;整数 k 由每个码元携带的 M 比特待调制数据决定,通常 $k \in [0, 2^M - 1]$;$p(t)$ 是时宽为 Δt 的窄脉冲,一般有 $\Delta t \leq \delta$。

PPK 调制过程:首先将二进制比特流串并转换为 M 比特并行数据流,每 M 比特并行数据对应一个 k 值,将脉冲位置偏移 k 个单位偏移量。PPK 调制原理框图如图 6.26 所示。

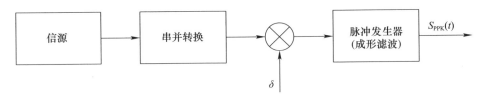

图 6.26 PPK 调制原理框图

以 $M=1$ 的二进制 PPK 调制为例,当待调数据为 0 时 $k=0$,脉冲不偏移,当待调制数据为 1 时 $k=1$,脉冲偏移 δ,如图 6.27(a)所示。当 $M=2$ 的四进制 PPK 调制时,串并转换后的待调数据有 $\{00,01,10,11\}$ 四种情况,对应的 k 值分别为 $\{0,1,2,3\}$,则偏移量分别为 $\{0,\delta,2\delta,3\delta\}$,相应的 PPK 信号如图 6.27(b)所示。

上述经典的 PPK 就是单脉冲 PPK 调制。每个 SPPK 符号最大可以代表 M

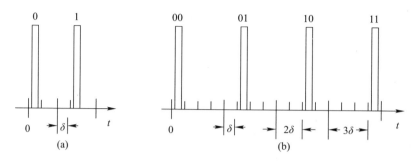

图 6.27 PPK 信号包络示意图
(a)二进制 PPK 信号包络；(b)四进制 PPK 信号包络。

比特，但是实际应用时，为了防止脉冲干扰带来符号恢复错误，往往会用不超过 M 的 L 比特，这样一个 SPPK 符号周期的 2^M 个时隙中，允许出现信号脉冲的时隙位置只有 2^L 个（称为信息时隙），其余的时隙位置称为保护时隙。虽然增加保护时隙会进一步降低频谱利用效率，但是可以借此在同一个时隙宽度 δ、同样带宽 $BW = 1/\delta$ 条件下，通过选择 L 的大小，实现不同的码率和抗干扰能力，方便接收机实现。

SPPK 把一个符号周期等分为 2^M 个时隙。在该符号周期内，只有一个时隙的包络为 1，用来映射一个 L 比特二进制序列（$L \leqslant M$），其余时隙的包络为 0。

SPPK 信号的带宽（BW）取决于时隙宽度 δ 的倒数，δ 是符号周期 T_s 的 2^M 等分，因此有

$$\text{BW} = \frac{1}{\delta} = \frac{1}{T_s/2^M} = 2^M R_s = \frac{2^M R_b}{L} = \frac{R_b}{L/2^M} \tag{6.41}$$

式中：R_s 为符号速率，$R_s = 1/T_s$；R_b 为比特速率，$R_b = R_s/L$。

由式(6.41)可知，在比特速率 R_b 一定的前提下，SPPK 调制进制数 2^M 越大，则带宽越宽，频谱效率越低，但是功率效率越高。将 R_b 与 BW 之间的比值记为谱效系数：

$$\eta = \frac{R_b}{\text{BW}} = \frac{L}{2^M} \tag{6.42}$$

当 $M = L$ 时，SPPK 获得最大的谱效系数 $\eta = M/2^M$，随着进制数 2^M 的增加，SPPK 调制的最大谱效系数越来越低。实际上，L 越小，则需要判决的时隙位置数量越少，计算量也越小。在总时隙数 2^M 一定的前提下，信息时隙数越少，则保护时隙越多，信号受到脉冲干扰影响的概率越低，PPK 解调误码率越小。对于 $L=1, M>L$ 的 SPPK 调制，在一个 SPPK 符号的 2^M 个时隙中，任何时候一个SPPK

符号中只有一个时隙存在脉冲,该脉冲可能位于两个时隙位置之一,分别表示信息比特0、1。

图6.28给出了一种SPPK调制示例,总时隙数$Q=24$,$L=1$,因此每个SPPK符号中只会在2个时隙位置中的1个位置出现脉冲,表示1个信息比特。

图6.28 $Q=24$,$L=1$的SPPK调制示例

2. MPPK调制原理

SPPK的特点是在2^M个时隙中只有一个时隙有脉冲,当M很大时,频谱利用效率急剧下降。但其好处是会使得功率利用效率提高(信噪比门限下降),因此仍然希望提高PPK调制的谱效系数。

为了提高PPK调制的谱效系数,可以将一个符号周期T_s的脉冲包络数量,从1个提高为K个($K>1$),这就是多脉冲PPK的思路。MPPK将一个T_s的2^M个时隙,划分为K个分区,每个分区的时隙数量可以相等也可以不同,每个分区内只有1个脉冲。记每个分区的时隙数量为$Q_i(i=1,2,\cdots,K)$,每个分区中脉冲代表的信息比特为$L_i(i=1,2,\cdots,K)$。

为了与SPPK比较,令MPPK与SPPK时隙宽度相同(带宽相同),每个符号传输的信息比特也相同,即

$$L_1+L_2+\cdots+L_K=L \tag{6.43}$$

在此条件下,可知MPPK所需要的信息时隙个数必然远小于SPPK:

$$2^{L_1}+2^{L_2}+\cdots+2^{L_K}=2^L \tag{6.44}$$

因此可知,MPPK在不增加带宽的条件下,相比于同样码字长度,可以显著提高信道传输速率,因此提高了频谱利用效率。

按照与SPPK相同的定义,MPPK信号的带宽为

$$\begin{aligned}\mathrm{BW}&=\frac{1}{\delta}=\frac{2^{L_1}+2^{L_2}+\cdots+2^{L_K}}{T_s}=(2^{L_1}+2^{L_2}+\cdots+2^{L_K})R_s\\&=\frac{2^{L_1}+2^{L_2}+\cdots+2^{L_K}}{L}R_b=R_b\Big/\frac{L}{2^{L_1}+2^{L_2}+\cdots+2^{L_K}}\end{aligned} \tag{6.45}$$

MPPK 的谱效系数为

$$\eta = \frac{R_b}{\mathrm{BW}} = \frac{L}{2^{L_1} + 2^{L_2} + \cdots + 2^{L_K}} \quad (6.46)$$

极端情况下,令 $L_1 = L_2 = \cdots = L_K = 1$,则 MPPK 只需要 $2L$ 个信息时隙,就可以达到 SPPK 中 2^L 个信息时隙才能达到的信道传输速率,此时 MPPK 的谱效系数为 $1/2$。相比于 SPPK,MPPK 在设置保护时隙上更为灵活,在取得期望的谱效系数方面更为方便,抗噪声性能更为优越。

3. BPPK 调制原理

满足 $L_1 = L_2 = \cdots = L_K = L/K$ 条件的 MPPK 称为对称多脉冲 PPK(Symmetric Multiple-Pulse PPK,S-MPPK),$K = 2$ 的 S-MPPK 特称为双脉冲 PPK(Bi-Pulse PPK,BPPK),此时有 $L_1 = L_2 = L/2$,可见 BPPK 的 L 只能为偶数。

按照与 SPPK 相同的定义,BPPK 信号的带宽为

$$\mathrm{BW} = \frac{1}{\delta} = \frac{1}{T_s/2^M} = 2^M R_s = \frac{2^M R_b}{L} = \frac{R_b}{L/2^M} \quad (6.47)$$

BPPK 的谱效系数为

$$\eta = \frac{R_b}{\mathrm{BW}} = \frac{L}{2^M} \quad (6.48)$$

当 $2^M = 2 \times 2^{L/2}$ 时,BPPK 获得最大的谱效系数 $\eta = (L/2)/2^{L/2}$,随着 L 的增大,BPPK 的谱效系数越来越低。

图 6.29 给出了一种 BPPK 调制示例,总时隙数 $Q = 24,L = 2$,因此每个 BPPK 符号中只会在 4 个时隙位置中的 2 个位置出现脉冲,表示 2 个信息比特。

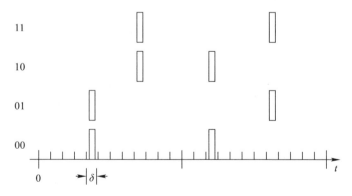

图 6.29 $Q = 24, L = 2$ 的 BPPK 调制示例

6.4.2　PPK 解调技术

PPK 调制信号在时域上是一串离散脉冲,脉冲出现的位置受待调制数据控制。接收解调时可通过非相干包络检波恢复脉冲信号,然后通过门限判决或者正交信号最佳判决方法得到信息数据。PPK 接收解调原理如图 6.30 所示。

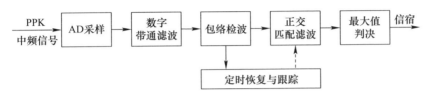

图 6.30　PPK 接收解调原理框图

门限判决方法的基本思想:首先划定一个判决门限,然后从 PPK 符号的第一个位置开始依次将每个位置的包络采样值与门限比较,当首次出现包络采样值超过判决门限时,即将此位置判决为对应的信息。门限判决原理如图 6.31 所示。

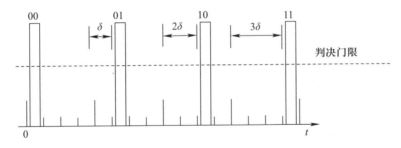

图 6.31　门限判决原理

图 6.31 中第一个 PPK 符号的第一个位置的包络值首先超过门限,因此第一个 PPK 符号判决为 00;第二个 PPK 符号的第二个位置包络值首先超过门限,因此第二个 PPK 符号判决为 01;依次类推,第三个 PPK 符号判决为 10,第四个 PPK 符号判决为 11。

由于 PPK 信号具有脉冲宽度不超过单位偏移量的特点,即 $\Delta t \leqslant \delta$,因此 PPK 本质上属于一种时域正交信号,正交信号最佳判决方式对 PPK 调制信号一样适用。其基本思想:对 PPK 符号的每个位置的包络值进行采样,比较这些包络值的大小,将包络值最大的位置判决为对应的信息。SPPK 和 BPPK 正交匹配滤波最大值判决流程图分别如图 6.32 和图 6.33 所示。

对 PPK 符号每个位置的包络值进行采样,以四进制 PPK 信号为例,每个

PPK 符号共有四个位置,因此对应四个包络采样值,如图 6.32 和图 6.33 所示。在获得定时信息的前提下,将信号波形分割为四个部分,每个部分均进行匹配滤波(在对应时隙内求平均值),获取滤波的最高值,作为待判决矢量,这是一个 4×1 列矢量。选择列矢量最高值的位置,按照位置获得 PPK 符号判决量。

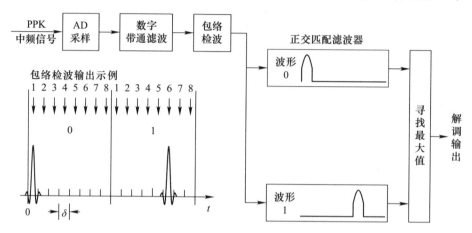

图 6.32 SPPK 正交匹配滤波最大值判决流程图

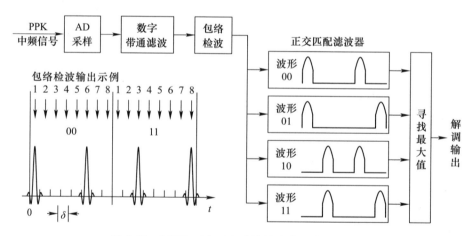

图 6.33 BPPK 正交匹配滤波最大值判决流程图

6.4.3 PPK 调制解调性能

PPK 调制是通过脉冲位置来传递信息,因此 PPK 接收解调需要判断脉冲出现的位置,从而判决所传递的信息。通常先进行非相干包络检波恢复脉冲,再通过门限判决或者正交信号最佳判决方法完成解调工作。根据判决方法的不同,

PPK 解调性能不同。下面分别对两种判决方法的解调性能进行分析。

首先对采用门限判决方法的 PPK 解调性能进行分析。门限判决方法的基本思想已在前文进行了阐述,采用门限判决时,当非信号位置的包络采样值超过判决门限,并且所在位置位于信号位置之前时,会导致信息判决错误,称为虚警错误,如图 6.34 所示。

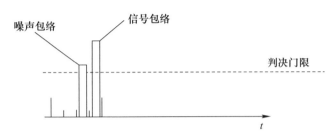

图 6.34 门限判决虚警错误示意图

当信号位置之前的包络采样值均低于门限,并且信号位置的包络采样值也低于门限时,同样会导致信息判决错误,称为漏失错误,如图 6.35 所示。

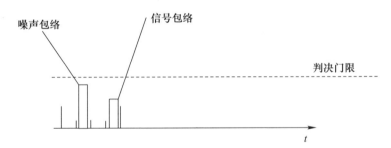

图 6.35 门限判决漏失错误示意图

为便于 PPK 解调性能分析,假设:对于 2^M 进制 PPK 信号,令脉冲宽度与单位偏移量相等,即 $\Delta t = \delta$;令单位偏移量 $\delta = T_s/2^M$,其中 T_s 为一个 PPK 符号持续时间长度;系统已经同步良好;PPK 信号脉冲在 2^M 个可能出现的位置上均匀等概分布。

根据上述的采用门限判决的 PPK 系统工作原理及判决过程,首先分析一个 PPK 符号判断正确的条件,并计算判断正确的概率,取其补集就可以得到判断错误的概率。不失一般性,假设某一个 PPK 符号发射的信号对应于第 k 个位置,则当前面 $k-1$ 个位置的包络采样值低于判决门限值且第 k 个位置的包络采样值超过判决门限值,此 PPK 符号判决正确。约定当所有位置的包络采样值都不超过判决门限时,将其判决为最后一个位置对应的信息。因此,当发送的 PPK

符号为对应于最后一个位置的时候,只要前面所有位置的包络采样值都低于判决门限值,无论最后一个位置的包络采样值是否超过判决门限值,此 PPK 符号都能够判决正确。

PPK 信号接收解调时首先通过非相干包络检波恢复脉冲信号,因此没有 PPK 信号脉冲的位置包络值采样服从瑞利分布,有 PPK 信号脉冲的位置包络采样值服从莱斯分布:

$$p(u_N) = \frac{u_N}{\sigma^2} \exp(-u_N^2/\sigma^2) \tag{6.49}$$

$$p(u_S) = \frac{u_S}{\sigma^2} \exp\left(-\frac{u_S^2 + A^2}{2\sigma^2}\right) I_0\left(\frac{A u_S}{\sigma^2}\right) \tag{6.50}$$

式中:σ^2 为高斯白噪声方差;A 为脉冲信号电压峰值;$I_0(\cdot)$ 为零阶贝塞尔函数;u_N 为无 PPK 信号脉冲位置的包络采样值;u_S 为有 PPK 信号脉冲位置的包络采样值。

假定判决门限的系数为 ζ,则门限判决值 $U_0 = \zeta \cdot A$,因此无 PPK 信号脉冲位置包络的采样值不超过判决门限的概率为

$$P_{c_1} = \int_0^{U_0} p(u_N) \mathrm{d}u_N \tag{6.51}$$

由于每个无 PPK 信号脉冲位置的包络采样值独立同分布,则前 $k-1$ 个无 PPK 信号脉冲位置的包络采样值都不超过判决门限值的概率为

$$P'_{c_1}(k) = \prod_{i=1}^{k-1} P_{c_1} \tag{6.52}$$

而有 PPK 脉冲信号位置的包络采样值超过判决门限值的概率,即第 k 个位置包络采样值超过判决门限值的概率为

$$P_{c_2}(k) = \int_{U_0}^{+\infty} p(u_S) \mathrm{d}u_S \tag{6.53}$$

因此,当 $k \leqslant 2^M - 1$ 时,一个 PPK 符号判决正确的概率为

$$P_{c_3}(k \leqslant 2^{M-1}) = P'_{c_1}(k) \cdot P_{c_2}(k) \tag{6.54}$$

当 $k = 2^M$ 时,一个 PPK 符号判决正确的概率为

$$P_{c_3}(k = 2^M) = P'_{c_1}(2^M) \cdot P_{c_2}(2^M) + P'_{c_1}(2^M) \cdot [1 - P_{c_2}(2^M)] = P'_{c_1}(2^M) \tag{6.55}$$

由前面的假设,PPK 脉冲信号在可能出现的 2^M 个位置均匀等概分布,即 k 在 2^M 个位置中均匀等概分布,则门限判决的 PPK 系统符号判决正确的概率为

$$P_{\mathrm{c}} = \frac{1}{2^M}\left(\sum_{k=1}^{2^{M}-1} P_{\mathrm{c}3}(k \leqslant 2^{M-1}) + P_{\mathrm{c}3}(k = 2^M)\right) \tag{6.56}$$

取其补集,即可得到门限判决 PPK 系统的误符号率为

$$P_{\mathrm{ew}} = 1 - P_{\mathrm{c}} \tag{6.57}$$

代入 P_{c} 的表达式,可得

$$\begin{aligned}P_{\mathrm{ew}} &= 1 - \frac{1}{2^M}\left\{\sum_{k=1}^{2^{M}-1}\left[\prod_{i=1}^{k-1}\int_0^{U_0}\frac{u_{\mathrm{N}}}{\sigma^2}\mathrm{e}^{\left(\frac{-u_{\mathrm{N}}^2}{\sigma^2}\right)}\mathrm{d}u_{\mathrm{N}}\right]\cdot\int_{U_0}^{+\infty}\frac{u_{\mathrm{S}}}{\sigma^2}\mathrm{e}^{\left(-\frac{u_{\mathrm{S}}^2+A^2}{2\sigma^2}\right)}\mathrm{I}_0\left(\frac{Au_{\mathrm{S}}}{\sigma^2}\right)\mathrm{d}u_{\mathrm{S}} + \right.\\ &\left.\prod_{i=1}^{2^{M}-1}\int_0^{U_0}\frac{u_{\mathrm{N}}}{\sigma^2}\mathrm{e}^{\left(\frac{-u_{\mathrm{N}}^2}{\sigma^2}\right)}\mathrm{d}u_{\mathrm{N}}\right\}\\ &= 1 - \frac{1}{2^M}\left\{\sum_{k=1}^{2^{M}-1}\left[\left(1 - \mathrm{e}^{-\zeta^2\frac{A^2}{2\sigma^2}}\right)^{k-1}\cdot Q_1\left(\frac{A}{\sigma},\zeta\frac{A}{\sigma}\right)\right] + \left(1 - \mathrm{e}^{-\zeta^2\frac{A^2}{2\sigma^2}}\right)^{2^{M}-1}\right\}\end{aligned} \tag{6.58}$$

式中: $Q_1(a,b)$ 为 MarcumQ 函数。

由于 $A^2/2\sigma^2 = M \cdot E_{\mathrm{b}}/N_0$,则有

$$\begin{aligned}P_{\mathrm{ew}} = 1 - \frac{1}{2^M}\left\{\sum_{k=1}^{2^{M}-1}\left[\left(1 - \mathrm{e}^{-\zeta^2 M\frac{E_{\mathrm{b}}}{N_0}}\right)^{k-1}\cdot Q_1\left(\sqrt{\frac{2ME_{\mathrm{b}}}{N_0}},\zeta\sqrt{\frac{2ME_{\mathrm{b}}}{N_0}}\right)\right] + \right.\\ \left.\left(1 - \mathrm{e}^{-\zeta^2 M\frac{E_{\mathrm{b}}}{N_0}}\right)^{2^{M}-1}\right\}\end{aligned} \tag{6.59}$$

由于 PPK 脉冲信号在可能出现的 2^M 个位置均匀等概分布,因此门限判决的 PPK 系统是一种多进制正交等概系统。其误符号率与误比特率满足换算关系:

$$P_{\mathrm{eb}} = \frac{2^{M-1}}{2^M - 1}P_{\mathrm{ew}} \tag{6.60}$$

根据换算关系,得到门限判决 PPK 系统的误比特率为

$$\begin{aligned}P_{\mathrm{eb}} = \frac{2^{M-1}}{2^M - 1}\left\{1 - \frac{1}{2^M}\left\{\sum_{k=1}^{2^{M}-1}\left[\left(1 - \mathrm{e}^{-\zeta^2 M\frac{E_{\mathrm{b}}}{N_0}}\right)^{k-1}\cdot Q_1\left(\sqrt{\frac{2ME_{\mathrm{b}}}{N_0}},\zeta\sqrt{\frac{2ME_{\mathrm{b}}}{N_0}}\right)\right] + \right.\right.\\ \left.\left.\left(1 - \mathrm{e}^{-\zeta^2 M\frac{E_{\mathrm{b}}}{N_0}}\right)^{2^{M}-1}\right\}\right\}\end{aligned} \tag{6.61}$$

下面对门限判决的 PPK 系统误码性能进行仿真,分别对 M 取 1、2、4、6 四种 PPK 系统,门限系数 $\zeta = 0.54$,仿真结果如图 6.36 所示。

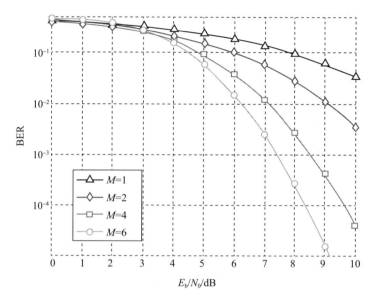

图 6.36 门限判决 PPK 系统误码性能

从图 6.36 中可以得到结论:M 值越大,门限判决 PPK 系统解调性能越好,系统能量效率越高。该结论可以用香农信道公式解释。对于门限判决 PPK 系统,其 PPK 信号脉冲宽度为

$$\Delta t = \delta = \frac{T_s}{2^M} = \frac{M}{2^M} T_b = \frac{M}{2^M} \cdot \frac{1}{R_b} \quad (6.62)$$

式中:R_b 为比特速率。

PPK 信号频谱宽度为

$$B = \frac{1}{\Delta t} = \frac{2^M}{M} \cdot R_b \quad (6.63)$$

可以看出,M 值越大,PPK 信号占用的频谱越宽,根据香农信道容量公式可以知道,通信系统信号带宽和信号能量可以互换,即 M 值增大时 PPK 系统能量效率提高是以增加信号带宽为代价换来的。

下面对采用正交信号最佳判决方法的 PPK 系统解调性能进行分析。根据正交信号最佳判决方法的阐述,当无 PPK 信号脉冲位置的包络采样值超过有 PPK 信号脉冲位置的包络采样值时,信息会被判错,如图 6.37 所示。

图 6.37 中 PPK 信号携带的信息为 11,PPK 信号脉冲位于第四个位置,但是第二个位置的包络采样值最大,信号被判决为 01,因此出现误码。

根据上述情况进行误码性能分析,首先计算一个符号判决正确的概率,通过

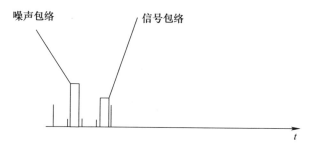

图 6.37　正交信号最佳判决 PPK 系统判错情况示意图

求其补集得到判决错误的概率。PPK 系统解调时首先仍然通过非相干包络检波恢复脉冲,因此无 PPK 信号位置的包络采样值仍然服从瑞利分布,有 PPK 信号位置的包络采样值仍然服从莱斯分布。则一个无信号脉冲时隙的包络采样值低于有信号脉冲时隙的包络采样值的概率为

$$P_{\mathrm{c}} = \int_0^{u_{\mathrm{S}}} p(u_{\mathrm{N}}) \mathrm{d}u_{\mathrm{N}} \tag{6.64}$$

一个 PPK 符号共有 $2^M - 1$ 个无信号脉冲的位置,且无信号脉冲位置包络采样值独立同分布,则一个 PPK 符号判决正确要求 $2^M - 1$ 个无信号脉冲位置的包络采样值均低于有信号脉冲位置的包络采样值,其概率为

$$P_{\mathrm{c}}' = \prod_{i=1}^{2^M - 1} P_{\mathrm{c}} \tag{6.65}$$

对信号脉冲时隙包络采样值依概率取平均,有

$$P_{\mathrm{c}}'' = \int_0^{+\infty} P_{\mathrm{c}}' p(u_{\mathrm{S}}) \mathrm{d}u_{\mathrm{S}} \tag{6.66}$$

由于信号脉冲在所有可能的位置中均匀等概分布,则正交信号最佳判决 PPK 系统误符号率为

$$P_{\mathrm{ew}} = 1 - P_{\mathrm{c}}'' \tag{6.67}$$

将式(6.66)代入式(6.67),可得

$$P_{\mathrm{ew}} = \sum_{k=1}^{2^M - 1} \binom{2^M - 1}{k} \frac{(-1)^{k+1}}{k+1} \exp\left(-\frac{k}{k+1} \frac{A^2}{2\sigma^2}\right) \tag{6.68}$$

式中:

$$\binom{2^M - 1}{k} = \frac{(2^M - 1)!}{k!\,(2^M - 1 - k)!}$$

由于 $A^2/2\sigma^2 = M \cdot E_{\mathrm{b}}/N_0$,则有

$$P_{ew} = \sum_{k=1}^{2^M-1} \binom{2^M-1}{k} \frac{(-1)^{k+1}}{k+1} \exp\left(-\frac{k}{k+1} \cdot M \cdot \frac{E_b}{N_0}\right) \quad (6.69)$$

也就是说,正交信号最佳判决PPK系统误符号率公式与普适的正交信号传输非相干检测错误概率一致,因为PPK系统本质上也是一种正交信号系统。

根据假设前提,正交信号最佳判决PPK系统误符号率与误比特率之间仍然满足式(6.60)的换算关系,因此有正交信号最佳判决PPK系统误比特率为

$$P_{eb} = \frac{2^{M-1}}{2^M-1} \cdot \sum_{k=1}^{2^M-1} \binom{2^M-1}{k} \frac{(-1)^{k+1}}{k+1} \exp\left(-\frac{k}{k+1} \cdot M \cdot \frac{E_b}{N_0}\right) \quad (6.70)$$

下面对正交信号最佳判决PPK系统进行误码性能仿真,同样取 M 为1、2、4、6四种PPK系统,仿真结果如图6.38所示。

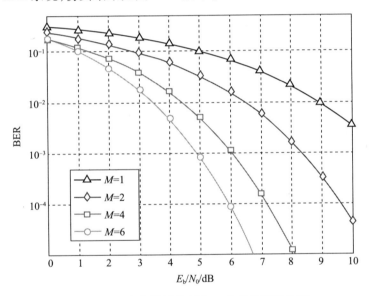

图6.38 正交信号最佳判决PPK系统误码性能

从图中可以得到结论:M 值越大,门限判决PPK系统解调性能越好,系统能量效率越高,同样是以增加信号带宽为代价来的。

此外,对比门限判决PPK系统与正交信号最佳判决PPK系统可以发现,正交信号最佳判决系统误码性能更优,以 $M=4$ 为例,两者误码性能对比如图6.39所示。

从图中可以看出,当 $M=4$ 时,在 10^{-4} 误码率情况下,正交信号最佳判决PPK系统误码性能优于门限判决PPK系统,约为2dB。这是因为门限判决PPK系统是一种次优解调方法,而正交信号最佳判决方法是针对正交信号非相干解

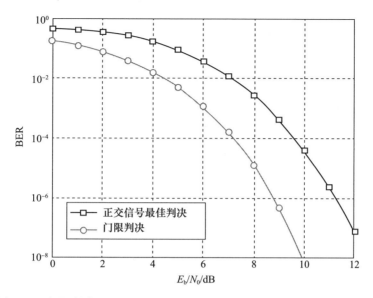

图 6.39 门限判决 PPK 系统与正交信号最佳判决 PPK 系统误码性能对比

调的最优方法,PPK 系统本质上是一种正交信号系统,因此正交法 PPK 系统误码性能优于门限法 PPK 系统是合理的。

6.4.4 TH – PPK 调制解调原理

随着抗干扰能力需求的不断提升,提出了一种将跳时技术与脉冲位置键控技术相结合的跳时脉冲位置键控(Time Hopping Pulse Position Keying, TH – PPK)技术[20]。TH – PPK 技术结合了跳时和 PPK 两者的优点,既保持了 PPK 能量效率高,又具备了跳时技术的多址通信以及一定的抗干扰抗截获能力。图 6.40 为 TH – PPK 系统发射端原理框图,信源信号经过 PPK 调制,再与跳时序列相结合,共同控制发射机开关,伪随机地发射脉冲信号,通过脉冲串来携带信息。TH – PPK 信号可表示为

$$s(t) = \sum_j A_1 \cdot p(t - j \cdot T_f - c_j \cdot T_c - \text{PPK}_{[j/N_s]}) \quad (6.71)$$

$$\text{PPK}_{[j/N_s]} = d_{[j/N_s]} \cdot \Delta t \quad (6.72)$$

式中:A_1 为脉冲幅度;$p(t)$ 为脉冲波形;T_f 为脉冲重复周期;$\{c_j\}$ 为跳时序列,跳时序列长度为 N_h;T_c 为跳时码片宽度;$\text{PPK}_{[j/N_s]}$ 为 PPK 调制的符号;Δt 为脉冲宽度;$d_{[j/N_s]}$ 为待发送的信息;$[j/N_s]$ 为对 j/N_s 取整,j 表示脉冲序号,N_s 表示脉冲重复次数,每 N_s 个脉冲代表一个信息符号[20-21]。

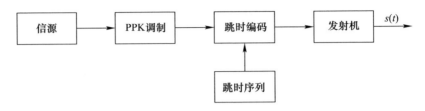

图 6.40　TH-PPK 系统发射端原理框图

对于比特速率为 R_b 的 M 元 TH-PPK 系统,有

$$T_f = \frac{1}{N_s} \cdot \frac{M}{R_b} \quad (6.73)$$

$$T_c = \frac{T_f}{N_h} \quad (6.74)$$

$$\Delta t = \frac{T_c}{2^M} \quad (6.75)$$

联立式(6.73)~式(6.75),可得

$$\Delta t = \frac{1}{N_h \cdot N_s} \cdot \frac{M}{2^M \cdot R_b} \quad (6.76)$$

对于比特速率为 R_b 的 M 元 PPK 系统,其脉冲宽度为

$$\Delta t' = \frac{M}{2^M \cdot R_b} \quad (6.77)$$

则相同比特速率情况下 TH-PPK 系统占用频谱宽度与 PPK 系统占用频谱宽度的关系为

$$\frac{B_{TH-PPK}}{B_{PPK}} = \frac{1/\Delta t}{1/\Delta t'} = N_h \cdot N_s \quad (6.78)$$

可以看出,相同比特速率条件下 TH-PPK 系统将占用比 PPK 系统更宽的频谱资源。TH-PPK 系统接收端通过匹配滤波完成解跳,然后通过 PPK 解调恢复为原始信息。TH-PPK 系统接收端框图如图 6.41 所示。

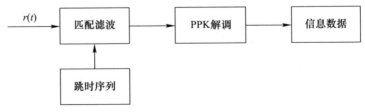

图 6.41　TH-PPK 系统接收端框图

接收端本地产生相应的跳时序列,根据跳时序列生成匹配滤波器系数,接收到的信号经过匹配滤波器后完成解跳,恢复为 PPK 格式的信号,再通过传统的PPK 解调步骤恢复出原始的信息数据。

6.4.5　TH – PPK 调制解调性能

根据 TH – PPK 系统工作原理,考虑理想情况下解跳无性能损失,假设系统已同步良好。解跳后进行 PPK 解调,在 2^M 个可能出现脉冲的时刻分别采样,取采样值最大的时刻判决为脉冲信号,解调为信息数据[22]。在没有脉冲信号时,功率为 $2\sigma^2$ 的高斯白噪声采样服从瑞利分布:

$$p(u_1) = \frac{u_1}{\sigma^2} \exp\left(-\frac{u_1^2}{2\sigma^2}\right) \qquad (6.79)$$

有脉冲信号时,脉冲加噪声的采样服从莱斯分布:

$$p(u_2) = \frac{u_2}{\sigma^2} \exp\left[-\frac{u_2^2 + N_s \cdot A_1^2}{2\sigma^2}\right] I_0\left[\frac{u_2 \cdot (\sqrt{N_s} \cdot A_1)}{2\sigma^2}\right] \qquad (6.80)$$

式中:$I_0(x)$ 为第一类零阶修正贝塞尔函数,且有

$$I_0(x) = \frac{1}{2\pi} \int_0^{2\pi} \exp(x\cos\theta) d\theta \qquad (6.81)$$

对于一次采样,当噪声时隙采样值小于信号时隙采样值时不会判错,其概率为[15]

$$P_1 = \int_0^{u_2} p(u_1) du_1 \qquad (6.82)$$

对于 M 元系统,要一个符号判断不出错,需要 $2^M - 1$ 个噪声采样点的值均小于脉冲采样点的值,其概率为

$$P_2 = \prod_{i=1}^{2^M-1} P_1 \qquad (6.83)$$

对信号采样值的所有可能取值求平均,即有

$$P_3 = \int_0^{\infty} P_2 \cdot p(u_2) du_2 \qquad (6.84)$$

由于信号脉冲在 2^M 个可能的时刻均匀分布,则任意一个符号不判错的概率为

$$P_c = \frac{1}{2^M} \sum_{i=1}^{2^M} P_3 = P_3 \qquad (6.85)$$

则系统误符号率为

$$P_{ew} = 1 - P_c \qquad (6.86)$$

将式(6.79)~式(6.85)代入式(6.86),可得

$$P_{ew} = \sum_{k=1}^{2^M-1} \binom{2^M-1}{k} \frac{(-1)^{k+1}}{k+1} \exp\left(-\frac{k}{k+1} \frac{N_s \cdot A_1^2}{2\sigma^2}\right) \quad (6.87)$$

式中

$$\binom{2^M-1}{k} = \frac{(2^M-1)!}{k!(2^M-1-k)!} \quad (6.88)$$

比特信噪比 $E_b/N_0 = (N_s \cdot A_1^2/2\sigma^2)/M$,则

$$P_{ew} = \sum_{k=1}^{2^M-1} \binom{2^M-1}{k} \frac{(-1)^{k+1}}{k+1} \exp\left(-\frac{k}{k+1} \cdot M \cdot \frac{E_b}{N_0}\right) \quad (6.89)$$

由于 M 元 TH-PPK 系统的符号时域正交并假设等概分布,则可得误比特率为

$$\begin{aligned} P_{eb} &= \frac{2^{M-1}}{2^M-1} P_{ew} \\ &= \frac{2^{M-1}}{2^M-1} \cdot \sum_{k=1}^{2^M-1} \binom{2^M-1}{k} \frac{(-1)^{k+1}}{k+1} \exp\left(-\frac{k}{k+1} \cdot M \cdot \frac{E_b}{N_0}\right) \end{aligned} \quad (6.90)$$

对高斯白噪声条件下的 TH-PPK 系统误比特性能进行仿真,仿真参数分别选择 M 为 2、3、4 三种情况进行。

仿真结果如图 6.42 所示,结果表明,M 越大系统误比特性能越好。

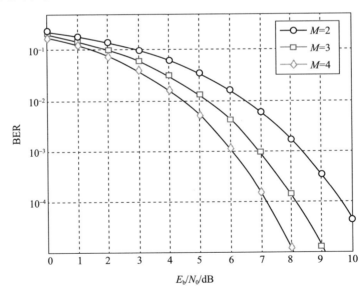

图 6.42 不同 M 时 TH-PPK 系统误比特性能

6.4.6 抗干扰性能

下面分析 TH – PPK 信号与宽带噪声干扰同频段共存时的误码性能。存在同频宽带噪声干扰信号时,TH – PPK 信号解跳后可表示为

$$r(t) = s(t) + n_0 + J \tag{6.91}$$

其中干扰信号的幅度为 A_2,等同于热噪声,将接收到的噪声功率等效为

$$P_N = 2\sigma^2 + A_2^2 \tag{6.92}$$

则可以得到 M 元 TH – PPK 系统误比特率为

$$P'_{eb} = \frac{2^{M-1}}{2^M - 1} \cdot \sum_{k=1}^{2^M-1} \binom{2^M - 1}{k} \frac{(-1)^{k+1}}{k+1} \exp\left(-\frac{k}{k+1} \frac{N_s \cdot A_1^2}{2\sigma^2 + A_2^2}\right) \tag{6.93}$$

令干扰信号功率与 TH – PPK 信号脉冲功率比值为 η,即

$$\eta = \frac{P_{\text{PCM-FM}}}{P_{\text{TH-PPK}}} = \frac{A_2^2}{A_1^2} \tag{6.94}$$

则有

$$\begin{aligned}P'_{eb} &= \frac{2^{M-1}}{2^M - 1} \cdot \sum_{k=1}^{2^M-1} \binom{2^M - 1}{k} \frac{(-1)^{k+1}}{k+1} \exp\left(-\frac{k}{k+1} \frac{N_s \cdot A_1^2}{2\sigma^2 + \eta A_1^2}\right) \\ &= \frac{2^{M-1}}{2^M - 1} \cdot \sum_{k=1}^{2^M-1} \binom{2^M - 1}{k} \frac{(-1)^{k+1}}{k+1} \exp\left(-\frac{k}{k+1} M \frac{E_b}{N_0} \frac{1}{1 + \frac{\eta M}{N_s} \frac{E_b}{N_0}}\right)\end{aligned} \tag{6.95}$$

从式(6.95)推导的误比特率理论公式可以看出,TH – PPK 系统误比特性能受功率比值 η 和脉冲重复次数 N_s 共同影响:η 越大,误比特性能越差;N_s 越大,误比特性能越好。

首先设置 $M = 4$,$N_s = 10$,η 分别取为 0、0.05、0.10、0.5、1 进行误比特性能仿真,其结果如图 6.43 所示。从图中可以得出结论:η 越大,TH – PPK 系统受干扰越强,误比特性能越差。当 $\eta = 0.05$ 时,TH – PPK 系统误比特性能比不存在干扰时仅恶化约 0.5dB。

图 6.44 给出了 $M = 4$,$\eta = 0.05$,N_s 为 2、4、10 时,TH – PPK 系统的误码率曲线图。从图中可以看出,在同等条件下,N_s 越大,TH – PPK 系统抗干扰能力越强,误比特性能越好。即 N_s 越大,TH – PPK 系统可以获得更大的增益,抗干扰性能越好,相应的需要消耗更大的硬件资源。

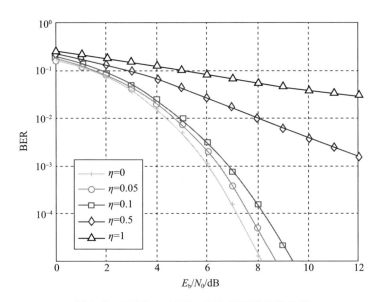

图 6.43 不同 η 时 TH–PPK 系统误比特性能

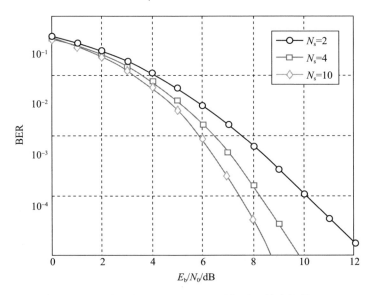

图 6.44 不同 N_s 时 TH–PPK 系统误比特率性能

参 考 文 献

[1] 肖珑矫. 突发通信中接收机的定时同步技术研究[D]. 哈尔滨:哈尔滨工程大学,2005.

[2] 胡礼. 多速率突发通信信号解调算法研究与实现[D]. 长沙:国防科技大学,2015.

[3] 漆钢. 小BT参数突发GMSK信号解调技术研究[D]. 绵阳:中国工程物理研究院,2013.

[4] Nikias C L,Shoa M. Signal processing with alpha – stable distributions and applications[J]. Computational Statistics & Data Analysis,1996,22(3):333 – 334.

[5] 丁浩. 敌我识别系统对抗技术研究[J]. 航天电子对抗,2012,28(2):41 – 44.

[6] Fowler C,Entzminger J,Vorum J. Report:Assessment of ultra – wideband(UWB)technology[R]. USA:OSD/DARPA Ultra – Wideband Radar Review Panel,R – 6280,1990.

[7] 任品毅,廖学文,梁中华. 超宽带通信原理及应用[M]. 西安:西安交通大学出版社,2007.

[8] Commission F C. Revision of part 15 of the commission's rules regarding ultra – wideband transmission systems[J]. First Report and Order in ET Docket 98 – 153,2002.

[9] 王德强,李长青,乐光新. 超宽带无线通信技术[J]. 中兴通讯技术,2005,11(4):75 – 78.

[10] Haroun I,Kenny T,Hafez R. Ultra – wideband as a short – range,ultra – highspeed wireless communications technology[J]. RF Design,2004,27(7):22 – 28.

[11] Taha A,Chugg K M. A theoretical study on the effects of interference UWB multiple access impulse radio[C]//Conference Record of the Thirty – Sixth Asilomar Conference on Signals,Systems and Computers. Piscataway:IEEE Press,2002:728 – 732.

[12] 刘焕淋,向劲松,代少升. 扩展频谱通信[M]. 北京:北京邮电大学出版社,2008.

[13] Moe Z W,Robert A. S. Ultra – wide bandwidth time – hopping spread – spectrum impulse radio for wireless multiple – access communicaitons[J]. IEEE Transactions on Communicaions,2000,48(4):679 – 691.

[14] Norman C B,David J Y. Designing time hopping ultrawide bandwidth receivers for multiuser interference environments[J]. Proceedings of the IEEE,2009,97(2):255 – 284.

[15] 张鹏,吴乐南. MPPSK调制的跳时多址研究[J]. 信号处理,2015,31(4):386 – 392.

[16] Guido C F,Maria G D B. Spectral efficiency of random time – hopping CDMA[J]. IEEE Transactions on Information Theory,2015,61(12):6643 – 6662.

[17] Chen Y E,Chien Y R,Tsao H W. Chirp – like jamming mitigation for GPS receivers using wavelet – packet – transform – assisted adaptive filters[C]//International Computer Symposium. Piscataway:IEEE Press,2016:458 – 461.

[18] Oro S D,Ekici E,Palazzo S. Optimal power allocation and scheduling under jamming attacks[J]. IEEE/ACM Transactions on Network,2017,25(3):1310 – 1323.

[19] Nguyen B V,Jung H,Kim K. On the anti – jamming performance of the NR – DCSK systems[J]. Securing Communications Network,2018(2018):1 – 8.

[20] 石磊. TH/PPK系统理论建模与仿真[D]. 绵阳:中国工程物理研究院,2012.

[21] 高志英,郑国莘. 超宽带跳时扩频通信系统性能分析[J]. 上海大学学报(自然科学版),2004,10(3):225 – 229.

[22] 薛荣华,裘海放. 择大判决单脉冲PPK体制的抗干扰性[J]. 成都电讯工程学院学报,1984,增(下):67 – 74.

第 7 章　时域干扰抑制

时域干扰抑制技术使用参数估计的方法,得到干扰的预测(或滤波)副本,然后在接收信号中减去对干扰的预测。若干扰信号先验信息足够,即干扰样式已经明确(单音干扰、多音干扰、线性调频干扰等样式),干扰信号模型可建模为该干扰样式的表达式;若干扰样式先验信息不足,通常将干扰建模为一个参数未知的窄带随机自回归序列。

7.1 节、7.2 节、7.3 节针对干扰样式已知的情况,分别讨论单音干扰、多音干扰和线性调频干扰干扰消除的基本原理、参数准确估计算法和干扰消除的实现方法;7.4 节针对直接序列扩频系统中的窄带干扰,从扩频信号功率是否大于接收机噪声分开讨论,分别介绍了估计窄带干扰参数的线性滤波、非线性滤波算法,最后对干扰估计抵消性能进行分析。

7.1　单音干扰估计与对消

单音干扰是一种常见的非协作干扰,为对抗单音干扰,可以使用第 8 章介绍的变换域干扰抑制算法。变换域干扰抑制算法虽然可以减小干扰对通信系统 BER 性能的恶化,但是也会使通信信号出现畸变。而本小节介绍的干扰估计与对消技术可以在消除干扰的同时不使通信信号出现畸变。本小节先介绍单音干扰消除基本原理,然后介绍几种单音干扰消除算法,最后讨论单音干扰消除系统结构设计。

7.1.1　单音干扰消除基本原理

单音干扰可以表示为

$$x[n] = Ae^{j\left(2\pi \frac{f}{f_s}n + \varphi\right)} \tag{7.1}$$

式中:$n=0,1,\cdots,N-1$,N 为样点长度;A 为幅度;f 为频率;φ 为初相。

在接收信号 $r[n]$ 末尾补 P_0 个零后再进行离散傅里叶变换(Discrete Fourier Transform,DFT)变换得到的频域信号可以表示为

$$R[k] = X[k] + W_s[k] \tag{7.2}$$

$$W_s[k] = \sum_{n=0}^{N-1}(h[n]*s[n]+w[n])e^{-j\frac{2\pi kn}{N_P}} \qquad (7.3)$$

$$X[k] = Ae^{j\varphi}e^{j\pi\frac{N-1}{N_P}(k_0+\delta_0-k)}\frac{\sin\frac{\pi N(k_0+\delta_0-k)}{N_P}}{\sin\frac{\pi(k_0+\delta_0-k)}{N_P}} \qquad (7.4)$$

$$k_0 = \left[\frac{N_P f}{f_s}+0.5\right] \qquad (7.5)$$

$$\delta_0 = \frac{N_P f}{f_s} - k_0 \qquad (7.6)$$

式中：$k=0,1,\cdots,N_P-1$，$N_P=N+P_0$；$s[n]$ 为发送信号的采样；$h[n]$ 为信道响应；$s[n]$ 功率为 P_s。设备条径的总功率为 1，则根据大数定理和根升余弦滤波器的频域特性可知

$$W_s[k] \sim CN(0, NP_{sn}[k]) \qquad (7.7)$$

式中：$P_{sn}[k]$ 为第 k 个频点处通信信号和噪声的功率

当 $1/2 < k/N_P < 1$ 时，$W_s[k]$ 与 $W_s[N_P-k]$ 的分布相同。

在干扰消除技术中，接收信号 $r[n]$ 被首先送入干扰参数估计模块，干扰参数估计模块根据干扰类型从 $r[n]$ 中估计出参数集合，然后干扰重构模块根据重构出干扰信号 $\hat{x}[n]$，最后，将 $\hat{x}[n]$ 从 $r[n]$ 中扣除，得到干扰消除后的信号 $r'[n]$，可以表示为

$$r'[n] = r[n] - \hat{x}[n] \qquad (7.8)$$

当得到频率 f 的估计值后，初相估计值为

$$\hat{\varphi} = \angle \sum_{n=0}^{N-1} r[n]e^{-j2\pi\frac{\hat{f}}{f_s}n} \qquad (7.9)$$

式中：$\angle\{\cdot\}$ 为提取相位运算。

幅度估计值为

$$\hat{A} = \Re\left\{\frac{1}{N}\sum_{n=0}^{N-1} r[n]e^{-j(2\pi\frac{\hat{f}}{f_s}n+\hat{\varphi})}\right\} \qquad (7.10)$$

因此，干扰信号 $x[n]$ 可以被重构为

$$\hat{x}[n] = \hat{A}e^{j(2\pi\frac{n\hat{f}}{f_s}+\hat{\varphi})} \qquad (7.11)$$

此时根据式(7.8)可得干扰消除后的信号 $r'[n]$。

7.1.2 单音干扰消除算法

1. Candan 算法

Candan 算法[1]在估计频率时未采用补零,因此有 $N_P = N$。当忽略通信信号和噪声时,$|R[k]|^2$ 在 $k = k_0$ 处取得最大值,因此 k_0 估计值为

$$\hat{k}_0 = \arg\max_{0 \leq k < N} \{|R[k]|^2\} \tag{7.12}$$

得到 k_0 的估计值 $\hat{k}_0$ 后,Candan 算法采用的插值器,可以表示为

$$\hat{\delta}_0 = \frac{N}{\pi}\arctan\left(\Re\left\{\frac{R[\hat{k}_0 - 1] - R[\hat{k}_0 + 1]}{2R[\hat{k}_0] - R[\hat{k}_0 - 1] - R[\hat{k}_0 + 1]}\right\}\tan\frac{\pi}{N}\right) \tag{7.13}$$

因此,频率 f 估计值为

$$\hat{f} = (\hat{k}_0 + \hat{\delta}_0)f_s/N \tag{7.14}$$

2. Fang 算法

Fang 算法[2]在接收信号后补了 N 个零,因此有 $N_P = 2N$。当忽略通信信号和噪声时,$|R[k]|^2$ 仍然在 $k = k_0$ 处取得最大值,因此 k_0 估计值为

$$\hat{k}_0 = \arg\max_{0 \leq k < 2N} \{|R[k]|^2\} \tag{7.15}$$

Fang 算法采用可以表示为

$$\hat{\delta}_0 = \frac{2N}{\pi}\arctan\left(\frac{|R[\hat{k}_0 + 1]| - |R[\hat{k}_0 - 1]|}{|R[\hat{k}_0 + 1]| + |R[\hat{k}_0 - 1]|}\tan\frac{\pi}{2N}\right) \tag{7.16}$$

频率 f 估计值为

$$\hat{f} = \frac{\hat{k}_0 + \hat{\delta}_0}{2N}f_s \tag{7.17}$$

3. A&M 算法

与 Candan 算法相同,A&M 算法[3]未采用补零,并通过式(7.12)得到 $\hat{k}_0$。为得到 $\hat{\delta}_0$,A&M 算法采用的插值器可以表示为

$$\hat{\delta}_0 = \frac{N}{2\pi}\arcsin\left(\Re\left\{\frac{R[\hat{k}_0 + 0.5] + R[\hat{k}_0 - 0.5]}{R[\hat{k}_0 + 0.5] - R[\hat{k}_0 - 0.5]}\right\}\sin\frac{\pi}{N}\right) \tag{7.18}$$

式中

$$R[\hat{k}_0 \pm 0.5] = \sum_{n=0}^{N-1} r[n] e^{-j2\pi \frac{\hat{k}_0 \pm 0.5}{N} n} \tag{7.19}$$

为了提高插值器所利用的谱线的平均功率，A&M 算法采用了迭代估计，$\hat{\delta}_0$ 被迭代估计为

$$\hat{\delta}_0^{(t+1)} = \hat{\delta}_0^{(t)} + \frac{N}{2\pi} \arcsin\left(\Re\left\{\frac{R[\hat{k}_0 + \hat{\delta}_0^{(t)} + \frac{1}{2}] + R[\hat{k}_0 + \hat{\delta}_0^{(t)} - \frac{1}{2}]}{R[\hat{k}_0 + \hat{\delta}_0^{(t)} + \frac{1}{2}] - R[\hat{k}_0 + \hat{\delta}_0^{(t)} - \frac{1}{2}]}\right\} \sin\frac{\pi}{N}\right) \tag{7.20}$$

式中：$1 \leq t < T$，T 为最大迭代次数；$\hat{\delta}_0^{(1)} = \hat{\delta}_0$；且有

$$R[\hat{k}_0 + \hat{\delta}_0^{(t)} \pm 0.5] = \sum_{n=0}^{N-1} r[n] e^{-j2\pi \frac{\hat{k}_0 + \hat{\delta}_0^{(t)} \pm 0.5}{N} n} \tag{7.21}$$

由于当 $T \geq 2$ 时，增大 T 不再产生显著的性能增益，T 被推荐设置为 2。

迭代完成后，f 估计值为

$$\hat{f} = \frac{\hat{k}_0 + \hat{\delta}_0^{(T)}}{N} f_s \tag{7.22}$$

对比式(7.16)和式(7.18)可知，当 $N \gg 1$ 时，Fang 算法和 $T = 1$ 的 A&M 算法的估计性能相同。因此，当 $T \geq 2$ 时，A&M 算法的估计性能优于 Fang 算法。

4. HAQSE 算法

HAQSE 算法[4]同样通过式(7.12)估计 k_0，并采用式(7.18)得到 $\hat{\delta}_0$ 的初始估计值，δ_0 的精估计值 $\hat{\delta}_0^{(2)}$ 通过如式(7.23)所示的插值器得到：

$$\hat{\delta}_0^{(2)} = \hat{\delta}_0^{(1)} + \frac{\tilde{q}\cos^2(\pi\tilde{q})}{1 - \pi\tilde{q}\cot(\pi\tilde{q})} \Re\left\{\frac{R[\hat{k}_0 + \hat{\delta}_0^{(1)} + \tilde{q}] - R[\hat{k}_0 + \hat{\delta}_0^{(1)} - \tilde{q}]}{R[\hat{k}_0 + \hat{\delta}_0^{(1)} + \tilde{q}] + R[\hat{k}_0 + \hat{\delta}_0^{(1)} - \tilde{q}]}\right\} \tag{7.23}$$

式中：$0 < \tilde{q} \leq 1/\sqrt[3]{N}$；且有

$$R[\hat{k}_0 + \hat{\delta}_0^{(1)} \pm \tilde{q}] = \sum_{n=0}^{N-1} r[n] e^{-j2\pi \frac{\hat{k}_0 + \hat{\delta}_0^{(1)} \pm \tilde{q}}{N} n} \tag{7.24}$$

f 的估计值为

$$\hat{f} = \frac{\hat{k}_0 + \hat{\delta}_0^{(2)}}{N} f_s \quad (7.25)$$

5. 基于两阶段补零的单音干扰消除算法

为了提高频率估计性能,文献[5]提出了一种基于两阶段补零(Two-Stage Zero-Padding,TSZP)的单音干扰消除算法,该算法采用了一个新的支持任意补零长度的插值器,通过在不同阶段选择不同的补零长度,在降低计算复杂度的同时,提高了插值器谱线的平均功率。

7.1.3 单音干扰消除的实现

文献[6]对各种单音干扰频率估计性能进行了详细的分析。而单音干扰消除需要估计的参数有干扰的频率、相位、幅度,需要估计的参数多,各个参数之间亦存在关联,而参数估计误差难以避免,某个参数估计的误差必将引起其他参数的估计性能恶化,因此单音干扰消除的实现结构值得进一步探讨。例如,一个 QPSK 信号受到单音干扰的影响,单音干扰频率与 QPSK 信号中心频率相差 1/2 符号速率,SJR=0dB,接收信号的功率谱密度如图 7.1(a)所示;接收端采用 7.1.1 节的方法实施干扰抑制。按照文献[6]的结论,频率估计误差的理论均方根误差为 1/100DFT 栅格,假设此时频率估计误差为 1/1000DFT 栅格,FFT 点数为 4096,初始相位按照式(7.9)计算,幅度实现完美估计,得到对消后信号的功率谱密度如图 7.1(b)所示。可见干扰功率降低了 7dB 左右。其原因在于:如图 7.1(c)所示,频率估计的误差使得重构的干扰信号的相位与实际的干扰信号相位始终存在偏差,虽然误差很小,经过相减运算,误差进一步加大。

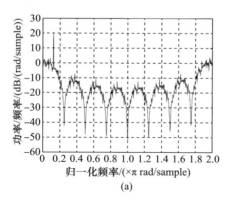

(a)

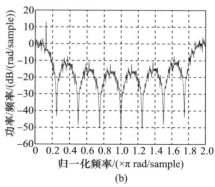

(b)

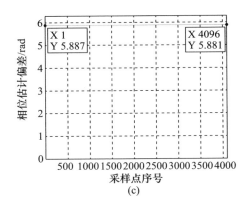

图 7.1 存在频率估计误差的干扰对消效果

(a)接收信号功率谱;(b)干扰对消后信号功率谱;(c)重构干扰与实际干扰之间的相位偏差。

设计一种基于相位跟踪的单音干扰消除结构框图如图 7.2 所示。具体操作流程如下:

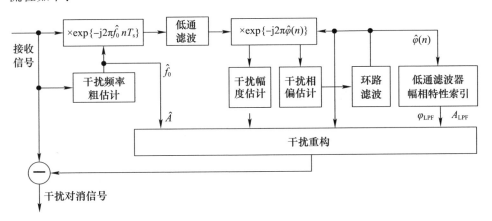

图 7.2 基于相位跟踪的单音干扰消除结构框图

(1)进行干扰信号频率估计,可使用 7.1.2 节给出的任何一种频率估计算法,得到干扰频率粗估计值 $\hat{f}_0$。

(2)通过变频,把干扰搬移至零频附近,即完成框图中 $\times \exp\{-j2\pi\hat{f}_0 nT_s\}$ 操作,其中 n 为采样点序号, T_s 为采样周期。

(3)校正相位,即完成框图中的 $\times \exp\{-j2\pi\hat{\varphi}(n)\}$ 操作,其中 $\hat{\varphi}(n)$ 为估计得到的残留相位偏差,初始值为 0。

(4)残留相偏估计,即使用式(7.9),估计该采样时刻残留的载波相位偏差,经二阶环路滤波输入 $\times \exp\{-j2\pi\hat{\varphi}(n)\}$ 模块,进行下一采样时刻的相位校正。

（5）环路滤波器中通过相位累加得到的频率估计值作为低通滤波器的幅相特性索引，求出此时低通滤波模块的幅度 A_{LPF}、相位偏移 φ_{LPF}，并将其作为干扰重构需要补偿的部分输入干扰重构模块。

（6）完成干扰重构，实施干扰对消。

采用上述方法，对受单音干扰的扩频信号实施干扰对消，对消后的信号功率谱如图7.3所示，扩频信号调制方式为QPSK，扩展比为128，仿真 $E_b/N_0 = 12\text{dB}$，干扰频率粗估计的误差为 1.25×10^{-4} 倍采样速率（折合FFT点数为4096时0.512DFT栅格），可见经过相位跟踪，即使频率估计误差增大，干扰信号的抑制效果也得到加强，且干扰信号功率越高，干扰抑制效能越明显，但是残留的干扰也越强。

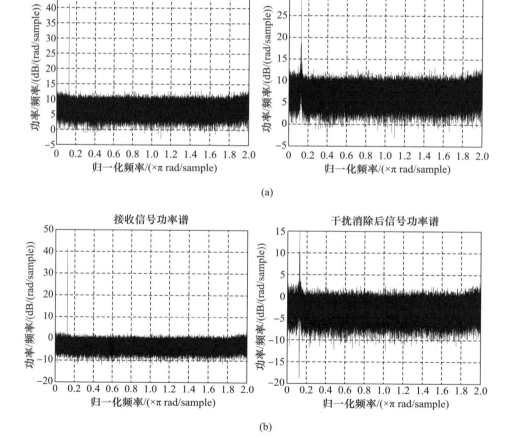

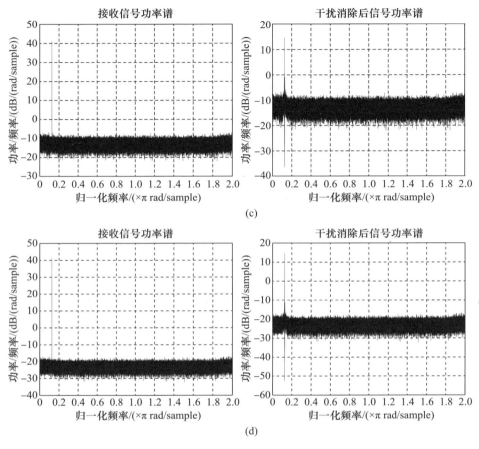

图 7.3 基于相位跟踪的单音干扰消除功率谱
(a) 接收信号功率谱和干扰对消后信号功率谱(SJR = 0dB);
(b) 接收信号功率谱和干扰对消后信号功率谱(SJR = -10dB);
(c) 接收信号功率谱和干扰对消后信号功率谱(SJR = -20dB);
(d) 接收信号功率谱和干扰对消后信号功率谱(SJR = -30dB)。

进一步对干扰对消性能进行仿真,得到 E_b/N_0 与 BER 的关系如图 7.4 所示。其中,干扰信号相对扩频信号中心频率的频率偏移为 1/2 倍码片速率,干扰频率粗估计的误差为 1/1000 码片速率。可见随着 SJR 的降低,未经干扰对消的扩频系统性能逐渐降低,直到当 SJR = -30dB 时,误码率接近 0.5;而经过干扰对消,系统性能在 SJR = -30dB 时仍然可以保持较优的误码性能。但是,干扰对消并不能完全消除干扰,在误码性能上的表现为与未被干扰的信号相比始终存在一定的误码损失。

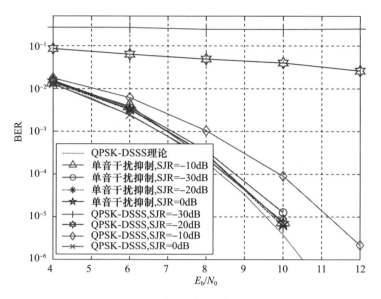

图 7.4 单音干扰对消的性能

7.2 多音干扰估计与对消

多音干扰由多个单音干扰构成,包含的参数为每个单音分量的幅度、频率和初相。本小节首先介绍了多音干扰消除基本原理,然后介绍了几种多音干扰消除算法,最后对多音干扰消除系统结构设计进行了讨论。

7.2.1 多音干扰消除基本原理

多音干扰可以表示为

$$x[n] = \sum_{l=1}^{L} A_l e^{j\left(2\pi \frac{f_l}{f_s} n + \varphi_l\right)} \tag{7.26}$$

式中:$n=0,1,\cdots,N-1$;A_l,f_l 和 φ_l 分别为第 l 个分量的幅度、频率和初相,不失一般性地,定义 $A_1 \geq A_2 \geq \cdots \geq A_L$。

补零后频域信号的表达式为

$$R[k] = \sum_{l=1}^{L} X_l[k] + W_s[k] \tag{7.27}$$

$$X_l[k] = A_l e^{j\varphi_l} e^{j\pi \frac{N-1}{N_P}(k_l + \delta_l - k)} \frac{\sin \frac{\pi N(k_l + \delta_l - k)}{N_P}}{\sin \frac{\pi(k_l + \delta_l - k)}{N_P}} \tag{7.28}$$

$$\delta_l = \frac{N_\mathrm{P} f_l}{f_\mathrm{s}} - k_l \tag{7.29}$$

$$R[k] = \sum_{l=1}^{L} X_l[k] + W_\mathrm{s}[k] \tag{7.30}$$

7.2.2 多音干扰消除算法

与单音干扰消除技术类似,当得到第 l 个分量的频率估计值 $\hat{f}_l$ 和其他分量的参数估计值后,第 l 个分量的初相估计值为

$$\hat{\varphi}_l = \angle \sum_{n=0}^{N-1} r_l[n] \mathrm{e}^{-\mathrm{j}2\pi \frac{\hat{f}_l}{f_\mathrm{s}} n} \tag{7.31}$$

式中

$$r_i[n] = r[n] - \sum_{l'=1, l' \neq l}^{L} \hat{x}_{l'}[n] \tag{7.32}$$

其中: $\hat{x}_{l'}[n]$ 为第 l' 个分量的估计值。

第 l 个分量的幅度估计值为

$$\hat{A}_l = \Re\left\{ \frac{1}{N} \sum_{n=0}^{N-1} r_l[n] \mathrm{e}^{-\mathrm{j}\left(2\pi \frac{\hat{f}_l}{f_\mathrm{s}} n + \hat{\varphi}_l\right)} \right\} \tag{7.33}$$

第 l 个分量 $\hat{x}_{l'}[n]$ 可以被重构为

$$\hat{x}_l[n] = \hat{A}_l \mathrm{e}^{\mathrm{j}\left(2\pi \frac{\hat{f}_l}{f_\mathrm{s}} n + \hat{\varphi}_l\right)} \tag{7.34}$$

干扰信号可以被重构为

$$\hat{x}[n] = \sum_{l=1}^{L} \hat{x}_l[n] \tag{7.35}$$

最后根据式(7.8)可得干扰消除后的信号 $r'[n]$。下面对现有多音频率估计算法进行介绍。

1. Candan 加窗算法

Candan 加窗算法[7]支持任意补零长度。当忽略通信信号和噪声时, $r_l[n]$ 的频域信号 $R_l[k]$ 在 $k=k_l$ 处取得最大幅值,因此 k_l 的估计值为

$$\hat{k}_l = \arg \max_{0 \leqslant k < N} \{|R_l[k]|^2\} \tag{7.36}$$

式中

$$R_l[k] = \sum_{n=0}^{N-1} r_l[n] \mathrm{e}^{-\mathrm{j}\frac{2\pi kn}{N_\mathrm{P}}} \tag{7.37}$$

得到 k_l 的估计值 $\hat{k}_l$ 后，δ_l 的估计值为

$$\hat{\delta}_l = c_\omega \Re\left\{\frac{\breve{R}_l[\hat{k}_l - 1] - \breve{R}_l[\hat{k}_l + 1]}{2\breve{R}_l[\hat{k}_l] - \breve{R}_l[\hat{k}_l - 1] - \breve{R}_l[\hat{k}_l + 1]}\right\} \tag{7.38}$$

式中

$$c_\omega = \frac{v_0^2}{u_1 v_0 + u_0 v_1} \tag{7.39}$$

$$u_0 = \Im\{g(1) - g(-1)\} \tag{7.40}$$

$$u_1 = \Re\{g'(1) - g'(-1)\} \tag{7.41}$$

$$v_0 = \Re\{2g(0) - g(1) - g(-1)\} \tag{7.42}$$

$$v_1 = \Im\{2g'(0) - g'(1) - g'(-1)\} \tag{7.43}$$

$$g(k) = \sum_{n=0}^{N-1} \omega[n] e^{j2\pi \frac{k}{N_P} n}, \quad k = -1, 0, 1 \tag{7.44}$$

$$g'(k) = \frac{j2\pi}{N_P} \sum_{n=0}^{N-1} n\omega[n] e^{j2\pi \frac{k}{N_P} n}, \quad k = -1, 0, 1 \tag{7.45}$$

$$\breve{R}_l[k] = \sum_{n=0}^{N-1} \omega[n] r_l[n] e^{-j\frac{2\pi k n}{N_P}} \tag{7.46}$$

在式(7.40)中，$\Im\{\cdot\}$ 代表取虚部。在式(7.44)中，$\omega[n]$ 为窗函数且为实数。频率 f_l 的估计值为

$$\hat{f}_l = \frac{\hat{k}_l + \hat{\delta}_l}{N} f_s \tag{7.47}$$

需要注意的是，Candan 在文献[7]中并未给出具体的多音干扰参数估计流程，其主要贡献是提出了一种支持任意窗函数的插值器。

2. Ye 算法

Ye 算法[8]未采用补零和加窗，因此 $N_P = N$。Ye 算法的第一步将每个分量的估计值都初始化为 0，然后依次估计每个分量的参数，为了提高参数估计精度，Ye 算法采用了迭代估计，每一次迭代都会依次估计并更新每个分量的参数。在第一次迭代时，k_l 采用式(7.36)进行估计，之后的迭代则直接采用第一次迭代的估计值；δ_l 采用 A&M 插值器进行估计，即

$$\hat{\delta}_{l+1} = \hat{\delta}_l + \frac{N}{2\pi}\arcsin\left(\Re\left[\frac{R_l[\hat{k}_l + \hat{\delta}_l + 0.5] + R_l[\hat{k}_l + \hat{\delta}_l - 0.5]}{R_l[\hat{k}_l + \hat{\delta}_l + 0.5] - R_l[\hat{k}_l + \hat{\delta}_l - 0.5]}\right]\sin\frac{\pi}{N}\right) \tag{7.48}$$

$\hat{f}_l$通过式(7.47)得到，$\hat{\varphi}_l$通过式(7.31)得到，$\hat{A}_l$通过式(7.33)得到。综合考虑计算复杂度和估计精度，其迭代次数被推荐为2。

3. Djukanović算法

Djukanović算法[9]同样未采用补零和加窗，$N_P = N$，k_l同样采用式(7.36)进行估计；为估计δ_l，Djukanović算法首先采用Candan单音算法中的插值器得到初始估计值$\hat{\delta}_l^{(1)}$，即

$$\hat{\delta}_l^{(1)} = \frac{N}{\pi}\arctan\left(\Re\left\{\frac{R[\hat{k}_l-1] - R[\hat{k}_l+1]}{2R[\hat{k}_l] - R[\hat{k}_l-1] - R[\hat{k}_l+1]}\right\}\tan\frac{\pi}{N}\right) \quad (7.49)$$

然后得到频率初始估计值$\hat{f}_l^{(1)}$，即

$$\hat{f}_l^{(1)} = \frac{\hat{k}_l + \hat{\delta}_l^{(1)}}{N}f_s \quad (7.50)$$

频率精估计值根据式(7.51)所示的抛物线插值器得到

$$\hat{f}_l = \frac{1}{2}\frac{\hat{f}_{l,1}^2(R_l^{(-1)} - R_l^{(0)}) + \hat{f}_{l,0}^2(R_l^{(1)} - R_l^{(-1)}) + \hat{f}_{l,-1}^2(R_l^{(0)} - R_l^{(1)})}{\hat{f}_{l,1}(R_l^{(-1)} - R_l^{(0)}) + \hat{f}_{l,0}(R_l^{(1)} - R_l^{(-1)}) + \hat{f}_{l,-1}(R_l^{(0)} - R_l^{(1)})} \quad (7.51)$$

$$\hat{f}_{l,k} = \hat{f}_l^{(1)} + kf_d, k = -1, 0, 1 \quad (7.52)$$

$$R_l^{(k)} = \sum_{n=0}^{N-1} r_l[n]e^{-j2\pi\frac{\hat{f}_{l,k}}{f_s}n}, \quad k = -1, 0, 1 \quad (7.53)$$

在式(7.52)中，f_d可为区间$(0, f_s/2N]$中任意一个值。此外，$\hat{\varphi}_l$通过式(7.31)得到，$\hat{A}_l$通过式(7.33)得到。提高估计精度，Djukanović算法采用了两次迭代，每一次迭代都会依次估计并更新每个分量的参数。

4. 基于两阶段加窗插值的多音干扰消除算法

现有估计算法在分量间频率间隔较小时估计性能较差，为了提高估计性能，文献[10]提出了一种基于两阶段加窗插值(Two-Stage Windowed Interpolation，TSWI)的多音干扰消除算法，该算法采用了一个新的支持任意窗函数的插值器，通过在不同阶段选择不同的窗函数，该算法在不损失信号功率的同时降低了分量间互干扰。

7.2.3 多音干扰消除的实现

多音干扰消除需要通过滤波器把各个频率的单音干扰分离开，分别使用7.1.3节所示方法对各个单音干扰的相位进行跟踪，最后重构干扰，实施干扰对消。干扰对消前后信号功率谱变化如图7.5所示，仿真中信号被两个音频干扰

影响,干扰信号相对扩频信号中心频率的频率偏移分别为 1/10、1/15 码片速率,干扰频率粗估计的误差为 1/1000 符号速率,扩频信号调制方式为 QPSK,扩展比为 128,仿真 $E_b/N_0 = 12\text{dB}$,可见干扰对消对多音干扰抑制也有一定效果。

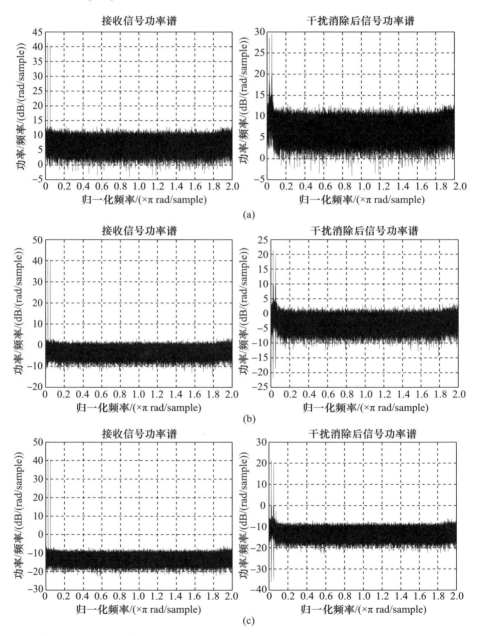

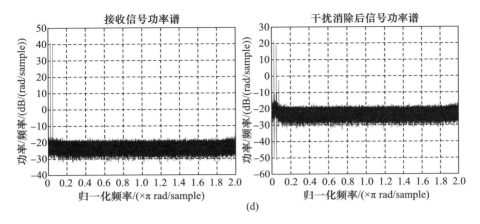

图 7.5 基于相位跟踪的多音干扰消除功率谱变化

(a) 接收信号功率谱和干扰对消后信号功率谱(SJR=0dB); (b) 接收信号功率谱和干扰对消后信号功率谱(SJR=−10dB); (c) 接收信号功率谱和干扰对消后信号功率谱(SJR=−20dB); (d) 接收信号功率谱和干扰对消后信号功率谱(SJR=−30dB)。

对其干扰抑制性能进行仿真分析,得到 E_b/N_0 与 BER 的关系如图 7.6 所示。可见相对于单音干扰对消,多音干扰对消有更多性能损失;而 SJR 与检测性能的影响不再线性,其中 SJR = −10dB 时,检测性能比 SJR = 0dB 时更好,其原因在于 SJR = 0dB 时干扰信号功率较低,对干扰的估计不够准确,而多个干扰把

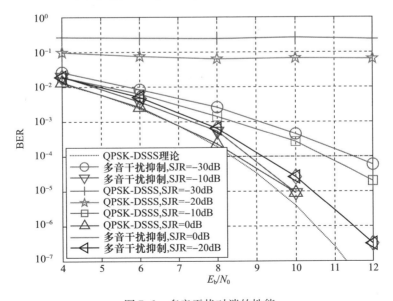

图 7.6 多音干扰对消的性能

这种影响放大,导致性能更差;而 SJR = 0dB 时,未进行干扰抑制的性能要比干扰抑制的性能要好,表明此时干扰功率较小,扩频足够应对,引入干扰对消后,反而引入了误差,造成性能损失。

7.3 线性调频干扰估计与对消

线性调频(Linear Frequency Modulated,LFM)干扰是一种时频干扰,其频率随着时间呈线性变化。LFM 干扰消除的核心是其参数估计,其参数有幅度、初相、中心频率和调频率。本小节首先介绍 LFM 干扰消除基本原理,然后介绍几种 LFM 干扰消除算法,最后讨论 LFM 干扰消除系统结构设计。

7.3.1 LFM 干扰消除基本原理

LFM 干扰可以表示为

$$x(t) = \sum_{l=-\infty}^{+\infty} A e^{j(2\pi f_0 t + \pi \mu t^2 + \varphi_0)} \tilde{g}(t - l T_{LFM}) \tag{7.54}$$

$$\tilde{g}(t) = \begin{cases} 1, & -\dfrac{T_{LFM}}{2} \leqslant t < \dfrac{T_{LFM}}{2} \\ 0, & \text{其他} \end{cases} \tag{7.55}$$

式中:A 为幅度;T_{LFM} 为干扰周期;f_0 为中心频率;μ 为调频率;φ_0 为初相。

假设 LFM 干扰消除技术单次处理的数据持续时间远小于 T_{LFM},当数据段位于单个周期内时(图 7.7(a)),LFM 干扰可以表示为

$$x[n] = A e^{j\left[2\pi \frac{f}{f_s}(n-\tilde{N}) + \pi \frac{\mu}{f_s^2}(n-\tilde{N})^2 + \varphi\right]} \tag{7.56}$$

式中:$n = 0, 1, \cdots, N-1$;$\tilde{N} = (N-1)/2$;f 为中心频率;φ 为初相。

式(7.56)也可表示为

$$x[n] = A e^{j\left(2\pi \frac{f'}{f_s} n + \pi \frac{\mu}{f_s^2} n^2 + \varphi'\right)} \tag{7.57}$$

式中

$$f' = f - \mu \tilde{N}/f_s \tag{7.58}$$

$$\varphi' = \varphi + \pi \mu \tilde{N}^2 / f_s^2 \tag{7.59}$$

当数据段位于两个周期首尾时(图 7.7(b)),LFM 干扰可以表示为

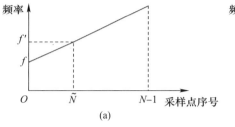 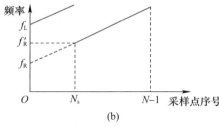

图 7.7 LFM 时频图

(a)数据段位于周期内;(b)数据段位于两个周期首尾。

$$x'[n] = \begin{cases} A e^{j\left(2\pi \frac{f_L}{f_s}n + \pi \frac{\mu}{f_s^2}n^2 + \varphi_L\right)}, & 0 < n < N_s \\ A e^{j\left(2\pi \frac{f_R}{f_s}n + \pi \frac{\mu}{f_s^2}n^2 + \varphi_R\right)}, & N_s \leq n < N \end{cases} \quad (7.60)$$

7.3.2 LFM 干扰消除算法

现有 LFM 干扰消除算法主要考虑的第一种情况,如图 7.7(a)所示,即数据段位于单个周期内,当得到 μ 的估计值 $\hat{\mu}$ 后,可以对接收数据进行解线性调频,即

$$r_d[n] = r[n] e^{-j\pi \frac{\hat{\mu}}{f_s^2}(n-\tilde{N})^2} \quad (7.61)$$

将式(7.57)代入式(7.61),可得

$$r_d[n] = A e^{j\left[2\pi \frac{f'}{f_s}(n-\tilde{N}) + \pi \frac{\varepsilon_\mu}{f_s^2}(n-\tilde{N})^2 + \varphi'\right]} + w_s[n] e^{-j\pi \frac{\hat{\mu}}{f_s^2}(n-\tilde{N})^2} \quad (7.62)$$

式中:$\varepsilon_\mu = \mu - \hat{\mu}$。

当忽略 ε_μ 时,$r_d[n]$ 即为一个单音干扰信号,因此可利用单音干扰参数估计算法得到 A、f 和 φ 的估计值 $\hat{A}$、$\hat{f}$ 和 $\hat{\varphi}$,然后干扰可以被重构为

$$\hat{x}[n] = \hat{A} e^{j\left(2\pi \frac{\hat{f}}{f_s}(n-\tilde{N}) + \pi \frac{\hat{\mu}}{f_s^2}(n-\tilde{N})^2 + \hat{\varphi}\right)} \quad (7.63)$$

最后根据式(7.8)可得干扰消除后的信号 $r'[n]$。

1. 离散多项式相位变换分数阶傅里叶变换算法

$x[n]$ 的采样型离散 FFT 可以表示为

$$X_\alpha[n] = \sum_{n=-\tilde{N}}^{\tilde{N}} x[n] K_\alpha(n,u) \quad (7.64)$$

式中:$K_\alpha(n,u)$为变换核,且可以表示为

$$K_\alpha(n,u) = \begin{cases} \sqrt{\dfrac{1-\mathrm{j}\cot\alpha}{N}}\mathrm{e}^{\mathrm{j}\pi\frac{u^2\cot(\alpha)-2un\cos(\alpha)+n^2\cot(\alpha)}{N}}, & \alpha \neq n\pi \\ \delta[n-u], & \alpha = 2n\pi \\ \delta[n+u], & \alpha = (2n\pm1)\pi \end{cases} \quad (7.65)$$

其中$\delta[\cdot]$为狄拉克函数。

设$\alpha_0 = -\mathrm{arccot}(\mu f_s^2/N)$,当$\alpha = \alpha_0$且$u = f'N\sin\alpha_0/f_s$时,$|X_\alpha[u]|^2$取得最大值,因此通过二维搜索接收信号分数阶傅里叶变换(FrFT)的峰值可以得到μ和f'的估计值,然而,为了得到精确的估计值,在整个参数范围内进行二维搜索计算复杂度极高,为了降低计算复杂度,离散多项式相位变换分数阶傅里叶变换(Discrete Polynomial Phase Transform - Fractional Fourier Transform, DPT - FrFT)算法[11]首先对接收数据进行变换,即

$$R_m[n] = \sum_{n=0}^{N_m-1} r_m[n]\mathrm{e}^{-\mathrm{j}2\pi\frac{kn}{N_m}} \quad (7.66)$$

式中:$N_m = N - m$;且有

$$r_m[n] = r[n+m]r[n]^* \quad (7.67)$$

将式(7.57)代入式(7.67)中,可得

$$r_m[n] = A^2\mathrm{e}^{\mathrm{j}\left(2\pi\frac{m\mu}{f_s^2}n+\varphi_m\right)} + w_m[n] \quad (7.68)$$

式中

$$\varphi_m = 2\pi\frac{f'}{f_s}m + \pi\frac{\mu}{f_s^2}m^2 \quad (7.69)$$

$$w_m[n] = x[n]^* w_s[n+m] + x[n+m]w_s[n]^* + w_s[n+m]w_s[n]^* \quad (7.70)$$

DPT - FrFT算法[12]将m设置为$[0.4N+0.5]$,μ_c的估计值为

$$\hat{\mu}_c = \frac{\hat{k}_m}{N_m m}f_s^2 \quad (7.71)$$

式中

$$\hat{k}_m = \arg\max_{0 \leq k < N_m}\{|R_m[k]|^2\} \quad (7.72)$$

然后利用FrFT在粗估计值$\hat{\mu}_c$附近进行搜索得到精确估计值$\hat{\mu}$,即

$$\hat{\mu} = -\frac{f_s^2}{N}\cot\hat{\alpha}_0 \tag{7.73}$$

$$\{\hat{\alpha}_0, \hat{u}_0\} = \arg\max_{\alpha,u}\{|R_\alpha[u]|^2\} \tag{7.74}$$

式中:$R_\alpha[u]$为接收信号的 FrFT。

2. 迭代插值分数傅里叶变换算法

迭代插值分数傅里叶变换(Iterative Interpolation – Fractional Fourier Transform,II – FrFT)算法[13]首先对接收信号进行 FrFT,并根据式(7.74)得到 $\hat{\alpha}_0$ 和 $\hat{u}_0$,然后在 u 轴进行插值,即

$$\delta_u = \frac{1}{2}\frac{|R_{\hat{\alpha}_0}[\hat{u}_0+0.5]| - |R_{\hat{\alpha}_0}[\hat{u}_0-0.5]|}{|R_{\hat{\alpha}_0}[\hat{u}_0+0.5]| + |R_{\hat{\alpha}_0}[\hat{u}_0-0.5]|} \tag{7.75}$$

之后更新 $\hat{u}_0 = \hat{u}_0 + \delta_u$,根据新的 $\hat{u}_0$,计算 $R_{\hat{\alpha}_0 \pm 0.5}(\hat{u}_0)$,再在 α 轴进行插值,即

$$\delta_\alpha = \frac{|R_{\hat{\alpha}_0+\alpha_d}[\hat{u}_0]| - |R_{\hat{\alpha}_0-\alpha_d}[\hat{u}_0]|}{|R_{\hat{\alpha}_0+\alpha_d}[\hat{u}_0]| + |R_{\hat{\alpha}_0-\alpha_d}[\hat{u}_0]|} \times \frac{2 - 8.51\rho_d\alpha_d + 0.08\rho_d^2\alpha_d - 0.01\rho_d}{8.51\rho_d\alpha_d - 0.08\rho_d^2\alpha_d} \tag{7.76}$$

式中:$\rho_d = \sqrt{0.1\pi N}$;α_d 为 α 的搜索步长。最后 $\hat{\alpha}_0$ 被更新为 $\hat{\alpha}_0 = \hat{\alpha}_0 + \delta_\alpha\alpha_d$。上述插值方法可以迭代进行,推荐迭代次数 $T = 2$。迭代完成后,根据式(7.73)得到 $\hat{\mu}$。

3. 拉东 – 模糊变换算法

在拉东 – 模糊变换(Radon – Ambiguity Transform,RAT)算法[12]中,$x[n]$ 的离散窄带模糊变换可以表示为

$$\text{TF}(m,k) = \sum_{n=-N}^{N} x[n+m]x[n-m]^* e^{j2\pi\frac{kn}{N}} \tag{7.77}$$

然后对时频信号 TF(m,k)进行拉东变换,即

$$X(\alpha) = \sum_{m=-\hat{N}}^{\hat{N}} |\text{TF}(m, -m\tan\alpha)| \tag{7.78}$$

对于线性调频信号,TF(m,k)的峰脊为一条经过原点且斜率为 $-2\mu N/f_s^2$ 的直线,拉东变换沿着直线 $k = -m\tan\alpha$ 对 TF(m,k)进行积分,因此 $|X(\alpha)|^2$ 在 $\alpha_0 = \arctan(2\mu N/f_s^2)$ 处达到峰值,这样 μ 的估计值为

$$\hat{\mu} = \frac{f_s^2}{2N}\tan\hat{\alpha}_0 \tag{7.79}$$

式中

$$\hat{\alpha}_0 = \arg\max_{\alpha}\{|X(\alpha)|^2\} \quad (7.80)$$

4. 基于两阶段分类估计的 LFM 干扰消除算法

文献[6]提出了一种提高调频率估计的精度并降低计算复杂度的 LFM 干扰消除算法——基于两阶段分类估计(Two-Stage Classified Estimation, TSCE)的 LFM 干扰消除算法。该算法分别考虑了数据段位于周期内和位于两个周期首尾的两种情形,第一阶段认为数据段位于周期内,第二阶段根据第一阶段得到的估计值重构干扰 $\hat{x}[n]$,然后以此估计通信信号加噪声的功率。

7.3.3 LFM 干扰消除的实现

LFM 干扰消除,需要在图 7.2 所示的结构前端增加调频率校正模块,即根据式(7.61)校正干扰频率二次变化的部分。校正之后的信号还存在残留调频率偏差 $\varepsilon_{\mu} = \mu - \hat{\mu}$,而残留调频率偏差对信号的影响为频率偏差的二阶缓慢变化,图 7.2 中的频率校正模块也需要相应地更改为锁频环路,以实现频率变化的跟踪。完成调频率、频率偏差校正后,干扰信号可视为频偏已知的单音干扰,仍可采用图 7.2 所示的相位跟踪结构完成相位的跟踪。最后将各估计的参数联合起来进行干扰重构,实施干扰对消。

7.4 直扩系统中的自适应窄带干扰对消

在扩频系统中,扩频信号为宽带信号,其可预测性差,而窄带干扰具有较好的可预测性,通过干扰估计滤波的方法得到一个干扰信号的估计副本,然后从接收信号中减去,就能达到干扰对消的效果。

干扰估计滤波器可以利用延迟线抽头来实现,根据滤波器设计优化准则的不同,自适应滤波干扰对消可分为两种:第一种设计准则是对接收信号进行白化,即对当前的信号样本值进行预测,然后从实际样本值中减去预测值,当接收信号中扩频信号的功率远远小于背景噪声功率时,扩频信号的非高斯性不会对自适应滤波器的收敛速度和稳定性等产生明显的影响;第二种设计准则只对白噪声加窄带干扰成分进行白化,当观测数据中的扩频信号功率和背景噪声功率相当或者大于背景噪声功率时,直接对观测数据进行白化的滤波器收敛速度和稳定性将由于非高斯的扩频信号的存在而明显恶化,这时需要先从观测数据中消除对其中扩频信号分量的估计,再对剩余的信号进行白化。本节首先分开介绍线性滤波算法和非线性滤波算法的技术细节,最后给出干扰估计抵消的抗干扰性能分析。

7.4.1 线性滤波算法

在干扰估计抵消滤波中,干扰通常建模为一个参数未知的窄带随机自回归序列,因此干扰抑制问题转化为如何对窄带干扰进行估计的问题,这类问题通常称为波形估计[14]。自适应横向滤波器的两种基本结构是线性预测滤波器(Linear Predictor Filter, LPF)和线性插值滤波器(Linear Interpolation Filter, LIF)[15-16],如图7.8和图7.9所示。线性预测滤波器具有单边的抽头结构,它只利用过去的观测值来估计当前时刻的样本值。线性插值滤波器是线性预测滤波器的一种变型,它同时利用过去和未来的观测值对当前时刻观测值进行估计,因此是非因果滤波。通常为了保证线性插值滤波器具有固定的群延迟,要求滤波器具有线性相位特性,因此其系数需满足对称性条件,即 $w_{-l}(n) = w_l(n)$, $l = 1,2,\cdots,N$。从频谱的角度来看,线性预测滤波器的作用是白化接收信号,而线性插值滤波器不但可以白化接收信号,还具有功率倒置的功能。

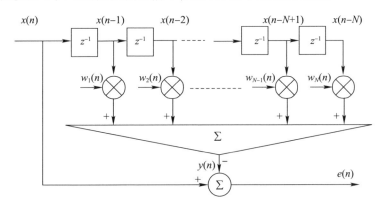

图7.8 线性预测滤波器原理

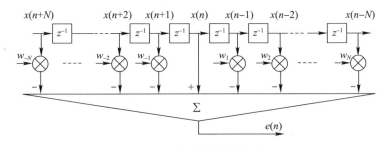

图7.9 线性插值滤波器原理

211

1. 线性预测滤波器

如图 7.8 所示，设线性预测滤波器的抽头长度为 N，记 n 时刻滤波器的输入信号矢量为

$$x(n) = [x(n-1), x(n-2), \cdots, x(n-N)]^{\mathrm{T}} \quad (7.81)$$

输入信号矢量的自相关矩阵为

$$\boldsymbol{R}_{xx}(n) = \mathrm{E}\{\boldsymbol{x}(n)\boldsymbol{x}^{\mathrm{H}}(n)\} = \begin{bmatrix} \rho_x(0) & \rho_x(1) & \cdots & \rho_x(N-1) \\ \rho_x(1) & \rho_x(0) & \cdots & \rho_x(N-2) \\ \vdots & \vdots & & \vdots \\ \rho_x(N-1) & \rho_x(N-2) & \cdots & \rho_x(0) \end{bmatrix}$$

$$(7.82)$$

式中：$\rho_x(m)$ 为接收信号的自相关函数。

以当前时刻的接收信号作为期望信号 $d(n) = x(n)$，则期望信号与滤波器输入矢量 $\boldsymbol{x}(n)$ 之间的互相关矢量为

$$\boldsymbol{p}_{dx}(n) = \mathrm{E}[d(n)\boldsymbol{x}^*(n)] = [\rho_x(1), \rho_x(2), \cdots, \rho_x(N)]^{\mathrm{T}} \quad (7.83)$$

定义 n 时刻滤波器的权矢量为

$$\boldsymbol{w}(n) = [w_1(n), w_2(n), \cdots, w_N(n)]^{\mathrm{T}} \quad (7.84)$$

滤波器的输出误差为

$$e(n) = d(n) - \boldsymbol{w}^{\mathrm{H}}(n)\boldsymbol{x}(n) \quad (7.85)$$

以最小均方误差(Minimum Mean Square Error, MMSE)准则设计滤波器，定义代价函数为

$$J(n) = \mathrm{E}\{|e(n)|^2\} = \mathrm{E}\{e(n)e^*(n)\} \quad (7.86)$$

式中：$\mathrm{E}\{\cdot\}$ 为统计期望算子。

根据正交性原理，可以得到 MMSE 准则下最优权值矢量的 Wiener 解为

$$\boldsymbol{w}_{\mathrm{opt}} = \boldsymbol{R}_{xx}^{-1}\boldsymbol{p}_{dx} \quad (7.87)$$

滤波器输出的最小均方误差为

$$\mathrm{MMSE} = \mathrm{E}\{d^2(n)\} - \boldsymbol{p}_{dx}^{\mathrm{H}}\boldsymbol{R}_{xx}^{-1}\boldsymbol{p}_{dx} \quad (7.88)$$

求解式(7.87)已有许多研究成果可供选择，其中具有代表性的处理方法主要包括 Levinson–Durbin 算法、Burg 算法、最小均方(Least Mean Square, LMS)算法、递归最小二乘(Recursive Least Squares, RLS)算法等，这些算法现在已成为数字信号处理的经典算法。需要说明的是，这些算法都是基于干扰平稳条件来

计算相关函数值,当实际中干扰统计特性随时间变化时,必须精心设计其参数,否则处理效果会显著下降。基于 LMS 自适应算法的权值迭代过程如下:

(1) 权值矢量初始化
$$\boldsymbol{w}(0) = [0,0,\cdots,0]^{\mathrm{T}} \tag{7.89}$$

(2) 迭代计算
$$e(n) = d(n) - \boldsymbol{w}^{\mathrm{H}}(n-1)\boldsymbol{x}(n) \tag{7.90}$$
$$\boldsymbol{w}(n) = \boldsymbol{w}(n-1) + \mu e^*(n)\boldsymbol{x}(n) \tag{7.91}$$

定义线性预测干扰抑制滤波器的冲激响应为 $\{h(l), l=0,1,\cdots,N\}$,其中冲激响应的系数与滤波器最优权值之间满足关系式
$$h(0) = 1, h(l) = -w_l(n), \quad l = 1,2,\cdots,N \tag{7.92}$$
式中:$w_l(n)$ 为 n 时刻权值矢量 $\boldsymbol{w}(n)$ 的第 l 个元素。

当自适应算法收敛时,$\boldsymbol{w}(n) \to \boldsymbol{w}_{\mathrm{opt}}$,后面的讨论都假设滤波器已经收敛,因此可省略与权值相关的时间游标 n。假定接收端已经实现理想的伪码同步,利用本地 PN 码与滤波后的一个伪码周期的输出序列 $\{e(n)\}$ 相关,得到干扰抑制后的判决变量为
$$\varsigma = \sum_{n=0}^{L-1} c(n) \left(\sum_{l=0}^{N} h(l) x(n-l) \right) \tag{7.93}$$

将接收信号 $x(n)$ 的表达式代入式(7.93),由于扩频信号、噪声、干扰三者互不相关,因此可得判决变量的均值和方差分别为
$$\mathrm{E}\{\varsigma\} = \mathrm{E}\left\{ \sum_{n=0}^{L-1} c(n) \left(\sum_{l=0}^{N} h(l) x(n-l) \right) \right\} = L\sqrt{P_\mathrm{s}} \tag{7.94}$$
$$\mathrm{var}\{\varsigma\} = LP_\mathrm{s} \sum_{l=1}^{N} h^2(l) + L \sum_{l=0}^{N} \sum_{r=0}^{N} h(l)h(r)\rho_j(r-l) + L\sigma_v^2 \sum_{l=0}^{N} h^2(l) \tag{7.95}$$

接收机相关输出的信干噪比可表示为
$$\mathrm{SINR}_\mathrm{o}(\varsigma) = \frac{\mathrm{E}^2\{\varsigma\}}{\mathrm{var}\{\varsigma\}} = \frac{LP_\mathrm{s}}{P_\mathrm{s} \sum_{l=1}^{N} h^2(l) + \sum_{l=0}^{N} \sum_{r=0}^{N} h(l)h(r)\rho_j(r-l) + \sigma_v^2 \sum_{l=0}^{N} h^2(l)} \tag{7.96}$$

式(7.96)中,分母中第一项为滤波器引入的"自噪声",是干扰抑制滤波器引入了时间相关性,使得伪随机序列的随机性被破坏所导致;第二项为经过滤波器之后残留干扰的功率;第三项表示通过滤波器之后噪声的功率。在式(7.96)

中,令 $h(0)=1$,当 $\forall l\neq 0$ 时,$h(l)=0$,可得到不插入干扰抑制滤波器时接收机相关输出的信干噪比为

$$\text{SINR}_{\text{no}}(\varsigma) = \frac{LP_s}{\rho_j(0) + \sigma_v^2} \tag{7.97}$$

由式(7.96)和式(7.97)可得到线性预测滤波器相关输出信干噪比改善因子为

$$\gamma_{\text{LPF}} = \frac{\text{SINR}_o}{\text{SINR}_{\text{no}}} = \frac{\rho_j(0) + \sigma_v^2}{P_s \sum_{l=1}^{N} h^2(l) + \sum_{l=0}^{N}\sum_{r=0}^{N} h(l)h(r)\rho_j(r-l) + \sigma_v^2 \sum_{l=0}^{N} h^2(l)}$$
(7.98)

从式(7.98)可以看出,信干噪比改善因子与系统的扩展比无关,只与干扰功率、扩频信号功率、噪声功率、滤波器长度以及最优权值矢量等有关。

将单音干扰的自相关函数代入式(7.97),求解得到最优权值的系数并代入式(7.98),可得到最优线性预测维纳滤波器对单音干扰的信干噪比改善因子闭合表达式,即

$$\gamma_{\text{LPF}} = \frac{\rho_j(0) + \sigma_v^2}{\dfrac{2(P_s+\sigma_v^2)\left[N + \dfrac{2(P_s+\sigma_v^2)}{\rho_j(0)} - \dfrac{\sin\pi N f_j}{\sin\pi f_j}\cos(N+1)\pi f_j\right]}{\left[L + \dfrac{2(P_s+\sigma_v^2)}{\rho_j(0)}\right]^2 - \dfrac{\sin^2\pi N f_j}{\sin^2\pi f_j}} + \sigma_v^2} \tag{7.99}$$

式中:f_j 为单音干扰的归一化频偏;N 为预测滤波器抽头长度。

特别地,当预测滤波器的抽头长度 N 趋向于无穷时,线性预测滤波器的信干噪比改善因子存在理论极限,即

$$\gamma_{\text{LPF}}^{\infty} = \frac{\rho_j(0) + \sigma_v^2}{2\pi\exp\left\{\dfrac{1}{2\pi}\int_{-\pi}^{\pi}\ln\left[\dfrac{P_s}{2\pi} + S_j(\varpi) + S_v(\varpi)\right]\text{d}\varpi\right\} - P_s} \tag{7.100}$$

式中:$S_j(\varpi)$、$S_v(\varpi)$ 分别为干扰和背景噪声的功率谱密度函数。

2. 线性插值滤波器

线性插值滤波器(Linear Interpolation Filter, LIF)同时使用过去和未来的值对接收信号的当前值进行估计,因此是非因果的滤波器结构,其实现结构如图7.9所示。为保证线性插值滤波器具有线性相位特性,系数之间需满足对称特性:

$$w_{-l}(n) = w_l(n), \quad l = 1, 2, \cdots, N \tag{7.101}$$

分别定义矢量如下:

$$\boldsymbol{x}_d(n) = [x(n-1), x(n-2), \cdots, x(n-N)]^T \tag{7.102}$$

$$\boldsymbol{x}_p(n) = [x(n+1), x(n+2), \cdots, x(n+N)]^T \tag{7.103}$$

得到估计误差的表达式:

$$\begin{aligned} e(n) &= x(n) - \boldsymbol{w}^H(n)\boldsymbol{x}_d(n) - \boldsymbol{w}^H(n)\boldsymbol{x}_p(n) \\ &= x(n) - \boldsymbol{w}^H(n)(\boldsymbol{x}_d(n) + \boldsymbol{x}_p(n)) \end{aligned} \tag{7.104}$$

定义 $\boldsymbol{x}'(n) = \boldsymbol{x}_d(n) + \boldsymbol{x}_p(n)$,可以得到双边插值滤波器的最优解:

$$\boldsymbol{w}_{opt} = \boldsymbol{R}_{x'x'}^{-1}\boldsymbol{p}_{dx'} \tag{7.105}$$

式中

$$\boldsymbol{p}_{dx'} = \mathrm{E}\{d(n)\boldsymbol{x}'(n)\} = \mathrm{E}\{x(n)(\boldsymbol{x}_d(n) + \boldsymbol{x}_p(n))\} = 2\boldsymbol{p}_{dx} \tag{7.106}$$

$$\begin{aligned} \boldsymbol{R}_{x'x'} &= \mathrm{E}\{\boldsymbol{x}'(n)\boldsymbol{x}'^H(n)\} \\ &= \mathrm{E}\{(\boldsymbol{x}_d(n) + \boldsymbol{x}_p(n))(\boldsymbol{x}_d(n) + \boldsymbol{x}_p(n))^H\} \\ &= \mathrm{E}\{\boldsymbol{x}_d(n)\boldsymbol{x}_d^H(n)\} + \mathrm{E}\{\boldsymbol{x}_p(n)\boldsymbol{x}_p^H(n)\} + \\ &\quad \mathrm{E}\{\boldsymbol{x}_d(n)\boldsymbol{x}_p^H(n)\} + \mathrm{E}\{\boldsymbol{x}_p(n)\boldsymbol{x}_d^H(n)\} \\ &= 2(\boldsymbol{R}_{x'x'} + \boldsymbol{G}) \end{aligned} \tag{7.107}$$

其中

$$\begin{aligned} \boldsymbol{G} &= \mathrm{E}\{\boldsymbol{x}_d(n)\boldsymbol{x}_p^H(n)\} = \mathrm{E}\{\boldsymbol{x}_p(n)\boldsymbol{x}_d^H(n)\} \\ &= \begin{bmatrix} \rho_x(2) & \rho_x(3) & \cdots & \rho_x(N+1) \\ \rho_x(3) & \rho_x(4) & \cdots & \rho_x(N+2) \\ \vdots & \vdots & & \vdots \\ \rho_x(N+1) & \rho_x(N+2) & \cdots & \rho_x(N+N) \end{bmatrix} \end{aligned} \tag{7.108}$$

将式(7.106)和式(7.107)代入式(7.105),得到线性插值滤波器权值矢量的最优解为

$$\boldsymbol{w}_{opt} = (\boldsymbol{R}_{xx} + \boldsymbol{G})^{-1}\boldsymbol{p}_{dx} \tag{7.109}$$

结合最小均方自适应算法的线性插值滤波器自适应权值更新算法如下:
(1) 初始化权值矢量

$$\boldsymbol{w}(0) = [w_1(0), w_2(0), \cdots, w_N(0)]^{\mathrm{T}} = [0, 0, \cdots, 0]^{\mathrm{T}} \quad (7.110)$$

(2) 权值更新

$$e(n) = x(n) - \boldsymbol{w}^{\mathrm{H}}(n-1)[\boldsymbol{x}_d(n) + \boldsymbol{x}_p(n)] \quad (7.111)$$

$$\boldsymbol{w}(n) = \boldsymbol{w}(n-1) + \mu e(n)[\boldsymbol{x}_d(n) + \boldsymbol{x}_p(n)] \quad (7.112)$$

线性插值抗干扰滤波器的冲激响应 $h(l)$ 与自适应权值之间满足对应关系 $h(0) = 1, h(l) = h(-l) = w_l(n), l = 1, 2, \cdots, N$,当自适应滤波器收敛后,得到的是对最优权值的估计,因此下面不考虑权值相关的时间游标 n 对冲激响应的影响。假定接收端已经实现理想的伪码同步,利用本地 PN 码与滤波后的一个伪码周期的输出序列 $\{e(n)\}$ 相关,得到插值滤波器进行干扰抑制后的判决变量为

$$\varsigma = \sum_{n=0}^{L-1} c(n) \left(\sum_{l=-N}^{N} h(l) x(n-l) \right) \quad (7.113)$$

判决变量 ς 的均值和方差分别为

$$\mathrm{E}\{\varsigma\} = \mathrm{E}\left\{ \sum_{n=0}^{L-1} c(n) \left(\sum_{l=-N}^{N} h(l) x(n-l) \right) \right\} = L\sqrt{P_s} \quad (7.114)$$

$$\mathrm{var}\{\varsigma\} = LP_s \sum_{\substack{l=-N \\ l \neq 0}}^{N} h^2(l) + L \sum_{l_1=-N}^{N} \sum_{l_2=-N}^{N} h(l_1) h(l_2) \rho_j(l_1 - l_2) + L\sigma_v^2 \sum_{l=-N}^{N} h^2(l) \quad (7.115)$$

接收机相关输出的信干噪比可表示为

$$\mathrm{SINR}_o(\varsigma) = \frac{\mathrm{E}^2\{\varsigma\}}{\mathrm{var}\{\varsigma\}} = \frac{LP_s}{P_s \sum_{\substack{l=-N \\ l \neq 0}}^{N} h^2(l) + \sum_{l_1=-N}^{N} \sum_{l_2=-N}^{N} h(l_1) h(l_2) \rho_j(l_1 - l_2) + \sigma_v^2 \sum_{l=-N}^{N} h^2(l)} \quad (7.116)$$

同理,可得线性插值滤波器相关输出的信干噪比改善因子为

$$\gamma_{\mathrm{LIF}} = \frac{\mathrm{SINR}_0}{\mathrm{SINR}_{no}} = \frac{\rho_j(0) + \sigma_v^2}{P_s \sum_{\substack{l=-N \\ l \neq 0}}^{N} h^2(l) + \sum_{l_1=-N}^{N} \sum_{l_2=-N}^{N} h(l_1) h(l_2) \rho_j(l_1 - l_2) + \sigma_v^2 \sum_{l=-N}^{N} h^2(l)} \quad (7.117)$$

对单音干扰可以得到信干噪比改善因子闭合表达式为

$$\gamma_{\text{LIF}} = \frac{\rho_j(0) + \sigma_v^2}{\frac{\rho_j(0)}{1 + \frac{\rho_j(0)}{2(P_s + \sigma_v^2)} \left[2N - 1 + \frac{\sin\pi(2N+1)f_j}{\sin\pi f_j}\right]} + \sigma_v^2} \tag{7.118}$$

理想情况下,式(7.118)可简化为

$$\gamma_{\text{LIF}} = 1 + \frac{\rho_j(0)}{2P_s}\left[2N - 1 + \frac{\sin\pi(2N+1)f_j}{\sin\pi f_j}\right] \tag{7.119}$$

由式(7.99)和式(7.118)可以看出,信干噪比改善因子随滤波器抽头数的增加而增大,又随输入信号信干比的减小而增大;同时可以看出,对于单音干扰而言,相关输出信干噪比改善因子与干扰的归一化频偏。由(7.119)可知,在干扰功率 $\rho_j(0)$ 不变的情况下,线性插值滤波器的信干噪比改善因子随扩频信号的功率增加而较小。

当滤波器的抽头数趋向于无穷时,线性插值滤波器的信干噪比改善因子的理论极限为

$$\gamma_{\text{LIF}}^{\infty} = \frac{(\rho_j(0) + \sigma_v^2) \cdot \int_{-\pi}^{\pi} [S_s(\varpi) + S_j(\varpi) + S_v(\varpi)]^{-1} d\varpi}{(2\pi)^2 - \int_{-\pi}^{\pi} [S_s(\varpi) + S_j(\varpi) + S_v(\varpi)]^{-1} d\varpi} \tag{7.120}$$

式中:$S_s(\varpi)$、$S_j(\varpi)$、$S_v(\varpi)$ 分别为扩频信号、窄带干扰和噪声的功率谱密度函数。

7.4.2 非线性滤波算法

在干扰估计抵消处理中,一般假定扩频信号小于接收机噪声,并将二者之和近似为高斯噪声。直接序列扩频信号是独立同分布(Independent Identically Distributed,IID)的二进制序列,这种序列是非高斯的,当接收信号的信噪比较高时,扩频信号的功率与背景噪声相当或者大于背景噪声功率,此时在扩频信号与噪声之和为高斯分布假设下,对窄带干扰进行估计显然是不合理的。由信号滤波理论可知,在非高斯背景下的最优滤波器理论是非线性的。Sorerson 和 Alspanch 假设信号状态矢量密度为一系列高斯随机变量之和,得到非高斯背景下的最优滤波估计为一系列卡尔曼滤波输出的加权和,但这种方法随着高斯加权个数的增加,复杂性也成倍增加,并不适合实际应用[17]。Masreliez 提出一种近似条件均值(Approximate Conditional Mean,ACM)滤波方法,在非高斯观测噪声条件下,具有优良的性能[18],H. V. Poor 和 R. Vijayan 将 ACM 滤波器应用于扩频通信系统抗干扰中,通过引入一个非线性环节对接收信号中的扩频信号分量进

行抵消,得到了非线性滤波的 LMS 自适应结构[19]。

1. 系统的状态空间模型

考虑系统的状态空间模型,通常将窄带干扰建模为 p 阶自回归(AR)过程,以扩频信号的功率 P_s 对接收信号进行归一化,经过码片速率采样的接收信号模型可表示为

$$x(n) = s(n) + j(n) + v(n) \tag{7.121}$$

式中:$v(n)$ 为零均值、方差为 σ_v^2 的高斯白噪声序列。

在发送符号序列、PN 码序列随机的假设下,可以将 $\{s(n)\}$ 建模为等概率取 ± 1 的独立同分布序列。任意时刻 n,其概率分布为

$$P(s(n) = +1) = P(s(n) = -1) = 0.5 \tag{7.122}$$

窄带干扰建模为 p 阶高斯自回归过程,其差分方程为

$$j(n) = \sum_{l=1}^{p} a_l j(n-l) + \varepsilon(n) \tag{7.123}$$

式中:$\{\varepsilon(n)\}$ 为零均值、方差为 σ_ε^2 的激励高斯白噪声。

接收信号的状态空间表示为

$$\boldsymbol{j}(n) = \boldsymbol{\Phi} \boldsymbol{j}(n-1) + \boldsymbol{\varepsilon}(n) \tag{7.124}$$

$$x(n) = \boldsymbol{H} \boldsymbol{j}(n) + v'(n) \tag{7.125}$$

式中:状态矢量定义为 $\boldsymbol{j}(n) = [j(n), j(n-1), \cdots, j(n-p+1)]^{\mathrm{T}}$;状态转移矩阵为

$$\boldsymbol{\Phi} = \begin{bmatrix} a_1 & a_2 & \cdots & a_{p-1} & a_p \\ 1 & 0 & \cdots & 0 & 0 \\ 0 & 1 & \cdots & 0 & 0 \\ \vdots & \vdots & & \vdots & \vdots \\ 0 & 0 & \cdots & 1 & 0 \end{bmatrix} \tag{7.126}$$

系统噪声矢量为

$$\boldsymbol{\varepsilon}(n) = [\varepsilon(n) \quad 0 \quad \cdots \quad 0]^{\mathrm{T}} \tag{7.127}$$

观测矩阵 $\boldsymbol{H} = [1 \quad 0 \quad \cdots \quad 0]$,观测噪声

$$v'(n) = s(n) + v(n) \tag{7.128}$$

在最小均方误差意义下,对状态矢量 $\boldsymbol{j}(n)$ 的最佳一步预测为一个条件均值:

$$\bar{j}(n) = \hat{E}\{j(n)|X^{n-1}\} \tag{7.129}$$

在状态方程中,若观测噪声$\{v'(n)\}$、系统噪声$\{\varepsilon(n)\}$为高斯的,最优预测可由卡尔曼滤波理论通过迭代的方式得到。

2. 近似条件均值滤波器

由于实际的噪声包括 AWGN 和非高斯的扩频信号,当 DSSS 系统扩展比较大时,接收到的扩频信号功率远远小于背景噪声的功率,此时可将接收信号中的扩频信号分量$s(n)$与背景噪声分量$v(n)$之和$v'(n)$近似为高斯白噪声,从而得到基于卡尔曼预测的干扰估计抵消算法。在加性高斯白噪声的环境下,线性滤波器对于高斯过程的预测在最小均方意义下是最优的,但是当 DSSS 信号功率大于接收机热噪声功率时,将 AWGN 与 DSSS 信号之和近似为高斯分布显然是不合理的[20]。扩频信号$s(n)$为取值± 1的等概率分布随机变量,所以观测噪声$v'(n) = s(n) + v(n)$的概率密度为两个高斯密度的加权和:

$$p_{v'}(v(n)) = \frac{1}{2}[\mathcal{N}_{\sigma_v^2}(v'(n)-1) + \mathcal{N}_{\sigma_\eta^2}(v'(n)+1)] \tag{7.130}$$

式中:$\mathcal{N}_{\sigma_v^2}(\cdot)$为标准高斯分布函数,其表达式为

$$\mathcal{N}_{\sigma^2}(x) = \frac{1}{2\pi\sigma}\exp\left(-\frac{x^2}{2\sigma^2}\right) \tag{7.131}$$

由于观测噪声$v'(n)$是非高斯的,上述状态方程不能用卡尔曼滤波来求解,并且求解最优一步预测$\bar{j}(n) = \hat{E}\{j(n)|X^{n-1}\}$是一个非线性预测过程。基于维纳滤波理论的自适应滤波器应用于非高斯环境会产生次优解,而在非高斯环境下的最优预测应当是非线性的。Masreliez 提出的近似条件均值滤波,一定条件下是被估计量在 MMSE 意义下最优估计的一个很好的近似,且具有类似于卡尔曼滤波的递推结构[16]。

给出如下定理[19]。设条件分布$p(x(n)|X^{n-1})$二阶可导,并且状态矢量的一步预测估计$j(n) = \hat{E}\{j(n)|X^{n-1}\}$,$j(n)|X^{n-1}$服从均值为$\boldsymbol{\mu}_j(n) = \hat{E}\{j(n)|X^{n-1}\}$,协方差矩阵为$\boldsymbol{M}(n) = E[(\bar{j}(n)-\boldsymbol{\mu}_j(n))(\bar{j}(n)-\boldsymbol{\mu}_j(n))^H|X^{n-1}]$的高斯分布,则状态矢量$\boldsymbol{j}(n)$的滤波估计$\hat{j}(n) = \hat{E}\{j(n)|X^n\}$及其协方差矩阵$\boldsymbol{P}_j(n)$满足

$$\hat{j}(n) = \bar{j}(n) + \boldsymbol{M}(n)\boldsymbol{H}^T g[x(n)] \tag{7.132}$$

$$\boldsymbol{P}(n) = \boldsymbol{M}(n) - \boldsymbol{M}(n)\boldsymbol{H}^T G[x(n)]\boldsymbol{H}\boldsymbol{M}(n) \tag{7.133}$$

$$M(n+1) = \boldsymbol{\Phi} P(n) \boldsymbol{\Phi}^{\mathrm{T}} + Q(n) \tag{7.134}$$

$$\bar{j}(n+1) = \boldsymbol{\Phi} \hat{j}(n) \tag{7.135}$$

式中：$Q(n)$为系统噪声矢量的协方差矩阵；$g[x(n)]$、$G[x(n)]$分别为

$$g[x(n)] = -\frac{1}{p(x(n)|X^{n-1})} \frac{\partial p(x(n)|X^{n-1})}{\partial x(n)} \tag{7.136}$$

$$G[x(n)] = \frac{\partial p[(x(n)]}{\partial x(n)} \tag{7.137}$$

$\hat{j}(n) = \hat{\mathrm{E}}\{j(n)|X^n\}$，为状态矢量的滤波估计；$\bar{j}(n) = \hat{\mathrm{E}}\{j(n)|X^{n-1}\}$，为状态矢量的一步预测估计。

定理成立的条件是状态矢量的一步预测估计 $\bar{j}(n) = \hat{\mathrm{E}}\{j(n)|X^{n-1}\}$ 服从高斯分布，这在很多实际应用中都能近似满足，特别是系统噪声 $\bar{\varepsilon}(n)$ 服从高斯分布时。根据观测方程式(7.125)可得

$$x(n)|X^{n-1} = \boldsymbol{H}(j(n)|X^{n-1}) + v(n) \tag{7.138}$$

对上式两边求均值，得到

$$\mathrm{E}\{x(n)|X^{n-1}\} = \boldsymbol{H}\mathrm{E}\{j(n)|X^{n-1}\} + \mathrm{E}\{v'(n)\} = \boldsymbol{H}\bar{j}(n) \pm 1 \tag{7.139}$$

条件分布 $x(n)|X^{n-1}$ 的方差为

$$\mathrm{var}\{x(n)|X^{n-1}\} = \boldsymbol{H} \cdot \mathrm{var}\{j(n)|X^{n-1}\} \cdot \boldsymbol{H}^{\mathrm{T}} + \sigma_v^2$$
$$= \boldsymbol{H}M(n)\boldsymbol{H}^{\mathrm{T}} + \sigma_v^2 \tag{7.140}$$

将式(7.139)和式(7.140)代入观测矢量的预测条件分布函数式(7.130)，可得

$$p(x(n)|X^{n-1}) = \frac{1}{2}\left[\mathcal{N}_{\boldsymbol{H}M(n)\boldsymbol{H}^{\mathrm{T}}+\sigma_v^2}(\boldsymbol{H}\bar{j}(n)+1) + \mathcal{N}_{\boldsymbol{H}M(n)\boldsymbol{H}^{\mathrm{T}}+\sigma_v^2}(\boldsymbol{H}\bar{j}(n)-1)\right]$$

$$\tag{7.141}$$

对式(7.141)求导，可得

$$g[x(n)] = \frac{1}{\boldsymbol{H}M(n)\boldsymbol{H}^{\mathrm{T}}+\sigma_v^2}\left[x(n) - \boldsymbol{H}\bar{j}(n) - \tanh\left(\frac{x(n)-\boldsymbol{H}\bar{j}(n)}{\boldsymbol{H}M(n)\boldsymbol{H}^{\mathrm{T}}+\sigma_v^2}\right)\right]$$

$$\tag{7.142}$$

$$G[x(n)] = \frac{1}{\boldsymbol{H}M(n)\boldsymbol{H}^{\mathrm{T}}+\sigma_v^2}\left[1 - \frac{1}{\boldsymbol{H}M(n)\boldsymbol{H}^{\mathrm{T}}+\sigma_v^2}\mathrm{sech}^2\left(\frac{x(n)-\boldsymbol{H}\bar{j}(n)}{\boldsymbol{H}M(n)\boldsymbol{H}^{\mathrm{T}}+\sigma_v^2}\right)\right]$$

$$\tag{7.143}$$

上式引入了非线性项,该项的表达形式与观测噪声的概率分布函数有关。从上面的分析可见,ACM滤波器滤波具有类似卡尔曼滤波的时间更新过程,不同的是式(7.132)和式(7.133)中包含了非线性项。

3. 非线性滤波器的自适应实现

在实际应用中,窄带干扰的参数是未知的,对于AR窄带干扰模型,其零点分布都非常靠近单位圆,迭代最大似然(Recursive Maximum Likelihood,RML)系统辨识算法的收敛速度慢,并且ACM滤波器对干扰参数估计的误差非常敏感,因此直接实现ACM滤波器是非常困难的。R. Vijayan给出基于ACM滤波器的LMS非线性自适应实现算法,利用有限长单位冲激响应(Finite Impulse Response,FIR)滤波器逼近AR模型的参数。如图7.10所示,定义N阶FIR预测滤波器权值矢量$\boldsymbol{w}(n) = [w_1(n), w_2(n), \cdots, w_N(n)]^T$,对窄带干扰的预测估计值可表示为

$$\hat{x}(n) = \sum_{l=1}^{N} w_l(n)\bar{x}(n-l) = \sum_{l=1}^{N} w_l(n)[\hat{x}(n-l) + \rho(e(n-l))] \tag{7.144}$$

式中

$$\bar{x}(n) = \hat{x}(n) + \rho(e(n)) \tag{7.145}$$

$$\rho(e(n)) = e(n) - \tanh\left(\frac{e(n)}{\sigma^2(n)}\right) \tag{7.146}$$

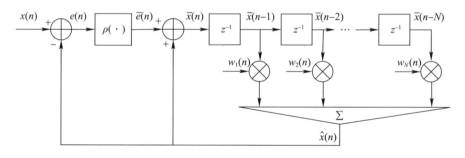

图7.10 非线性自适应实现结构

上面滤波器与一般线性预测滤波的不同之处是预测误差信号$e(n)$通过一个非线性函数$\rho(\cdot)$后又被反馈到预测器。预测误差$e(n)$由背景噪声、窄带干扰残余和扩频信号(二进制随机序列)三部分组成。背景噪声和残余窄带干扰之和被认为服从高斯分布,其方差为$\sigma^2(n)$。假定误差信号的方差为$\Delta(n)$,则

$\sigma^2(n)$可通过下式计算：
$$\sigma^2(n) = \Delta(n) - 1 \tag{7.147}$$

预测误差的方差可通过递推估计：
$$\Delta(n) = (1-\beta)\Delta(n-1) + \beta |e(n)|^2 \tag{7.148}$$

式中：β为遗忘因子，$0<\beta<1$。

在基于 ACM 滤波器的 LMS 非线性自适应实现算法中，滤波器抽头系数更新方程为

$$w(n+1) = w(n) + \frac{\mu}{\lambda(n)} e(n) \bar{x}(n) \tag{7.149}$$

式中：$\bar{x}(n) = [\bar{x}(n-1), \bar{x}(n-2), \cdots, \bar{x}(n-L)]^T$；$\mu$为自适应滤波器的步长；$\lambda(n)$为输入信号的能量估计，其更新方程为

$$\lambda(n) = \alpha\lambda(n-1) + (1-\alpha)|x(n)|^2 \tag{7.150}$$

其中：α为遗忘因子，$0<\alpha<1$。

研究表明，式(7.150)的权值更新算法收敛速度慢，长期稳定性不好，可将权值更新算法改进为

$$w(n+1) = w(n) + \frac{\mu}{\lambda(n)} \rho(e(n)) \bar{x}(n) \tag{7.151}$$

仿真试验表明，以上权值更新方法较式(7.149)具有更好的性能。仇佩亮等[17]提出利用自适应格型滤波器取代 LMS 自适应横向滤波器。研究表明，自适应格型滤波器比横向滤波器具有收敛速度快、不受干扰信号统计特性变化的影响等优点；但是格型滤波器的实现复杂度较高。梁继业等[21]给出一种格型滤波器和横向滤波器联合(Lattice Transversal Joint，LTJ)滤波结构。前端利用格型滤波器分离大部分相关性较强的窄带干扰，减小后端横向滤波器输入信号的特征值扩展，后端采用横向滤波器对残余的干扰进行处理，以减小格型滤波器实现复杂度。

求解权值的最优解有两种准则：一种是最小化估计误差的均方差，使得 $E[|e(n)|^2]$最小化；另一种最优准则，是使得 $E[|\rho(e(n))|^2]$最小化。当 $\sigma^2 \to 0$ 时，可将 $\tanh(e(n)/\sigma^2)$作为对 $s(n)$的软判决，即 $s(n) \approx \tanh(e(n)/\sigma^2)$，$E[|\rho(e(n))|^2]$最小化可等价为 $E[|e(n)-s(n)|^2]$最小化。理想情况下，扩频信号经过非线性项被完全消除，因此滤波器并不会对有用信号产生失真，因此抗干扰滤波的相关输出信干噪比改善因子可定义为处理前后信号减去扩频信号之后的功率之比，即

$$\gamma = \frac{\mathrm{E}[\,|x(n)-s(n)|^2\,]}{\mathrm{E}[\,|e(n)-s(n)|^2\,]} \tag{7.152}$$

式中：$\mathrm{E}[\,|x(n)-s(n)|^2\,]$ 为接收信号中窄带干扰和噪声的功率之和；$\mathrm{E}[\,|e(n)-s(n)|^2\,]$ 为经过非线性滤波之后，输出误差中残余干扰和噪声功率之和。

$$\begin{aligned}
\mathrm{E}[\,|x(n)-s(n)|^2\,] &= \mathrm{E}[\,|j(n)+v(n)|^2\,] \\
&= \mathrm{E}[\,|j(n)|^2\,] + \mathrm{E}[\,|v(n)|^2\,] \\
&= \rho_j(0) + \sigma_v^2
\end{aligned} \tag{7.153}$$

在理想情况下，可做如下近似：

$$\begin{aligned}
\bar{x}(n) &= x(n) - \tanh(e(n)/\sigma^2) \\
&\approx x(n) - s(n) \\
&= j(n) + v(n)
\end{aligned} \tag{7.154}$$

预测误差可表示为

$$\begin{aligned}
e(n) &= x(n) - \hat{x}(n) \\
&= s(n) + j(n) + v(n) - \\
&\quad \sum_{l=1}^{N} w_l(n)[\,x(n-l) - \tanh(e(n-l)/\sigma^2(n-l))\,]
\end{aligned} \tag{7.155}$$

将式(7.154)代入式(7.155)并整理，可得

$$e(n) - s(n) \approx j(n) + v(n) - \sum_{l=1}^{N} w_l(n)[\,j(n-l) + v(n-l)\,] \tag{7.156}$$

对式(7.156)两边平方并进行集合平均，可得

$$\mathrm{E}[\,|e(n)-s(n)|^2\,] = \mathrm{E}\left[\,\left|j(n)+v(n)-\sum_{l=1}^{N} w_l(n)[\,j(n-l)+v(n-l)\,]\right|^2\,\right] \tag{7.157}$$

根据维纳滤波理论，可得权矢量的最优解为

$$\boldsymbol{w}_{\mathrm{opt}} = \boldsymbol{R}^{-1}\boldsymbol{p} \tag{7.158}$$

相应的最小均方误差为

$$\begin{aligned}
\mathrm{MMSE} &= \mathrm{E}[\,|e(n)-s(n)|^2\,]_{\min} \\
&= \mathrm{E}[\,|j(n)+\eta(n)|^2\,] - \boldsymbol{p}^{\mathrm{T}}\boldsymbol{w}_{\mathrm{opt}} \\
&= \rho_j(0) + \sigma_v^2 - \boldsymbol{p}^{\mathrm{T}}\boldsymbol{R}^{-1}\boldsymbol{p}
\end{aligned} \tag{7.159}$$

式中：$\boldsymbol{p} = [\rho_j(1), \rho_j(2), \cdots, \rho_j(N)]^T$；自相关矩阵 $\boldsymbol{R}$ 为

$$\boldsymbol{R} = \begin{bmatrix} \rho_j(0) + \sigma_v^2 & \rho_j(1) & \cdots & \rho_j(N-1) \\ \rho_j(1) & \rho_j(0) + \sigma_v^2 & \cdots & \rho_j(N-2) \\ \vdots & \vdots & & \vdots \\ \rho_j(N-1) & \rho_j(N-2) & \cdots & \rho_j(0) + \sigma_v^2 \end{bmatrix} \quad (7.160)$$

将式(7.153)、式(7.159)代入式(7.152)，信干噪比改善因子可表示为

$$\gamma = \frac{\mathrm{E}[|x(n) - s(n)|^2]}{\mathrm{E}[|e(n) - s(n)|^2]} \leqslant \frac{\rho_j(0) + \sigma_v^2}{\rho_j(0) + \sigma_v^2 - \boldsymbol{p}^T \boldsymbol{R}^{-1} \boldsymbol{p}} \quad (7.161)$$

由式(7.161)可以看出，抗干扰滤波器的信干噪比改善因子与 FIR 滤波器的阶数 N、背景噪声功率 σ_v^2、干扰信号的自相关函数 $\rho_j(l)$ 有关。将单音干扰的自相关函数代入，求解得到单音干扰条件下，非线性单边预测滤波器信干噪比改善因子的闭合表达式为

$$\gamma_{\mathrm{NLPF}} = \frac{\rho_j(0) + \sigma_v^2}{2\sigma_v^2 \dfrac{\left[N + \dfrac{2\sigma_v^2}{\rho_j(0)} - \dfrac{\sin \pi N f_j}{\sin \pi f_j} \cos(N+1)\pi f_j\right]}{\left[N + \dfrac{\sigma_v^2}{\rho_j(0)}\right]^2 - \dfrac{\sin^2 \pi N f_j}{\sin^2 \pi f_j}} + \sigma_v^2} \quad (7.162)$$

同理，可得非线性插值滤波信干噪比改善因子的闭合表达式为

$$\gamma_{\mathrm{NLPF}} = \frac{\rho_j(0) + \sigma_v^2}{2\sigma_v^2 \dfrac{\left[N + \dfrac{2\sigma_v^2}{\rho_j(0)} - \dfrac{\sin \pi N f_j}{\sin \pi f_j} \cos(N+1)\pi f_j\right]}{\left[N + \dfrac{\sigma_v^2}{\rho_j(0)}\right]^2 - \dfrac{\sin^2 \pi N f_j}{\sin^2 \pi f_j}} + \sigma_v^2} \quad (7.163)$$

对比式(7.162)和式(7.99)、式(7.163)和式(7.118)可见，非线性预测滤波和非线性插值滤波的信干噪比改善因子等于相同抽头数的线性预测滤波和线性插值滤波信干噪比改善因子在扩频信号功率 $P_s = 0$ 时的特例。从前面分析可知，理想情况下，非线性函数相当于将估计误差中的扩频信号进行软判决并对消，从而减小非高斯的有用信号对滤波器影响。但由于非线性滤波的性能改善闭合表达式是在 $\sigma^2 \to 0$ 近似条件下得到的，因此这并不能说明非线性滤波的性能是最好的，下面针对不同信噪比接收信号进行分析比较。

7.4.3 干扰估计抵消抗干扰性能

令扩频信号功率 $P_s=1$(相当于利用扩频信号功率对接收信号进行归一化),图7.11分别给出信噪比 SNR = 20dB、10dB、0dB、-10dB 时,非线性预测、插值滤波器与线性预测、插值滤波器的信干噪比改善因子与单音干扰归一化频率的理论曲线。其中,预测滤波器抽头数为4,插值滤波器抽头数为4,信干比为 -20dB。从图7.11(a)~(d)可以看出,随着噪声功率的增加,非线性滤波器相对于线性滤波器的性能提高逐步较小,特别在扩频信号功率小于噪声功率时,非线性滤波的性能和线性滤波基本相同。

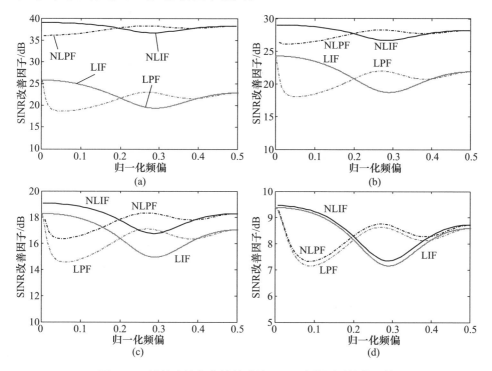

图 7.11 线性滤波与非线性滤波 SINR 改善因子性能比较
(a) SNR = 20dB, SIR = -20dB; (b) SNR = 10dB, SIR = -20dB;
(c) SNR = 0dB, SIR = -20dB; (d) SNR = -10dB, SIR = -20dB。

进一步分析发现,当非线性滤波器的残余干扰与噪声功率之和 $\sigma^2 = \boldsymbol{HM}(n)\boldsymbol{H}^{\mathrm{T}} + \sigma_v^2$,大于或者与扩频信号功率相差不多时,非线性项的软判决将得不到对有用信号的估计。特别地,当 $\sigma^2 \gg P_s$ 时,软判决的输出约等于零,此时非线性项的作用将严重退化,因此非线性滤波器能在扩频信号功率远远大于背景噪声功率时,显著改善系统的性能,而背景噪声功率较大时,性能基本与线性滤波相当。

参 考 文 献

[1] Candan C. Analysis and further improvement of fine resolution frequency estimation method from three DFT samples[J]. IEEE Signal Processing Letters,2013,20(9):913-916.

[2] Fang L,Duan D,Yang L. A new DFT-based frequency estimator for single-tone complex sinusoidal signals [C]//Military Communications Conference. Piscataway:IEEE Press,2012:1-6.

[3] Aboutanios E,Mulgrew B. Iterative frequency estimation by interpolation on Fourier coefficients[J]. IEEE Transactions on Signal Processing,2005,53(4):1237-1242.

[4] Serbes A. Fast and efficient sinusoidal frequency estimation by using the DFT coefficients[J]. IEEE Transactions on Communications,2019,67(3):2333-2342.

[5] Bai G,Cheng Y,Tang W,et al. Estimation of sinusoidal frequency-modulated signal parameters by two branches and two stages[J]. IEEE Transactions on Signal Processing,2020,68:4959-4970.

[6] 柏果. 单载波频域均衡通信系统抗干扰传输关键技术研究[D]. 成都:电子科技大学,2021.

[7] Candan C. Fine resolution frequency estimation from three DFT samples:Case of windowed data[J]. Signal Processing,2015,114:245-250.

[8] Mamandipoor B,Ramasamy D,Madhow U. Newtonized orthogonal matching pursuit:frequency estimation over the continuum[J]. IEEE Transactions on Signal Processing,2016,64(19):5066-5081.

[9] Djukanović S,Popović-bugarin V. Efficient and accurate detection and frequency estimation of multiple sinusoids[J]. IEEE Access,2019,7:1118-1125.

[10] 柏果,程郁凡,唐万斌. 基于两阶段加窗插值的多音信号频率估计算法[J]. 电子科技大学学报, 2021,50(5):7-10.

[11] Wang H,Qi L,Zhang F,et al. Parameters estimation of the LFM signal based on the optimum seeking method and fractional Fourier transform[C]//International Conference on Transportation,Mechanical,and Electrical Engineering. Piscataway:IEEE Press,2011:2331-2334.

[12] Wang Z,Wang Y,Xu L. Parameter estimation of hybrid linear frequency modulation-sinusoidal frequency modulation signal[J]. IEEE Signal Processing Letters,2017,24(8):1238-1241.

[13] Song J,Wang Y,Liu Y. Iterative interpolation for parameter estimation of LFM signal based on fractional Fourier transform[J]. Circuits,Systems,and Signal Processing,2013,32(3):1489-1499.

[14] Poor H V. Active interference suppression in CDMA overlay systems[J]. IEEE Journal on Selected Areas in Communications,2001,19(4):4-20.

[15] Masry E. Closed-form analytical results for the rejection of narrow-band interference in PN spread-spectrum systems-part 1:linear prediction filters[J]. IEEE Transactions on Communications,1984,32(8): 888-896.

[16] Masry E. Closed-form analytical results for the rejection of narrow-band interference in PN spread-spectrum systems-part 1:linear interpolation filters[J]. IEEE Transactions on Communications,1985,33(1): 10-19.

[17] 仇佩亮,郑树生,姚庆栋. 扩频通信中干扰抑制的自适应非线性滤波技术[J]. 通信学报,1995,16(2):20-28.
[18] Masreliez C J. Approximate non-gaussion filtering with linear state and observation relations[J]. IEEE Transactions on Automatic Control,1975,AC-20:107-110.
[19] Vijayan R,Poor H V. Nonlinear techniques for interference suppression in spread-spectrum systems[J]. IEEE Transactions on Communications,1990,38(7):1060-1065.
[20] Rusch L A,Poor H V. Narrowband interference suppression in CDMA spread spectrum communications[J]. IEEE Transactions on Communications,1994,42(2):1969-1979.
[21] 梁继业,王海江,梁旭文,等. CDMA通信中干扰抑制的自适应非线性LTJ滤波技术[J]. 电子与信息学报,2005,27(4):595-598.

第8章 变换域窄带干扰抑制

从第7章可知,当接收信号中同时存在多个窄带干扰,例如存在多音干扰时,使用干扰消除的方法,性能将急剧下降;而基于时域滤波器的时域干扰对消结构复杂、算法收敛速度慢,很难适应快速变化的干扰环境。此时变换域处理技术具有更好的效果,其基本原理是将接收到的信号变换到另一个域,在新的域根据信号和干扰的特征参数的差别,采用相应的干扰抑制算法或者设计自适应滤波器来将干扰消除。由于变换域处理是一种开环自适应干扰抑制技术,可同时处理接收信号中的多个窄带干扰,并且能对干扰的统计特性变化做出快速反应。在扩频系统中,扩频信号和强窄带干扰在变换域中功率分布的不同,变换域窄带干扰抑制技术对输入信号进行分段变换,将变换域的各频带功率值与预先设置的门限进行比较,判断干扰信号的谱位置并将对应的谱线置零或将其功率衰减至与白噪声相当的程度,从而达到减轻窄带干扰影响的目的。

Milstein 等最早在用基于声表面波(Surface Acoustic Wave,SAW)器件的模拟信号处理中提出变换域干扰抑制技术[1],但由于 SAW 器件成本高,可编程能力差,随着软件无线电技术以及大规模集成数字电路的发展,这种思想进一步发展为基于数字信号处理器件和 DFT 的变换域抗干扰技术。Jones 等提出基于滤波器组的变换域干扰抑制技术的基本理论框架,DFT 和 WDFT 都可以看作这一理论框架的特例[2]。由于滤波器组的设计需要满足的完全可重构(Perfect Reconstruction,PR)条件,使得在没有干扰存在的情况下,不会对有用信号产生不必要的失真,同时滤波器组理论为变换基的设计提供了更多的自由度,通过选择合适的变换基,可以在很大程度上改善变换域频谱泄漏问题。

本章首先介绍多速率信号处理和滤波器组理论的基础知识,给出基于滤波器组理论的变换域干扰抑制统一理论框架;其次介绍常见的变换域干扰处理方法,在此基础上详细讨论了基于加窗离散傅里叶变换(Windowed Discrete Fourier Transform,WDFT)和余弦调制滤波器组(Cosine – Modulated Filter Banks,CMFB)的干扰抑制技术。

8.1 变换域窄带干扰抑制基本理论

滤波器组的基本原理:首先通过分析端的一组滤波器及其级联的抽取器将

输入信号分解为多个子带信号,在各个子带根据应用场合不同的需要进行相应的处理;然后在综合端通过一组内插器及其级联的综合滤波器组将子带信号恢复成原始的输入信号或对原始信号产生预期的失真。通过对信号进行子带分解增加了额外的自由度,可以获得更好的处理效果。本节首先介绍多速率滤波器组理论,为滤波器组处理方法构建理论基础;然后介绍基于滤波器组的变换域干扰抑制理论架构,为变换域窄带干扰抑制技术构建理论框架;最后介绍几种常见的变换基和变换域处理方法。

8.1.1 多速率滤波器组理论

抽取和插值是多速率滤波器组中的两个基本环节,用于改变信号的采样速率。下面首先从频率的角度来解释多速率系统中抽取和内插操作。图 8.1 给出一个典型的多速率处理系统的框图。

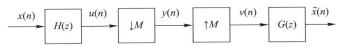

图 8.1 典型的多速率系统

图 8.1 中序列 $y(n)$ 为序列 $u(n)$ 经过 M 倍下采样的输出,时域关系式为

$$y(n) = u(nM) \tag{8.1}$$

其 Z 域和频域表示分别为

$$Y(z) = \frac{1}{M}\sum_{k=0}^{M-1} U(W^k z^{1/M}), \quad z = e^{-j\frac{2\pi}{M}} \tag{8.2}$$

$$Y(e^{j\varpi}) = \frac{1}{M}\sum_{k=0}^{M-1} U(e^{j\frac{\varpi-2k\pi}{M}}) \tag{8.3}$$

序列 $v(n)$ 为 $y(n)$ 经过 M 倍插值得到,即在序列 $y(n)$ 每两个采样点之间插入 $M-1$ 个零,插值运算的输入输出关系为

$$v(n) = \begin{cases} y(n/M), & n/M \text{ 为整数} \\ 0, & \text{其他} \end{cases} \tag{8.4}$$

其 Z 域和频域表示分别为

$$V(z) = Y(z^M) \tag{8.5}$$

$$V(e^{j\varpi}) = Y(e^{jM\varpi}) \tag{8.6}$$

从式(8.3)可以看出,抽取运算的输出信号频谱是 M 个信号的和,其中每个信号是将输入信号频谱扩展 M 倍,相位相差 $2\pi/M$。由式(8.6)可知,插值运算

的输出序列 $v(n)$ 的频谱是对输入序列 $y(n)$ 的频谱进行 M 倍压缩,并以 $2\pi/M$ 为周期重复,只要原始输入信号满足采样定理,插值之后的输出信号频谱就不会发生混叠。

多相分解是多速率信号处理中一个非常有利的工具,多相分解的概念是由 M. Bellangor 等在 1976 年提出的[3],其基本含义是对任意一个有限长序列 $x(n)$,可以根据实际要求将其分解成几个子序列 $x_i(m)$,将所有的 $x_i(m)$ 交织排列就会生成原始信号 $x(n)$。用多相分解可以简化多速率滤波器的实现。下面介绍常用的两种多相分解类型:

类型 I(Type - I)多相分解:

$$x_i(n) = x(nM+i), \quad i=0,1,\cdots,M-1 \tag{8.7}$$

$$X_i(z) = \sum_n x_i(n) z^n \tag{8.8}$$

$$X(z) = \sum_{i=0}^{M-1} z^{-i} X_i(z^M) \tag{8.9}$$

类型 II(Type - II)多相分解:

$$x_i'(n) = x(nM+M-i-1), \quad i=0,1,\cdots,M-1 \tag{8.10}$$

$$X(z) = \sum_{i=0}^{M-1} z^{-(M-1-i)} X_i'(z^M) \tag{8.11}$$

均匀 M 通道滤波器组的结构如图 8.2 所示,其中 $H_0(z), H_1(z), \cdots, H_{M-1}(z)$ 为分析滤波器组,$G_0(z), G_1(z), \cdots, G_{M-1}(z)$ 为综合滤波器组,输入信号 $x(n)$ 进入 M 个通道,每个通道有一个滤波器 $H_m(z)(m=0,1,\cdots,M-1)$,设 $x(n)$ 为一个宽频带的信号,经过 M 个滤波器后被分成 M 个子频带信号,每个子带信号 $u_m(n)$ 都是窄带信号,为了保持总的处理样本不变,并且经过分解滤波器之后信号的带宽远小于原输入信号带宽,因此可以对各子带信号进行下采样,根

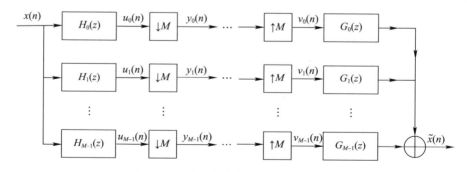

图 8.2 M 通道滤波器组分解重构原理图

据需要对不同的子带进行不同的处理。在综合端先通过上采样将信号的速率恢复到输入信号的速率,再经过综合滤波器,将各个子带的信号叠加,得到处理后的输出信号 $\tilde{x}(n)$。

对于均匀 M 通道滤波器组,分析滤波器的带宽都是 π/M,并且中心频率均匀分布在 $0 \sim \pi$ 之间,为了保持总的处理样本不变,经过分析滤波器之后信号的带宽只有原输入信号带宽的 $1/M$,因此在各个分析滤波器之后对信号以 $1/M$ 倍的速率进行下采样,这种滤波器组成为最大均匀抽样的 M 带滤波器组。由多速率处理的基本关系式可以得到

$$Y_k(z) = \frac{1}{M}\sum_{i=0}^{M-1} H_k(W_M^i z^{-M})X(W_M^i z^{-M}), \quad k=0,1,\cdots,M-1 \quad (8.12)$$

$$\tilde{X}(z) = \frac{1}{M}\sum_{k=0}^{M-1}\sum_{i=0}^{M-1} G_k(z)H_k(W_M^i z)X(W_M^i z) \quad (8.13)$$

改变式(8.13)求和的顺序得到

$$\tilde{X}(z) = \frac{1}{M}\sum_{i=0}^{M-1} X(W_M^i z)\sum_{k=0}^{M-1} G_k(z)H_k(W_M^i z) \quad (8.14)$$

如果滤波器组满足

$$\sum_{k=0}^{M-1} G_k(z)H_k(W_M^i z) = Mz^{-q}\delta(i), \quad 0 \leqslant i \leqslant M-1 \quad (8.15)$$

则输入输出之间满足完全可重构条件,即 $\tilde{X}(z) = z^{-q}X(z)$。

根据多相表示的基本概念,分析滤波器组合综合滤波器组分别表示为类型 Ⅰ、类型 Ⅱ 多相表示形式

$$H_k(z) = \sum_{i=0}^{M-1} z^{-i}E_{k,i}(z^M) \quad (8.16)$$

$$G_k(z) = \sum_{i=0}^{M-1} z^{-(M-1-i)}R_{k,i}(z^M) \quad (8.17)$$

将分析滤波器组和综合滤波器组写成矩阵的形式,即

$$\begin{bmatrix} H_0(z) \\ H_1(z) \\ \vdots \\ H_{M-1}(z) \end{bmatrix} = \begin{bmatrix} E_{0,0}(z^M) & E_{0,1}(z^M) & \cdots & E_{0,M-1}(z^M) \\ E_{1,0}(z^M) & E_{1,1}(z^M) & \cdots & E_{1,M-1}(z^M) \\ \vdots & \vdots & & \vdots \\ E_{M-1,0}(z^M) & E_{M-1,1}(z^M) & \cdots & E_{M-1,M-1}(z^M) \end{bmatrix} \begin{bmatrix} 1 \\ z^{-1} \\ \vdots \\ z^{-(M-1)} \end{bmatrix}$$

$$(8.18)$$

$$\begin{bmatrix} G_0(z) \\ G_1(z) \\ \vdots \\ G_{M-1}(z) \end{bmatrix}^{\mathrm{T}} = \begin{bmatrix} z^{-(M-1)} \\ z^{-(M-2)} \\ \vdots \\ 1 \end{bmatrix}^{\mathrm{T}} \begin{bmatrix} R_{0,0}(z^M) & R_{0,1}(z^M) & \cdots & R_{0,M-1}(z^M) \\ R_{1,0}(z^M) & R_{1,1}(z^M) & \cdots & R_{1,M-1}(z^M) \\ \vdots & \vdots & & \vdots \\ R_{M-1,0}(z^M) & R_{M-1,1}(z^M) & \cdots & R_{M-1,M-1}(z^M) \end{bmatrix}$$

(8.19)

相应的分析滤波器多相矩阵和综合滤波器多相矩阵分别为

$$\boldsymbol{E}(z) = \begin{bmatrix} E_{0,0}(z) & E_{0,1}(z) & \cdots & E_{0,M-1}(z) \\ E_{1,0}(z) & E_{1,1}(z) & \cdots & E_{1,M-1}(z) \\ \vdots & \vdots & & \vdots \\ E_{M-1,0}(z) & E_{M-1,1}(z) & \cdots & E_{M-1,M-1}(z) \end{bmatrix}$$

(8.20)

$$\boldsymbol{R}(z) = \begin{bmatrix} R_{0,0}(z) & R_{0,1}(z) & \cdots & R_{0,M-1}(z) \\ R_{1,0}(z) & R_{1,1}(z) & \cdots & R_{1,M-1}(z) \\ \vdots & \vdots & & \vdots \\ R_{M-1,0}(z) & R_{M-1,1}(z) & \cdots & R_{M-1,M-1}(z) \end{bmatrix}$$

(8.21)

以多相矩阵表示的滤波器组结构如图 8.3 所示。

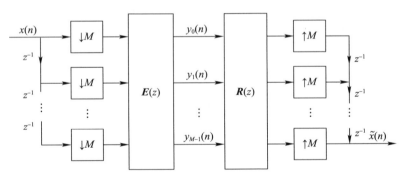

图 8.3 均匀 M 通道滤波器组的多相结构

令 $\boldsymbol{P}(z) = \boldsymbol{R}(z)\boldsymbol{E}(z)$，系统完全可重构的条件为

$$\boldsymbol{P}(z) = \boldsymbol{R}(z)\boldsymbol{E}(z) = \beta z^{-d} \begin{bmatrix} \boldsymbol{0} & \boldsymbol{I}_{M-r} \\ z^{-1}\boldsymbol{I}_r & \boldsymbol{0} \end{bmatrix}$$

(8.22)

基于滤波器组的处理结构有一个显著的优点，即它可以根据需要设计合适的分析滤波器组和综合滤波器组，而不像 DFT 等酉变换中滤波器的长度受变换

块长度的限制。理论上讲,利用滤波器组可以设计满足任何要求的滤波器性能,但是寻找满足完全可重构条件的滤波器非常困难。对于工程应用来说,滤波器组的有效设计和实现尤其重要,随着完全可重构滤波器组基本理论的发展逐渐趋于成熟,设计实现复杂度低的调制型 M 带滤波器组近几年得到较多的研究[4-5]。

8.1.2 基于滤波器组的变换域干扰抑制理论架构

传统的基于离散傅里叶变换、加窗离散傅里叶变换、重叠正交变换(Lapped Orthogonal Transform,LOT)的变换域干扰抑制都可看作是基于滤波器组的变换域干扰抑制理论架构的特例。图 8.4 给出更一般的基于 M 带滤波器组分解的变换域抗干扰结构,接收信号 $x(n)$ 经过 M 带分析滤波器组,分成 M 通道(频段)输出,每个分析滤波器占据 π/M 带宽,对应通道输出经过变换域切除函数,将被干扰污染的子带输出置零,再由合成滤波器重构信号得到输出信号 $\tilde{x}(n)$。

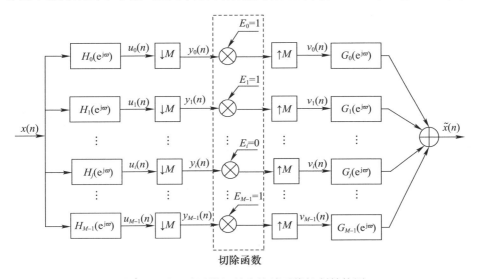

图 8.4 基于滤波器组的变换域干扰抑制结构图

$H_i(z)$ 为第 i 个分析滤波器,长度为 N,E_i 为第 i 个通道的切除函数,$G_i(z)$ 为综合滤波器,每个分析滤波器的输出为

$$U_i(z) = H_i(z)X(z), \quad 0 \leqslant i \leqslant M-1 \quad (8.23)$$

经过抽取得到

$$Y_i(z) = \frac{1}{M}\sum_{k=0}^{M-1} H_i(z^{1/M}W^k)X(z^{1/M}W^k) \quad (8.24)$$

式中:$W = e^{-j2\pi/M}$。

经过干扰切除,插值得到

$$V_i(z) = E_i Y_i(z^M) = \frac{E_i}{M} \sum_{k=0}^{M-1} H_i(zW^k) X(zW^k) \quad (8.25)$$

将 M 个通道的信号相加,重构的信号为

$$\tilde{X}(z) = \sum_{i=0}^{M-1} V_i(z) G_i(z) = \frac{1}{M} \sum_{k=0}^{M-1} X(zW^k) \sum_{i=0}^{M-1} E_i H_i(zW^k) G_i(z) \quad (8.26)$$

或者

$$\tilde{X}(z) = \frac{1}{M} X(z) \sum_{i=0}^{M-1} E_i H_i(z) G_i(z) + \sum_{k=1}^{M-1} A_k(z) X(zW^k) \quad (8.27)$$

式中

$$A_k(z) = \frac{1}{M} \sum_{i=0}^{M-1} E_i H_i(zW^k) G_i(z) \quad (8.28)$$

称为混叠分量,对于一个完全可重构的无切除函数的滤波器组有 $A_k(z) = 0$ 以及

$$T(z) = \frac{1}{M} \sum_{i=0}^{M-1} E_i H_i(z) G_i(z) = \beta z^{-d} \quad (8.29)$$

如果干扰处于第 i 个滤波器对应的频段,令切除函数 $E_i = 0$,将整个在 i 频段的信号全部切除,此时造成 $A_k(z) \neq 0, T(z) \neq \beta z^{-d}$,即在消除干扰的同时,会对有用信号造成一定的失真,并且干扰跨越的频带越多,对有用信号的损失越大。因此,采用固定通道的滤波器组来抑制干扰存在以下问题:

(1) 固定的频率分辨率。当接收信号的带宽和滤波器组通道数确定之后,每个子带的频率分辨率也是固定的,不能根据干扰的特点调整滤波器组频率分辨率。

(2) 内部频带存在较大的频率泄漏,有混叠成分。当存在较强的窄带干扰时,可能导致多个子带受到污染。

Tazebay 和 Akansu[6] 用自适应子带滤波器组变换对干扰的时频切除抑制,提出了一种树型结构算法(Tree Structure Algorithm, TSA)用于对干扰的频带进行定位,并尽可能准确地用于干扰具有同等带宽的分析滤波器对准干扰所在频带,这样就可以减少用固定通道滤波器组带来的问题的影响。TSA 结构是通过多级滤波器组级联,形成一个非均匀带宽划分的滤波器组,如图 8.5 所示。假设第一级采用三通道滤波器组分解,然后根据各带的方差大小确定干扰所在的通道,再对干扰所在的通道进行两通道或者三通道分解,再测量各通道的方差,如此级连滤波器组直到最后一级的滤波器组各通道输出方差基本相等。

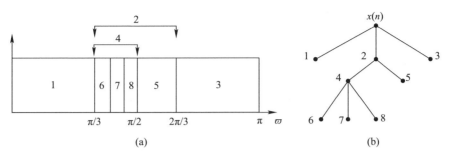

图 8.5 非均匀子带树分解示意图
(a) 非均匀频带划分;(b) 相应的不规则子带数。

自适应子带分解可以克服固定通道滤波器组存在的问题,但是过多层数的树结构分解会增加处理的时间,产生信号延时。总之,基于滤波器组理论的变换域干扰抑制算法中,滤波器组的通道数越小,信号损失越大,而通道数越大,滤波计算的复杂度越大,实际实现中必须折中考虑这些因素。

8.1.3 常见的变换基

基于滤波器组的变换域抗干扰技术中,为了尽可能保留有用信号能量并压缩干扰能量,希望滤波器组满足完全可重构条件和最小子带间混叠要求。根据这两个要求和仿酉条件优化滤波器组的 M 个通道非常困难,且滤波器组的运算效率也不高。Medley 等提出采用基于重叠正交变换抑制窄带干扰。重叠正交变换是一种基于多相结构的完全可重构滤波器组,具有高效的快速算法和灵活的处理结构,且在滤波器带宽给定情况下,LOT 能明显改善滤波器的阻带衰减性能。

一个实的正方矩阵 $\boldsymbol{\Phi} \in \mathbb{R}^{N \times N}$,如果

$$\boldsymbol{\Phi}^\mathrm{T} \boldsymbol{\Phi} = \boldsymbol{\Phi} \boldsymbol{\Phi}^\mathrm{T} = \boldsymbol{I}_N \tag{8.30}$$

则称为正交矩阵

同理,若 $\boldsymbol{\Phi}$ 是一个复正方矩阵 $\boldsymbol{\Phi} \in \mathbb{C}^{N \times N}$,且 $\boldsymbol{\Phi}$ 满足条件

$$\boldsymbol{\Phi}^\mathrm{H} \boldsymbol{\Phi} = \boldsymbol{\Phi} \boldsymbol{\Phi}^\mathrm{H} = \boldsymbol{I}_N \tag{8.31}$$

则矩阵 $\boldsymbol{\Phi}$ 称为酉矩阵。如果实矩阵 $\boldsymbol{\Phi}$ 只满足条件 $\boldsymbol{\Phi}^\mathrm{T} \boldsymbol{\Phi} = \boldsymbol{I}_N$ 或者 $\boldsymbol{\Phi} \boldsymbol{\Phi}^\mathrm{T} = \boldsymbol{I}_N$,则称为半正交矩阵。类似地,若复矩阵 $\boldsymbol{\Phi}$ 只满足条件 $\boldsymbol{\Phi}^\mathrm{H} \boldsymbol{\Phi} = \boldsymbol{I}_N$ 或者 $\boldsymbol{\Phi} \boldsymbol{\Phi}^\mathrm{H} = \boldsymbol{I}_N$,则称为仿酉矩阵。由上面定义可见,正交矩阵事实上就是实的酉矩阵,所以下面只讨论酉矩阵。若线性变换矩阵 $\boldsymbol{\Phi}$ 为酉矩阵,则线性变换

$$\boldsymbol{X} = \boldsymbol{\Phi} \boldsymbol{x} \tag{8.32}$$

称为酉变换。酉变换具有很多优良的性质,如矢量内积不变性、范数不变性、夹角不变性,因此是工程实践中常用的变换。在抗干扰研究中常见的酉变换有离散傅里叶变换和离散余弦变换。

1. 离散傅里叶变换

离散傅里叶变换的基函数定义为

$$\phi_{k,n} = \sqrt{\frac{1}{N}} e^{-j\frac{2\pi}{N}kn} (k=0,1,\cdots,N-1; n=0,1,\cdots,N-1) \quad (8.33)$$

式中:$\phi_{k,n}$为变换矩阵 $\boldsymbol{\Phi}$ 第 k 行、第 n 列的元素。

离散傅里叶变换是块变换,其子带数 M 等于输入数据块长度 N。离散傅里叶变换可以看成是连续傅里叶变换的近似,不同的是 DFT 只能处理有限长度的信号,因此 DFT 需要对输入信号进行截断。

只有当采样得到接收信号的自相关矩阵是循环矩阵时,DFT 才是最优的,此时等价于卡洛南 – 洛伊变换(Karhunen – Loeve Transform,KLT)。即自相关矩阵的行(或者列)等于其相邻行(或者列)的循环移位时,DFT 对干扰具有最优的能量聚集特性。对单音干扰而言,则要求 N 个样点正好是干扰的整数倍周期,即要求干扰的角频率满足关系。可见,只有干扰的频率正好满足 $\varpi_j = 2k\pi/N$ 时,DFT 等价于 KLT,此时干扰所有能量被聚集在一根谱线上。

2. 离散余弦变换

离散余弦变换是从切比雪夫多项式推导出的,其基函数定义为

$$\phi_{k,n} = p(n)\sqrt{\frac{2}{N}}\cos\left[\left(k+\frac{1}{2}\right)\frac{n\pi}{N}\right] \quad (8.34)$$

式中:$k=0,1,\cdots,N-1; n=0,1,\cdots,N-1$;且有

$$p(n) = \begin{cases} 1/\sqrt{2}, & n=0 \\ 1, & n\neq 0 \end{cases} \quad (8.35)$$

DCT 对一阶自回归 AR(1)干扰具有最优的能量压缩特性,即在干扰是 AR(1)信号时,DCT 等价于 KLT。对于更一般的干扰模型,DFT 和 DCT 都存在严重的频谱泄漏,而 KLT 的变换基是与接收信号自相关矩阵相关的,在工程实际中很难实时进行估计。

3. 重叠正交变换

在标准的酉变换(DFT、DCT 等)中,输入序列首先被分为大小为 N 的若干块,然后对每一块分别进行变换,得到 M 个变换域系数,块长度 N 必须等于通道数 M。而重叠正交变换进一步放宽了通道数 M 对块长度 N(等于基函数长度)

的限制,通常要求 N 是 M 的偶数倍,即 $N=2mM$,其中 m 为重叠系数。由于 LOT 将长度为 N 的输入序列映射到 M 个变换域系数,为保持采样率不变,每计算完一个 N 点长的数据块,只更换原输入中的 M 个样值,这样相邻输入间有 $N-M$ 个样值的重叠。因此,在逆变换时只考虑单个分块的逆变换是没有意义的,必须对相邻的分块进行重叠处理后才能恢复原始的输入序列。

定义 x 是长度为 N 的输入数据分块列矢量,其重叠变换系数矢量为 P^{T},则

$$X = P^{\mathrm{T}} x \tag{8.36}$$

式中:P 为重叠变换的变换矩阵。

由于重叠变换中变换矩阵的系数都是实数,因此这里将 $(\cdot)^{\mathrm{H}}$ 改写为 $(\cdot)^{\mathrm{T}}$,为了保证能够完全重构输入序列,要求重叠变换的变换矩阵满足以下正交条件:

$$P^{\mathrm{H}} P = I_M, \quad P^{\mathrm{H}} W P = 0_M \tag{8.37}$$

式中:I_M 为 $M \times M$ 维单位矩阵;W 为含有 M 个数据样本的移位算子,且有

$$W = \begin{bmatrix} 0_{M \times (N-M)} & I_M \\ 0_{N-M} & 0_{(N-M) \times M} \end{bmatrix} \tag{8.38}$$

重叠正交变换有调制重叠变换(Modulated Lapped Transform,MLT)和扩展重叠变换(Extended Lapped Transform,ELT)两种基本形式,重叠系数 $m=1$ 的重叠变换称为调制重叠变换,重叠系数 $m>1$ 的重叠变换称为扩展重叠变换。

调制重叠变换实质上是一种余弦调制的滤波器组,它通过将长度为 $2M$ 的低通滤波器(称为子带原型滤波器)$p(n)$ 均匀频移,产生一组在整个频带均匀分布的正交带通 FIR 滤波器。MLT 的基函数为

$$\psi_k(n) = p(n) \sqrt{\frac{2}{M}} \cos\left[\left(n + \frac{M+1}{2}\right)\left(k + \frac{1}{2}\right)\frac{\pi}{M}\right] \tag{8.39}$$

式中:$0 \leq n \leq 2M-1; 0 \leq k \leq M-1$。

MLT 中子带原型滤波器 $h(n)$ 的设计非常重要,为保证变换的完全可重构,$h(n)$ 需要满足 PR 条件:

$$p^2(n) + p^2(n+M) = 1, \quad 0 \leq n \leq M/2 - 1 \tag{8.40}$$

同时为保证各个子带具有线性相位特性,$p(n)$ 还满足对称性条件:

$$p(2M-n) = p(n), \quad 0 \leq n \leq M-1 \tag{8.41}$$

常用的子带原型滤波器 $p(n)$ 是半正弦原型滤波器,即

$$p(n) = -\sin\left((n+1/2)\frac{\pi}{2M}\right) \tag{8.42}$$

可以验证,式(8.42)满足多相正则性以及 PR 条件。图 8.6 为 $M=64$ 的矩形窗以及 $M=64$ 的半正弦窗的幅频响应。从图 8.6 中可以看出:矩形窗的主瓣较宽,旁瓣峰值幅度约为 -13dB;而半正弦窗函数的主瓣宽度较窄,旁瓣峰值幅度约为 -23dB。由于 MLT 的频谱泄漏程度较 DFT 明显改善,其对窄带干扰能量的聚集能力更强,更易于去除窄带干扰的影响。

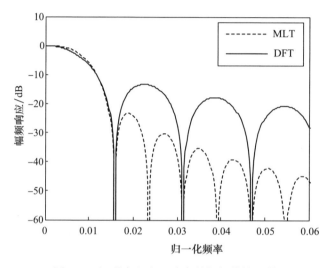

图 8.6　矩形窗和半正弦窗的幅频特性比较

MLT 对相邻的两个 $M\times 1$ 的数据块进行处理,设第 n 块观测数据矢量为

$$\boldsymbol{x}(n)=[x(nM),x(nM+1),\cdots,x(nM+M-1)]^{\mathrm{T}} \quad (8.43)$$

则包含 $\boldsymbol{x}(n)$ 的相邻两块输入数据的 MLT 变换分别为

$$\boldsymbol{X}_{\mathrm{I}}(n-1)=\boldsymbol{\Psi}\boldsymbol{x}_{\mathrm{I}}(n)=[\boldsymbol{\Psi}_{\mathrm{II}}|\boldsymbol{\Psi}_{\mathrm{I}}]\begin{bmatrix}\boldsymbol{x}(n-1)\\ \boldsymbol{x}(n)\end{bmatrix} \quad (8.44)$$

$$\boldsymbol{X}_{\mathrm{II}}(n)=\boldsymbol{\Psi}\boldsymbol{x}_{\mathrm{II}}(n)=[\boldsymbol{\Psi}_{\mathrm{II}}|\boldsymbol{\Psi}_{\mathrm{I}}]\begin{bmatrix}\boldsymbol{x}(n)\\ \boldsymbol{x}(n+1)\end{bmatrix} \quad (8.45)$$

其中,MLT 的 $M\times 2M$ 维变换矩阵被分成两个 $M\times M$ 矩阵 $\boldsymbol{\Psi}_{\mathrm{I}}$、$\boldsymbol{\Psi}_{\mathrm{II}}$,并且 $\boldsymbol{\Psi}=[\boldsymbol{\Psi}_{\mathrm{II}}|\boldsymbol{\Psi}_{\mathrm{I}}]$。相应地,MLT 反变换为

$$\boldsymbol{x}(n)=\boldsymbol{\Psi}_{\mathrm{I}}^{\mathrm{T}}\boldsymbol{X}(n-1)+\boldsymbol{\Psi}_{\mathrm{II}}^{\mathrm{T}}\boldsymbol{X}(n) \quad (8.46)$$

根据上两式可知,恢复数据块需要用到 $\boldsymbol{x}(n+l),(l=-1,0,1)$ 这三组相邻的数据块。

常用的 ELT 对应于重叠因子 $m=2$ 的情况,ELT 的基函数为

$$\psi_k(n) = p(n)\sqrt{\frac{2}{M}}\cos\left[\left(n+\frac{M+1}{2}\right)\left(k+\frac{1}{2}\right)\frac{\pi}{M}\right] \qquad (8.47)$$

式中:$0 \leqslant n \leqslant 4M-1;0 \leqslant k \leqslant M-1$。

与 MLT 基函数的差别在于取值区间扩大了 1 倍,显然基函数长度越长,滤波器的阻带衰减性能越好。为满足 PR 条件,要求低通原型滤波器满足

$$\sum_{m=0}^{2M-2l-1} p(n+mM)p(n+mM+2lM) = \delta(l) \qquad (8.48)$$

当重叠因子 $m=2$ 时,上面的窗函数条件可以写成

$$p^2(n)+p^2(n+M)+p^2(n+2M)+p^2(n+3M)=1, \quad 0 \leqslant n \leqslant M/2-1 \qquad (8.49)$$

$$p(n)p(n+2M)+p(n+M)p(n+3M)=0, \quad 0 \leqslant n \leqslant M/2-1 \qquad (8.50)$$

附加如下对称性条件可保证滤波器具有线性相位:

$$p(4M-1-n)=p(n), \quad 0 \leqslant n \leqslant 2M-1 \qquad (8.51)$$

可用如下参数方法产生满足上述条件的窗函数:

$$p(M/2-1-m) = -\sin\theta_m\sin\theta_{M-1-m} \qquad (8.52)$$

$$p(M/2+m) = \sin\theta_m\cos\theta_{M-1-m} \qquad (8.53)$$

$$p(3M/2-1-m) = \cos\theta_m\sin\theta_{M-1-m} \qquad (8.54)$$

$$p(3M/2+m) = \cos\theta_m\cos\theta_{M-1-m} \qquad (8.55)$$

式中

$$\theta_m = \left[\left(\frac{1-\gamma}{2M}\right)(2m+1)+\gamma\right]\frac{(2m+1)\pi}{8M}, \quad 0 \leqslant m \leqslant M/2-1 \qquad (8.56)$$

参数 $\gamma \in [0,1]$ 控制低通原型滤波器频率响应的滚降,可在阻带衰减和过渡带宽间取得折中。图 8.7 为 8 通道 ELT 的低通原型滤波器的时间波形和幅频特性。从图中可以看出:γ 越小,阻带衰减越大;γ 越大,过渡带宽越小,旁瓣衰减范围为 $(-34\text{dB}, -22\text{dB})$。

8.1.4 变换域处理方法

在变换域对被干扰子带的检测以及相应的处理算法直接决定了系统抗干扰的性能。DiPietro 等[7]给出了基于加窗傅里叶变换的变换域干扰抑制接收机相关输出信干噪比闭合表达式,最大相关输出信干噪比的最优频域陷波器为每个谱线乘以谱线上窄带干扰能量的倒数,在实际应用中每一谱线上的干扰能量是

未知的。Young 等[8]证明利用一次 DFT 结果对干扰能量估计的倒数作为滤波权值在 AWGN 信道下是数值不稳定的。当强窄带干扰占用的频谱带宽远远小于扩频信号的频谱带宽时,经过 DFT 之后,窄带干扰能量主要集中在很少的几个大谱线上,因此 DiPietro 提出一种次优的谱线置零(Frequency Zero,FZ)干扰抑制方法。"大"谱线的确定可以根据门限法或者比例法,门限法通过设计一个合理的干扰检测门限,幅度超过门限的谱线被认为是"大"谱线,比例法则在每次变换之后将占一定比例的幅度最大的谱线认为是"大"谱线。当窄带干扰占用的频谱带宽增大时,谱线置零处理对有用信号的能量损失也增大,而对被干扰谱线的幅度进行裁减并保留其相位特性,则可以在抑制干扰的同时最大可能地保留有用信号的能量,这种处理方法称为谱线裁减(Frequency Clip,FC)法。Young 等[8]详细分析和比较了已知接收机噪声功率条件下,各种谱线处理算法的性能。

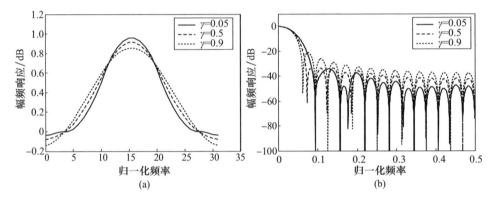

图 8.7 不同参数下 ELT 窗函数特性
(a)窗函数形状;(b)幅频特性。

根据对干扰的定位和处理方法不同,目前常用的变换域干扰处理方法有门限处理法、K 谱线法、中值滤波法以及权值泄漏法等。门限处理法通过设计干扰检测门限,将变换域谱线幅度与门限进行比较,确定存在干扰的谱线并进一步处理(置零或裁减);K 谱线法是一种按比例确定被干扰谱线的方法,对于 N 点 DFT,每次变换后将幅度绝对值最大的 K 个谱线进行处理;中值滤波法利用窄带干扰变换域的类似冲激响应的特殊形式,用滑动窗对信号的频谱上进行滑动平滑;权值泄漏法本质上是一种自适应的软门限检测法,通过合理设计滤波器参数,可实现对幅度绝对值大于某门限的谱线的深度衰减。

1. 门限处理法

最直接的变换域干扰检测方法是门限处理法,即设定一个干扰检测门限,将变换后各子带的谱线幅度与预先设计的门限进行比较:如果谱线幅度大于门限,则认为该子带存在干扰,对其进行进一步的处理;否则,认为该子带没有干扰,不对其进行处理。基于门限检测的窄带干扰抑制技术中,干扰检测门限的设计是算法的关键,目前常见的门限设计有以下三种方法:

(1) 一阶矩法:门限值采用一阶矩的形式,定义为

$$\text{TH} = \theta\hat{\mu} \tag{8.57}$$

式中:θ 为门限优化系数;$\hat{\mu}$ 为谱线幅值的统计平均。

(2) 二阶矩法(κ-sigma 算法):首先估计变换之后 N 根谱线幅度的均值 $\hat{\mu}$ 和标准差 $\hat{\sigma}$,然后根据标准差的估计 $\hat{\sigma}$ 从预先设定的加权集合中选取适当的加权因子 κ,取干扰检测门限为

$$\text{TH} = \hat{\mu} + \kappa\hat{\sigma} \tag{8.58}$$

加权因子 κ 可根据不同的信道环境从预设的加权因子集中选取,这种算法对部分频带干扰的情况非常有效。加权因子集合的确定和选取准则是算法设计的关键:加权因子 κ 值取值过大,则估计门限太高,干扰漏检概率增大;加权因子 κ 值取得太小,则估计门限太低,滤波过程中会对期望信号产生较大的失真。

(3) σ^2 最大似然估计法[9]:σ^2 最大似然(Maximum Likelihood, ML)估计法需要利用当前时刻 FFT 之后的 N 根谱线的值以及前面 $L-1$ 次 FFT 的结果,即

$$\boldsymbol{A} = \{a_{k,l}\}_{N\times L}(k=0,1,2,\cdots,N-1;l=0,1,\cdots,L-1) \tag{8.59}$$

式中:$\boldsymbol{A}$ 为 $N\times L$ 维矩阵;$a_{k,l}$ 表示前面第 l 次 FFT 之后第 k 根谱线的幅度值。首先通过 L 次观测值计算第 k 根谱线均值和方差的最大似然估计,分别为

$$\hat{\mu}(k) = \frac{1}{L}\sum_{l=0}^{L-1}a_{k,l} \tag{8.60}$$

$$\hat{\sigma}^2(k) = \frac{1}{L}\sum_{l=0}^{L-1}\left[a_{k,l} - \hat{\mu}(k)\right]^2 \tag{8.61}$$

然后取 N 根谱线方差的均值作为门限的参考,构造干扰检测门限,即

$$\text{TH} = f(\hat{\sigma}^2) = f\left[\frac{1}{N}\sum_{k=0}^{N-1}\hat{\sigma}^2(k)\right] \tag{8.62}$$

式中:$f(\cdot)$ 为实函数。

2. K 谱线法

K 谱线法是一种基于排序统计的处理方法,其基本思想是在每次变换后去除幅值绝对值最大的 K 根谱线[2],如果 K 值选择适当,该算法的干扰抑制效果相当好。但是 K 值选择太大,会对期望信号造成不必要的损失,太小则不能完

全的去除干扰。在实际应用中,K 值可预先通过谱估计确定,这种方法是建立在强干扰的基础上的,如果 K 值选择适当,算法简单有效;但是,K 谱线法对干扰参数的变化比较敏感,特别是对干扰带宽的变化非常敏感,当干扰带宽发生变化时,需要重新进行谱估计确定 K 值。

Medley 等在基于重叠变换的窄带干扰抑制算法研究中首先提出 K 谱线法,并在干扰功率大、带宽非常窄的条件下,给出基于最小误码率方法确定置零谱线位置和个数的思想;但由于以上算法假设条件过于严格,复杂度较大,目前仍未见进一步研究报道。最小 Akaike 准则(Akaike Information Criterion, AIC)估计按照谱线幅度绝对值排序后序列的拐点(假定被干扰谱线幅度远远大于其他谱线),自适应确定最优 K 值,对不同类型的干扰具有很强的自适应性和稳健性。

3. 条件中值滤波法

条件中值滤波(Conditional Median Filters, CMF)干扰抑制算法[10]是基于这样的一个事实:在任意时间,窄带干扰的中心频率、功率、带宽、相位以及干扰是否存在等都是未知的,但是已知干扰的带宽很窄,功率较大,因此如果干扰存在,其能量集中在很少的几个谱线上。

$y_i = \mathrm{median}(x_l \mid l = i - k, i - k + 1, \cdots, i + k)$ 为传统中值滤波器的输入序列 x_i 和输出序列 y_i 间的关系,参数 k 确定窗的宽度。中值滤波既可以抑制宽度小于 k 的脉冲,又可以保持信号中的平滑过渡和宽度大于 k 的陡变成分。由于窄带干扰的能量集中在很窄的频带,谱表现为脉冲形状,因而可应用中值滤波抑制窄带干扰。考虑到直接用中值滤波处理会给有用信号带来较大失真,文献[10]给出如下条件中值滤波算法来对干扰进行检测和处理:首先设定一个门限 C,如果中值滤波器的输出 y_i 与当前输入 x_i 之间差的绝对值不超过门限,即 $|y_i - x_i| < C$,则直接取当前的输入作为滤波器的输出;如果差的绝对值超过门限,则取中值滤波器的输出作为输出 $z_i = y_i$。改进后的条件中值滤波方法能滤掉幅度很大且宽度远小于 k 的脉冲,扩频信号和背景噪声本身的幅度起伏小于门限被保留,从而达到去除窄带干扰,并且对有用信号失真较小的目的。

条件中值滤波算法不需要估计窄带干扰的中心频率、功率、带宽等参数,可自适应地处理接收信号频带内存在的多干扰,并且在没有窄带干扰存在时,不会对有用信号造成不必要的失真,算法性能仅仅受到干扰的带宽和最小功率影响,通过合理设计窗宽 k 以及门限 C 两个参数,可获得较好的干扰抑制效果。

4. 权值泄漏法

由于快速傅里叶变换实现的快速卷积和快速相关算法可以大大降低卷积和相关的运算量,因此 Ferrara 等提出了基于 FFT 的快速块 LMS 自适应算法(Fast

Block LMS,FBLMS)作为批处理 LMS 算法的快速实现结构。FBLMS 算法的基本思想是将信号首先经过傅里叶变换,在频域进行自适应滤波后再经过傅里叶反变换将结果输出。该算法的最初提出是为了降低 BLMS 算法的复杂度。由于离散傅里叶变换可近似看作一组带通滤波器,因此对输入信号具有一定的解相关作用。Saulier 等[11]发现信号经过傅里叶变换后,得到的频域矢量为一组近似正交分量,其自相关矩阵近似为对角阵,使用 LMS 算法对频域分量进行处理时,每一个分量的收敛过程基本相互独立。这一良好的特性使得我们能够分别控制每一个分量的收敛速度和干扰抑制程度,从而克服了 LMS 算法在多窄带干扰存在时,收敛速度慢,干扰抑制效果差的问题。

为在干扰抑制过程中最大限度地减小对扩频信号的失真,并充分利用系统的处理增益,降低整个系统的误码率,Saulier 等引入权值泄漏因子 α 对变换域各分量的权值进行更新。权值泄漏因子的作用是保证对幅度较大的谱线进行较大衰减,而对幅度较小的谱线不进行处理,通过系统本身的扩频增益抑制功率较小的干扰,从而减小自适应窄带干扰抑制过程中引入的对扩频信号的失真。为改善权值泄漏法的收敛速度,李琳等[12]对权值泄漏法的原理和稳态特性进行分析,给出一种结合遗忘因子功率估计的改进的权值泄漏法。

8.2 基于离散傅里叶变换的窄带干扰抑制技术

基于离散傅里叶变换的窄带干扰抑制是变换域窄带干扰抑制技术中最典型的一种,不仅在理论上有重要的意义,而且它有很多有效的快速算法,如快速傅里叶变换算法,因而在数字信号处理中得到广泛应用。本节首先介绍基于离散傅里叶变换的窄带干扰抑制技术的工作原理;其次在重叠加窗、干扰判决门限设置等技术细节上详细展开介绍;最后给出了一些数值仿真结果。

8.2.1 工作原理

基于 FFT 的窄带干扰抑制接收机如图 8.8 所示,首先对接收信号进行加窗,然后进行快速傅里叶变换,在变换域进行干扰检测,对存在干扰的谱线进行适当处理,以减弱和抑制窄带干扰,经过处理之后进行快速傅里叶逆变换(Inverse Fast Fourier Transform,IFFT),在时域与本地 PN 码相关,经过积分判决得到发送的信息序列。

实际应用中,每次处理的数据序列长度总是有限的,离散傅里叶变换隐含了对信号的截断和周期拓展,当截断信号的边界不连续时,信号的离散傅里叶变换

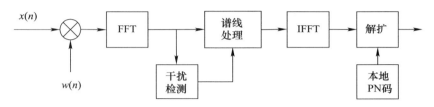

图 8.8 基于 FFT 的窄带干扰抑制接收机

会出现严重的频谱泄漏问题,导致受干扰污染的谱线数增加,抑制干扰的同时,对有用信号的失真增加。通过时域加窗可以改善频谱泄漏问题,同时会引入期望信号的失真和信噪比损耗。

变换域干扰直接抑制技术首先由 Milstein[1] 于 1977 年提出,如图 8.9 所示,用声表面波器件构成模拟的抽头延迟线结构实现对接收信号的 DFT,借此检测和抑制窄带干扰。此后,DFT 的快速算法以及 VLSI 中 DFT 的 IP 核设计推动了该方法的数字化和实用化。

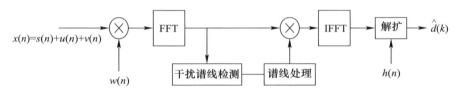

图 8.9 变换域抗干扰技术

然而,离散傅里叶变换隐含了对长度为 N 的截断序列进行周期拓展,如果截断后序列在边界不连续,经过周期拓展之后的波形在边界将出现"阶跃",从而导致信号经过变换之后出现频谱泄漏,使得窄带干扰的能量对临近的频谱产生严重的"污染",即会降低对干扰的频谱分辨率,不利于窄带干扰的识别和抑制。减轻离散傅里叶变换的频谱泄漏常用的方法是对截断的数据序列加窗,这样可以改善频谱泄漏情况,但需要对数据进行重叠处理以补偿加窗对边缘处数据的衰减。加窗会使信噪比略有损失(对于重叠 3/4 的加汉明(Hamming)窗,所造成的信噪比损失仅有 0.008dB);此外,加窗在降低旁瓣的同时,不可避免地会展宽主瓣,导致频谱分辨率的下降。

尽管存在着上述缺点,目前,基于加窗离散傅里叶变换的变换域干扰直接抑制仍是扩频通信中最简便、最常用的抗干扰方法之一。

基带接收信号可以写为

$$x(n) = \sum_{k}\left[\sqrt{2P}d(k)\sum_{r=0}^{N-1}c_{r}g(n-rL)\right] + u(n) + v(n) \quad (8.63)$$

假设每个信息比特被长度为 N 的伪随机码扩频,接收段采样率是码片速率 R_c 的 L 倍,则每个信息比特对应的接收信号采样点构成一个长度为 $M = LN$ 的序列:

$$\boldsymbol{x}(k) = [x((k-1)M) \quad \cdots \quad x((k-1)M+M-1)]^T \quad (8.64)$$

窗函数矢量 $\boldsymbol{w}$ 用于增加归一化 DFT 的旁瓣衰减,记为

$$\boldsymbol{w} = [w(0) \quad \cdots \quad w(M-1)]^T \quad (8.65)$$

令接收信号矢量 $\boldsymbol{x}(k)$ 的各元素与窗函数矢量 $\boldsymbol{w}$ 的各元素对应相乘,得到加窗后的接收信号矢量 $\boldsymbol{x}_w(k)$:

$$\begin{aligned}\boldsymbol{x}_w(k) &= \boldsymbol{x}(k) \circ \boldsymbol{w} \\ &= [x((k-1)M)w(0) \quad \cdots \quad x((k-1)M+M-1)w(M-1)]^T\end{aligned}$$

$$(8.66)$$

式中:"$\circ$"表示 $\boldsymbol{x}(k)$ 和 $\boldsymbol{w}$ 的阿达马(Hadamard)积。

归一化 DFT 变换的变换矩阵是一个 $M \times M$ 的正交矩阵:

$$\boldsymbol{T} = [t_{ij}]_{M \times M}$$

$$t_{ij} = \frac{1}{\sqrt{M}} \exp\left[-\frac{2\pi}{M}(i-1)(j-1)\right], \quad i,j = 1,2,\cdots,M \quad (8.67)$$

对加窗后的接收信号矢量进行归一化 DFT,得到变换域矢量:

$$\boldsymbol{X}(k) = \boldsymbol{T} \cdot [\boldsymbol{x}(k) \circ \boldsymbol{w}] \quad (8.68)$$

$\boldsymbol{X}(k)$ 可以看作是信号 $x(t)$ 的幅频特性曲线在频域上的离散采样序列,在经过变换域抗干扰处理后,得到

$$\hat{\boldsymbol{X}}(k) = \boldsymbol{X}(k) \circ \boldsymbol{a} \quad (8.69)$$

其中处理矢量 $\boldsymbol{a}$ 是一个 $M \times 1$ 列矢量,对于没有干扰的变换域分量,$\boldsymbol{a}$ 中对应位置的元素为 1,对于有干扰的变换域分量,设计者可以按照两种策略指定 $\boldsymbol{a}$ 中对应位置元素的取值:

$$a(k,l) = \begin{cases} 0, & \text{策略 1} \\ (\sqrt{P} + \sigma_n)/|X(k,l)|, & \text{策略 2} \end{cases} \quad (8.70)$$

$\hat{\boldsymbol{X}}(k)$ 经过归一化 IDFT 和解扩后,可以恢复出信息比特:

$$\hat{d}(k) = \text{sgn}\{\boldsymbol{h}^{\mathrm{T}} \cdot \boldsymbol{T}^{-1} \cdot \hat{\boldsymbol{X}}(k)\} \tag{8.71}$$

式中:$\boldsymbol{G} = \boldsymbol{T}^{-1}$是归一化 DFT 变换矩阵的逆矩阵,其定义为

$$\boldsymbol{G} = [g_{ij}]_{M \times M}$$
$$g_{ij} = \frac{1}{\sqrt{M}} \exp\left[\frac{2\pi}{M}(i-1)(j-1)\right], \quad i,j = 1,2,\cdots,M \tag{8.72}$$

由此可知,$\boldsymbol{T}$ 和 $\boldsymbol{G}$ 互为对方的共轭转置矩阵:

$$\boldsymbol{G} = \boldsymbol{T}^{\mathrm{H}}, \quad \boldsymbol{T} = \boldsymbol{G}^{\mathrm{H}} \tag{8.73}$$

下面分析加窗引入的信噪比的损失。不考虑窄带干扰的影响,接收信号的表达式可写成

$$x(n) = \sqrt{P_s} b(k) c(n) + v(n), \quad n = 0,1,\cdots \tag{8.74}$$

设窗函数为 $h(n)(0 \leqslant n \leqslant N-1)$,并且假定变换基的长度 N 等于系统的扩展比 L,对第 k 个接收符号 $b(k)$ 进行解扩,对符号 $b(k)$ 对应信号进行加窗截断得到

$$x'(n) = \sqrt{P_s} b(k) c(kN+n) h(n) + v(kN+n) h(n), \quad n = 0,1,\cdots,N-1 \tag{8.75}$$

对于短码扩频系统,有 $c(kN+n) = c(n)$,相关器输出的判决变量 $\varsigma(k)$ 可表示为

$$\varsigma(n) = \sum_{n=0}^{N-1} x'(n) c(k) = \sum_{n=0}^{N-1} \sqrt{P_s} b(k) h(n) + v(kN+n) h(n) c(n) \tag{8.76}$$

假设相关时间内接收符号 $b(k)$ 的极性不变,则判决变量 $\varsigma(n)$ 的均值和方差分别为

$$\mathrm{E}\{\varsigma(n)\} = \mathrm{E}\left\{\sum_{n=0}^{N-1} \sqrt{P_s} b(k) h(n) + v(kN+n) h(n) c(n)\right\} = \sqrt{P_s} b(k) \sum_{n=0}^{N-1} h(n) \tag{8.77}$$

$$\mathrm{var}\{\varsigma(k)\} = \sigma_v^2 \sum_{n=0}^{N-1} h^2(n) \tag{8.78}$$

加窗之后相关器输出的信噪比为

$$\mathrm{SNR}_\mathrm{w} = \frac{\mathrm{E}^2\{\varsigma\}}{\mathrm{var}\{\varsigma\}} = \frac{P_\mathrm{s}\left[\sum_{n=0}^{N-1} h(n)\right]^2}{\sigma_\mathrm{v}^2 \sum_{n=0}^{N-1} h^2(n)} \qquad (8.79)$$

在(8.79)中,令 $h(0) = h(1) = \cdots = h(N-1) = 1$,可得到不加窗时相关器输出信噪比

$$\mathrm{SNR}_\mathrm{nw} = \frac{NP_\mathrm{s}}{\sigma_\mathrm{v}^2} \qquad (8.80)$$

加窗引入的信噪比损失为

$$\mathcal{L}_\mathrm{win} = \frac{\mathrm{SNR}_\mathrm{w}}{\mathrm{SNR}_\mathrm{nw}} = \frac{\left[\sum_{n=0}^{N-1} h(n)\right]^2}{N\sum_{n=0}^{N-1} h^2(n)} \qquad (8.81)$$

8.2.2 重叠加窗离散傅里叶变换

由窗函数的时域序列可以看出,在序列的开头和结尾部分,窗函数取值很低,造成有用信号的损失,导致信噪比下降。为了减轻加窗对信号造成的损失,可采用重叠加窗的方法。图 8.10 给出 50% 重叠加窗 DFT 抗干扰算法流程。

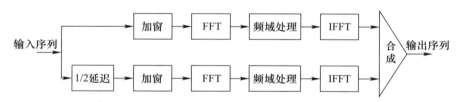

图 8.10　50% 重叠加窗 DFT 抗干扰算法流程

根据数据合成方法的不同,重叠加窗的可以分为重叠选择(Overlay & Select,OS)法和重叠相加(Overlay & Add,OA)法。重叠选择法每次保留变换数据中间的一部分,而将窗函数衰减严重的两侧数据丢弃,每次数据窗滑动的长度等于保留的数据长度。重叠相加法是每次反变换之后,将连续两段输入序列之间重叠的部分直接相加。在相同的重叠比例情况下,重叠相加法对信号的信噪比损失小于重叠保留法。常用的加窗函数有如下三种:

汉宁窗:

$$w(n) = 0.5 - 0.5\cos\left(\frac{2\pi n}{N-1}\right), \quad 0 \leqslant n \leqslant N-1 \qquad (8.82)$$

汉明窗：

$$w(n) = 0.54 - 0.46\cos\left(\frac{2\pi n}{N-1}\right), \quad 0 \leqslant n \leqslant N-1 \quad (8.83)$$

布莱克曼窗：

$$w(n) = 0.42 - 0.5\cos\left(\frac{2\pi n}{N-1}\right) + 0.08\cos\left(\frac{4\pi n}{N-1}\right), \quad 0 \leqslant n \leqslant N-1 \quad (8.84)$$

图 8.11 是三个窗函数的时域波形($M=256$)。理论上讲,连续的两段数据重叠比例越大,引入的加窗损耗越小,相应的运算量越大。实际应用中,重叠比例的选择取决于硬件条件和系统设计性能要求。表 8.1 列出不同加窗 DFT 在不同重叠系数条件下的主瓣宽度和旁瓣衰减。从表 8.1 中的结果可知,当重叠比例为 2/3 时,加窗引入的信噪比损耗小于 0.1dB,进一步增加重叠比例所能得到的性能改善很小,但是计算量的增加较大。重叠加窗的示意图如图 8.12 所示。

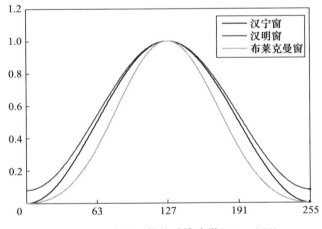

图 8.11　三个窗函数的时域波形($M = 256$)

表 8.1　不同加窗 DFT 在不同重叠系数条件下的主瓣宽度和旁瓣衰减

窗函数	旁瓣衰减/dB	主瓣宽度	加窗损耗/dB			
			无重叠	1/3 重叠	1/2 重叠	2/3 重叠
矩形窗	13	$4\pi/(M+1)$	0	0	0	0
汉宁窗	31	$8\pi/(M+1)$	1.78	0.47	0.15	0.03
汉明窗	41	$8\pi/(M+1)$	1.37	0.38	0.13	0.03
布莱克曼窗	57	$12\pi/(M+1)$	2.38	0.89	0.34	0.08

三个加窗函数的功率谱示意图如图 8.13 ~ 图 8.15 所示。从图 8.13 ~

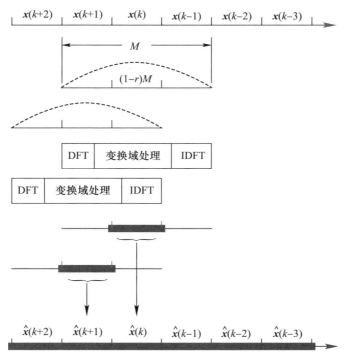

图 8.12　重叠加窗 DFT 抗干扰处理(重叠系数为 2/3)

图 8.15可以明显地看出:矩形窗的功率谱的主瓣最窄,旁瓣衰减最慢;布莱克曼

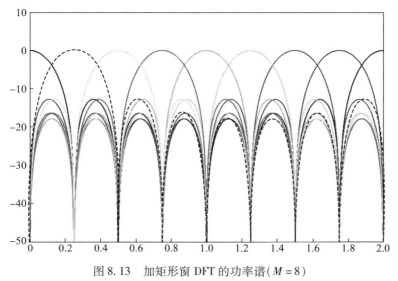

图 8.13　加矩形窗 DFT 的功率谱($M=8$)

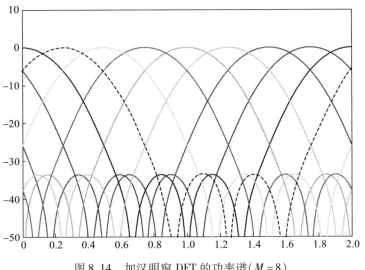

图 8.14 加汉明窗 DFT 的功率谱($M=8$)

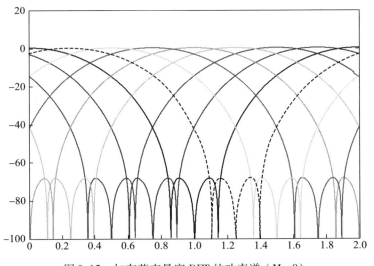

图 8.15 加布莱克曼窗 DFT 的功率谱($M=8$)

窗的主瓣最宽,旁瓣衰减最快;汉明窗居于二者之间。在选择加窗函数时,选用加布莱克曼窗是最好的。

对于加窗 DFT 还需注意两个问题:一是旁瓣衰减和主瓣宽带的折中。旁瓣越低的窗函数,主瓣越宽,抑制窄带干扰的同时对有用信号的损伤也越大,因此要结合接收机的接收信号的动态范围以及需要抑制窄带干扰的强度选择合适的窗函数,对于抑制 20~30dB 的窄带干扰,旁瓣衰减 -40dB 的窗函数比较合适。

二是信噪比损失与重叠加窗。为减小加窗对有用信号的信噪比损失,需要对数据进行重叠加窗,数据块之间重叠的比例越大,对扩频信号的信噪比损失越小,但计算量也成倍增加,因此选择和设计重叠方案时需要在运算量和信噪比损失之间进行折中。

8.2.3 干扰判决门限的设置

基于门限检测的窄带干扰抑制技术中,干扰检测门限的设计是算法的关键。目前文献中对门限选取的方法讨论较少,一阶矩法、二阶矩法以及 σ^2 最大似然估计法都可以实现无干扰条件下,得到对扩频信号和背景噪声功率之和的有效估计。但是当观测数据中存在功率远远大于扩频信号和背景噪声的窄带干扰时,经过 DFT 变换,存在干扰的子带输出并不满足高斯分布假设,并且被干扰子带的输出功率远远大于未被干扰的子带,这种情况下前面三种方法得到的门限会显著偏高,可能会引起部分被干扰的子带漏检,从而使得输出判决变量的信噪比减小,系统误码率提高。

根据扩频信号可近似为高斯白噪声的推定,可认为扩频信号经过离散傅里叶变换后,不存在窄带干扰时,接收信号变换矢量中各元素应近似服从独立同分布高斯随机分布,且方差等于接收信号的方差。假设接收信号中仅包含高斯白噪声和扩频信号,而没有干扰,记此时接收信号的方差为 σ^2,则其变换域矢量 $X(k)$ 中的 M 个频带幅度值,处于区间 $[-5\sigma, +5\sigma]$ 的概率为 99.33%,故可设定门限值为 5σ,并可以认为:变换域矢量 $X(k)$ 中幅度超过门限 5σ 的幅度分量包含了窄带干扰。使用该门限进行干扰检测与处理算法的具体步骤描述如下:

(1) 求 N 根谱线幅度平方的均值,作为对接收信号方差的估计 $\hat{\mu}$。
(2) 计算门限 $TH = 5\hat{\mu}$ 的值。
(3) 对 N 根谱线进行统计,计算是否存在幅度平方大于 TH 的谱线,如果有则对幅度平方值大于门限 TH 的谱线进行裁剪或者置零。
(4) 返回(1),对处理之后的谱线再次进行检验,直到不存在幅度平方大于 TH 的谱线。

8.2.4 数值仿真结果

为验证上述算法的性能,我们对不同窄带条件下的性能进行仿真,结果如图 8.16 和图 8.17 所示。

仿真过程中,采用重叠相加法减小加窗损失,数据块之间重叠 50%,背景噪声功率设为 $\sigma^2_v = 0.01$,采用 BPSK 调制对扩频信号进行调制,扩频增益为 32,

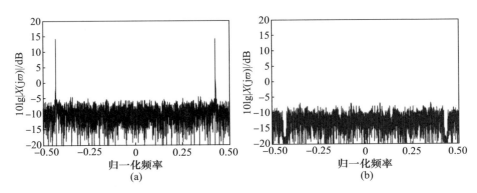

图 8.16 单音干扰处理前后信号频谱比较
(a)处理前;(b)处理后。

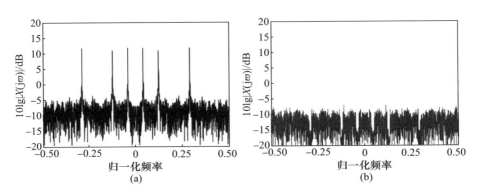

图 8.17 多音干扰处理前后信号频谱比较
(a)处理前;(b)处理后。

扩频码取 m 序列,每一个接收符号对应一个完整的 PN 码周期,以 chip 速率对信号进行采样,考虑相干解调接收机,FFT 的块长度为 256,改变窄带干扰功率和扩频信号功率得到不同的信噪比和信干比。

图 8.16 和图 8.17 分别给出存在单音干扰、多音干扰处理前后接收信号的频谱,仿真中取信噪比 SNR = -5dB,信干比 SIR = -20dB,三个单音干扰的功率相等,干扰归一化频偏随机选取,从图 8.16 和图 8.17 中可以看出,经过处理之后,窄带干扰被有效去除,对未受干扰的信号频段并没有失真。

在实际的通信系统中,窄带干扰在接收信号频带内的位置是随机的,因此要求干扰抑制算法对干扰中心频率的变化稳健。图 8.18 给出干扰频偏对误码率的影响,单音干扰的归一化频率从 0 到 0.5 均匀变化,信干比 SIR = -20dB,比特信噪比 E_b/N_0 = 6dB。图 8.18 中分别给出不加窗 DFT(相当于加矩形窗)、加汉明窗的 WDFT 以及无窄带干扰时理想情况下的误码率曲线,从仿真结果可以看出,不加窗时干扰的频偏对误码率有明显的影响,当干扰的频偏正好落在谱线上时,干扰的全部能量聚集在一根谱线上,将该谱线置零就可以完全地去除干扰,而对扩频信号的损伤非常小,但是当干扰归一化频偏落在两根谱线中间时,由于矩形窗的旁瓣泄漏非常严重,导致干扰能量扩散到邻近的谱线上,无法完全去除干扰,或者在去除干扰的同时对有用信号的损伤较大,此时误码率明显上升。对于加汉明窗的 WDFT,由于窗函数的作用,使得干扰的旁瓣降低,但同时使得主瓣被展宽,对于加窗 DFT,单音干扰频率变化对误码率无明显的影响,因此加窗可以进一步提高接收机对窄带干扰中心频率变化的稳健性。

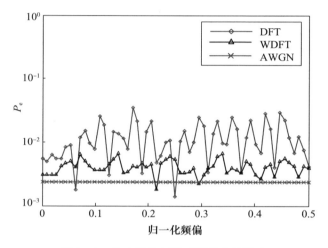

图 8.18　单音干扰频偏对误码率的影响

图 8.19 给出使用不同的窗函数时,干扰功率增加(SIR 减小)对误码率的影响。由表 8.1 可知,矩形窗的旁瓣衰减为 -13dB,汉明窗的旁瓣衰减为 41dB,Blackman 窗的旁瓣衰减为 -57dB,仿真取噪声功率 $\sigma_v^2 = 0.01$,比特信噪比 $E_b/N_0 = 6$dB,信干比 SIR 从 -100dB 到 0dB 变化,采用 50% 重叠相加法,固定单音干扰的归一化频偏为 0.3777。

从图 8.19 仿真结果可以看到,对于不加窗的 DFT,当 SIR < -10dB 时,误码率开始明显上升,使用汉明窗时,当 SIR < -35dB 时,系统误码率开始明显上升,而对于 Blackman 窗,当 SIR = -50dB 时仍然能够获得较好的干扰抑制效果。由以上分析可知,WDFT 对强干扰的抑制能力取决于窗函数的最高旁瓣,旁瓣衰减越大的窗函数,抑制强干扰的能力越强,但同时,在弱干扰或者无窄带干扰的情况下,对有用信号的失真也越大,因此实际系统设计时,需要考虑具体的应用要求,在抑制强干扰和对有用信号失真之间进行折中,选择合适的窗函数。

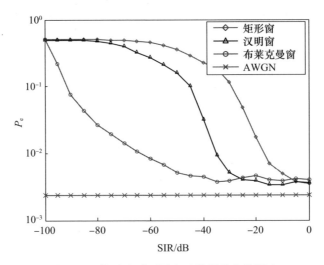

图 8.19 信干比对不同窗函数误码率的影响

8.3 基于 CMFB 的窄带干扰抑制技术

为实现在变换域中对窄带干扰能量更好地聚集,Medlay 等[13]将语音压缩中的重叠正交变换应用在抗干扰中,通过增加基函数的长度来改善频谱泄漏,李冲泥等[14]研究了重叠变换域干扰处理问题,朱丽平等[15-16]采用双正交重叠变换进一步降低了变换基函数的旁瓣,Jones 等[2]提出基于滤波器组的变换域抗干扰技术基本理论框架。离散傅里叶变换以及加窗离散傅里叶变换都可看作基于滤波器组变换域处理的特例,更广义地说,正交重叠变换以及双正交重叠变换都可以看作均匀 M 带滤波器组的特例。基于滤波器组的变换域抗干扰技术中,分析滤波器组完成从时域到变换域的映射,使窄带干扰和扩频信号及噪声容易区分,综合滤波器组完成从变换域到时域的映射,满足完全可重构条件设计自由度较大,因此可得到性能良好的滤波器组以改善频谱泄漏。

设计 M 通道滤波器组至少需要 $2M$ 个滤波器的系数,当 M 较大或者选择较长的子带滤波器时,未知的系数变量会更多,用直接优化计算的方法很难完成滤波器组的设计。由于低设计复杂度和高实现效率,余弦调制法是目前设计完全可重构 M 带滤波器组最常用的方法之一。通过合理选择和设计余弦调制滤波器组原型滤波器的长度和系数,可以得到优于传统的块变换的频率特性,在固定通道数 M 条件下,滤波器长度越大(重叠因子 m 越大),得到的滤波器组的旁瓣衰减越大，并且在滤波器长度确定的条件下，通过优化设计原型滤波器可在滤波器的主瓣宽度和旁瓣衰减之间进行适当的折中。

本节首先介绍 CMFB 基本理论，其次介绍与之相对应的修正的 K 谱线法，最后给出一些数值仿真结果。

8.3.1 CMFB 理论

两通道正交镜像滤波器组(Quadrature Mirror Filters, QMF)最早由 Croisier 等提出并用于语音编码，1984 年 Smith、Barnwell 和 Minter[4] 发现完全可重构的两通道滤波器组的存在，M 通道完全可重构滤波器组的设计比较复杂，对于工程应用来说，有效的设计和实现尤其重要，随着完全可重构滤波器组基本理论的逐渐趋于成熟，设计简单并且实现复杂度低的调制型 M 带滤波器组近年来得到较多的研究。在调制型滤波器组中，各个子带滤波器由一个原型低通滤波器通过调制得到，用于调制的函数可以是复指数函数，也可以是余弦和正弦函数，根据调制函数的不同，可分为 DFT 调制滤波器组和 CMFB。

调制滤波器组是滤波器组的一个重要分支，这类滤波器组通过调制一个或两个原型低通滤波器得到各通道的滤波器，大大降低了滤波器组的设计难度，不仅如此，调制型滤波器组还可以借助 DFT 或 DCT 实现，有很高的计算效率，因此在实际的信号处理中得到极其广泛的应用。

比较图 8.20 的 CMFB 滤波器组频率特性和图 8.21 的 DFT 调制滤波器组频率特性可知，在通道数 M 相同条件下，DFT 原型滤波器的带宽是 CMFB 原型滤

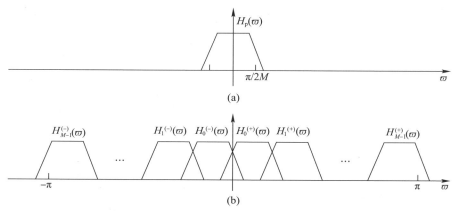

图 8.20　余弦调制滤波器组频率响应示意图
(a) 低通原型滤波器频率响应；(b) 各通道 CMFB 频率响应。

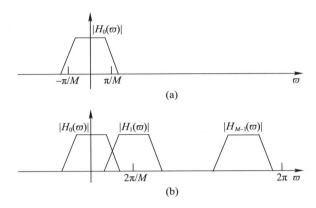

图 8.21 均匀 DFT 滤波器组频率响应示意图
(a)低通原型滤波器频率响应;(b)各通道 CMFB 频率响应。

波器带宽的 2 倍;经过调制后,DFT 调制滤波器组第 k 个通道输出信号的频率范围为

$$\varpi_k \in [2k\pi/M - \pi/M, 2k\pi/M + \pi/M] \tag{8.85}$$

CMFB 第 k 个通道输出信号的频率范围为

$$\varpi_k \in [k\pi/M, (k+1)\pi/M] \cup [-(k+1)\pi/M, -k\pi/M] \tag{8.86}$$

当输入信号 $x(n)$ 为实信号时,DFT 滤波器组输出为复信号,通道 k 与通道 $M-1-k$ 的输出共轭对称,因此通道中存在冗余,CMFB 输出为实信号,在不考虑相邻通道频谱混叠时,各通道输出不存在冗余。由前面的分析可见,对于实信号输入,采用 CMFB 对信号进行分解可以获得更高的频率分辨率,并且分解后各子带输出之间不存在冗余。因此,这里选择 CMFB 作为抗干扰处理分析/重构滤波器组。

CMFB 的 M 带分析滤波器 $h_i(n)$ 和综合滤波器 $g_i(n)$ 可以由同一个原型低通滤波器 $p(n)$ 经过调制得到[17]

$$h_k(n) = 2p(n)\cos\left((2k+1)\frac{\pi}{2M}\left(n - \frac{N-1}{2}\right) + (-1)^k \frac{\pi}{4}\right) \tag{8.87}$$

$$g_k(n) = 2p(n)\cos\left((2k+1)\frac{\pi}{2M}\left(n - \frac{N-1}{2}\right) - (-1)^k \frac{\pi}{4}\right) \tag{8.88}$$

式中:$k = 0, 1, \cdots, M-1$,M 为滤波器组的通道数;$n = 0, 1, \cdots, N-1$,N 为各通道滤波器的长度;原型滤波器 $p(n)$ 是通带截止频率为 $\pi/2M$ 的低通 FIR 滤波器。

由式(8.87)和式(8.88)可知,CMFB 各通道分析/综合滤波器的特性完全取决于原型滤波器 $p(n)$,因此满足完全可重构条件的原型滤波器设计是 CMFB

的关键问题之一。

定理 8.1 假设通道数 M 为偶数,原型低通滤波器 $p(n)$ 的长度为 $=2mM$,其多相分解为

$$P(z) = \sum_{n=0}^{N-1} p(n) z^{-n} = \sum_{i=0}^{2M-1} z^{-i} \sum_{l=0}^{m-1} p(2lM+i) z^{-2lM} = \sum_{i=0}^{2M-1} z^{-i} P_i(z^{2M}) \tag{8.89}$$

式中

$$P_i(z) = \sum_{l=0}^{m-1} p(2lM+i) z^{-l} \tag{8.90}$$

如果 $P_i(z)$ 满足

$$P_k(z) P_{2M-k-1}(z) + P_{M+k}(z) P_{M-k-1}(z) = c \cdot z^{-d}, k=0,1,\cdots,M/2-1 \tag{8.91}$$

式中:c 为非零的正实常数;d 为小于 $2m-1$ 的正整数,系统延时为 $D=2(d+1)M-1$,设计的 M 带均匀滤波器组是完全可重构的。如果 $p(n)$ 是线性相位的,则得到的是正交余弦调制滤波器组,并且 $d=m-1$;如果 $p(n)$ 为非线性相位的,则得到双正交余弦调制滤波器组,并且 $0 \le d \le 2m-1$。

定理 8.1 说明了正交 CMFB 滤波器组以及双正交 CMFB 滤波器组设计需要满足的条件,正交余弦调制滤波器组的处理延时是固定的,$D=2mM-1$,双正交滤波器组设计具有更大的设计自由度(设计自由度为 mM,而正交滤波器组由于线性相位特性,自由度减小一半,只有 $mM/2$),可以获得某些更好的特性,如阻带衰减特性、低延时特性等。

对于正交 CMFB,原型滤波器 $p(n)$ 满足对称性条件,即 $p(N-1-n)=p(n)$,结合式(8.87)和式(8.88)可得 $g_k(N-1-n)=f_k(n)$。虽然原型滤波器具有线性相位特性,经过余弦调制后各通道分析和综合滤波器都不具有线性相位特性,但总的滤波器组具有线性相位特性。

根据式(8.88)可得 $P_k(z)=z^{-(m-1)} \tilde{P}_{2M-1-k}(z)$,其中 $\tilde{P}(z)=P_*^T(z^{-1})$,表示将 $P(z)$ 中的 z 用 z^{-1} 取代,所有系数取共轭,然后转置。将该表达式代入(8.91)式并令 $c=1/2M$ 得到正交 CMFB 的完全可重构约束条件:

$$\tilde{P}_k(z) P_k(z) + \tilde{P}_{M+k}(z) P_{M+k}(z) = 1/2M, \quad k=0,1,\cdots,M/2-1 \tag{8.92}$$

CMFB 原型滤波器的设计是在满足式(8.92)的约束条件下,使得原型低通滤波器 $P(z)$ 的阻带能量最小。建立目标函数[18]:

$$\Phi = \frac{1}{\pi}\int_{\varpi_s}^{\pi} |P(e^{j\varpi})|^2 d\varpi \tag{8.93}$$

式中：ϖ_s 为原型滤波器的阻带截止频率，其取值区间为 $\pi/2M \leqslant \varpi_s \leqslant \pi/M$。

20世纪90年代初，Koipillai 和 Vaidyanathan[17]提出了正交余弦调制滤波器组完全可重构的充要条件，并给出一种格型实现结构，即使在格型系数量化时，滤波器的准确重构性可由格型结构保证，因此具有很好的数值稳健性。然而这种格型滤波器的系数是通过最小化原型滤波器的阻带能量来求得的，它的目标函数是优化参数的高度非线性函数，求解非常困难，更直接的方法是对原型滤波器的系数进行优化[18-19]。

原型滤波器 $p(n)$ 为线性相位 FIR 滤波器，系数满足对称性条件，滤波器的长度为 N，$p(n)$ 的频率响应可表示为[14]

$$P(e^{j\varpi}) = \sum_{n=0}^{N-1} p(n) e^{-j\varpi n} = e^{-j\varpi(N-1)/2} \sum_{n=0}^{N/2-1} 2p(n)\cos\left[\left(n - \frac{N-1}{2}\right)\varpi\right] \tag{8.94}$$

记矢量

$$\boldsymbol{p} = [p(0), p(1), \cdots, p(N/2-1)]^{\mathrm{T}} \tag{8.95}$$

$$\boldsymbol{c}(\varpi) = 2\left[\cos\left(\frac{N-1}{2}\varpi\right), \cos\left(\frac{N-3}{2}\varpi\right), \cdots, \cos\left(\frac{1}{2}\varpi\right)\right]^{\mathrm{T}} \tag{8.96}$$

将式(8.94)~式(8.96)代入式(8.93)可得矢量表示形式的目标函数为

$$\Phi = \frac{1}{\pi}\int_{\varpi_s}^{\pi} |P(e^{j\varpi})|^2 d\varpi = \boldsymbol{p}^{\mathrm{T}} \boldsymbol{Q} \boldsymbol{p} \tag{8.97}$$

式中

$$[\boldsymbol{Q}]_{i,j} = \left[\frac{1}{\pi}\int_{\varpi_s}^{\pi} \boldsymbol{c}(\varpi) \boldsymbol{c}^{\mathrm{T}}(\varpi) d\varpi\right]_{i,j}$$

$$= \frac{4}{\pi}\int_{\varpi_s}^{\pi} \cos\left[\left(i - \frac{N-1}{2}\right)\varpi\right] \cos\left[\left(j - \frac{N-1}{2}\right)\varpi\right] d\varpi \tag{8.98}$$

原型滤波器的设计在满足 PR 约束条件的前提下，取使得阻带能量最小的滤波器，即

$$\begin{cases} \boldsymbol{p}_{\mathrm{opt}} = \min_{p} \boldsymbol{p}^{\mathrm{T}} \boldsymbol{Q} \boldsymbol{p} \\ \text{s.t. } \tilde{P}_k(z) P_k(z) + \tilde{P}_{M+k}(z) P_{M+k}(z) = 1/2M, \quad k = 0, 1, \cdots, M/2 - 1 \end{cases} \tag{8.99}$$

根据原型滤波器的多相表示，经过化简可以将式(8.99)的完全可重构条件

表示为矢量的形式,原型滤波器的多相分解可以表示为[18]

$$P_k(z) = \boldsymbol{p}^T \boldsymbol{V}_k \boldsymbol{e}, \quad P_k(z^{-1}) = z^{m-1} \boldsymbol{p}^T \boldsymbol{V}_k \boldsymbol{J} \boldsymbol{e} \tag{8.100}$$

式中

$$\boldsymbol{e} = [1, z^{-1}, \cdots, z^{-(m-1)}]^T$$

$$[\boldsymbol{V}_k]_{i,j} = \begin{cases} 1, & \begin{cases} i = k + 2jM, & k + 2jM < mM \\ i = 2M(m-j) - 1 - k, & k + 2jM \geqslant mM \end{cases} \\ 0, & \text{其他} \end{cases} \tag{8.101}$$

将式(8.100)代入式(8.99)可得

$$\boldsymbol{p}^T [\boldsymbol{V}_k \boldsymbol{J} \boldsymbol{e} \boldsymbol{e}^T \boldsymbol{V}_k^T + \boldsymbol{V}_{M+k} \boldsymbol{J} \boldsymbol{e} \boldsymbol{e}^T \boldsymbol{V}_{M+k}^T] \boldsymbol{p} = \frac{1}{2M} z^{-(m-1)} \tag{8.102}$$

注意到

$$\boldsymbol{e} \boldsymbol{e}^T = \sum_{n=0}^{2(m-1)} z^{-n} \boldsymbol{D}_n, \quad [\boldsymbol{D}_n]_{i,j} = \begin{cases} 1, & i+j=n \\ 0, & \text{其他} \end{cases} \tag{8.103}$$

经过化简可得

$$\boldsymbol{p}^T [\boldsymbol{V}_k \boldsymbol{J} \boldsymbol{D}_n \boldsymbol{V}_k^T + \boldsymbol{V}_{M+k} \boldsymbol{J} \boldsymbol{D}_n \boldsymbol{V}_{M+k}^T] \boldsymbol{p} = \begin{cases} 0, & 0 \leqslant n \leqslant m-2 \\ \dfrac{1}{2M}, & n = m-1 \end{cases} \tag{8.104}$$

上式约束条件对于不同的 k 共有 $M/2$ 个,因此原来的 $M/2$ 个完全可重构条件可以重写为 $mM/2$ 个二次等式约束条件。原型滤波器的设计转化为 $mM/2$ 个二次等式约束的最小二乘问题[14,18],利用最优化工具可求解使得式(8.99)最小的系数矢量 $\boldsymbol{p}$ [14],从而得到完全可重构的最优原型滤波器。

谭营等[14]利用罚函数法,将式(8.99)的二次约束最小二乘问题转化为无约束非线性优化问题,通过放松完全可重构条件的约束,构造新的代价函数

$$\Phi' = \boldsymbol{p}^T \boldsymbol{Q} \boldsymbol{p} + \sum_{l=1}^{mM/2} \lambda_l F_l^2(\boldsymbol{p}) \tag{8.105}$$

式中:λ_l 为罚因子;函数 $F_l(\boldsymbol{p})$ 可表示为

$$F_l(\boldsymbol{p}) = \begin{cases} \boldsymbol{p}^T [\boldsymbol{V}_k \boldsymbol{J} \boldsymbol{D}_n \boldsymbol{V}_k^T + \boldsymbol{V}_{M+k} \boldsymbol{J} \boldsymbol{D}_n \boldsymbol{V}_{M+k}^T] \boldsymbol{p}, & 0 \leqslant n \leqslant m-2, \forall k \\ \boldsymbol{p}^T [\boldsymbol{V}_k \boldsymbol{J} \boldsymbol{D}_n \boldsymbol{V}_k^T + \boldsymbol{V}_{M+k} \boldsymbol{J} \boldsymbol{D}_n \boldsymbol{V}_{M+k}^T] \boldsymbol{p} - 1/2M, & n = m-1, \forall k \end{cases}$$

$$\tag{8.106}$$

根据罚函数理论,当罚因子 λ_l 趋于无穷大时,式(8.106)无约束最优化问题的最优解正好是原二次约束最小二乘问题的精确解,罚函数法可以通过选择适

当的罚因子 λ_l,使得原型滤波器的设计在 PR 和阻带衰减之间进行折中,即适当放宽 PR 条件的限制,换取更好的阻带衰减性能。虽然以上方法得到的是一种几乎完全可重构(Nearly Perfect Reconstruction,NPR)原型滤波器,但在保证完全可重构约束条件满足一定精度的前提下,在有限精度运算的数字器件实现中,设计得到原型滤波器对有用信号的失真可以忽略不计。

在实际应用中,CMFB 具有很多有效的快速实现结构,其运算复杂度比 DFT、LOT 等只有少量的增加。关于 CMFB 快速实现结构的讨论参见文献[19-22],限于篇幅,这里不再赘述。

8.3.2 修正的 K 谱线法

以码片速率采样得到的扩频信号具有伪白噪声特性,当扩展比较大时,解扩前扩频信号功率甚至会低于接收机噪声功率,窄带干扰的能量主要集中在很窄的频带内,经过滤波器组分解,扩频信号和噪声的能量均匀分布在各个通道,而窄带干扰能量则集中在一个或很少几个通道内,对存在干扰通道的系数置零或施以较小的权值,在综合端重建信号中窄带干扰将得到有效抑制。信号的滤波器组分解也可以看成一种子带变换,如果采用的滤波器组是正交的,这种变换就是正交变换。子带变换滤波器的系数可以看作是正交基函数,而滤波通道的输出就是输入信号在此基上的投影系数。李冲泥等[4]讨论了基于重叠变换的变换域阈值设计方法,并对条件中值滤波进行修正,提出一种基于双门限检测的修正的中值滤波(Modified Median Filtering,MMF)算法。本节从滤波器组的角度出发,提出一种基于最小 Akaike 准则的修正的 K 谱线法变换域干扰处理方法。

定义干扰索引集 $\Omega(n)$ 是第 n 次变换后确定的包含干扰的通道索引的集合,即如果检测到通道 k 被干扰,则 $k \in \Omega(n)$。显然,如何确定干扰索引集合 $\Omega(n)$ 是干扰检测的关键问题。门限检测法通过将所有通道的功率与门限进行比较[23],如果 $\hat{\sigma}_k^2(n) > \text{TH}$,则 $k \in \Omega(n)$;K 谱线法在每次变换后由功率最大的 K 个通道的索引构成集合 $\Omega(n)$,定义 $K(n)$ 为集合 $\Omega(n)$ 的势(元素个数),则第 n 次变换需要置零的系数个数 $K(n)$ 值的设计是 K 谱线法的关键,通过选择合理的 K 值可实现对干扰的有效检测,但 K 值过小不能完全抑制干扰,K 值过大则会对有用信号造成不必要的损失[24]。目前相关文献中关于 K 值设计的讨论较少,多根据干扰的带宽等参数采用固定的 K 值[25],很难适应干扰环境的变化。下面给出一种基于最小 Akaike 信息准则的最优 K 值设计方法。

1. 信息论准则

信息论的方法是 Wax 和 Kailath[26-27]提出的,最早应用于模型的定阶和选择中,这些方法是在 Anderson 和 Rissanen 提出的理论基础上发展起来的,如 AIC 准则、最小描述长度(Minimum Description Length,MDL)准则以及有效检测准则(Effective Detection Criteria,EDC)等。信息论的方法有统一的表达形式

$$J(k) = \mathcal{L}(k) + p(k) \tag{8.107}$$

式中:$\mathcal{L}(k)$ 为对数似然函数;$p(k)$ 为惩罚函数。

通过对 $\mathcal{L}(k)$、$p(k)$ 的不同选择可以得到不同的准则。对于 EDC,有

$$EDC(k) = L(N-k)\ln\alpha(k) + k(2N-k)\mathcal{C}(L) \tag{8.108}$$

式中:k 为待估计的子空间的秩(自由度);L 为采样数;$\ln\alpha(k)$ 为似然函数;$\alpha(k)$ 为 $N-k$ 个最小估计特征值的算术平均和几何平均之比,即

$$\alpha(k) = \frac{\left(\sum_{l=k+1}^{N}\lambda_l\right)/N-k}{\left(\prod_{l=k+1}^{N}\lambda_l\right)^{1/(N-k)}} \tag{8.109}$$

当式(8.108)中的 $\mathcal{C}(L)$ 满足如下约束条件时,EDC 准则具有估计一致性:

$$\lim_{L\to\infty}(\mathcal{C}(L)/L) = 0 \tag{8.110}$$

$$\lim_{L\to\infty}(\mathcal{C}(L)/\ln\ln L) = \infty \tag{8.111}$$

在式(8.108)中选择 $\mathcal{C}(L)$ 分别等于 1、$(\ln L)/2$,就可以得到 AIC 以及 MDL 准则,即

$$\begin{aligned} AIC(k) &= L(N-k)\ln\alpha(k) + k(2N-k) \\ MDL(k) &= L(N-k)\ln\alpha(k) + \frac{1}{2}k(2N-k)\ln L \end{aligned} \tag{8.112}$$

Zhang 等[28]针对 AIC、MDL 两个准则从理论上分析了它们的错误概率,Wong 等[29]从仿真试验中分析了这两个准则的性能。

2. 最优 K 值的选取

变换域处理方法通常是基于对分析滤波器组各通道输出的单次快拍(一次正交变换的变换域系数)进行处理的,但是对于基函数长度大于分解子带数的余弦调制滤波器组(如重叠变换),单次快拍的系数并不能完全反映子带输出信号的功率。李冲泥等[30]从正交变换的角度对这一问题进行分析,提出一种改进的中值滤波算法。从滤波器组的角度来看这一问题是非常显然的。以单音干扰为例,经过滤波器组分解、下采样之后,干扰所在通道输出系数必然是一个低频单音信号,该单音信号的频率为原单音干扰相对于通道零频频偏的 $1/M$,只有当干扰频率正好与通道零频重合时,干扰所在通道输出才是一个反映干扰大小的

直流分量。但这一要求过于苛刻,否则干扰所在通道输出系数振荡,当系数刚好处于零附近时,单次快拍得到的系数不能正确反映干扰位置。为解决这一问题,提出一种基于子带功率估计结合修正 K 谱线法的干扰抑制算法,首先对 M 个通道输出的功率估计

$$\hat{\sigma}_k^2(n) = \beta \hat{\sigma}_k^2(n-1) + |y_k(n)|^2, 0 \leq k \leq M-1 \quad (8.113)$$

式中:$0 \leq \beta < 1$ 为遗忘因子。通过调整 β 值的大小,可以控制时间平均的长度,在快时变干扰环境下,取较小的 β 可以增强算法的跟踪性能,在慢时变或者平稳的干扰环境下取较大的 β 可以提高子带功率估计的精度,特别地当 $\beta = 0$ 时,即等价于利用单次快拍系数的平方作为通道的功率估计。

由于窄带干扰的功率远远大于扩频信号和接收机噪声,将 M 个通道的功率估计从大到小进行排序,被干扰污染的通道功率必然显著大于未被污染的通道。这里将最小 Akaike 信息准则推广应用于估计排序后 M 个通道功率的"拐点"。首先对功率估计 $\{\hat{\sigma}_k^2(n), k=0,1,\cdots,M-1\}$ 从大到小进行排序,得到序列 $\tilde{\sigma}_0^2(n) \geq \tilde{\sigma}_1^2(n) \geq \cdots \geq \tilde{\sigma}_{M-1}^2(n)$,$\alpha(k)$ 定义为第 n 次快拍后 $M-k$ 个输出功率最小的通道功率估计的代数平均和几何平均之比,即

$$\alpha(k) = \left(\sum_{l=k}^{M-1} \tilde{\sigma}_k^2(n)\right) \left(\prod_{l=k}^{M-1} \tilde{\sigma}_k^2(n)\right)^{-1/(M-k)} \Big/ M-k \quad (8.114)$$

选择 $K(n)$ 使得 Akaike 信息

$$K(n) = \min_k \text{AIC}(k) = \min_k \frac{(N-k-1)\ln\alpha(k)}{1-\beta} + k(2M-k-1) \quad (8.115)$$

达到最小。其中 $k=0,1,2,\cdots,M-1$,β 为遗忘因子,$1/(1-\beta)$ 为等效时间平均长度。当 $\Omega(n)$ 的势 $K(n)$ 确定后,选择输出功率最大的 $K(n)$ 个通道的索引构成干扰索引集 $\Omega(n)$,将干扰索引集中索引对应的通道快拍系数置零,经过综合滤波器组得到去除干扰的接收信号。值得注意的是,最小 Akaike 信息准则得到的估计往往会小于实际阶数,因此还需要比较 $\tilde{\sigma}_{K(n)}^2(n)$ 和 $\tilde{\sigma}_{K(n)+1}^2(n)$ 的值,如果 $\tilde{\sigma}_{K(n)}^2(n)$ 大于4倍的 $\tilde{\sigma}_{K(n)+1}^2(n)$,则其所对应通道输出系数也需要置零。实际应用中,在估计最优 K 值之前应该首先判断是否存在干扰,以免不存在干扰的条件下得到错误的 K 值估计,对扩频信号造成不必要的损失。修正的 K 谱线法算法总结如下:

(1)将接收信号通过分析滤波器组得到 M 个通道输出。

(2)利用式(8.113)估计 M 个通道的输出信号功率。

(3)将 M 个通道的功率估计进行排序,得到 $\tilde{\sigma}_0^2(n) \geq \tilde{\sigma}_1^2(n) \geq \cdots \geq \tilde{\sigma}_{M-1}^2(n)$。

(4) 计算最大功率与最小功率之比 $\tilde{\sigma}_0^2(n)/\tilde{\sigma}_{M-1}^2(n)$ 并和一个设定的固定门限比较:如果 $\tilde{\sigma}_0^2(n)/\tilde{\sigma}_{M-1}^2(n) > T_h$,认为接收信号中存在窄带干扰,继续进行下一步;否则,不进行处理,经过综合滤波器组重构输入信号。

(5) 根据式(8.114)和式(8.115)计算确定最优的 $K(n)$。

(6) 将输出功率最大的 $K(n)$ 个通道快拍系数置零,比较 $\tilde{\sigma}_{K(n)}^2(n)$ 和 $\tilde{\sigma}_{K(n)+1}^2(n)$ 的值,如果 $\tilde{\sigma}_{K(n)}^2(n)$ 大于 4 倍的 $\tilde{\sigma}_{K(n)+1}^2(n)$,则其所对应通道输出系数也需要置零,经过综合滤波器组重构输入信号。

8.3.3 数值仿真结果

图 8.22 给出采用罚函数法设计原型滤波器的 CMFB 与 ELT 原型滤波器、分析滤波器组的性能比较。通道数 $M=8$,取重叠因子 $m=2$,CMFB 原型滤波器长度与 ELT 原型滤波器($\gamma=0.005$)长度相等,设计中取罚因子 $\lambda=1\times10^4$,阻带截止频率 $\varpi_s=\pi/M$。从图 8.22(b)可以看出,CMFB 原型滤波器的主瓣比 ELT 原型滤波器主瓣窄,ELT 旁瓣衰减为 -34dB,CMFB 原型滤波器旁瓣衰减只

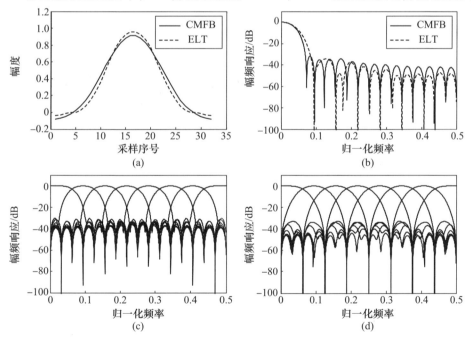

图 8.22 CMFB 与 ELT 幅频性能比较

(a)原型滤波器冲激响应;(b)原型滤波器幅频响应;(c)CMFB 分析滤波器组幅频响应($M=8,m=2$);(d)ELT 分析滤波器组幅频响应($M=8$)。

有 −32dB。虽然以上参数设计得到的 CMFB 原型滤波器旁瓣衰减较高，但如果设计中取较大的阻带截止频率 ϖ_s，那么，CMFB 可获得优于 ELT 的旁瓣特性。比较图 8.22(c)、(d) 可知，ELT 分析滤波器组非相邻通道之间仍然存在较大的频率混叠，CMFB 分析滤波器组非相邻子带之间的频率混叠相对较小。在抗干扰研究中，通常比较强调旁瓣衰减不足导致窄带干扰能量泄漏到邻近的通道中。通过比较图 8.22(c)、(d) 发现，非相邻通道之间的频率混叠也是导致窄带干扰能量泄漏的一个重要因素，虽然 ELT 原型滤波器旁瓣衰减有 −34dB，但其非相邻通道之间的频率混叠比较严重，因此原型滤波器设计应综合考虑旁瓣衰减和非相邻通道间的频率混叠，在两者之间进行适当的折中。CMFB 设计中，取较大的 m，增加原型滤波器的长度 $N=2mM$，可进一步改善旁瓣衰减和非相邻通道频率混叠问题，代价是整个系统复杂度的增加以及对输入信号平稳性的要求更高。

图 8.23 给出采用 CMFB 对一个混叠加性高斯白噪声的单音信号进行分解重构的结果。信号采样频率为 1000Hz，单音信号频率为 159.375Hz，噪声功率 $\sigma^2=0.01$，信噪比为 20dB，滤波器通道数 $M=8$。从图中可以看出，采用罚函数法设计得到的 NPR 滤波器组对信号的失真非常小，在有限精度的运算中几乎可以忽略。

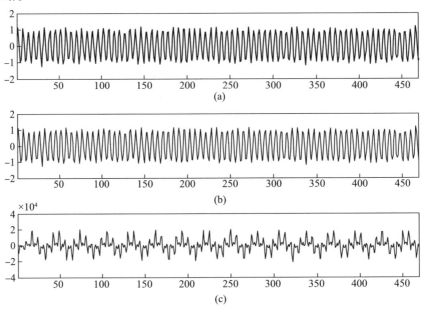

图 8.23　CMFB 滤波器组重构性能
(a)输入信号；(b)重构信号；(c)重构误差。

图 8.24 为分别采用 CMFB 和 ELT 对上面的单音信号进行分解时各通道的输出结果。分析可知,单音干扰的频率落在第 $k=2$ 通道中心频率附近。从图 8.24(b)可以看出,ELT 分解相邻两个通道($k=1,k=3$)的输出都被单音信号污染。由图 8.24(d)滤波器组各通道幅频响应可知,这是通道之间的频率混叠引起的。图 8.24(a)为采用 $m=2$ 的 CMFB 原型滤波器进行分解的结果,从图中可以看出,CMFB 相邻通道输出信号功率要小于 ELT,并且非相邻通道受干扰影响明显小于 ELT,由此可见 CMFB 比 ELT 对单音干扰具有更好的能量聚集作用。

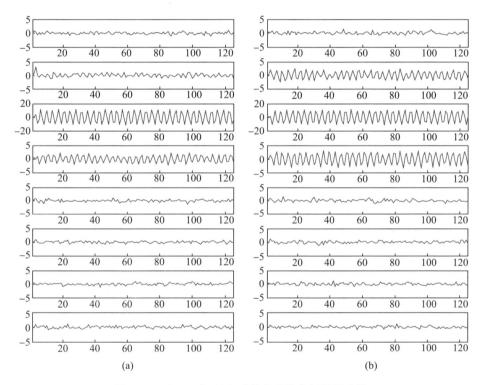

图 8.24 CMFB 与 ELT 对单音干扰分解结果比较
(a)CMFB 各通道输出;(b)ELT 各通道输出。

图 8.25 给出分别采用 DCT、MLT、ELT 和 CMFB 进行干扰抑制时,单音干扰频率对误码率的影响。仿真中取 $E_b/N_0=6$dB,滤波器组通道数 $M=32$,DCT 变换块长度等于 M,图中 AWGN 表示理想情况下只存在加性高斯白噪声时接收机的误码率。从图中可以看出,基于 DCT 干扰抑制算法对干扰频率非常敏感,干扰位置不同会对接收机误码率产生很大的影响,而 MLT、ELT 和 CMFB 对干扰频率变化具有很好的适应性。

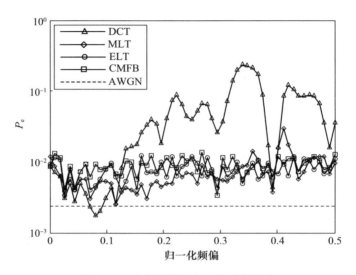

图 8.25 单音干扰频率对误码率影响

图 8.26 给出干扰强度与误码率的关系曲线。仿真中取噪声功率 $\sigma_v^2 = 0.01$,比特信噪比 $E_b/N_0 = 6\text{dB}$,输入信干比从 $-100 \sim 0\text{dB}$ 均匀变化,干扰为归一化频率等于 0.1777 的单音信号。从仿真结果可以看到,DCT 的误码率在 SIR = -10dB 开始明显上升,随着干扰信号的增加,误码率增加很快,当 SIR = -20dB 时,基于 DCT 的干扰抑制算法几乎完全失效;MLT 在 SIR = -20dB 时开始增加,当 SIR = -30dB 时,接收机误码率已经严重恶化,ELT 和 CMFB 对于 SIR = -30dB 的干扰仍能有效的抑制。

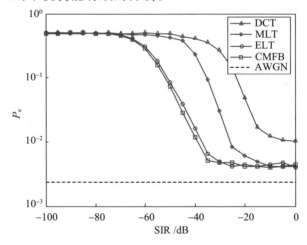

图 8.26 单音干扰下 BER 与 SIR 关系曲线

图 8.27 给出单音、多音干扰条件下抗干扰接收机误码率仿真结果。系统扩展比为 32,PN 码取 m 序列,每个接收符号对应一个完整的 PN 码周期,仿真中固定接收机噪声功率 $\sigma^2 = 0.01$,改变扩频信号功率和干扰功率得到不同比特信噪比 E_b/N_0 和信干比条件下的仿真结果。为克服干扰频偏对误码率的影响,单音干扰时误码率结果为 100 次独立试验的结果,每次试验干扰归一化频偏在区间 $[0,0.5]$ 之间均匀随机取值,试验中信干比 SIR = -20dB。多音干扰取三个功率相等的单音干扰,每次试验干扰的归一化频偏分别在区间 $[0,0.0625]$、$[0.250, 0.312]$、$[0.430,0.500]$ 上均匀随机取值,三个单音干扰分别位于接收信号的低、中、高频段,信干比 SIR = -20dB,图中结果为 100 次独立试验的平均。为便于比较,图中同时给出不采用其他干扰抑制手段,只利用扩频系统的扩频增益进行干扰抑制时的误码率曲线(标记为 DSSS)和高斯白噪声信道下接收机的误码率曲线(标记为 AWGN)。由仿真结果可见,在原型滤波器长度相同($M = 32$,$m = 2$)条件下,经过优化的 CMFB 滤波器组性能优于基函数长度相同的 ELT,并

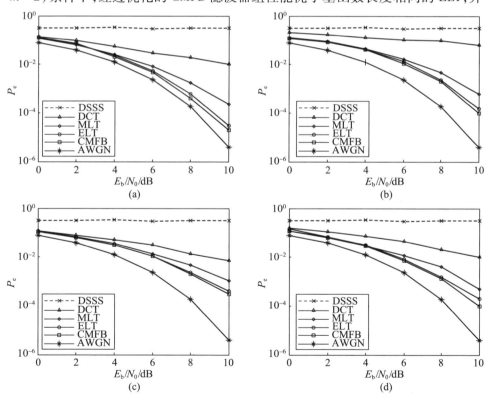

图 8.27 CMFB 抗干扰接收机误码率曲线
(a)单音干扰;(b)多音干扰;(b)AR(2)干扰;(d)部分频带干扰。

且增加原型滤波器的长度(重叠因子 m),接收机性能可以得到进一步的改善。在 10^{-4} 误码率条件下,干扰抑制算法抑制单音干扰引入的有用信号失真相对于 AWGN 信道下,约有 1.5dB 的信噪比损失,抑制多音干扰引入的信噪比损失大于 2dB。对比上一节中基于加窗 DFT 抗干扰算法的误码率曲线可知,32 通道的 CMFB 性能与 256 点重叠加窗 DFT 相当。

参 考 文 献

[1] Laurence B M,Pankaj K D. An analysis of a real – time transform domain filtering digital communication system – part 1:wide – band interference rejection[J]. IEEE Transactions on Communications,1983,31(1):21 – 27.

[2] Jones W W,Jones K R. Narrowband interference suppression using filter – bank analysis/synthesis techniques[C]//MILCOM 92 Conference Record,San Diego:IEEE 1992:898 – 902.

[3] Bellanger M. Digital filtering by polyphase network:application to sample rate alteration and filter banks[J]. IEEE Transactions on ASSP,1976,24(4):109 – 114.

[4] 曹雪虹,毕厚杰. 过采样精确重构余弦调制滤波器组的设计[J]. 通信学报,2001,22(8):66 – 71.

[5] 宗孔德. 多抽样率信号处理[M]. 北京:清华大学出版社,1996.

[6] DiPietro R C. An FFT based technique for suppressing narrow – band interference in PN spread spectrum communication systems[C]//IEEE Conference Proceedings on ICASSP. Piscataway:IEEE Press,1989:1360 – 1364.

[7] Young J A. Systematic performance comparision of narrow – band interference rejection algorithms for direct sequence spread spectrum reception[D]. West Lafayette(IN):Purdue University,1995.

[8] Paul T C,Brian J H,Thomas M H,et al. A single – chip narrow – band frequency – domain excisor for a global positioning system(GPS)receiver[J]. IEEE Journal of Solid – State Circuits,2000,35(3):401 – 411.

[9] 薛巍,向敬成,黄怀信. 基于门限估计的直扩通信系统窄带干扰变换域抑制方法[J]. 电子与信息学报,2003,25(7):990 – 994.

[10] Kasparis T,Georiopoulos M,Payne E. Non – linear filtering techniques for narrowband interference rejection in direct sequence spread spectrum systems[C]//IEEE Military Communication Conference. Piscataway:IEEE Press,1991:360 – 364.

[11] Gary J S. Suppression of narrowband jammers in a spread spectrum receiver using transform – domain adaptive filtering[J]. IEEE Journal on Selected Areas in Communications,1992,10(4):742 – 749.

[12] 李琳,路军,张尔扬. 权值泄漏方法的改进[J]. 信号处理,2003,19(4):380 – 383.

[13] Michael J M,Gary J S,Pankaj K D. Narrow – band interference excision in spread spectrum systems using lapped transforms[J]. IEEE Transactions on Communications,1997,45(11):1444 – 1455.

[14] 李冲泥,胡光锐. 一种新的重叠变换域抗窄带干扰技术[J]. 电子学报,2000,28(1):117 – 119.

[15] 石光明. 子带滤波器组的设计方法和应用[D]. 西安:西安电子科技大学,2001.

[16] 朱丽平,胡光锐,朱义胜. 一种新的重叠双正交变换域窄带干扰抑制技术[J]. 上海交通大学学报(自然科学版),2004,38(12):1986 – 1988.

[17] Koipillai R D,Vaidyanathan P P. Cosin – modulated FIR filter banks satisfying perfect reconstruction[J].

IEEE Transactions on Signal Processing,1992,40(4):770-783.

[18] Nguyen T Q. Digital filter bank design quadratic-constrained formulation[J]. IEEE Transactions on Signal Processing,1995,43(9):2103-2108.

[19] 张子敬,焦李成. 余弦调制滤波器组的原型滤波器设计[J]. 电子与信息学报,2002,24(3):308-313.

[20] 高西奇,祁俊,何振亚. 任意长度线性相位余弦调制滤波器组的快速实现[J]. 电子学报,1999,27(10):43-46.

[21] Malvar H S. Extended lapped transforms:properties applications and fast algorithms[J]. IEEE Transactions on Signal Processing,1992,40(11):2703-2714.

[22] 程玉荣,孙玲芬. 基于余弦调制滤波器组的多载波调制[J]. 解放军理工大学学报,2000,1(3):21-26.

[23] Poor H V. Narrowband interference suppression in spread spectrum CDMA[J]. IEEE Personal Communications Magzine,1994,Third Quarter:14-27.

[24] 刘勇,谢军,邱乐德. 卫星通信和星上抗干扰技术[J]. 空间电子对抗,2000(3):1-6.

[25] 李琳. 扩频通信系统中的自适应窄带干扰抑制技术研究[D]. 长沙:国防科技大学,2004.

[26] Wax M,Kailath T. Detection of signals by information theoretic criteria[J]. IEEE Transactions on Acoustics Speech and Signal Processing,1985,33(2):387-392.

[27] Wax M,Ziskind I. Detection of the number of coherent signals by the MDL[J]. IEEE Transactions on ASSP,1989,37(8):1190-1196.

[28] Zhang Q,Wong K M. Statistical analysis of the performance of information theoretic ctiteria in the detection of the number of signals in array processing[J]. IEEE Transactions on ASSP,1989,37(10):1557-1567.

[29] Wong K M,Zhang Q. On information theretic criteria for detection the number of signal in high resolution array processing[J]. IEEE Transactions on ASSP,1990,38(11):1959-1971.

[30] 李冲泥,胡光锐. 一种新的重叠变换域抗窄带干扰技术[J]. 电子学报,2000,28(1):117-119.

第 9 章 空域干扰抑制

无论是民用通信还是军事通信,电磁环境的恶化常使接收机输入 SINR 很低,使通信的性能恶化。造成 SINR 低的原因有五种:①接收机内部、外部噪声;②敌方施放的无线电干扰;③同一地域内不同电台间的相互干扰;④天线运动及天线附近场地条件的不良;⑤电波传输中引起的衰落和多径效应。以上干扰都可能通过天线进入接收机,使接收机判决器的输入 SINR 大大降低。如果能将干扰"拒之门外",则可以大大降低接收机内部的抗干扰要求。

自适应天线阵抗干扰技术的基本思想是通过实时控制天线阵的方向图来强化信号、抑制干扰。也就是说,基于期望信号和干扰传来方向的差异,通过自动调整天线阵各阵元的权值,使方向图的主波束顶点对准期望信号来向,旁瓣零点对准干扰信号来向,以达到提高接收机输入 SINR 的目的[1]。

阵列天线研究与应用比较成熟,其优势主要体现在四个方面:①自适应天线阵依靠空间特性提高输入 SINR,和扩频通信相比,面对相同的抗干扰需求,自适应天线阵能够实现更大的干扰抑制度,并且对信号的损伤较小;②具有自动感知干扰源存在并抑制其影响的能力,同时增强对期望信号的接收能力,而不需知道干扰和信号的先验信息;③自适应天线阵能够鉴别和分选出空域、频域及极化上多种不同的信号;④自适应天线阵和其他抗干扰技术相配合,可获得更高的抗干扰能力。

本章首先介绍阵列信号处理干扰抑制原理,主要包括其信号模型和一些典型的自适应波束形成方案;其次介绍将阵列信号处理用于干扰抑制,介绍包括干扰抑制性能的评估准则,利用评估准则分析几个典型算法的抗干扰性能。

9.1 阵列信号处理干扰抑制原理

本节主要介绍阵列信号的模型、阵列信号处理的基本原理以及常用的典型方案。信号模型主要介绍常见的天线阵并结合自适应波束形成网络进行模型建模。阵列信号处理主要介绍自适应波束形成常用准则。

9.1.1 信号模型

设天线阵包括 M 个阵元,各阵元收到的信号波形为 $x_1(t), x_2(t), \cdots, x_M(t)$。接收信号 $\boldsymbol{x}(t)$ 是一个 $M \times 1$ 列矢量:

$$\boldsymbol{x}(t) = [x_1(t) \quad x_2(t) \quad \cdots \quad x_M(t)]^T \tag{9.1}$$

接收信号矢量中的期望信号矢量为 $\boldsymbol{s}(t)$,噪声、干扰矢量分别为 $\boldsymbol{u}(t)$、$\boldsymbol{v}(t)$,则有

$$\boldsymbol{x}(t) = \boldsymbol{s}(t) + \boldsymbol{u}(t) + \boldsymbol{v}(t) \tag{9.2}$$

$$\boldsymbol{s}(t) = [s_1(t) \quad s_2(t) \quad \cdots \quad s_M(t)]^T \tag{9.3}$$

式中的信号分量可精确已知(中心频率、带宽等)、粗略已知或只知道其统计特性。在最好的情况下可以认为干扰是平稳随机过程,一般情况下干扰特性是完全未知而且随着时间的推移而缓慢变化的。

第 m 个阵元的接收信号 $s_m(t)$ 是发射信号 $s(t)$ 经过自由空间传播和天线阵元的接收得到的:

$$s_m(t) = g_m(t) * s(t) = \int g_m(t-\alpha)s(\alpha)\mathrm{d}\alpha \tag{9.4}$$

式中:$g_m(t)$ 为从发射源到第 m 个阵元的信道传输函数,这个信道传输函数包含了第 m 个阵元的单位冲激响应。

在理想情况下,可以认定信道传播是无频散的,天线阵元的接收是无畸变的,那么 $g_m(t)$ 就等于时间延迟脉冲函数 $\delta(t-\tau_m)$。这样,每一阵元收到的信号除了时间延迟不同外,其余都相同,于是有

$$\boldsymbol{s}(t) = [s(t-\tau_1) \quad s(t-\tau_2) \quad \cdots \quad s(t-\tau_M)]^T \tag{9.5}$$

在实际应用中,接收天线阵到发射源距离远大于波长 λ_0 时,可以认为信号到达接收天线阵是平面波,其波前垂直于信号来向,如图 9.1 所示。

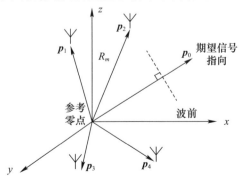

图 9.1 平面波传播示意图

为了在$\{\tau_1,\tau_2,\cdots,\tau_M\}$中略去信号在自由空间内的传输时延,在接收天线阵中设立一个参考原点,假设这个参考原点收到的信号为$s(t)$,如图9.2所示,各个天线阵元相对于参考原点的三维坐标可以写成一个3×1列矢量。

$$\boldsymbol{p}_m = \begin{bmatrix} p_{m,x} & p_{m,y} & p_{m,z} \end{bmatrix}^T = \begin{bmatrix} R_m\cos\gamma_m\cos\theta_m & R_m\cos\gamma_m\sin\theta_m & R_m\sin\gamma_m \end{bmatrix}^T \tag{9.6}$$

式中:θ_m、γ_m分别为第m个天线的方位角和俯仰角;R_m为第m个天线到参考原点的距离。

从参考原点看去,期望信号指向的单位矢量为

$$\boldsymbol{p}_0 = \begin{bmatrix} p_{0,x} & p_{0,y} & p_{0,z} \end{bmatrix}^T = \begin{bmatrix} \cos\gamma_0\cos\theta_0 & \cos\gamma_0\sin\theta_0 & \sin\gamma_0 \end{bmatrix}^T \tag{9.7}$$

式中:θ_0、γ_0分别为期望信号指向的方位角和俯仰角。注意:p_0的平方范数等于1,它是一个单位矢量。

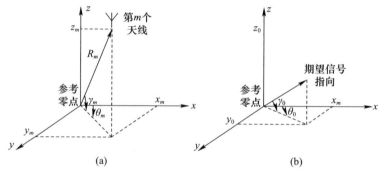

图9.2 天线坐标和期望信号指向坐标

如图9.3所示,第m个天线相对于参考原点,发射信号走过的路程少了L_m,显然,L_m就等于矢量p_m在单位矢量p_0上的投影长度。

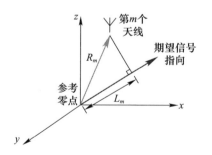

图9.3 第m个阵元相对参考零点在期望方向的距离图

到达第 m 个天线的期望信号 $s_m(t)$ 比到达参考原点的期望信号 $s(t)$ 少走了 L_m，因此 $s_m(t)$ 比 $s(t)$ 提前的时间为

$$\tau_m = L_m/c \tag{9.8}$$

$$\begin{aligned} L_m &= \langle \boldsymbol{p}_m, \boldsymbol{p}_0 \rangle = p_{m,x}p_{0,x} + p_{m,y}p_{0,y} + p_{m,z}p_{0,z} \\ &= R_m\cos\gamma_m\cos\theta_m\cos\gamma_0\cos\theta_0 + R_m\cos\gamma_m\sin\theta_m\cos\gamma_0\sin\theta_0 + R_m\sin\gamma_m\sin\gamma_0 \end{aligned}$$
$$\tag{9.9}$$

假设期望信号 $s(t)$ 是一个窄带信号，可以近似认为，$s_m(t)$ 中各频率分量经历了相同的相位延迟：

$$\varphi_m = 2\pi f_0 \tau_m = 2\pi f_0 L_m/c = 2\pi L_m/\lambda_0 \tag{9.10}$$

式中：c 为光速；f_0 为 $s(t)$ 的载波频率；λ_0 为相应的波长，$\lambda_0 = c/f_0$。

如果干扰指向和期望信号指向不同，则矢量 $v(t)$ 和 $s(t)$ 中各对应元素的相位延迟是不同的。这就是自适应天线阵可以用来抗干扰的物质基础。

天线阵阵元配置方法，决定了天线阵的分辨率和干涉效应（又称栅状旁瓣效应）。若阵列维数 M 提高，则分辨率提高；若间距 d 加大，则分辨率也提高。当期望信号与干扰方向的来波角差别比较小时，较高的阵列分辨率能提高最大输出 SNR。而分辨率越高，阵列方向图的零值点波束更加陡峭。M 元的天线阵可以有 $M-1$ 个零点和 1 个主波束顶点，通过调整天线的主波束方向，可以使方向图零点对准干扰来向，或者使主波束顶点对准期望信号来向。

常见的天线阵有均匀线阵列（Uniform Linear Array，ULA）、均匀圆阵列（U-niform Circle Array，UCA）、面阵列。

如图9.4所示，在均匀线天线中，以阵元1为参考原点，以阵列轴线为 x 轴，以阵列法线为 y 轴。可以知道第 m 个天线的空间要素为

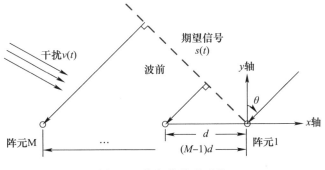

图9.4　均匀线阵列天线

$$R_m = (m-1)d, \theta_m = \pi, \gamma_m = 0, \quad m = 1, 2, \cdots, M \tag{9.11}$$

期望信号指向的空间要素为

$$\theta_0 = \theta, \gamma_0 = 0 \tag{9.12}$$

若以阵元 1 为参考零点，则总共 M 个阵元的相位延迟可以写成一个矢量，称为方向导引矢量：

$$\boldsymbol{a}(\theta_0) = [\exp(-\mathrm{j}\varphi_1) \quad \exp(-\mathrm{j}\varphi_2) \quad \cdots \quad \exp(-\mathrm{j}\varphi_M)]^{\mathrm{T}} \tag{9.13}$$

此时有 $s(t) = \boldsymbol{x}(\theta_0) \cdot s(t)$，其中 θ_0 为有用信号的入射角度。注意到 $\varphi_1 = 0$。此时导向矢量可以化简为

$$\boldsymbol{a}(\theta_0) = [1 \quad \exp(-\mathrm{j}\Delta\varphi) \quad \cdots \quad \exp[-\mathrm{j}(M-1)\Delta\varphi]]^{\mathrm{T}} \tag{9.14}$$

式中

$$\Delta\varphi = 2\pi d\sin\theta / \lambda_0 \tag{9.15}$$

如图 9.5 所示，在均匀圆阵列天线中，M 个天线阵元均匀分布在一个半径为 R 的圆上，相互之间的天线指向角度差均为 $2\pi/M$。

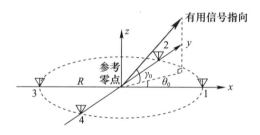

图 9.5　均匀圆阵列天线

均匀圆阵列天线以圆心参考原点，以圆心到阵元 1 的方向为 x 轴，以圆的轴心为 z 轴。可以知道第 m 个天线的空间要素为

$$\begin{cases} R_m = R \\ \theta_m = 2\pi(m-1)/M, \quad m = 1, 2, \cdots, M \\ \gamma_m = 0 \end{cases} \tag{9.16}$$

期望信号指向的空间要素为 θ_0、γ_0。第 m 个天线的坐标为

$$\begin{cases} p_{m,x} = R\cos[2\pi(m-1)/M] \\ p_{m,y} = R\sin[2\pi(m-1)/M], \quad m = 1, 2, \cdots, M \\ p_{m,z} = 0 \end{cases} \tag{9.17}$$

期望信号指向的单位矢量为

$$\begin{cases} p_{0,x} = \cos\gamma_0 \cos\theta_0 \\ p_{m,y} = \cos\gamma_0 \sin\theta_0 \\ p_{m,z} = \sin\gamma_0 \end{cases} \quad (9.18)$$

若以圆心为参考零点,则总共 M 个阵元的相位延迟构成的方向导引矢量为

$$\boldsymbol{a}(\theta_0,\gamma_0) = [\exp(-\mathrm{j}\varphi_1) \quad \exp(-\mathrm{j}\varphi_2) \quad \cdots \quad \exp(-\mathrm{j}\varphi_M)]^{\mathrm{T}} \quad (9.19)$$

此时有

$$\boldsymbol{s}(t) = \boldsymbol{a}(\theta_0,\gamma_0) \cdot s(t) \quad (9.20)$$

式中:θ_0、γ_0 分别为有用信号的入射方位角、俯仰角。

如图9.6所示,在面阵列天线中,整个天线阵共有 $Nx \times Ny$ 个传感单元。当只考虑单独一行传感单元时,有

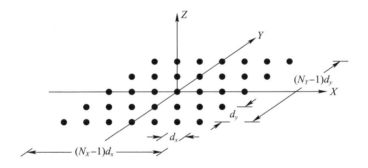

图9.6 面阵列天线

$$y'(t) = \sum_{i=1}^{N_x} x(t) \mathrm{e}^{\mathrm{j}(i-1)\varphi_x} \quad (9.21)$$

$$\varphi_x = \frac{2\pi d_x}{\lambda_0} \sin\theta\cos\varphi \quad (9.22)$$

$$\varphi_x = \frac{2\pi d_x}{\lambda_0} \sin\theta\cos\varphi \quad (9.23)$$

$$y''(t) = \sum_{k=1}^{N_y} x(t) \mathrm{e}^{\mathrm{j}(k-1)\varphi_y} \quad (9.24)$$

$$\varphi_y = \frac{2\pi d_y}{\lambda_0} \sin\theta\sin\varphi \quad (9.25)$$

即输出信号与投影的方位角 φ 及仰角 θ 有关。由所有传感单元接收引入的总的

信号的矢量和为

$$y(t) = \sum_{i=1}^{N_x} \sum_{k=1}^{N_y} x(t) e^{j(i-1)\varphi_x} e^{j(k-1)\varphi_y} \quad (9.26)$$

则矩形面天线阵的方向特性可由下式求得：

$$A(\theta,\varphi) = \sum_{i=1}^{N_x} \sum_{k=1}^{N_y} e^{j(i-1)\varphi_x} e^{j(k-1)\varphi_y} = A_x(\theta,\varphi) A_y(\theta,\varphi) \quad (9.27)$$

$$A_x(\theta,\varphi) = \sum_{k=1}^{N_x} e^{j(i-1)\varphi_x}, A_y(\theta,\varphi) = \sum_{k=1}^{N_y} e^{j(i-1)\varphi_y} \quad (9.28)$$

即面天线方向图可由两个线天线阵因子的乘积求得。

如图 9.7 所示，对于一个由 M 个天线阵元组成的天线阵，第 m 个天线接收的信号为

$$x_m(t) = s_m(t) + u_m(t) + v_m(t), \quad m = 1,2,\cdots,M \quad (9.29)$$

式中：$s_m(t)$ 为期望信号；$u_m(t)$ 为噪声信号；$v_m(t)$ 为干扰信号。

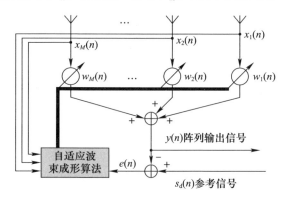

图 9.7　自适应波束形成的组成框图

假定所有信号均为窄带信号，则时间延迟 τ_m 相当于相位延迟 $\varphi_m(\theta,\gamma)$，其中 θ、γ 是期望信号(或干扰的)的入射方位角和俯仰角。

记天线阵的导引矢量为

$$\boldsymbol{a}(\theta,\gamma) = [e^{-j\varphi_1(\theta,\gamma)} \quad e^{-j\varphi_2(\theta,\gamma)} \quad \cdots \quad e^{-j\varphi_M(\theta,\gamma)}]^T \quad (9.30)$$

此时接收信号矢量可以写为

$$\boldsymbol{x}(n) = \boldsymbol{s}(n) + \boldsymbol{u}(n) + \boldsymbol{v}(n) \quad (9.31)$$

式中

$$\boldsymbol{x}(n) = [x_1(n) \quad x_2(n) \quad \cdots \quad x_M(n)]^T \quad (9.32)$$

$$\boldsymbol{u}(n) = [u_1(n) \quad u_2(n) \quad \cdots \quad u_M(n)]^T \tag{9.33}$$

$$\boldsymbol{s}(n) = [s_1(n) \quad s_2(n) \quad \cdots \quad s_M(n)]^T = \boldsymbol{a}(\theta_0, \gamma_0)s(n) \tag{9.34}$$

$$\boldsymbol{v}(n) = [v_1(n) \quad v_2(n) \quad \cdots \quad v_M(n)]^T = \sum_{q=1}^{Q} \boldsymbol{a}(\theta_q, \gamma_q)v_q(n) \tag{9.35}$$

根据前面的介绍,可知对于 ULA,阵列的导引矢量为

$$\Delta\varphi = 2\pi d\sin\theta/\lambda_0 \tag{9.36}$$

$$\boldsymbol{h}(\theta,\gamma) = [1 \quad \exp(-j\Delta\varphi) \quad \cdots \quad \exp[-j(M-1)\Delta\varphi]]^T \tag{9.37}$$

对于 UCA,阵列的导引矢量为

$$\boldsymbol{a}(\theta,\gamma) = [e^{-j\varphi_1(\theta,\gamma)} \quad e^{-j\varphi_2(\theta,\gamma)} \quad \cdots \quad e^{-j\varphi_M(\theta,\gamma)}]^T \tag{9.38}$$

$$\varphi_m(\theta,\gamma) = 2\pi R\cos\gamma\cos[2\pi(m-1)/M - \theta]/\lambda_0 \tag{9.39}$$

采用复数权值对每一个阵元的接收信号进行复相乘,最后对各支路相乘结果求和,即为自适应波束形成的输出信号:

$$y(n) = \sum_{m=1}^{M} w^*(n)x(n) = \boldsymbol{w}^H(n)\boldsymbol{x}(n) \tag{9.40}$$

$$\boldsymbol{w}(n) = [w_1(n) \quad w_2(n) \quad \cdots \quad w_M(n)]^T \tag{9.41}$$

期望信号、干扰和噪声分量分别为

$$y_s(n) = \boldsymbol{w}^H(n)\boldsymbol{a}(\theta_0,\gamma_0)s(n) \tag{9.42}$$

$$y_v(n) = \boldsymbol{w}^H(n)\sum_{q=1}^{Q}\boldsymbol{a}(\theta_q,\gamma_q)v_q(n) \tag{9.43}$$

$$y_u(n) = \boldsymbol{w}^H(n)\boldsymbol{u}(n) \tag{9.44}$$

9.1.2 波束形成准则

自适应天线阵要解决的问题:选择方向图形成网络中的复加权矢量 $\boldsymbol{w}$ 的各个系数 w_k,使天线阵输出信号 $y(t)$ 中含有的期望信号 $s(t)$ 能量尽量大,而噪声、干扰信号的能量尽量小。为达到上述目的,需要确定权值矢量 $\boldsymbol{w}$ 的最优准则以及相应的自适应权值矢量迭代算法,以使 $\boldsymbol{w}$ 自适应地逐步逼近最优权值矢量 $\boldsymbol{w}_{opt}$。

这里通过一个例子具体讨论如何选择天线阵的复加权值,实现天线阵波束方向的控制,以达到提高输出 SINR 的目的。复加权值调节电路如图 9.8 所示,该天线阵具有 M 个相同阵元,入射角 $\theta = \pi/6$。设期望信号 $s(t)$、干扰信号 $v(t)$ 的中心频率相同,都为 ω_0。在两阵元之间连线的中心点上,$s(t)$ 与 $v(t)$ 同相(这

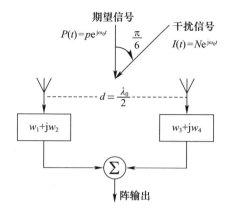

图 9.8 复加权值调节电路

里为了分析方便,不是必要条件),每个阵元加复加权网络,即

$$\begin{cases} s(t) = A_s \exp(j\omega_0 t) \\ v(t) = A_v \exp(j\omega_0 t) \end{cases} \quad (9.45)$$

输出信号 $y(t)$ 中的期望信号分量为

$$y_s(t) = A_s e^{j\omega_0 t}[(w_1 + w_3) + j(w_2 + w_4)] \quad (9.46)$$

为了使期望信号能够无损失地被接受,要求权值矢量满足

$$w_1 + w_3 = 1, w_2 + w_4 = 0 \quad (9.47)$$

输出信号 $y(t)$ 中的干扰信号分量为

$$\begin{aligned} y_v(t) &= A_v \exp\left[j\left(\omega_0 t - \frac{\pi d \sin\theta}{\lambda_0}\right)\right](w_1 + jw_2) + \\ &\quad A_v \exp\left[j\left(\omega_0 t + \frac{\pi d \sin\theta}{\lambda_0}\right)\right](w_3 + jw_4) \\ &= N e^{j\left(\omega_0 t - \frac{\pi}{4}\right)}(w_1 + jw_2) + N e^{j\left(\omega_0 t + \frac{\pi}{4}\right)}(w_3 + jw_4) \end{aligned} \quad (9.48)$$

因为

$$e^{j\omega_0 t - \frac{\pi}{4}} = \frac{1}{\sqrt{2}}[e^{j\omega_0 t}(1-j)], \quad e^{j\omega_0 t + \frac{\pi}{4}} = \frac{1}{\sqrt{2}}[e^{j\omega_0 t}(1+j)] \quad (9.49)$$

为了抑制干扰 $v(t)$,要求 $y_v(t) = 0$,必满足条件

$$\begin{cases} w_1 + w_2 + w_3 - w_4 = 0 \\ -w_1 + w_2 + w_3 + w_4 = 0 \end{cases} \quad (9.50)$$

则有 $w_1=1/2, w_2=-1/2, w_3=1/2, w_4=1/2$。当加权因子满足上述条件时,阵列输出 $s(t)$,抑制 $v(t)$。这种通过复加权值抑制干扰的方法并不是自适应天线阵十分有效的方法,因为此方法仅考虑干扰从一定方向输入的情况,又假定信号、干扰都为正弦信号,而且利用了有参频率和信号入射方向的先验信息,这些都是特殊条件,没有一般性。但该例也表明,调整加权矢量 w 能提供自适应天线阵系统实现的可能性。

常见的自适应算法一般可采用最小均方误差准则、最大输出 SINR 准则、最小二乘准则、极大似然准则等[1-2]。

1. 最小均方误差准则

Widrow 和 Hopf 提出用均方误差来度量阵列输出信号和参考信号之间的差别,采用 MMSE 准则要求构造一个类似于期望信号的参考信号,其优化准则是使参考信号 $s_d(t)$ 与阵列输出信号 (t) 的 y 均方误差最小化。

MSE 可以表示为

$$\begin{aligned} \text{MSE} &= E\{|e(n)|^2\} \\ &= E\{|s_d(n) - \boldsymbol{w}^H(n)\boldsymbol{x}(n)|^2\} \\ &= E\{|s_d(n)|^2\} - 2\boldsymbol{w}(n)^H \boldsymbol{r}_{dx} + \boldsymbol{w}(n)^H \boldsymbol{R}_{xx} \boldsymbol{w}(n) \end{aligned} \quad (9.51)$$

使得 MSE 达到最小值的权值矢量称为最优维纳解 w_{MMSE}:

$$\boldsymbol{w}_{\text{MMSE}} = \alpha \cdot \boldsymbol{R}_{xx}^{-1} \cdot \boldsymbol{r}_{dx} \quad (9.52)$$

$$\frac{\nabla \text{MSE}}{\nabla \boldsymbol{w}(n)} = -2\boldsymbol{r}_{dx} + 2\boldsymbol{R}_{xx}\boldsymbol{w}(n) = 0 \quad (9.53)$$

式中:α 为任意实数;$\boldsymbol{R}_{xx}$ 为阵列接收矢量 $x(n)$ 的自相关矩阵,$\boldsymbol{R}_{xx} = E\{\boldsymbol{x}^H(n)\boldsymbol{x}(n)\}$;$\boldsymbol{r}_{dx}$ 为接收矢量 $x(n)$ 与参考信号 $s_d(n)$ 的互相关矢量,$\boldsymbol{r}_{dx} = E\{s_d^*(n)\boldsymbol{x}(n)\}$。

2. 最大输出 SINR 准则

为使通信系统的误码率最低,需要使阵列输出信号中的 SINR 最大。对于阵列输出信号 $y(n)$,其 SINR 为

$$\begin{aligned} \text{SINR} &= \frac{E\{|y_s(n)|^2\}}{E\{|y_u(n)|^2\} + E\{|y_v(n)|^2\}} \\ &= \frac{\boldsymbol{w}^H(n)\boldsymbol{R}_{ss}\boldsymbol{w}(n)}{\boldsymbol{w}^H(n)(\boldsymbol{R}_{uu}+\boldsymbol{R}_{vv})\boldsymbol{w}(n)} \end{aligned} \quad (9.54)$$

式中:$\boldsymbol{R}_{uu}$ 噪声矢量 $u(n)$ 的自相关矩阵,$\boldsymbol{R}_{uu} = E\{\boldsymbol{u}(n)\boldsymbol{u}^H(n)\}$;$\boldsymbol{R}_{vv}$ 干扰矢量 $v(n)$ 的自相关矩阵,$\boldsymbol{R}_{vv} = E\{\boldsymbol{v}(n)\boldsymbol{v}^H(n)\}$。

Applebaum 证明,使输出 SINR 最大的权值矢量为

$$w_{\text{MSINR}} = \alpha (\boldsymbol{R}_{uu} + \boldsymbol{R}_{vv})^{-1} \boldsymbol{a}(\theta_0, \gamma_0) \tag{9.55}$$

并且还证明 w_{MSINR} 和 w_{MMSE} 是等效的。

3. 最小二乘准则

最小二乘准则按照统计平均最优来求解权值矢量:

$$\boldsymbol{w}_{\text{LS}} = \arg\min \left\{ \sum_{i=1}^{n} \lambda^{n-i} |s_d(i) - \boldsymbol{w}^{\text{H}}(i)\boldsymbol{x}(i)|^2 \right\} \tag{9.56}$$

式中:λ 为遗忘因子,$0 < \lambda < 1$,λ 一般取 $0.9 \sim 0.99$。

式(9.56)对 w 求偏导,可求得最优权值的计算表达式:

$$\boldsymbol{w}_{\text{LS}} = (\boldsymbol{X}^{\text{H}}\boldsymbol{X})^{-1}\boldsymbol{X}^{\text{H}}\boldsymbol{s}_d \tag{9.57}$$

式中:$\boldsymbol{X}$、$\boldsymbol{s}_d$ 分别为数据矢量和期望信号的矢量。

一般来说,受接收机接收状态、信道环境等影响,获取期望信号的准确值较为苛刻,但获得有用信号的方向较容易。假设已知信号的方向角 θ_d,调整信号,使其从有用信号方向接收输入信号,调整权值使得天线输出的信号功率最小。也就是说,保证有用信号的输出增益一定,使总输出功率越小,则噪声和干扰分量的功率将越小。为了保证波束形成对有用信号的增益,必须对权矢量加以限制,使得它在有用信号方向产生初始增益:

$$\boldsymbol{w}_{\text{LS}} = \arg\min \left\{ \sum_{i=1}^{n} \lambda^{n-i} |\boldsymbol{w}^{\text{H}}(i)\boldsymbol{x}(i)|^2 \right\}$$

$$\text{s.t. } \boldsymbol{w}^{\text{H}}(n)\boldsymbol{a}(\theta_0) = 1 \tag{9.58}$$

式中:$\boldsymbol{a}(\theta_0)$ 为信号入射方向的约束矢量。

利用拉格朗日算则可以求解出最佳权矢量为

$$\boldsymbol{w}_{\text{LS}} = \frac{\boldsymbol{R}_{xx}^{-1}\boldsymbol{a}(\theta_0)}{\boldsymbol{a}^{\text{H}}(\theta_0)\boldsymbol{R}_{xx}^{-1}\boldsymbol{a}(\theta_0)} \tag{9.59}$$

该算法在期望信号方向形成主波束,在干扰方向形成零陷;但该方法是基于方向约束的,需要已知或估计出准确的信号方位信息和干扰方位信息。这种方法称为线性约束最小二乘准则或最小方差无失真响应准则。

9.2 自适应波束形成算法

最优准则代表了优化的目标和在什么意义上达到目标,自适应波束形成算

法就是在什么情况下沿什么方向趋向目标。本节阐述了几种常用的自适应波束形成算法,包括最小均方自适应算法[3-5]、递归最小二乘自适应算法[6-7]、采样矩阵求逆(Sample Matrix Inversion,SMI)算法[8-9]等。

9.2.1 最小均方自适应算法

最小均方自适应算法是一种有效的权值迭代算法,计算过程中不需要求自相关矩阵和互相关矢量,也无须矩阵求逆,因此计算量小,迭代稳健[10-12]。

根据前面的介绍,均方误差:

$$\mathrm{E}\{|e(n)|^2\} = \mathrm{E}\{|s_d(n)|^2\} - \boldsymbol{w}^\mathrm{H}(n)\boldsymbol{R}_{xx}\boldsymbol{w}(n) - 2\boldsymbol{w}^\mathrm{H}(n)\boldsymbol{r}_{dx} \quad (9.60)$$

是权值矢量 $\boldsymbol{w}(n)$ 的二次方程。$\boldsymbol{w}(n)$ 是一个 M 维矢量,因此 $\mathrm{E}\{|e(n)|^2\}$ 与 $\boldsymbol{w}(n)$ 的变化关系可以画成一个 M 维"碗形"的超曲面。进行自适应运算的目的是通过连续地调节 $\boldsymbol{w}(n)$ 去寻找"碗"的最低点。

图9.9给出了当 $\boldsymbol{w}(n)$ 是一维矢量时的 MSE-$\boldsymbol{w}(n)$ 曲线,它是一个开口向上的抛物线,当 $\boldsymbol{w}(n) = w_{\mathrm{LMS}}$ 时,$\mathrm{E}[|e(n)|^2]$ 达到最低点。

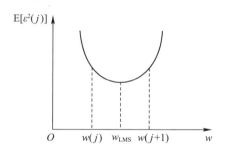

图9.9 MSE-$\boldsymbol{w}(n)$ 关系曲线

为寻找最低点 $\boldsymbol{w}(n) = w_{\mathrm{LMS}}$,令

$$\nabla_w\{\mathrm{E}[|e(n)|^2]\} = \frac{\partial \mathrm{E}\{|e(n)|^2\}}{\partial \boldsymbol{w}} = 0 \quad (9.61)$$

并采用最陡下降思想来使权值矢量逐渐逼近最优解 w_{LMS}:

$$\boldsymbol{w}(n+1) = \boldsymbol{w}(n) - \mu \nabla_w\{\mathrm{E}[|e(n)|^2]\}\big|_{w=w(n)} \quad (9.62)$$

其中的迭代步长 μ 用于控制迭代的收敛速度和稳健性。式(9.62)表明:权值矢量沿着均方误差的负梯度方向变化,因为某点的梯度方向代表该点变化率最大的方向,在这里 $\mathrm{E}[|e(n)|^2]$ 的下降速度最快,故最陡下降法能使权值收敛尽量快。

最陡下降法要求知道信号的统计特性,但在实际环境中信号的统计特性一一般是未知的。Widrow 和 Hopf 提出采用梯度的估计值来代替梯度的精确值,即利用误差信号 $e(n)$ 每一次迭代的瞬时平方值代替其均方值,以此作为梯度的估计值。现在来求解梯度的估计值:

$$\hat{\nabla}_w\{\mathrm{E}[|e(n)|^2]\} = \nabla_w[|e(n)|^2] = 2e^*(n)\left(\frac{\partial e(n)}{\partial w_1}, \frac{\partial e(n)}{\partial w_2}, \cdots, \frac{\partial e(n)}{\partial w_M}\right)^\mathrm{T}$$

(9.63)

注意

$$e(n) = s_d(n) - \boldsymbol{w}^\mathrm{H}(n)\boldsymbol{x}(n) \tag{9.64}$$

所以有

$$\frac{\partial e(n)}{\partial w_m} = -x_m(n), \quad m=1,2,\cdots,M \tag{9.65}$$

因此有

$$\hat{\nabla}_w\{\mathrm{E}[|e(n)|^2]\} = -2e^*(n)\boldsymbol{x}(n) \tag{9.66}$$

于是,权值迭代公式为

$$\boldsymbol{w}(n+1) = \boldsymbol{w}(n) - \mu\nabla_w\{\mathrm{E}[|e(n)|^2]\}|_{w=w(n)}$$
$$= \boldsymbol{w}(n) + 2\mu e^*(n)\boldsymbol{x}(n) \tag{9.67}$$

这个迭代规则说明,当前加权矢量加上由误差调节的输入矢量就得到下一个加权矢量。μ 适当时,权值矢量 $w(n)$ 将收敛,其平均值将收敛于 Winner - hopf 方程的解:

$$\boldsymbol{w}_{\mathrm{LMS}} = \boldsymbol{R}_{xx}^{-1} \cdot \boldsymbol{r}_{dx} \tag{9.68}$$

LMS 自适应算法的计算流程见表 9.1,流程框图如图 9.10 所示。

表 9.1 LMS 自适应算法流程

(1) 矢量定义:
$$\boldsymbol{w}(n) = [w_1(n) \quad w_2(n) \quad \cdots \quad w_M(n)]^\mathrm{T}$$
$$\boldsymbol{x}(n) = [x_1(n) \quad x_2(n) \quad \cdots \quad x_M(n)]^\mathrm{T}$$
(2) 算法初始化: $w_m(0)=0, m=1,2,\cdots,M$
(3) 迭代计算:
$$e(n) = s_d(n) - y(n)$$
$$y(n) = \boldsymbol{w}^\mathrm{H} \cdot \boldsymbol{x}(n)$$
$$\boldsymbol{w}(n+1) = \boldsymbol{w}(n) + 2\mu e^*(n)\boldsymbol{x}(n)$$

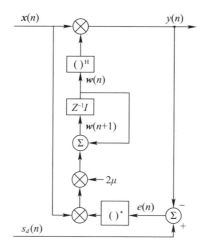

图9.10 LMS 自适应算法的流程框图

9.2.2 递归最小二乘自适应算法

RLS 算法可以看成是维纳最优滤波理论的另一种实现方法。本质上,维纳滤波器是按照统计平均达到最优的,其相应的 LMS 算法假定信号统计特性是广义平稳的;RLS 算法所遵循的最小二乘准则是按照批数据平均达到最优的,其相应的 RLS 算法在该批数据内是最优的。换言之,LMS 算法是统计平均算法,RLS 算法是批处理平均算法。

基于 RLS 算法的自适应滤波器按照最小二乘准则自适应求解 MMSE 最优滤波器:

$$\min\left\{\sum_{i=1}^{n} \lambda^{n-i} |s_d(i) - \boldsymbol{w}^{\mathrm{H}}(i)\boldsymbol{x}(i)|^2\right\} \tag{9.69}$$

式中:λ 为遗忘因子,$0<\lambda<1$,λ 一般取 $0.9\sim0.99$。

该最优化问题的解为

$$\boldsymbol{w}(n) = \hat{\boldsymbol{R}}_{xx}^{-1}(n)\hat{\boldsymbol{r}}_{xd}(n) \tag{9.70}$$

式中:$\hat{\boldsymbol{R}}_{xx}(n)$、$\hat{\boldsymbol{r}}_{xd}(n)$ 分别为对阵列输入矢量自相关矩阵 $\boldsymbol{R}_{xx}$、输入矢量与参考信号的互相关矢量 $\boldsymbol{r}_{xd}$ 的指数加窗估计,且有

$$\hat{\boldsymbol{R}}_{xx}(n) = \sum_{i=1}^{n} \lambda^{n-i} \boldsymbol{x}(i)\boldsymbol{x}^{\mathrm{H}}(i) \tag{9.71}$$

$$\hat{\boldsymbol{r}}_{xd}(n) = \sum_{i=1}^{n} \lambda^{n-i} \boldsymbol{x}(i) s_d^*(i) \tag{9.72}$$

一般按如下公式迭代计算 $\hat{\boldsymbol{R}}_{xx}(n)$、$\hat{\boldsymbol{r}}_{xd}(n)$：

$$\hat{\boldsymbol{R}}_{xx}(n) = \lambda\hat{\boldsymbol{R}}_{xx}(n-1) + \boldsymbol{x}(n)v^H(n) \tag{9.73}$$

$$\hat{\boldsymbol{r}}_{xd}(n) = \lambda\hat{\boldsymbol{r}}_{xd}(n-1) + \boldsymbol{x}(n)s_d^*(n) \tag{9.74}$$

RLS 自适应算法流程见表 9.2，流程框图如图 9.11 所示。

表 9.2 RLS 自适应算法

---

(1) 算法初始化：

$\hat{\boldsymbol{R}}_{xx}^{-1}(0) = \delta^{-1}\cdot\boldsymbol{I}$ 　　注意：高 SNR 时 δ 取小的正数，

$\boldsymbol{w}(0) = [0\ \cdots\ 0]^T$ 　　低 SNR 时 δ 取大的正数

(2) 迭代计算：

$y(n) = \boldsymbol{w}^H(n-1)\boldsymbol{x}(n)$，$\xi(n) = s_d(n) - y(n)$　　估计误差

$\boldsymbol{k}(n) = \dfrac{\hat{\boldsymbol{R}}_{xx}^{-1}(n-1)\cdot\boldsymbol{x}(n)}{\lambda + \boldsymbol{x}^H(n)\cdot\hat{\boldsymbol{R}}_{xx}^{-1}(n-1)\cdot\boldsymbol{x}(n)}$ 　　卡尔曼增益

$\hat{\boldsymbol{R}}_{xx}^{-1}(n) = \lambda^{-1}[\boldsymbol{I} - \boldsymbol{k}(n)\boldsymbol{x}^H(n)]\hat{\boldsymbol{R}}_{xx}^{-1}(n-1)$　　迭代估计逆矩阵

$\boldsymbol{w}(n) = \boldsymbol{w}(n-1) + \xi^*(n)\boldsymbol{k}(n)$　　权值矢量更新

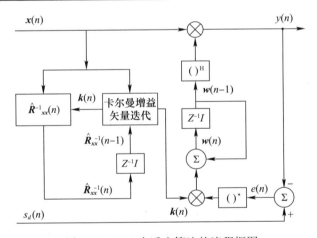

图 9.11 RLS 自适应算法的流程框图

应用 RLS 自适应算法需要注意以下问题：

(1) 矩阵反演引理使得矩阵的求逆运算可以用标量除法代替；计算增益矢量 $\boldsymbol{k}(n)$ 以及迭代计算估计逆矩阵 $\hat{\boldsymbol{R}}_{xx}^{-1}(n)$ 需要 $O(M^2)$ 次乘累加运算，其他如求阵列输出信号、权值矢量更新等操作需要 $O(M)$ 次乘累加运算。

(2) 在应用 RLS 自适应算法时，首先必须用训练序列作为参考信号，使权

值矢量 $w(n)$ 收敛,之后可以转入判决反馈模式,用判决结果作为参考信号。

(3) 在用数字电路实现 RLS 自适应算法中,有限字长效应将使 $\hat{R}_{xx}^{-1}(n)$ 在迭代更新中失去正定性(厄米特对称性),从而使 RLS 算法无法稳健迭代。

RLS 自适应算法的最优解:滤波矢量 $w(n)$ 的期望值即为 MMSE 最优滤波矢量 w_{MMSE},且收敛速度与输入自相关矩阵 R_{xx} 的特征值扩展无关。与 LMS 算法相比,RLS 算法在相同干扰环境中具有更快的收敛速度。

RLS 自适应算法的稳态输出信干噪比为

$$\text{SINR}_{\text{RLS}}^{\infty} = \frac{\text{SINR}_{\text{MMSE}}}{1 + \beta + \beta/\text{SINR}_{\text{MMSE}}} \tag{9.75}$$

式中:$\beta = (1-\lambda)(M-1)/(2\lambda)$。通常令 $(1-\lambda)(M-1) \ll 1$,从而 $\beta \ll 1$。当 $\text{SINR}_{\text{MMSE}} \gg 1$ 时,RLS 自适应算法的稳态输出 SINR 约为 $\text{SINR}_{\text{MMSE}}/(1+\lambda)$,非常接近 $\text{SINR}_{\text{MMSE}}$,因而抑制干扰的效果很好。

9.2.3 采样矩阵求逆算法

采样矩阵求逆算法(SMI)也称 Capon 波束形成算法,基本思想是采用线性约束最小方差准则调整最佳权值使输出噪声的方差最小。该准则需要事先知道有用信号的方向,其最优解可参考式(9.59)。该方案的基本思想是直接利用采样数据估算 R_{xx}^{-1}。假定输入的子阵数为 M,运算的点数为 N,该算法的描述如下:

(1) 根据输入的子阵数计算输入的 M 阶协方差正定矩阵:

$$\tilde{R}_{xx} = \frac{1}{N} \sum_{a=1}^{N} x(k) x^{\text{H}}(k) \tag{9.76}$$

(2) 计算 R_{xx}^{-1} 的估计值 $\tilde{R}_{xx}^{-1}$。

(3) 将 R_{xx}^{-1} 代入下式

$$w_{\text{SMI}} = \frac{\tilde{R}_{xx}^{-1} a(\theta_0)}{a^{\text{H}}(\theta_0) \tilde{R}_{xx}^{-1} w a(\theta_0)} \tag{9.77}$$

计算得到最优权值。

该算法的优势是不需要迭代,可以将数据进行批处理,方便大规模计算减少运算时间,同时估计 $\tilde{R}_{xx}^{-1}$ 也增加了运算量。考虑到协方差矩阵为对称正定矩阵,其求逆可以通过低复杂度迭代高斯消元求得,其过程如表 9.3 所列。

表 9.3 对称正定矩阵求逆算法

> 对 $k = M, M-1, \cdots, 1$ 计算
> $p = \widetilde{R}_{1,1}$
> 对 $i = 2, 3, \cdots, M$ 计算
> $q = \widetilde{R}_{i,1}$;
> 若 $i > k, h(i) = q/p$;反之,$h(i) = -q/p$;
> 对 $j = 2, 3, \cdots, i$ 计算 $\widetilde{R}_{i-1,j-1} = \widetilde{R}_{i,j} + q h(j)$
> 对 $K = 2, 3, \cdots, M$ 计算 $\widetilde{R}_{M,K-1} = h(K)$
> 计算 $\widetilde{R}_{M,M} = 1/p$

9.3 阵列抗干扰工程实践问题与性能评估

本节首先讨论实际工程实践中阵列抗干扰参考信号提取的相关问题及解决方法,然后阐述性能评估的准则,进而根据多个实例来评估不同阵型、不同抗干扰算法以及对不同信号信噪比条件下的抗干扰性能。

9.3.1 阵列抗干扰工程实践问题

考虑到实际场景中,当空间存在非合作干扰时,在未完成空域抗干扰前提下,很难实时获得期望信号的参考值,而采用 LMS、RLS 等自适应算法需要得到与期望信号高度相关的参考信号 $s_d(n)$,这就给自适应波束形成的应用带来的一定的限制,即无法有效提取参考信号导致无法进行有效空域抗干扰,而干扰的存在继续影响参考信号的提取。为解决参考信号难以获取的问题,工程实际中常采用以下功率倒置阵(Power Inversion Array,PIA)和方向约束两种方式予以解决。

1. 功率倒置阵

功率倒置阵不需要参考信号,也不需要预先知道期望信号的入射方向,实现简单,在干扰远大于期望信号的应用场合中获得了广泛应用。带来的代价是抗干扰性能稍有损失。

功率倒置阵的基本思想:当干扰功率远大于期望信号功率时,可以认为参考信号 $s_d(t)$ 等于零,此时使误差信号的均方值 $E\{|e(n)|^2\}$ 最小化等效于使输出信号 $y(n)$ 的均方值最小。

基于功率倒置阵的自适应波束成形如图 9.12 所示。

$y(n)$ 均方值达到最小时,阵列的等效方向图将在干扰方向上形成零陷,虽

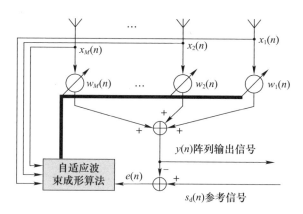

图9.12 基于功率倒置阵的自适应波束成形

然不能在信号方向上形成最大主瓣,但由于干扰输出功率大大降低,显著提高了阵列的输出信干噪比。为了避免权值矢量收敛到无意义的解,即

$$w_1(n) = w_2(n) = \cdots = w_M(n) = 0 \tag{9.78}$$

一般将第一个阵元的权值固定为 $w_1(n) = 1$。由此可见,PIA 可以从另外一个角度理解:将阵元 1 接收信号 $x_1(n)$ 作为参考信号,权值矢量和接收信号矢量分别缩短为 $M-1$ 维列矢量:

$$\tilde{\boldsymbol{w}}(n) = [w_2(n) \quad w_3(n) \quad \cdots \quad w_M(n)]^{\mathrm{T}} \tag{9.79}$$

$$\tilde{\boldsymbol{x}}(n) = [x_2(n) \quad x_3(n) \quad \cdots \quad x_M(n)]^{\mathrm{T}} \tag{9.80}$$

$$s_d(n) = x_1(n) \tag{9.81}$$

PIA 的输出信号为

$$\begin{aligned} y(n) &= x_1(n) - \boldsymbol{w}^{\mathrm{H}}(n)\boldsymbol{x}(n) \\ &= x_1(n) - \sum_{m=2}^{M} w_m(n) x_m(n) \end{aligned} \tag{9.82}$$

根据最小均方误差准则可知,PIA 的权值矢量收敛于下述最优解:

$$\tilde{\boldsymbol{w}}_{\mathrm{MMSE}} = \alpha \cdot \boldsymbol{R}_{\tilde{x}\tilde{x}}^{-1} \cdot \boldsymbol{r}_{\tilde{x}d} \tag{9.83}$$

式中:α 是任意实数;$\boldsymbol{R}_{\tilde{x}\tilde{x}} = \mathrm{E}\{\tilde{\boldsymbol{x}}(n)\tilde{\boldsymbol{x}}^{\mathrm{H}}(n)\}$,$\boldsymbol{r}_{\tilde{x}d} = \mathrm{E}\{\tilde{\boldsymbol{x}}(n)x_1^*(n)\}$。

2. 方向约束

相对于直接提取参考信号的数值而言,通过通信设备的相对地理位置信息以及相关的信号到达角估计算法,可以更容易地得到信号的来波方向。方向约束算法的核心思想是保证信号从某个或多个方向入射时,接收机接收得到的该方向信号功率恒定,这个恒定值可以是非零实数也可以是 0。当该值为非零实数时,表示对信号方向进行约束且要求最后系统接收的该方向信号功率是定值;

而当该值为 0 时,表示对该方向的来波(非合作干扰/其他用户)完全抵消,不允许接收机内含有该方向入射的信号分量。在此基础上,要求接收机总接收功率最低。其优化问题可表示为

$$\min_{w} w^H R_{xx} w \tag{9.84}$$

$$\text{s. t. } w^H a(\theta) = g \tag{9.85}$$

式中:$a(\theta)$ 为对 n 个方向的约束,$a(\theta) = [a(\theta_1), a(\theta_2), \cdots, a(\theta_n)]$;$g$ 为该方向约束的值,$g = [g_1, g_2, \cdots, g_n]$。

在该准则下,利用最小二乘准则可得最优权矢量为

$$w_{opt} = \frac{g R_{xx}^{-1} a(\theta)}{a^H(\theta) R_{xx}^{-1} a(\theta)} \tag{9.86}$$

9.3.2 性能评估准则

1. 方向图

阵列输出的绝对值与来波方向之间的关系称为天线的方向图。通过方向图可以得到波束指向、抑制压制干扰数量(零陷数量)、干扰抑制度(零陷深度)等。其表达式为

$$p_w(\theta) = w^H a(\theta) \tag{9.87}$$

式中:w 为阵列权重矢量;$a(\theta)$ 为方向矢量(导向矢量)。

2. 阵列增益

输出信干噪比可表示为

$$\text{SINR}_{OUT} = \frac{P_s}{P_j + P_n} \tag{9.88}$$

式中:P_s 为有用信号能量;P_j、P_n 分别为干扰信号、噪声的能量。

在输入信干噪比一致下,不同算法可得到不同的输出信干噪比,得到不同的阵列增益。阵列增益定义为输出与输入信噪比的变化,可表示为

$$\text{Gain} = \text{SINR}_{OUT} - \text{SINR}_{IN} \tag{9.89}$$

3. 其他指标

收敛速度:用来形容算法达到稳定状态所需时间(迭代次数),所需时间越短,收敛速度越快,更能适应突发干扰。

信噪比损耗:用于评估阵列处理前后信噪比恶化程度,信噪比损耗越小越好。

可用率:形容接收机在信号干扰环境中保持正常工作的概率。

9.3.3 阵元结构对抗干扰性能影响

下面分析不同阵元分布结构下的阵列抗干扰性能。这里对比两种结构:结构 1 采用 16 阵元组成的平面阵作为阵元模型,阵元结构为 4×4 结构,阵元间距为 $\lambda/2$ 长,阵元结构的空间三维布放以及阵元数据直接相加合成形成的空间方向图 9.13 所示;结构 2 采用 16 阵元组成的线阵作为阵元模型,阵元间距为 $\lambda/2$,阵元结构的空间三维布放以及阵元数据直接相加合成形成的空间方向图 9.14 所示。

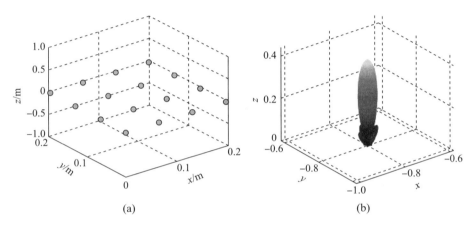

图 9.13 平面阵空间分布及方向图
(a)阵列分布;(b)直接合成天线方向图。

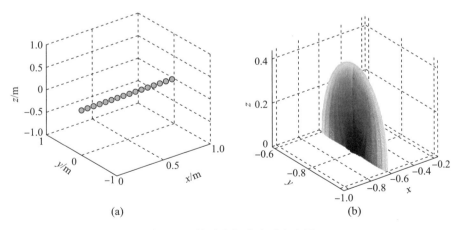

图 9.14 线阵空间分布及方向图
(a)阵列分布;(b)直接合成天线方向图。

从图中看出,在不进行抗干扰阵列处理的条件下,直接合成的方向图具有明显的主瓣,不同之处在于同等阵元数量条件下,平面阵的主瓣更汇聚,而线阵在空间的方向图表现为扇形区域,在俯仰角0°的方向上信号的增益最高,主瓣与旁瓣之间相差约11.7dB。这意味着,当前权值矢量能够使阵列的波束指向俯仰角0°方向,但如果旁瓣方向进入干扰且干信比超过11.7dB,则接收机接收到的干扰能量将高于信号能量从而引起通信中断。其他仿真条件如表9.4所列。

表9.4 仿真条件

名称	值
信号载频	2.3GHz
信号采样点数	500点
干扰个数	3个
信号方向	方位角0°,俯仰角0°
信噪比	−20dB
干信比	50dB
干扰样式	窄带BPSK
阵元幅相误差	幅度0.1dB,相位10°

接下来评估不同阵型结构的抗干扰能力,为统一度量,均采用基于方向约束的SMI算法。令干扰来自平行线阵方向的平面,三个干扰的来向方位角为0°,俯仰角分别为65°、25°、−25°。图9.15和图9.16分别展示了平面阵、线阵在不同方位角下、抗干扰前后的天线方向图切面。从图中看出,在方位角0°的切面上,三个干扰都得到了不同程度的抑制,因此两种阵型都可以实现三个干扰的抑制,平面阵的干扰抑制能力相对于线阵来说略弱一点,且在0°切面平面阵比线

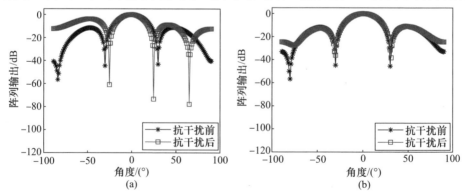

图9.15 平面阵0°、90°方位角切面方向图

(a)方位角0°,俯仰角−90°~90°形成的方向图;(b)方位角90°,俯仰角−90°~90°形成的方向图。

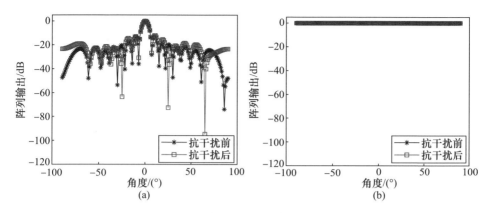

图 9.16 线阵 0°、90°方位角切面方向图

(a)方位角 0°,俯仰角 -90°~90°形成的方向图;(b)方位角 90°,俯仰角 -90°~90°形成的方向图。

阵的主瓣更宽。同时可以看出,天线阵列在 90°方位角上的切面表现出了性能差异,平面阵具有明显的主瓣而线阵在该切面上不具有主瓣旁瓣的区别,这是由于线阵在方位角 0°方向上存在 16 个阵元,因此在方位角 0°方向上自由度较高,而方位角 90°方向上 16 个阵元是重叠的,在方位角 90°方向上相当于只有一个自由度,因此无法具备天线主瓣旁瓣区分。

为进一步说明性能,将三个干扰的来向更改为方位角为 90°,俯仰角仍为 65°、25°、-25°。在这种条件下不同方位角、抗干扰前后的天线方向图切面如图 9.17 和图 9.18 所示。在这种干扰条件下,平面阵仍可以实现较好的干扰抑制效果,而线阵由于在方位角 90°方向自由度不足,无法有效实现抗干扰,天线的方向图产生了紊乱。

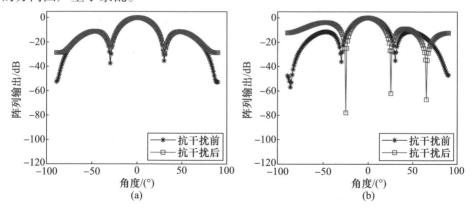

图 9.17 平面阵 0°、90°方位角切面方向图(90°干扰来向)

(a)方位角 0°,俯仰角 -90°~90°形成的方向图;(b)方位角 90°,俯仰角 -90°~90°形成的方向图。

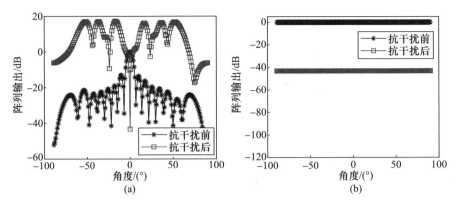

图9.18 线阵0°、90°方位角切面方向图(90°干扰来向)
(a)方位角0°,俯仰角-90°~90°形成的方向图;(b)方位角90°,俯仰角-90°~90°形成的方向图。

从以上分析可以看出,阵元结构对抗干扰性能影响较大,不同阵型对不同空间干扰来向的抑制能力不同,为保证在某个方向上具有足够抗干扰效果,则必须保证该方向上的阵列有足够的空间自由度(分布足够的阵元),且自由度越大干扰抑制效果越好,阵元数至少要大于或等于干扰数+1。而当无法确定干扰来向时,采用均匀分布的圆阵或平面阵将比线阵稳定性更高。

9.3.4 信噪比对抗干扰性能影响

本节考虑信号的信噪比对阵列抗干扰性能的影响,将分别讨论基于功率倒置阵的 RLS 算法和基于方向约束的 SMI 对信号高低信噪比的影响。

由于信号信噪比对盲自适应阵列抗干扰算法影响较大,接下来的仿真中应用功率倒置阵思想,以第一个阵元的输出作为参考信号,利用 RLS 对其他阵元的权值进行自适应调整,采用的阵元阵型为图9.13的平面阵,为展示效果更加明显,将干扰数量减少为2个,信噪比设置为 -20dB、20dB,其他条件与9.3.3节相同。

图9.19 显示的是利用功率倒置阵的 RLS 算法在不同信噪比条件下的抗干扰性能。从图上看出,低信噪比条件下,信号功率远低于噪声,利用功率倒置阵RLS算法不会使信号方向衰减,但相对地,干扰的抑制能力较低。在高信噪比条件下,干扰的功率远大于噪声,信号的功率也高于噪声,此时由于对信号没有足够的先验信息,虽然干扰得到了很大程度的抑制,但信号也被误认为是干扰而被抑制,产生了较大信噪比损失。因此,基于功率倒置阵的天线自适应抗干扰算法一般应用于较低信噪比或直接序列扩频信号的条件下。

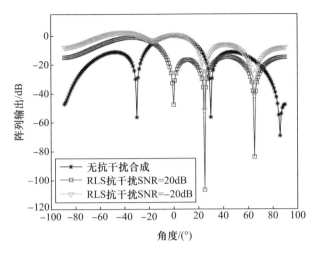

图9.19 不同信噪比条件下的抗干扰天线方向图(方位角90°,俯仰角-90°~90°,基于功率倒置阵的RLS算法)

图9.20显示的是利用方向约束的SMI算法在不同信噪比条件下的抗干扰性能。从图上看出,无论信噪比高低,算法在信号方向上均未产生抑制,且对干扰的抑制能力近似相同。这是由于对信号方向进行了约束,保证信号方向的来波不会被抑制和抵消,因此在信号信噪比变化较大且容易获得信号来波方向的准确信息的条件下,应用基于方向约束的SMI算法可以有效保证系统的信噪比损失,但需要额外进行来波方向估计和矩阵直接求逆算法,算法复杂度较高。

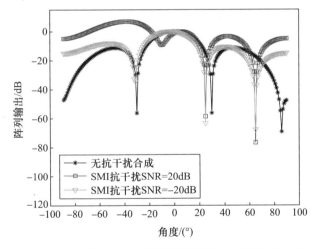

图9.20 不同信噪比条件下的抗干扰天线方向图(方位角90°,俯仰角-90°~90°,基于方向约束的SMI算法)

9.3.5 不同自适应算法的性能评估

本节主要考量不同天线阵列自适应抗干扰算法的性能比较,这里主要比较 LMS、RLS 和 SMI 三种常用算法。应用功率倒置阵思想,以第一个阵元的输出作为参考信号,利用 LMS 和 RLS 算法对其他阵元的权值进行自适应调整,而应用 SMI 算法时,考虑以信号方向作为约束矢量。在接下来的仿真中,将信号方向设置为俯仰角 40°,干扰三个,俯仰角分别为 -25°、25°、65°,所有信号及干扰的方位角为 0°,其他条件不变。下面就上述仿真条件下 RLS、LMS 和 SMI 算法的性能进行分析。

1. 方向图对比

图 9.21 显示的是三种方法在方位角 0°、俯仰角 -80°~80° 方向上的方向图。从图 9.21 可以看出,相对于原始直接波束合成方案,LMS、RLS 和 SMI 算法均在干扰方向上产生了零陷,可以有效实现干扰的抑制,同时 RLS 和 SMI 算法在干扰的抑制程度上相对于 LMS 算法更高。由于 LMS 和 RLS 采用的是功率倒置阵算法,因此没有信号方向的先验信息,这两种算法在信号 40°方向不能保证足够的增益,而 SMI 算法应用了方向约束条件,可以保证信号方向上的合成功率为 0dBm,其信干噪比的性能更优,但相对地,SMI 算法需要矩阵求逆运算,其运算量较大,系统复杂度高。

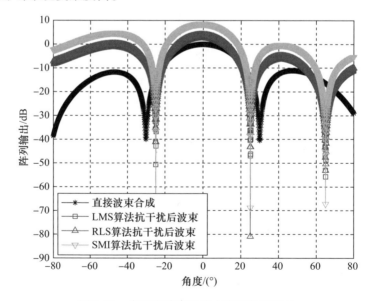

图 9.21 自适应波束形成方向图性能对比

2. 收敛速度对比

在功率倒置阵条件下,分别采用 LMS 自适应和 RLS 自适应两种方法比较不同迭代次数下干扰抑制效果,如图 9.22 所示。从图上看出,两种算法收敛速度并不一致,RLS 算法在 50 次以内即可实现误差稳定收敛到比较小的值,而 LMS 算法则需要接近 150 次才能保证误差达到近似水平,因此 LMS 算法的收敛速度慢于 RLS 算法。

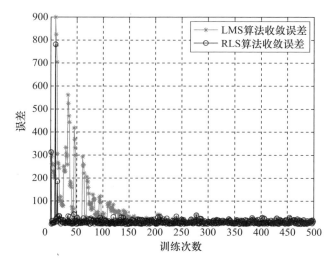

图 9.22 自适应波束形成方向图性能对比

参 考 文 献

[1] 贾博宇. 基于数字自适应波束成形的抗干扰算法设计与实现[D]. 北京:北京邮电大学,2019.

[2] 秦博雅. 基于低复杂度自适应信号处理的波束成形技术研究[D]. 杭州:浙江大学,2015.

[3] Slock D T M. On the convergence behavior of the LMS and the normalized LMS algorithms[J]. IEEE Transactions on Signal Processing,1993,41(9):2811–2825.

[4] Nascimento V H. The normalized LMS algorithm with dependent noise[EB/OL]. [2001-1-1]. http://www.lps.usp.br/vitor/artigos/sbrt01.pdf.

[5] Tuan L M,Park J D,Yoon G W,et al. Projection-based LMS and MMSE algorithms for adaptive antennas [C]//International Conferences on Info-Tech and Info-Net. Proceedings(Cat. No. 01EX479). Piscataway:IEEE Press,2001:429–432.

[6] Manolakis D G,Ingle V K,Kogon S M. 统计与自适应信号处理[M]. 阔永红,译. 西安:西安电子科技大学出版社,2012.

[7] Zakia I,Tjondronegor O S,Iskandar,et al. Performance comparison of LMS and RLS adaptive array on high speed train delivered from high altitude platforms[C]//International Conference of Information and Commu-

nication Technology. Piscataway: IEEE Press,2013:28 – 32.
[8] Patel D N, Makwana B J, Parmar P B. Comparative analysis of adaptive beamforming algorithm LMS, SMI and RLS for ULA smart antenna [C]//2016 International Conference on Communication and Signal Processing. Piscataway: IEEE Press,2016:1029 – 1033.
[9] Mishra V, Chaitanya G. Analysis of LMS, RLS and SMI algorithm on the basis of physical parameters for smart antenna[C]//Conference on IT in Business, Industry and Government. Piscataway: IEEE Press,2014:1 – 4.
[10] Anjaneyulu P, Rao P V D S, Sunehra D. Effect of various parameters on minimum mean square error and adaptive antenna beamforming using LMS algorithm[C]//6th International Conference for Convergence in Technology. Piscataway: IEEE Press,2021:1 – 5.
[11] Lazović L, Jovanović A, Rubežić V. Chaos based optimization of LMS algorithm applied on circular antenna arrays[C]//4th Mediterranean Conference on Embedded Computing. Piscataway: IEEE Press,2015:439 – 442.
[12] Rani S, Subbaiah P V, Reddy K C. Music and LMS algorithms for a smart antenna system[C]//IET – UK International Conference on Information and Communication Technology in Electrical Sciences. UK: IET Press,2007:965 – 969.

第 10 章 通信抗干扰决策

随着软件通用无线电设备能力的不断提升及人工智能的飞速发展,通信对抗双方干扰、抗干扰技术和手段日趋多样化、复杂化。在此条件下,通信方难以用单一的抗干扰技术应对干扰方所有类型的干扰;同样,干扰方也无法用单一的干扰方式有效干扰所有类型的抗干扰通信波形。因此,基于对对方通信波形或干扰波形的认知,对己方可采用的干扰或抗干扰波形或策略做出最佳决策,最小/最大化通信容量,成为智能化条件下通信对抗双方争夺的焦点。

本章在介绍智能抗干扰决策基本理论的基础上,以跳频通信抗干扰决策为例,重点讨论信道功率分配决策、跳速决策、跳频频率决策等问题及解决方法。

10.1 通信抗干扰智能决策基本理论

通信抗干扰决策的定义为在有恶意干扰存在的对抗环境下,通信方根据干扰认知结果,以最大化通信容量或最小化某种开销(功率、带宽等),在通信方可用策略集中(功率控制、信道切换、波形重构等)选择最优抗干扰策略的过程[1]。

当考虑干扰方具有一定智能,可根据通信方参数选择最优干扰策略时,传统的基于优化理论的抗干扰决策难以适应,而基于博弈论和机器学习的抗干扰决策得到越来越多的关注。

本节先给出通信抗干扰决策模型,再进一步介绍博弈论、强化学习等智能抗干扰决策基本理论与方法。

10.1.1 通信抗干扰决策模型

电磁环境的日益恶化及干扰能力的不断提升,使得通信方难以一种固定的抗干扰策略应对所有类型的干扰。因而,基于准确而实时的干扰认知、智能化的多域抗干扰决策模型、丰富的抗干扰波形库、强大的波形重构能力及在线抗干扰效能评估能力构成抗干扰的观测 – 判断 – 决策 – 行动(Observation Orientation Decision Action,OODA)环路,是智能化条件下通信抗干扰发展的必然趋势,图 10.1 给出了该环路的典型结构框图。其中智能干扰认知为该环路的感官,智能抗干扰决策是该环路的大脑,智能抗干扰波形重构是决策结果的执行机构,智能抗干扰效能评估是该环路的反馈,而抗干扰波形库决定了智能抗干扰决策的策略空间。

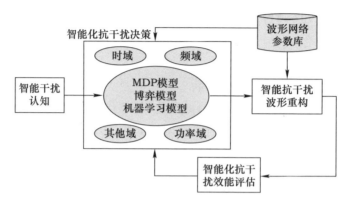

图 10.1 典型抗干扰 OODA 环路

智能抗干扰决策模块可根据不同的干扰类型及抗干扰波形库,结合在线的抗干扰效能评估结果,在时域、频域、功率域等多域选择最恰当的模型,并求解最优的抗干扰策略。

10.1.2 博弈理论

博弈论的研究与应用历史悠久,特别是 20 世纪 70 年代以后,博弈论开始对其他学科研究产生重大影响,被认为是研究不同主体决策相互影响的最佳数学工具,逐渐成为人们认识、分析和解决许多领域的决策问题的有力工具,在经济学、政治学和生物学等领域得到广泛的研究与应用。近年来,博弈论作为一个有效的框架逐渐应用于通信、网络、信号处理等领域。

利用博弈论的第一步是将问题建模为一个博弈,在此过程中,需要确定三个成分[2]:

(1) 参与者:在博弈中扮演主要角色,他们的利益相互冲突,行为相互影响。

(2) 策略集:每个参与者可用的所有策略组合,决定每个参与者可以做什么。

(3) 效用函数:也称作回报、支付、成本等,表示参与者对博弈结果的满意程度,是博弈参与者策略选择组合的函数。当作为效用或回报时,以最大化作为博弈优化目标;当作为成本或支付时,以最小化作为博弈优化目标。

建模工作的目标是使用其策略形式表示来描述博弈,可表示为一个三元组 $\langle \boldsymbol{K}, \{\boldsymbol{S}_k\}_{k \in \boldsymbol{K}}, \{u_k(\boldsymbol{S})\}_{k \in \boldsymbol{K}} \rangle$,其中 $\boldsymbol{K} = \{1, 2, \cdots, K\}$ 为参与者集合,$\boldsymbol{S}_k$ 为第 k 个参

与者的策略集，$u_k(s)$ 为第 k 个参与者在 $s = [s_1, s_2, \cdots, s_K] = [s_k, s_{\setminus k}]$ 策略组合下的效用函数，其中 $s_{\setminus k} = [s_1, \cdots, s_{k-1}, s_{k+1}, \cdots, s_K]$ 为除去第 k 个参与者后，其他参与者采用的策略组合。

一般而言，参与者 k 的博弈结果 $u_k(s)$ 取决于所有参与者的策略选择，而这些选择产生于可能存在利益冲突的参与者之间的互动。这给博弈带来了几个明显的特点：

（1）每个参与者 k 可以有不同的性能指标。这个性能指标是由每个参与者特定的效用函数 $u_k(s)$ 确定的，代表了参与者的特性。

（2）每个参与者仅能控制部分变量，即仅能改变自身策略选择。

第一个特性与多目标优化[3]紧密相连，尽管优化变量的范围存在明显的差异，但正如在多目标优化中拥有对自身所有变量的完全控制。与第二个属性紧密相关的是分布式优化[4]，它们有许多相似但也有具体的差异，其中最重要的是分布式优化代理遵循一些共同规则，而博弈的参与者 k 作为独立的决策者。

博弈模型的求解通常是寻找所有参与者的一种均衡，如 Nash 均衡、Stackelberg 均衡等。一对或一组策略构成均衡，则意味着没有参与者有单方面改变自己策略的动机，这样做并不能提高自己所获得的收益。

求解博弈的均衡通常是一个棘手的问题，特别是大多数时候并不存在纯策略纳什均衡。按照不同的分类方式，有多种不同的博弈模型，其研究的侧重点也各不相同。下面介绍通信抗干扰博弈中常用的 Nash 博弈、Stackelberg 博弈、二人零和博弈和 Colonel Blotto 博弈。

1. Nash 博弈[5]

Nash 均衡问题是一个非合作的博弈问题，为求解 Nash 均衡解，一般是将其转化为优化问题、变分不等式问题、方程组问题、互补问题或不动点问题。在一定的条件下它们之间具有某种等价关系。

考虑 M 个参与者的非合作 Nash 博弈问题，设 $Y_i \in R^{ni}$ 表示参与者 i 的决策集，且为凸集。第 i 个参与者假定在其他参与者选择了他们自己的策略 $y^g_{\setminus i}$ 的情况下，其目标是选择某一策略 $y_i \in Y_i$ 使得自己的成本 $\theta_i(y_i, y^g_{\setminus i})$ 最小化。换言之，每个决策者观察到其他决策者的行为后做出自己的最佳反应，并且假定其他决策者的策略保持不变。如果没有决策者存在动机改变自己的策略 y_i^*，其中 $y_i^* \in \mathrm{argmin}\{\theta_i(y_i, y^*_{\setminus i}) : y_y \in Y_i\}$，这样的一个策略组合 $y_i^* \in \prod_{j=1}^{m} Y_j$，称为 Nash 均衡策略。

注意到在 Nash 博弈中，参与者从某种意义上来说所做的决策是同步的，且参与者是处于同等地位的,因为每个参与者获得相同的信息,而决策的做出只依赖于所获得信息。关于 Nash 博弈的均衡问题可以给出如下具体的定义。

定义 10.1 如果下式成立,$y^* = \{y_1^*, y_2^*, \cdots, y_M^*\}$ 称为 Nash 均衡点:

$$\theta_i(y_i^*, y_{\setminus i}^*) \geq \theta_i(y_i, y_{\setminus i}^*), \quad \forall y_i \in Y_i, i \in I \tag{10.1}$$

式中:$i \in I = \{1, 2, \cdots, M\}$;$y_i$ 表示 M 个参与者中的第 i 个;$y_{\setminus i} = \{y_i, \cdots y_{i-1}, y_{i+1}, y_M\}$,表示除第 i 个参与者外其他参与者的任意策略组合;$y = \{y_i, y_2, \cdots, y_M\} = \{y_i, y_{\setminus i}\}$,表示所有参考者的任意策略组合;$\theta_i: Y \rightarrow R$ 表示成本函数为策略集 Y 至实数域的映射。

定义 10.2 有限维变分不等式问题,即对一个闭凸集 $Y \subset R^n$,矢量函数 $F: Y \rightarrow R^n$,求解一个矢量 $y^* \in Y \subset R^n$,使得对于 $\forall y \in Y$,$\langle F(y^*), y - y^* \rangle \geq 0$,其中 $\langle \cdot, \cdot \rangle$ 表示 R^n 中矢量的内积。

Nash 博弈的均衡解在数学上和变分不等式的解有着密切的联系,下面的定理建立了两者的重要关系。

定理 10.1[6] 设 $\forall i \in I$,函数 θ_i 在 Y 上连续可微。若 $y^* = \{y_1^*, y_2^*, \cdots, y_M^*\}$ 是 Nash 均衡点,则 y^* 也是下列变分不等式的解:

$$\langle F(y^*), y - y^* \rangle \geq 0, \quad \forall y \in Y \tag{10.2}$$

式中

$$F(y) = -\left(\frac{\partial \theta_1(y)}{y_1}, \frac{\partial \theta_2(y)}{y_2}, \cdots, \frac{\partial \theta_M(y)}{y_M}\right)$$

进一步,如果对任意的 $\forall i \in I$,函数 $\theta_i(y_i, y_{\setminus i})$ 关于 y_i 是伪凹的,则变分不等式(10.2)成立也是必要条件。

2. Stackelberg 博弈[5]

Stackelberg 博弈模型由德国经济学家斯塔克尔伯格(H. Von Stackelberg)在 1934 年提出的一种产量领导模型,该模型反映了企业间不对称的竞争。

如果 Nash 博弈可以被理解为一层博弈问题,则 Stackelberg 博弈和 Nash 博弈的情况不同。Stackelberg 博弈中存在一个不同的参与者,称为领导者,他可以预测到其他成员,即跟随者的反应并且利用这些反馈信息来做出自己的最优决策。具体来说,领导者从策略集 $X \subset R^n$ 中选择某一策略,然后每个跟随者根据领导者的策略 $x \in X$ 选择自身策略,策略集 $Y_i(x) \subseteq R^{m_i}$ 是闭凸的。成本函数 $f_i(x, \cdot): \prod_{j=1}^{M} R^{m_j} \rightarrow R$ 是极小化的,其中 M 是下层跟随者的个数。注意每个下层跟随者的策略依赖于领导者的策略 x,并且跟随者的成本函数既依赖于领导者的策略也依赖于所有跟随者的策略。令 $m \equiv \sum_{i=1}^{M} m_i$，假定对任意固定的 $x^g \in X$，$y_{\backslash i}^g \in Y_{\backslash i}$，函数 $\theta_i(x^g, y_i, y_{\backslash i}^g)$ 是凸的，且关于变量 $y_i \in Y_i(x^g)$ 连续可导。跟随者按照 Nash 非合作博弈原则做出反应，即对于每一个 $x \in X$，选择一个联合反应矢量 $y^* \equiv (y_i^*)_{i=1}^M \in \prod_{i=1}^M Y_i(x)$，使得对每一个 $i = 1, 2, \cdots, M$ 都有

$$y_i^* \in \arg\min\{f_i(x, y_i, y_{-i}) : X \in R^{nx}, y_i \in Y_i(x)\} \qquad (10.3)$$

根据成本函数 $\theta_i(x^g, y_i, y_{\backslash i}^g)$ 的凸性以及集合 $Y_i(x)$，很容易看出对于所有的 $i = 1, 2, \cdots, M$，式(10.3)成立，当且仅当矢量 y^* 是变分不等式 VIP$(F(x, \cdot), C(x))$ 的解。若用 $S(x)$ 表示 VIP$(F(x, \cdot), C(x))$ 的解集，即当且仅当 $y^* \in S(x)$，其中 $y \in R^m$，$F(x, y) \equiv (F_i(x, y))_{i=1}^M$，$F_i(x, y) \equiv \dfrac{\partial \theta_i(x, y)}{y_i}$，$i = 1, 2, \cdots, M$，以及 $C(x) = \prod_{j=1}^M Y_i(x)$。

令 $f: R^{n+m} \to R$ 是领导者的成本函数，且 f 和领导者的策略 x 及跟随者的策略 y 都有关，那么 Stackelberg 博弈问题等价于确定一组矢量 $(x, y) \in R^{n+m}$，使其是式(10.4)优化问题的解：

$$\begin{aligned} &\min F(x, y) \\ &\text{s.t. } x \in X, y \in S(x) \end{aligned} \qquad (10.4)$$

在 Stackelberg 博弈中，从某种意义上来说，领导者要比跟随者有权力，因为领导者可以预料到跟随者的反应，之后才做出相应的决策。因而，Stackelberg 博弈中的参与者不是同质的。反观 Nash 博弈，参与者无差异，因为他们仅仅能观察但不能事先预料到对方的反应。如果领导者失去了预料对方反应的优势，那么 Stackelberg 博弈就退化成标准的 Nash 博弈。这种领导者权力的丧失通常会导致成本的增加，收益的降低。相似地，如果领导者预测能力并不影响目标函数值，即 $f(x, y) = 0$，那么 Stackelberg 博弈也就成为 Nash 博弈。

3. 二人零和博弈

零和博弈属于非合作博弈，指参与博弈的各方，在严格竞争下，一方的收益必然意味着另一方的损失，一方收益多少，另一方就损失多少，所以博弈各方的收益和损失相加总和永远为"零"。双方不存在合作的可能。

零和博弈的两个参与者中，总会有一个赢，一个输，如果把赢计算为得 1 分，而输为 -1 分，则若 A 获胜次数为 N，B 的失败次数必然也为 N，若 A 失败的次数为 M，则 B 获胜的次数必然为 M，因此 A 和 B 的总分分别为 $N - M$ 和 $M - N$，

显然 $N-M+M-N=0$,这就是零和博弈的数学表达式[7]。分析零和博弈问题时,只需要考虑一方的支付即可。参与者采取的行动往往有规律可循,这些规律称为参与者的策略。通常在博弈进行中,对于每个人的具体行动都要依据实际情况而定,理论上假设所有的选择都由参与者事先决定,因此,可以将所有可能情况编成一个表,然后为每一个可能性做一个选择。理论上,所有的博弈都可以做到这一步。如果这一系列选择已经决定了,则称参与者选择了一定的策略。

通常参与者的策略均为有限个,设 A 有 m 个策略,B 有 n 个策略,则称为 $m \times n$ 博弈。当 A 采用策略 A_i,B 采用策略 B_j 时,A 得到的支付为 a_{ij}。将 A 的支付写为一个矩阵的形式,矩阵中第 i 行第 j 列的元素是 a_{ij},这个矩阵称为 A 的支付矩阵。支付矩阵中每行元素最大值中的最小值 $\min_i \max_j a_{ij}$ 称为博弈的下限,每列元素最小值中的最大值 $\max_i \min_j a_{ij}$ 称为博弈的上限。对于纯策略博弈 $G=\{A, B; a_{ij}\}$,若 $\max_i \min_j a_{ij} = \min_j \max_i a_{ij} = a_{i^* j^*}$ 成立,则 $a_{i^* j^*}$ 称为博弈 G 的值,策略对 (A_{i^*}, B_{j^*}) 为博弈 G 在纯策略下的解,A_{i^*} 和 B_{j^*} 分别为 A 和 B 的最优策略,即博弈 G 的纯 Nash 均衡策略。对于二人零和博弈的纯策略 Nash 均衡,存在以下定理。

定理 10.2 博弈 $G=\{A,B,a_{ij}\}$,在纯策略意义下有解的充分必要条件是存在纯策略对 (A_{i^*}, B_{j^*}) 使得

$$a_{ij^*} \leq a_{i^* j^*} \leq a_{i^* j} \quad (i=1,2,\cdots,m; j=1,2,\cdots,n)$$

根据定理 10.2,纯策略 Nash 均衡可通过搜索支付矩阵中的极大极小值点得到,但大多数博弈不存在纯策略 Nash 均衡。在此情况下,只能求相应的混合策略 Nash 均衡。

设 $X=\{x_1, x_2, \cdots, x_m\}$ 和 $Y=\{y_1, y_2, \cdots, y_m\}$ 为 A 和 B 的混合策略,即 A 以概率 x_i 选择第 i 个策略,B 以概率 y_j 选择第 j 个策略,获得支付 a_{ij} 的概率为 $x_i \times y_j$。由此可得 A 的期望支付 $\sum_{i=1}^{m}\sum_{j=1}^{n} a_{ij} x_i y_j$。对于混合策略博弈 $G'=\{A,B;a_{ij};X,Y\}$,若存在

$$\max_{X^* \in X} \min_{Y^* \in Y} \sum_{i=1}^{m}\sum_{j=1}^{n} a_{ij} x_i^* y_j^* = \min_{Y^* \in Y} \max_{X^* \in X} \sum_{i=1}^{m}\sum_{j=1}^{n} a_{ij} x_i^* y_j^* = V_G$$

其中 $X^*=\{x_1^*, x_2^*, \cdots, x_m^*\}$,$Y^*=\{y_1^*, y_2^*, \cdots, y_m^*\}$,则称 V_G 为博弈 G' 的值,混合策略对 (X^*, Y^*) 为 G' 在混合策略下的解,称 X^* 和 Y^* 分别为参与者 A 和 B 的最优混合策略,即博弈 G' 的混合策略 Nash 均衡。对于二人零和博弈的混合策略 Nash 均衡,存在以下定理。

定理 10.3 混合策略博弈 $G'=\{A,B;a_{ij};X,Y\}$ 在混合策略意义下有解的

充分必要条件是存在 $X^* \in X, Y^* \in Y$,使得 (X^*, Y^*) 为函数的一个鞍点,即
$$E(X, Y^*) \leq E(X^*, Y^*) \leq E(X^*, Y)$$
混合策略零和博弈通常可用线性规划转化为两组不等式的求解。

4. Colonel Blotto 博弈

Colonel Blotto 博弈是一种二人零和博弈,又称 Divide Dollar 博弈,博弈双方分别记为 B(Blotto) 和 E(Enemy)。博弈的规则为 B 和 E 在 K 个独立的战场上同时分配各自有限的兵力,但均不知道对手的某一次的具体分配策略。若一方在某战场上分配了比对方更多的兵力,则在该战场上获胜,收益记为 1。博弈的收益为赢得战场的总数,赢得大部分战场的一方最终获胜[8]。

若博弈双方的总兵力分别为 X_B 和 X_E,B 的兵力分配矩阵记为

$$X = \begin{bmatrix} x_{1,1} & x_{1,2} & \cdots & x_{1,M} \\ x_{2,1} & x_{2,2} & \cdots & x_{2,M} \\ \vdots & \vdots & & \vdots \\ x_{K,1} & x_{K,2} & \cdots & x_{K,M} \end{bmatrix} \tag{10.5}$$

则行矢量 $x_i(i \in \{1,2,\cdots,M\})$ 表示 B 可选用的 M 种纯策略,任一 x_i 满足总兵力约束 $\sum_{k=1}^{K} x_{i,k} = X_B$。列矢量 $x_k(k \in \{1,2,\cdots,K\})$ 表示 B 在第 k 个战场上的兵力分布。类似地,E 的兵力分配矩阵 Y 的行矢量 y_j 满足 $\sum_{k=1}^{K} y_{j,k} = X_E (j \in \{1,2,\cdots,N\})$,表示 E 可选用的 N 种兵力分配纯策略,列矢量 y_k 表示 E 在第 k 个战场上的兵力分布。若博弈双方随机使用每一种纯策略 x_i 和 y_j,则该博弈的混合策略期望收益为[9]

$$R_s(X, Y) = \frac{1}{K^2 MN} \sum_{k=1}^{K} \sum_{i=1}^{M} \sum_{j=1}^{N} \text{sgn}(x_{i,k} - y_{j,k}) \tag{10.6}$$

式中:sgn(z) 表示取 z 的符号,即

$$\text{sgn}(z) = \begin{cases} 1, & z > 0 \\ 0, & z = 0 \\ -1, & z < 0 \end{cases} \tag{10.7}$$

对该博弈问题的大量深入研究[8-12]表明,该博弈不存在纯策略 Nash 均衡,因此重点研究在各种约束下的混合策略 Nash 均衡。

10.1.3 马尔可夫决策过程及强化学习理论

马尔可夫决策过程(Markov Decision Process,MDP)是一种对智能体与动态

环境交互过程进行数学建模的方法[13]。其中,智能体是决策者,又称为代理。环境则是除智能体外与之关联和互动的其他事物。一般地,智能体需要通过做出各种决策并采取行动以实现自身目标,但是在采取行动的过程中会对环境产生影响,且不同环境状态下智能体得到的结果可能不同。MDP 的提出正是为了分析智能体和环境的复杂交互过程,需要提前知道转移概率,但这是多数情况下难以满足的,而强化学习(Refocement Learning,RL)是通过试错来学习环境中存在的规律,进而求解 MDP。因此,RL 可在不需要知道转移概率的情况下求解 MDP。

1. 马尔可夫决策过程

MDP 由一系列关键要素构成,包括状态、动作、转移概率、奖赏和策略。MDP 的目标是通过优化智能体的策略来最大化时间跨度内的期望累积奖赏:

$$R = \mathrm{E}\left[\sum_{t=0}^{T} \gamma^{t} a_{t}(s_{t}, s_{t+1})\right] \tag{10.8}$$

式中:γ 为折扣因子,其取值范围是 $0 \sim 1$。γ 控制未来奖赏对智能体在做当前决策时的重要性。极端情况下,$\gamma = 0$ 表示智能体仅最大化当前时刻的奖赏,$\gamma = 1$ 表示智能体的目标是最大化未来所有时刻得到的奖赏。此外,若 T 为有限值,则表示该 MDP 为有限时间跨度 MDP,即该 MDP 会因达到终止态停止运行或运行到某一时刻后停止运行。相应地,$T = \infty$ 表示该 MDP 为无限时间跨度 MDP。MDP 的运行过程如图 10.2 所示。

图 10.2 MDP 运行过程

当 MDP 中除策略外的其他要素均已知时,可以通过动态规划来求解 MDP 以获得最大化 R 的最优策略 π^{*}。典型的方法有策略迭代和值迭代。

1)策略迭代

对于给定策略 π,由贝尔曼方程(Bellman's Equation)[13]可得

$$V_{\pi} = \sum_{a} \pi(a|s) \sum_{s',r} P_{a}(s,s')[r_{a}(s,s') + \gamma V_{\pi}(s')] \tag{10.9}$$

利用式(10.9)对所有状态 $s \in S$ 不断迭代,收敛得到的 $V_{\pi}(s)$ 表示智能体在策略 π 下,从状态 s 出发可得到的期望累积奖赏。对 $V_{\pi}(s), s \in S$ 迭代的过程称为策略评估。

在对策略 π 进行策略评估后,可以根据得到的 $V_{\pi}(s)$ 对策略进行改进。基

于贪婪的方法,可以得到改进后的策略式(10.10):

$$\pi'(s) = \underset{a}{\mathrm{argmax}} \sum_{s',r} P_a(s,s')[r_a(s,s') + \gamma V_\pi(s')] \tag{10.10}$$

通过不断重复地进行策略评估和策略迭代,最终得到的策略会收敛到最大化 R 的最优策略 π^*,该方法称为策略迭代,详细证明过程可参见文献[13]。

2) 值迭代

在策略迭代中,策略评估需要利用式(10.9)重复迭代直至收敛,而每一次策略改进都需要先进行策略评估。因此,策略迭代的计算复杂度较高。为了解决这一问题,值迭代将策略改进融合进策略评估中,将式(10.9)改写为

$$\begin{cases} V(s) = \underset{a}{\max} \sum_{s',r} P_a(s,s')[r_a(s,s') + \gamma V_\pi(s')] \\ \pi^*(s) = \underset{a}{\mathrm{argmax}} V(s) \end{cases} \tag{10.11}$$

利用式(10.11)对所有状态迭代直至收敛后,即可得到最优策略 π^*。

以上介绍的两种迭代方法都能有效地求解 MDP 并获得最优策略。然而,它们都需要知道状态转移概率。无线通信系统状态变化受信道变化、用户行为等随机因素共同影响。这些随机变量的概率分布难以准确获得。因此,将无线通信网络中的问题建模成 MDP,其转移概率通常难以获得。为了解决转移概率缺失的问题,强化学习应运而生。

2. 强化学习

与需要提前知道转移概率的 MDP 不同,RL 可在不需要知道转移概率的情况下求解 MDP。目前广泛采用的 RL 方法可以分为基于值的方法和基于策略的方法。

1) 基于值的方法

式(10.9)可分解为

$$V_\pi(s) = \sum_a \pi(a|s) Q_\pi(s,a) \tag{10.12}$$

式中

$$Q_\pi(s,a) = \sum_{s',r} P_a(s,s')[r_a(s,s') + \gamma V_\pi(s')] \tag{10.13}$$

$Q_\pi(s,a)$ 表示智能体在策略 π 下,在状态 s 采取动作 a 可得到的期望累积奖赏,称为状态–动作对 $\langle s,a \rangle$ 的 Q 值。当策略 π 为最优策略时,对于任意的状态 $s \in S$ 和动作 $a \in A$,相应的 Q 值 $Q^*(s,a)$ 是在所有策略下获得的最大 Q 值。相反,若已知最大 Q 值 $Q^*(s,a)$,那么可以根据下式得到最优策略:

$$\pi^*(s) = \underset{a}{\mathrm{argmax}} Q^*(s,a) \tag{10.14}$$

根据这一性质,Q 学习利用智能体实际得到的 Q 值样本与预测 Q 值之间的差值(又称时间差分)来迭代地更新 Q 值,最终逼近 $Q^*(s,a)$ 并得到最优策略 π^*。具体的迭代公式为

$$Q(s,a) = Q(s,a) + \alpha [r_a(s,s') + \gamma \max Q(s',a) - Q(s,a)] \tag{10.15}$$

式中:α 为控制 Q 值更新速度的学习速率。

Q 学习算法的伪代码如下:

算法 10.1 Q 学习算法

输入:S,A,α,γ
建立表格储存 $Q_\pi(s,a), \forall s \in S, \forall \alpha \in A$,并将所有 Q 值初始化为 0
for $t = 1:T$
 观察环境得到状态 s,根据 ε 贪婪规则选择动作 a
 执行动作 a,并观察得到新状态 s' 和奖赏 $r_a(s,s')$
 根据式(10.15)更新 $Q_\pi(s,a), \forall s \in S, \forall \alpha \in A$
 令 $s = s'$
end for

Q 学习算法中的 ε 贪婪规则是指智能体以 ε 的概率选取随机动作,并以 $1-\varepsilon$ 的概率选取使 Q 值最大的动作,即 $\mathrm{argmax} Q(s,a)$。前者令智能体探索未知的动作,从而学习到潜在的更好策略,后者令智能体充分利用已知的知识来做出最优决策。通过改变 ε 可以使智能体在学习速度和决策的最优性中取得平衡。

以上介绍的 Q 学习是一种典型的基于值的 RL 方法。实际上,基于值的 RL 方法还有状态 - 动作 - 奖赏 - 状态 - 动作(State - Action - Reward - State - Action,SARSA)、双 Q 学习等,这些方法都是通过对 Q 值进行估计并利用 Q 值得到最优策略。然而,因为基于值的方法需要为所有状态 - 动作对建立表格储存其 Q 值,所以当 MDP 的动作或状态空间很大(或为连续空间)时会产生维度爆炸的问题。为了解决这一问题,人们提出了基于策略的 RL 方法。

2) 基于策略的方法

在基于策略的 RL 方法中,动作的选取不再需要对 Q 值进行评估,而是直接对策略进行优化。为了实现这一目标,首先需要将策略参数化,即用一个由参数 θ 确定的函数来表示策略 π。那么,在状态 s 采取动作 a 的概率可以写为 $\pi(a|s,\theta)$。如果策略的性能可以由一个标量 $J(\theta)$ 来度量,那么为了性能最大化,θ 应该以关于梯度 $J(\theta)$ 上升的方向更新,即

$$\theta' = \theta + \alpha \nabla \hat{J}(\theta) \tag{10.16}$$

式(10.16)是$\nabla \hat{J}(\theta)$梯度的一个随机估计值。由此可见,对策略进行优化就是利用梯度对决定策略的参数进行更新。因此,这类方法又称为策略梯度法,以蒙特卡罗策略梯度法为例进行介绍。

定义$J(\theta)$为由θ确定策略π下从某一状态s_0出发所得到的期望累积奖赏,即$V_{\pi_\theta}(s_0)$,那么关于θ的梯度为[13]

$$\nabla J(\theta) = \mathrm{E}_\pi [G_t \nabla \ln \pi(a_t | s_t, \theta)] \tag{10.17}$$

式中:a_t和s_t分别为t时刻的动作和状态;G_t是从$t+1$时刻直至最终时刻T的累积奖赏,$G_t = \sum_{k=t+1}^{T} \gamma^{k-t-t} r_{a_t}(s_t, s_{t+1})$。那么,$\nabla J(\theta)$的一个随机估计值$\nabla \hat{J}(\theta) = G_t \nabla \ln \pi(a_t | s_t, \theta)$。

蒙特卡罗策略梯度算法的伪代码如下:

算法 10.2　蒙特卡罗策略梯度算法

输入:$\alpha, \gamma, \pi(a|s,\theta)$
初始化θ
for episode $= 1 : i_{\max}$
 for $t = 1 : T$
  观察状态s_t,根据$\pi(a|s_t, \theta)$选取a_t,并观察得到s_{t+1}和$r_{a_t}(s_t, s_{t+1})$
 end for
 for $t = 1 : T$
  $G_t = \sum_{k=t+1}^{T} \gamma^{k-t-t} r_{a_t}(s_t, s_{t+1})$
  $\theta = \theta + \alpha \gamma^t G_t \nabla \ln \pi(a_t | s_t, \theta)$
 end for
end for

在蒙特卡罗策略梯度算法中,策略是以回合(episode)为单位更新的。在一个回合中,智能体需要用同一策略产生共T个时刻的一组动作、状态和奖励。然后利用这些信息对θ和策略π进行更新。这导致策略梯度法有两个缺点:一是策略梯度法只适用于有限时间跨度的回合制 MDP,然而在实际无线通信网络中,系统的运行可能是无限时间跨度的;二是策略的更新以回合制为单位,使得策略更新速度慢、不同回合下得到的决策方差较大,即稳定性较差。以上两点使策略梯度法不便于在线部署。

综上所述,虽然基于策略的方法解决了基于值的方法的维度爆炸问题,但同时也带来了新的问题。因此,人们尝试通过将深度学习(Deep Learning,DL)与 RL 结合来解决这些问题。

10.1.4　深度学习及深度强化学习理论

近年来,人工智能快速发展,其摒弃了传统的人工数学建模后求解的方法,转而利用数据驱动的机器学习方法直接对数据进行分析和处理。其中,深度学习[14]和深度强化学习(Deep Reinforcement Learning,DRL)[15]是最重要的两类机器学习方法。DL 利用深度神经网络(Deep Neural Network,DNN)挖掘数据中的关联关系,最终实现对未知数据的预测。因此,DL 广泛应用于计算机视觉及自然语言处理等领域。与 DL 不同,DRL 属于机器学习的另一分支,其目的是在复杂的动态环境中进行最优决策。为了实现这一目标,DRL 首先记录环境与控制信息,然后利用 DNN 对历史经验进行分析并学习环境变化规律,最终根据学习到的规律获得最优策略。因此,DRL 在自动化控制领域得到广泛应用。2016年,谷歌公司打造出基于 DRL 的阿尔法狗(AlphaGo)[16]击败了韩国九段棋手李世石,向世人证明了 DRL 的强大实力。

由于信道时变等原因,无线通信网络的管理是在动态变化的无线环境中对网络的众多参数进行优化,实际上就是一个在动态环境中的最优决策问题,与 DRL 的设计目标相契合。因此,DRL 是智能无线通信的重要赋能者。DRL 强大的学习与决策能力可以对无线通信网络进行智能管理,使其在复杂的通信环境中能够精准地匹配用户需求,最终提升网络的实际承载能力和用户通信体验。本小节主要介绍基本的机器学习理论[17-18]。

1. 深度学习

DL 是一种利用 DNN 来表征数据的关系,并最终实现拟合或分类功能的算法。DL 模型通常由多层的非线性运算单元组合而成。其将较低层的输出作为更高一层的输入,通过这种方式自动地从大量训练数据中学习抽象的特征表示,以发现数据的分布式特征。与浅层网络相比,多隐藏层网络模型有更好的特征表达能力,但此前由于计算能力不足、训练数据缺乏、梯度弥散等,使其一直无法取得突破性进展。直到 2006 年,Hinton 等提出了一种训练深层神经网络的基本原则:先用非监督学习对网络逐层进行贪婪的预训练,再用监督学习对整个网络进行微调。这种预训练的方式为深度神经网络提供了较理想的初始参数,降低了深度神经网络的优化难度。此后几年,相继提出各种 DL 模型,包括堆栈式自动编码器(Stacked Auto Encoder,SAE)、受限制玻耳兹曼机(Restricted Boltzmann Machine,RBM)、深度信念网络(Deep Belief Network,DBN)、循环神经网络(Recurrent Neural Network,RNN)、卷积神经网络(Convolutional Neural Network,CNN)等。

DNN 的基本组成单元是相互连接的神经元,图 10.3 为 DNN 的一个典型结构。DNN 中的神经元排列具有层次结构,通常包含一个输入层、一个输出层和数个隐藏层。神经元间的连接强弱关系由权值决定,权值由图 10.3(a)中神经元间连线表示。图 10.3(b)示出了神经元间的信息传递过程。其中,每个神经元将与之连接的上一层神经元的输出值乘以相应的权值并求和,再通过一个激活函数将信息传递到下一层连接的神经元。激活函数一般有 sigmoid、ReLU、tanh 等。根据 DNN 的信息传递规则,输入数据被各层神经元逐层加工最终得到输出结果,这个过程称为正向传播。通过对比神经网络输出的预测值和真实训练数据,DNN 可以调整神经网络间的权值以提高预测的准确度,这个过程称为误差反向传播。训练后的 DNN 可以表征数据间的关系,进而能对未知输入数据做出准确预测。

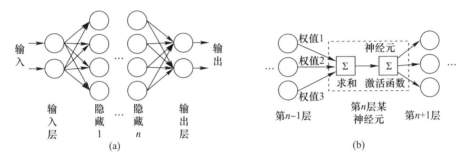

图 10.3 DNN 基本结构及其信息传递
(a)DNN 基本结构;(b)神经元信息传递。

然而,并不是所有的 DNN 都能有效地挖掘数据间中存在的关联关系并对未知输入做出准确预测。实际上,神经元的连接方式,即 DNN 的结构,是影响 DNN 性能的关键因素。神经元的连接方式通常有全连接、卷积连接、池化连接和循环连接等,相应地,以上几种连接方式构成了 DNN 中的全接层(fully-connected layer)、卷积层(convolutional layer)、池化层(pooling layer)和循环层(recurrent layer)。在实际应用中,DNN 的结构是由数据自身的特征来决定的。

2. 深度强化学习

人工智能研究的一个特别吸引人的地方就是深度强化学习。DRL 将神经网络建模与强化学习结合起来,以一套奖惩而非明确指令驱动学习。DRL 在过去的 5 年里已经成为人工智能研究竞争最激烈的领域之一,在视频游戏、扑克、多人赛和复杂的棋盘游戏(包括围棋和国际象棋)等方面的表现都超越了人类。同时,将 DL 中的 DNN 与 RL 相结合,可以解决 RL 中存在的维度爆炸、学习速度慢等问题。与强化学习类似,DRL 也可以通过基于值的方法和基于策略的方法来实现。

1）基于值的 DRL 方法

基于值的 RL 方法存在的主要问题是需要建立表格来储存 Q 值，而当动作或状态空间很大时会产生维度爆炸的问题，这导致它们无法应用或收敛速度极慢。

为了解决这一问题，人们提出用 DNN 来拟合存储 Q 值的表格。这类 DNN 称为深度 Q 网络（Deep Q-Network，DQN）。图 10.4 为 DQN 模型架构。

图 10.4　DQN 的模型架构

若用 θ 表示 DNN 的参数，则 $Q(s,a;\theta)$ 表示状态-动作对 $\langle s,a \rangle$ 的 Q 值。当 DQN 的参数 θ 为最优参数 θ^* 时，相应的是 Q 值是最大的 Q 值，并且最优策略可以由下式确定：

$$\pi^*(s) = \underset{a}{\mathrm{argmax}}(s,a;\theta^*) \tag{10.18}$$

为了优化 θ 得到最优参数 θ^*，需要利用智能体获得的经验来训练 DQN。智能体在时刻 t 得到的经验定义为 $e_t = \langle s_t, a_t, r_{a_t}(s_t, s_{t+1}), s_{t+1} \rangle$。基于该经验，在时刻 t 训练 θ 的损失函数可以定义为

$$\mathcal{L}(\theta_t) = [y_t^{\mathrm{target}} - Q(s_t, a_t; \theta_t)]^2 \tag{10.19}$$

式中

$$y_t^{\mathrm{target}} = r_{a_t}(s_t, s_{t+1}) - \gamma \underset{a}{\max} Q(s_t, a_t; \theta_{t-1}) \tag{10.20}$$

参数 θ 的更新应最小化损失函数，即

$$\theta_t = \mathrm{argmin}\mathcal{L}(\theta) \tag{10.21}$$

梯度下降法可用于式（10.21）中对参数 θ 的更新。然而，利用式（10.19）~式（10.21）训练 DQN 存在两个问题：首先，智能体得到的每个经验仅能用于更新一次参数，这导致数据的利用率低下；其次，利用正在训练的 DQN 来计算目标值，即式（10.21），会导致目标值随着每一次的更新而改变。事实上，目标值是对真实 Q 值的估计值，不应该与 θ 高度相关。基于以上思想，文献[19]提出经验回放和拟静态目标网络来提 DQN 的训练速度、准确度和稳定性。

在经验回放中，智能体将所有经验放入一个大小为 M 的经验池M中，然后在每次更新参数 θ 时从M抽取来做批量梯度下降。经验池M是一个先入先出

(First Input First Output,FIFO)的队列,若放入的经验大于 M,则将最先放入的经验丢弃。在拟静态目标网络中,智能体建立两个 DQN,一个用于训练(称为训练DQN),另一个用于计算目标值(称为目标 DQN)。目标 DQN 和训练 DQN 每隔时间间隔 K 同步一次。结合这两个技术,θ 的更新公式可以写为

$$\theta_t = \frac{1}{B}\sum_{e \in \mathbb{B}_t}[y_e^{\text{target}} - Q(s_e, a_e; \theta)]^2 \tag{10.22}$$

式中:$\mathbb{B}_t$ 表示在时刻 t 从经验池中抽取的集合;$e = \langle s_e, a_e, r_{a_e}, s_e' \rangle$ 表示经验集合的一个经验;并且有

$$y_e^{\text{target}} = r_e - \gamma \max_{a'} Q(s_e', a'; \theta') \tag{10.23}$$

其中:θ' 表示目标 DQN 中的参数。

结合集合经验回放和拟静态目标网络的完整算法流程称为深度 Q 学习(Deep Q – learning)算法,算法流程见算法 10.3。该算法是目前公认基于 DQN的标准 DRL 算法,其最初由 DeepMind 等[19]在 2015 年提出并证明了其在 Atari游戏上可以达到或超过人类操作的水平。由于 Atari 游戏提供的信息游戏屏幕显示的图像数据,为了处理图像数据,DeepMind 等在应用深度 Q 学习算法时特别设计了一个包含卷积层、池化层和全连接层的 DNN 作为 DQN。因此,DQN 的结构应当与需要处理的数据相匹配。

算法 10.3　深度 Q 学习算法

输入:γ, B, M, K
初始化训练 DQN 参数 θ 和目标 DQN 参数 θ',令 $\theta' = \theta$;建立一个大小为 M 的先入先出队列作为经验池$\mathbb{M}$
for $t = 1:T$
　观察状态 s,根据 ε 贪婪规则选择动作 a
　执行动作 a 并观察得到新状态 s' 和奖赏 $r_a(s, s')$
　将得到的经验 $e = \langle s, a, r_a(s, s'), s' \rangle$ 放入经验池$\mathbb{M}$
　从经验池$\mathbb{M}$选取 B 个经验形成经验集合$\mathbb{B}_t$,根据式(10.22)和式(10.23)更新 θ
　若 $\text{mod}(t, K) == 0$,则令 $\theta' = \theta$
end for

另外,为提升深度 Q 学习算法性能,目前也有一些针对该算法的改进,其中,双深度 Q 学习(Double Deep Q – learning)算法[20]和竞争深度 Q 学习(Dueling Deep Q – learning)算法[21]应用较为广泛。

2)基于策略梯度的 DRL 方法

策略梯度方法是一种直接使用逼近器来近似表示和优化策略,它通过不断计算策略期望总奖赏关于策略参数的梯度来更新策略参数,最终收敛于最优策

略。在解决 DRL 问题时，可以采用参数为 θ 的深度神经网络参数化表示策略，并利用策略梯度方法来优化策略。策略梯度算法能够直接优化策略的期望总奖赏，并以端对端的方式直接在策略空间中搜索最优策略，省去了烦琐的中间环节。因此，与 DQN 及其改进模型相比，基于策略梯度的 DRL 方法适用范围更广，策略优化的效果也更好。该方法优化的是策略的期望总奖赏：

$$\max_\theta (R|\pi_\theta) \tag{10.24}$$

式中：$R = \sum_{t=0}^{T-1} r_t$ 表示规定周期内所获得的奖赏总和。

策略梯度最常见的思想是增加总奖赏较高情节出现的概率。策略梯度方法的具体过程如下：

假设一个完整情节的状态、动作和奖赏的轨迹 $\tau = (s_0, a_0, r_0, s_1, a_1, r_1, \cdots, s_{T-1}, a_{T-1}, r_{T-1})$。则策略梯度表示为

$$g = R \nabla_\theta \sum_{t=0}^{T-1} \log \pi(a_t|s_t;\theta) \tag{10.25}$$

利用该梯度调整策略参数：$\theta = \theta + ag$，其中，a 是学习率，控制着策略参数更新的速率。式（10.25）中，$\nabla_\theta \sum_{t=0}^{T-1} \log \pi(a_t|s_t;\theta)$ 梯度项表示能够提高轨迹 τ 出现概率的方向，乘上得分函数 R 之后，可以使得单个情节内总奖赏越高的 τ 越"用力拉拢"概率密度。即如果收集了很多总奖赏不同的轨迹，通过上述训练过程会使得概率密度向总奖赏更高的轨迹方向移动，最大化高奖赏轨迹 τ 出现的概率。

然而在某些情形下，每个情节的总奖赏 R 都不为负，那么所有梯度 g 的值也都是大于或等于 0。此时在训练过程中遇到每个轨迹 τ，都会使概率密度向正的方向"拉拢"，很大程度减缓了学习速度，且会使得梯度 g 的方差很大。因此，可以对 R 使用某种标准化操作来降低梯度 g 的方差。该技巧使得算法能提高总奖赏 R 较大的轨迹 τ 的出现概率，同时降低总奖赏 R 较小的轨迹 τ 的出现概率。根据上述思想，Williams 等[22]提出了蒙特卡罗策略梯度算法，将策略梯度的形式统一为

$$g = (R - b) \nabla_\theta \sum_{t=0}^{T-1} \log \pi(a_t|s_t;\theta) \tag{10.26}$$

式中：b 是一个与当前轨迹 τ 相关的基线；通常设置为 R 的一个期望估计，目的是减小 R 的方差。可以看出，R 超过基准 b 越多，对应的轨迹 τ 被选中的概率越大。因此在大规模状态的 DRL 任务中，可以通过深度神经网络参数化表示策

略,并采用传统的策略梯度方法来求解最优策略。

基于策略的 RL 方法通过将策略参数化来实现连续动作的选取,但是也带来了数据利用率低、决策稳定性差等问题。与此同时,基于值的方法可以利用每一步得到的经验对策略进行逐步更新,且其依据 Q 值进行高稳定性的决策。于是,人们提出了深度确定性策略梯度(Deep Deterministic Policy Gradient,DDPG)来将二者结合[23]。其基本思想是采用两个 DNN 分别作为动作家(actor)和评论家(critic)。评论家相当于基于值的方法中的 Q 值评估,即拟合和估计 Q 值,而动作家相当于基于策略方法中的策略参数化,用于找出 Q 值与最优动作之间的映射关系。换言之,在 DDPG 中,动作选取不再是选择当前状态下 Q 值最大的动作,而是让动作家参考评论家评估的 Q 值来直接选取。这一类包含动作家和评论家的 DRL 方法统称为基于动作评论家(Actor-Critic,AC)的 DRL 方法。这类方法的其他代表算法有异步优势动作评价(Asynchronous Advantage Actor-Critic,A3C)、信赖域策略优化(Trust Region Policy Optimization,TRPO)、近端策略优化(Proximal Policy Optimization,PPO)等。

10.2 基于博弈论的功率分配决策

通信方与干扰方的博弈涉及时域、频域、空域、功率域、编码调制域等几乎所有范围,下面介绍基于博弈论的功率分配抗干扰决策方法及思路,给出基于非对称 Colonel Blotto 博弈的多信道功率分配抗干扰决策方法。

10.2.1 相关工作

传统以宽带高速跳频和非协调跳频等扩频技术为主的抗干扰通信技术,每次只使用一个信道,频谱利用率低[24],且难以有效应对跟踪干扰和超出扩频增益的宽带干扰。如何在干扰条件下通过功率控制提升通信系统效能,一直是通信领域关注的重要方面,特别是在通信对抗双方日益智能化的条件下,通过博弈论来解决双方的最优功率分配问题得到越来越多的研究。根据通信对抗双方可用信道数,基于功率分配的对抗博弈可分为单信道模型和多信道模型。对通信方而言,可用信道数定义为一次通信过程中某一用户可以不受其他用户干扰而独占的频分信道数,由连续或不连续的多个频段组成,通常由用户申请,网管中心分配;对干扰方而言,可用信道数定义为一次干扰过程中可不受限制自由干扰的信道数,通常与通信方可用信道一致。

单信道模型的功率分配通常为对抗双方引入功率开销代价,以最大化/最小化通信容量或信噪比为目标,将对抗双方建模为非合作博弈[25-28]、二人零和博弈[29]、Stackelberg 博弈[30-31]等,然后求解博弈的 Nash 均衡[25-28,32-33]或 Stackelberg 均衡[31]。存在用户间互干扰的情况下,也可能进一步追求帕累托最优(Pareto optimality)[32-33]。对模型中存在的某些未知参数,通常使用 Q-learning[29]等强化学习算法获取。其中,文献[25]将无线网络中的功率控制问题建模为一个广义非合作博弈,联合优化无线网络中的能效和延时,证明了该博弈在满足提出的最优响应条件时,将动态收敛至唯一 Nash 均衡,分别提出了分布式和集中式功率控制算法,并采用最大块改进方法解决了非凸集中功率控制问题,保证了提出的功率控制算法收敛到较好的候选解,且复杂度适中。文献[26]将分布式无线传感器网络中的传感器功率分配建模为非合作博弈,提出了一种非协作功率控制算法,使节点能够快速收敛到使网络性能稳定的 Nash 均衡点。文献[27]将认知无线电中的功率控制问题建模为一个非合作功率控制博弈,提出了一种自适应非合作功率控制算法,证明了该算法存在唯一 Nash 均衡,并且能够降低功耗,克服远近距离效应。文献[28]基于博弈论研究了认知传感器网络中的功率分配问题,考虑干扰温度,将节能功率分配问题描述为一个非合作耦合约束博弈,证明了该博弈存在 Nash 均衡,并且在一定条件下是一个超模博弈,设计了基于效率的集中式和分布式功率分配算法并得到 Nash 均衡,具有良好的能量效率、收敛速度和公平性。文献[29]将认知无线电与干扰机之间的功率分配交互建模为二人零和博弈,提出了一种基于 Q-learning 的多通道功率分配算法,并评估了该算法在两种情况下的性能:在固定干扰策略下,学习解与平坦衰落信道下常见的显式注水解相等,选择性信道下略有不同;在智能干扰策略下,学习到的策略几乎等于完全信息博弈的均衡策略。文献[30]将 DoS 攻击下无线通信网络的最优功率调度问题建模为不完全信息 Stackelberg 博弈,将自适应惩罚函数方法和微分进化算法相结合,处理相应的非线性和非凸优化问题。文献[31]将智能干扰机存在下的单通道功率控制抗干扰建模为 Stackelberg 博弈,给出了 Stackelberg 均衡策略的闭式表达式,证明了 Stackelberg 均衡的存在性和唯一性。文献[32]研究了博弈论在多种通信场景中的应用,分析并仿真了 Nash 均衡相对帕累托最优在效率方面的存在的不足,并提出修改效用函数、重复博弈、合作博弈等改进方法。文献[33]分别采用非合作纯策略博弈和混合策略博弈对蜂窝网络中设备间功率控制问题进行了研究和探讨,针对每一种博弈,推导出了功率受限的 Nash 均衡封闭表达式,并研究了 Nash 均衡的存在性和唯一性。文献[34]研究了多用户中继网络单流传输中的功率分配问题,采用可行点跟踪逐次凸逼近和多目标分析方法来计算一组近似帕累托最优的信噪比,仿真结果证明提出的算法优于比较方案。

多信道模型的功率分配根据优化目标不同,求解方法差异很大。当优化目标为通信容量时,文献[31]引入了功率开销代价,证明了 Stackelberg 均衡的存在性,设计了计算干扰机的最佳响应策略和用户近似最优策略的算法。文献[35]证明了在白噪声信道下,通信对抗双方的 Nash 均衡策略是双方均在所有可用信道上平均分配功率,而在频率选择性衰落信道下,通信对抗双方的 Nash 均衡策略可用迭代注水算法求解。这种以通信容量为优化目标的多信道功率分配方法虽然有完备的理论支撑,但实际通信系统中并不适用。因为实际通信系统均以特定的速率传输信息,当接收信号的 SINR 不低于解调门限时,一包数据接收成功;反之,该包数据接收失败。而当 SINR 达到解调门限后,更大的通信功率并不能进一步提高通信容量。因此,通信对抗双方最大化/最小化的目标应为传输成功的信道数。这种以特定通信速率下传输成功的信道数为优化目标的多信道功率分配方法通常建模为 Colonel Blotto 博弈[36-39]。其中,文献[36-37]研究了认知无线电网络中的次级用户与攻击者之间的博弈,在次级用户与攻击者均可以访问多个信道场景下,将次级用户与攻击者之间的功率分配问题建模为 Colonel Blotto 博弈,通过构造一种匹配期望边际分布且满足总功率约束的联合分布,最终获得了 Nash 均衡策略,以最小化通信方最坏情况下的损失,但如何找到由联合概率分布确定的 Nash 均衡策略仍然是一个难题。文献[38]提出了一种基于 Blotto 博弈的多维拍卖子载波分配方案,主要用以解决兼顾效率和公平的多载波分配问题,其效用函数是加权的香农容量公式;文献[39]将认知无线电中二级用户与干扰者之间的多信道功率分配问题建模为双人 Blotto 博弈,并采用迭代 Nash 议价解对模型求解,其效用函数是信干噪比的偏置加权,等效于以通信容量为优化目标。

综上所述,单信道功率博弈问题和以通信容量为优化目标的多信道功率博弈问题已经得到了很好解决,而以特定速率下传输成功的信道数为优化目标的多信道功率分配博弈仍有待深入研究。另外,随着通信对抗双方信号处理能力的提升,同时处理多个信道将变得越来越容易。通信方通过在多个信道上以某种优化策略分配通信功率,可作为一种智能抗干扰手段,在智能干扰条件下最大化通信方收益。本节以文献[36-37]中的多信道功率分配模型为基础,结合实际系统中数字化功率控制特点,给出非对称 Colonel Blotto 博弈模型以及该模型下的多信道功率分配抗干扰问题。

10.2.2 多信道功率分配的非对称 Colonel Blotto 博弈建模与解算

1. 非对称 Colonel Blotto 博弈模型建立

Colonel Blotto 博弈可等价为 General Lotto 博弈,即在单个战场上满足平均兵力约束的博弈,然后将其结果推广至 K 个战场完成 Colonel Blotto 博弈[9]。遗憾的是,虽然 General Lotto 博弈得到完美解决,但将其结果推广至 K 个战场时不总是存在可行解,因此并没有完全解决 Colonel Blotto 博弈问题。为此,本节提出了一种非对称 Colonel Blotto 博弈用于解决数字化功率控制条件下通信对抗双方的多信道功率分配问题,其模型如图 10.5 所示。不同于传统 Colonel Blotto 博弈中每个战场对博弈双方公平的假设,多信道功率分配博弈中,干扰方在每个信道上都有噪声进一步加强其干扰效果,这可等效为 Colonel Blotto 博弈中每个战场对博弈对抗双方不公平,即一方占有主场优势,能够以相同或更少的兵力获胜。

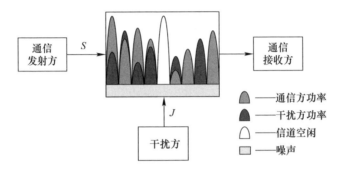

图 10.5 多信道功率分配示意图

将通信方总功率记为 S,干扰方总功率记为 J,双方可用信道数均为 K,所有 K 个信道均为均值为 0、方差为 σ^2 的无差别高斯白噪声信道,接收方解调门限信干噪比 $\text{SINR}_{\text{th}} = \tau$。则对于第 k 个信道上分配的信号功率 s_k 和干扰功率 j_k,若满足 $\frac{s_k}{j_k + \sigma^2} \geqslant \tau$,则该信道通信成功,通信方收益为 1,干扰方收益为 -1;反之该信道通信失败,通信方收益为 -1,干扰方收益为 1。假定干扰方能够以最小步进 d 控制各信道上分配的功率,且 J 能够被 d 整除,记干扰方功率分配矩阵为

$$Y_J = \begin{bmatrix} y_{1,1} & y_{1,2} & \cdots & y_{1,N} \\ y_{2,1} & y_{2,2} & \cdots & y_{2,N} \\ \vdots & \vdots & & \vdots \\ y_{K,1} & y_{K,2} & \cdots & y_{K,N} \end{bmatrix}$$

则行矢量 $y_j (j \in \{1, 2, \cdots, N\})$,为干扰方的第 j 种功率分配纯策略,满足总功率约束 $\sum_{k=1}^{K} y_{j,k} = J (y_{j,k} \in \{0, d, 2d, \cdots, J\})$,列矢量 $y_k (k \in \{1, 2, \cdots, K\})$,表示干

扰方在第 k 个信道上的功率分布。类似地，假定通信方可获取到干扰方功率控制精度，能够以 τd 为步进控制功率分配，且 S 能够被 τd 整除，记其功率分配矩阵为 $\boldsymbol{X}$，则行矢量 $\mathcal{X}_i(i\in\{1,2,\cdots,M\})$ 为通信方的第 i 种功率分布纯策略，满足总功率约束，$\sum_{k=1}^{K}\mathcal{X}_{i,k}=S(\mathcal{X}_{i,k}\in\{0,\tau d,2\tau d,\cdots,S\})$。列矢量 $\mathcal{X}_k$ 为通信方在第 k 个信道上的功率分布。此时，第 k 个信道上传输成功的条件为可转换为 $\mathcal{X}_{i,k}-\tau\mathcal{Y}_{j,k}\geq\tau\delta^2$。

需要说明的是，即使通信方具有更小的功率分配粒度，也不能进一步增加其收益。因为当 SINR 等于门限 τ 时，通信成功，高于门限的功率不能带来额外的收益；同理，当 S 不能够被 τd 整除时，剩余不足 τd 的功率增加到任一信道上均不能改变对应信道上的收益。因而假定通信方总功率控制精度为 τd，且总功率 S 能够被 τd 整除对通信方来说是最优的。另外，若干扰方能够进一步细化功率分配粒度 d，使得通信方功率分配粒度达不到 τd，则在某些干扰功率下，通信方无法使 SINR $=\tau$，因此，通信方为正确接收数据，需付出比达到解调门限所需功率更大的功率代价，即提升了干扰方收益。本节暂不考虑这种情况，均假定通信方具有较强的功率控制能力，使功率分配粒度达到 τd。

为后续分析计算方便，将通信方和干扰方总功率及功率分配矩阵分别用 τd 和 d 进行归一化可得 $A=\dfrac{S}{\tau d},\boldsymbol{X}=\dfrac{\boldsymbol{X}_S}{\tau d},B=\dfrac{J}{d},Y=\dfrac{\boldsymbol{Y}_J}{d}$，则第 k 个信道上的归一化信号功率和归一化干扰功率分布可分别表示为 $\boldsymbol{x}_k=\dfrac{\mathcal{X}_k}{\tau d},\boldsymbol{y}_k=\dfrac{\mathcal{Y}_k}{d}$，归一化白噪声功率为 $n_0=\dfrac{\sigma^2}{d}$。通信方第 i 种纯策略可表示为 $\boldsymbol{x}_i=\dfrac{\mathcal{X}_i}{\tau d}(i\in\{1,2,\cdots,M\})$，满足 $\sum_{k=1}^{K}x_{i,k}=A(x_{i,k}\in\{0,1,2,\cdots,M\})$；干扰方的第 i 种纯策略可表示为 $\boldsymbol{y}_j=\dfrac{\mathcal{Y}_j}{d}(j\in\{1,2,\cdots,N\})$，满足 $\sum_{k=1}^{K}y_{j,k}=B(y_{j,k}\in\{0,1,2,\cdots,B\})$，则通信方收益可表示为

$$R_s(\boldsymbol{X},\boldsymbol{Y})=\dfrac{1}{K^2MN}\sum_{k=1}^{K}\sum_{i=1}^{M}\sum_{j=1}^{N}\mathrm{gte}(x_{i,k}-y_{j,k}-n_0) \qquad (10.27)$$

式中：$\mathrm{gte}(z)$ 表示判断 z 是否大于或等于 0，即

$$\mathrm{gte}(z)=\begin{cases}1, & z\geq 0 \\ 0, & z<0\end{cases} \qquad (10.28)$$

将式(10.27)、式(10.28)对比式(10.6)、式(10.7)给出的 Colonel Blotto 博弈模型可见，受白噪声影响，信道对通信对抗双方不再公平，即非对称。相比于 Colonel Blotto 博弈模型战场对博弈双方公平的假设，本节所提非对称 Colonel

Blotto 博弈模型具有更广的适用范围,不仅适用于多信道功率分配,也可应于非对称战场兵力分配。例如,当作战双方 B 和 E 中的某一方通过修筑防御工事或可更充分利用地形而占据主场优势时,战场对双方不再对称,占据主场优势的一方能以相同或更少的兵力获胜。

2. 非对称 Colonel Blotto 博弈模型下的多信道功率分配策略

为方便后面表述,首先定义通信方和干扰方几种功率分布,在此基础上提出通信对抗双方不同总功率约束下的最优功率分配策略及 Nash 均衡策略相关定理,并通过求解等效单信道收益进行证明。

通信方和干扰方在 K 个信道上的归一化平均功率分别记为 m 和 n,即 $m = \frac{A}{K}$,$n = \frac{B}{K}$,$k \in \{1,2,\cdots,K\}$ 表示某一无差别信道。本节仅考虑 m 和 n 为整数的情况,且后面中的功率分配均针对归一化后的功率进行,因而不再特别指出"归一化"。为方便表述,首先进行如下定义:

定义 10.3 通信方全信道功率均匀分布。

若通信方同时有 K 个信道可用,第 k 信道上的功率分配服从 $u \sim 2m - u$ 之间的均匀分布,且在 K 个信道上分配的功率满足总功率约束,即

$$\begin{cases} x_k \sim U(u, 2m - u), k \in \{1,2,\cdots,K\} \\ \text{s.t.} \sum_{k=1}^{K} x_k = A \end{cases}$$

则称为通信方全信道功率均匀分布策略。其中,$u = \lceil n_0 \rceil$ 为受功率分配粒度 τd 约束的大于等于归一化白噪声 n_0 的最小整数,$\lceil \cdot \rceil$ 表示上取整。

定义 10.4 通信方以 $\Gamma_S(\Gamma_S > 2m - u)$ 为上限的部分信道功率均匀分布。

若通信方同时有 K 个信道可用,在第 k 个信道上以 $1 - \frac{2m}{\Gamma_S + m}$ 的概率分配功率 0,以 $\frac{2m}{\Gamma_S + m}$ 的概率服从 $u \sim \Gamma$ 之间的均匀功率分布,且 K 个信道上分配的功率满足总功率约束,即

$$\begin{cases} x_k \sim \left(1 - \frac{2m}{\Gamma_S + m}\right) O + \frac{2m}{\Gamma_S + m} U(u, 2\Gamma_S - u), k \in \{1,2,\cdots,K\} \\ \text{s.t.} \sum_{k=1}^{K} x_k = A \end{cases}$$

则称为通信方以 $\Gamma_S(\Gamma_S > 2m - u)$ 为上限的部分信道功率均匀分布策略。其中,O 表示功率为 0 的集合。

定义 10.5 干扰方全信道功率均匀分布。

若干扰方可同时干扰 K 个信道,在第 k 个信道上分配的功率服从 $0 \sim 2n$ 之间的均匀分布,且 K 个信道功率之和满足总功率约束,即

$$\begin{cases} y_k \sim U(0,2n), k \in \{1,2,\cdots,K\} \\ \text{s.t.} \sum_{k=1}^{K} y_k = B \end{cases}$$

则称为干扰方全信道功率均匀分布策略。

定义 10.6 干扰方以 $\Phi_J(\Phi_J > 2n)$ 为上限的部分信道功率均匀分布。

若干扰方可同时干扰 K 个信道,以 $1 - \dfrac{2n}{\Phi_J}$ 的概率分配功率 0,以 $\dfrac{2n}{\Phi_J}$ 的概率服从 $0 \sim \Phi_J$ 之间的均匀功率分布,且 K 个信道功率之和满足总功率约束,即

$$\begin{cases} x_k \sim \left(1 - \dfrac{2n}{\Phi_J}\right)O + \dfrac{2n}{\Phi_J} U(0,\Phi_J), k \in \{1,2,\cdots,K\} \\ \text{s.t.} \sum_{k=1}^{K} x_k = B \end{cases}$$

则称为干扰方以 $\Phi_J(\Phi_J > 2n)$ 为上限的部分信道功率均匀分布。

假定通信对抗双方能根据对方的混合策略分布,选择己方的最优功率分布策略,则根据上述定义 10.3 ~ 定义 10.6,提出如下通信对抗双方多信道最优功率分配策略相关定理。

定理 10.4 当 $m \geq \dfrac{n + 2u + \sqrt{n(n+2u-1)} - 1}{2}$ 时,通信方全信道功率分配策略(记为 x_k^*)是通信方最优功率分配策略;干扰方以 $\Phi_J = 2m - 2u$ 或 $\Phi_J = 2m - 2u + 1$ 为上限的部分信道功率分配策略(记为 y_k^*)为干扰方最优干扰策略。x_k^* 和 y_k^* 为通信方和干扰方的唯一 Nash 均衡策略,对应通信方 Nash 均衡收益 $R(x_k^*, y_k^*) = 1 - \dfrac{2n}{2m - 2u + 1}$。

定理 10.5 当 $m < \dfrac{n + 2u + \sqrt{n(n+2u-1)} - 1}{2}$ 时,通信方最优功率分配策略,记为 $x_k^\diamond$,是以 Γ_S 为上限的部分信道功率均匀分配策略,其中 Γ_S 为 $\Lambda_S = \{\lfloor n + u + \sqrt{n(n+2u-1)} - 1 \rfloor, \lceil n + u + \sqrt{n(n+2u-1)} - 1 \rceil\}$ 中使得通信方收益较大的取值,即 $\Gamma_S = \arg \max_{\Gamma \in \Lambda_S} \left[\dfrac{4m}{\Gamma + u}\left(1 - \dfrac{n}{\Gamma - u + 1}\right) - 1 \right]$;干扰方的最优功率分配策略,记为 $y_k^\diamond$,是以 $\Phi_J = \Gamma_S - u$ 或 $\Phi_J = \Gamma_S - u + 1$ 为上限的部分信道功率分

配策略。且 $x_k^\diamond$ 和 $y_k^\diamond$ 为通信方和干扰方的唯一 Nash 均衡策略，对应通信方 Nash 均衡收益 $R(x_k^\diamond, y_k^\diamond) = \frac{4m}{\Gamma_S + u}\left[1 - \frac{n}{\Gamma_S - u + 1}\right] - 1$。

推论 10.1 干扰方的最优功率分配策略一定是以 $\Phi(\Phi > 2n)$ 为上限的部分信道功率分配策略。

对上述定理的证明利用了文献[9]的结论，即 Colonel Blotto 博弈具有与 General Lotto 博弈相同的值，然后取消 K 个战场的限制将其等效为单个战场的 General Lotto 博弈。结合多信道功率分配模型，可等效为通信方和干扰方在单个信道上满足平均功率约束的功率分配博弈。即任意第 k 信道服从的最优功率分布一致，期望收益均等于 K 信道 Colonel Blotto 博弈的期望收益。对该等效的合理性可直观理解为，既然在每个无差别信道上的功率分配都是最优的，则在所有信道上必然也是最优的。于是，从通信方角度出发，通信方收益可表示为

$$\begin{aligned}
R_s(X, Y) &= R_s(x_k, y_k) = P(x_k \geqslant y_k + u) - P(x_k < y_k + u) \\
&= 1 - \sum_{i=1}^{+\infty} p_i(y_k > x_{k,i} - u) - \sum_{i=1}^{\infty} p_i(y_k > x_{k,i} - u) \\
&= 1 - 2\sum_{i=1}^{\infty} p_i(y_k > x_{k,i} - u)
\end{aligned} \tag{10.29}$$

式中：$x_{k,i}$ 为通信方某一纯策略在第 k 个信道上的功率值，其概率为 p_i，满足 $\sum_{i=1}^{\infty} p_i x_{k,i} = m$ 的平均功率约束。

同理，从干扰方角度出发，通信方收益可表示为

$$R_J(X, Y) = R_J(x_k, y_k) = 2\sum_{j=1}^{\infty} p_i(x_k \geqslant y_{k,j} + u) - 1 \tag{10.30}$$

式中：$y_{k,j}$ 为干扰方某一纯策略在第 k 个信道上的功率值，其概率 p_j 满足 $\sum_{j=1}^{\infty} p_j y_{k,j} = n$ 的平均功率约束。

通信方最优策略证明：

设通信方在第 k 个信道上分配的最大功率值为 Γ。当 $\Gamma \leqslant 2m - u$ 时，满足平均功率约束的通信方全信道功率均匀分配策略为 $x_k = \{2m - \Gamma, 2m - \Gamma + 1, \cdots, \Gamma\}$。根据式(10.29)，最坏情况下(因为干扰方可根据通信方混合策略分布选择使通信方收益最小的功率分配策略)，通信方在第 k 个信道上的收益为

$$R_S(\boldsymbol{x}_k, \boldsymbol{y}_k) = 1 - \frac{2}{2\Gamma - 2m + 1} \sum_{i=2m-\Gamma}^{\Gamma} P(\boldsymbol{y}_k \geq i - u)$$

$$= 1 - \frac{2}{2\Gamma - 2m + 1} \Big[\sum_{i=1}^{\Gamma-u+1} P(\boldsymbol{y}_k \geq i) - \sum_{i=1}^{2m-\Gamma-u} P(\boldsymbol{y}_k \geq i) \Big]$$

$$\geq \begin{cases} 1 - \dfrac{2(2\Gamma - 2m + 1)}{2\Gamma - 2m + 1}, & \Gamma - u + 1 < n \\ 1 - \dfrac{2n}{2\Gamma - 2m + 1}\Big(1 - \dfrac{(2m - \Gamma - u)}{\Gamma - u + 1}\Big), & \Gamma - u + 1 \geq n \end{cases}$$

$$= \begin{cases} -1, & \Gamma - u + 1 < n \\ 1 - \dfrac{2n}{\Gamma - u + 1}, & \Gamma - u + 1 \geq n \end{cases} \quad (10.31)$$

其中当 $\Gamma - u + 1 < n$ 时,干扰方可通过平均分配功率,在所有信道上阻塞通信,使得 $R_S(\boldsymbol{x}_k, \boldsymbol{y}_k) = -1$;当 $\Gamma - u + 1 \geq n$ 时,干扰方不可能在所有信道上阻塞通信,因为 $\sum_{i=1}^{\Gamma-u+1} P(\boldsymbol{y}_k \geq i) \leq n$,所以最小化 $R_S(\boldsymbol{x}_k, \boldsymbol{y}_k)$ 的干扰策略是在满足 $\sum_{i=1}^{\Gamma-u+1} P(\boldsymbol{y}_k \geq i) = n$ 的条件下最小化 $\sum_{i=1}^{2m-\Gamma} P(\boldsymbol{y}_k \geq i)$。显然 $\boldsymbol{y}_k = \Big(1 - \dfrac{n}{\Gamma - u + 1}\Big)\boldsymbol{O} + \dfrac{n}{\Gamma - u + 1}\{\Gamma - u + 1\}$ 满足这一条件,使式(10.31)中 $\Gamma - u + 1 \geq n$ 时等号成立。

当 $\Gamma \geq 2m - u$ 时,通信方部分信道功率均匀分配策略为 $\boldsymbol{x}_k = \Big(1 - \dfrac{2m}{\Gamma + u}\Big)\boldsymbol{O} + \dfrac{2m}{\Gamma + u}\{u, u+1, \cdots, \Gamma\}$,则最坏情况下,通信方在第 k 个信道上的收益为

$$R_S(\boldsymbol{x}_k, \boldsymbol{y}_k) = \varphi \sum_{i=u}^{\Gamma} p_i [1 - 2P(\boldsymbol{y}_k > x_{k,i} - u)] - (1 - \varphi)$$

$$= \varphi \Big[1 - \frac{2}{\Gamma - u + 1} \sum_{i=u}^{\Gamma} P(\boldsymbol{y}_k > i - u) \Big] - 1 + \varphi$$

$$\geq \frac{4m}{\Gamma + u}\Big[1 - \frac{n}{\Gamma - u + 1} \Big] - 1 \quad (10.32)$$

式中:$\varphi = \dfrac{2m}{\Gamma + u}$ 表示通信方功率分布中 $\{u, u+1, \cdots, \Gamma\}$ 所占的比例。

当干扰功率分配策略为均值为 n,最大功率值不超过 $\Gamma - u + 1$ 时,式(10.32)可取到等号,使得通信方收益最小。此时,通信方收益由通信方功率

分配的最大值 Γ 决定。

综合式(10.31)和式(10.32)可得通信方收益随 Γ 变化的函数为

$$R_S(\boldsymbol{x}_k,\boldsymbol{y}_k) \geq \begin{cases} -1, & \Gamma < n+u-1 \\ 1 - \dfrac{2n}{\Gamma-u+1}, & n+u-1 \leq \Gamma \leq 2m-u \\ \dfrac{4m}{\Gamma+u}\left[1 - \dfrac{n}{\Gamma-u+1}\right] - 1, & \Gamma > 2m-u \end{cases} \quad (10.33)$$

由式(10.33)可见：当 $\Gamma \leq 2m-u$ 时，通信方收益 $R_S(\boldsymbol{x}_k,\boldsymbol{y}_k)$ 随 Γ 增加而单调递增，因此通信方应使 $\Gamma = 2m-u$，即通信方全信道功率分配策略是通信方最优功率分配策略。当 $\Gamma > 2m-u$ 时，$R_S(\boldsymbol{x}_k,\boldsymbol{y}_k)$ 对 Γ 求导可得

$$\frac{\partial R_S(\boldsymbol{x}_k,\boldsymbol{y}_k)}{\partial \Gamma} = -\frac{4m[\Gamma^2 + 2(n+u-1)\Gamma + (u-1)^2 - n]}{(\Gamma+u)^2(\Gamma-u+1)^2} \quad (10.34)$$

式(10.34)的两个根为 $\Gamma_{1,2} = n+u \pm \sqrt{n(n+2u-1)} - 1$，舍弃取"$-$"的根 Γ_2，因为 $\Gamma_2 = n+u - \sqrt{n(n+2u-1)} - 1 \leq u-1$，最大功率值低于噪声，显然不合理。所以，使通信方收益最大的 Γ 值，即 $\Gamma_{opt} = n+u + \sqrt{n(n+2u-1)} - 1$。因为通信方在每个信道上分配的功率值均为整数，因此应对 Γ_{opt} 上取整或下取整得到 Γ_S，使得通信方收益 $R_S(\boldsymbol{x}_k,\boldsymbol{y}_k)$ 最大化。即 $m \geq \dfrac{n+2u+\sqrt{n(n+2u-1)}-1}{2}$ 时，Γ_S 作为式(10.33)的极大值点存在，所以通信方的最优功率分配策略为以 Γ_S 为上限的部分信道功率均匀分配策略；反之，当 $\Gamma_{opt} \leq 2m-u$，即 $m < \dfrac{n+2u+\sqrt{n(n+2u-1)}-1}{2}$ 时，$\dfrac{4m}{\Gamma+u}\left[1-\dfrac{n}{\Gamma-u+1}\right]-1$ 在 $\Gamma > 2m-u$ 区间随 Γ 增加单调递减，且 $\dfrac{4m}{\Gamma+u}\left[1-\dfrac{n}{\Gamma-u+1}\right]-1 < 1 - \dfrac{n}{2m-2u+1}$，所以通信方功率分布上限应为 $\Gamma_S = 2m-u$，即通信最优功率分配策略为全信道功率均匀分布。

此结果证明了定理10.4、定理10.5中通信方的最优功率分配策略。

干扰方最优策略证明：

从干扰方角度出发，假定干扰方功率分布上限为 Φ，当 $\Phi \leq 2n$ 时，干扰方功率可在 $2n-\Phi \sim \Phi$ 之间均匀分布，即 $p_j = \dfrac{1}{2\Phi-2n+1}$，通信方可根据干扰方策略调整自身功率分配策略，最大化通信方收益。则根据式(10.30)，通信方在第 k 个信道上的收益为

$$R_J(\boldsymbol{x}_k, \boldsymbol{y}_k) = 2p_j \sum_{j=2n-\Phi}^{\Phi} P(\boldsymbol{x}_k \geq j+u) - 1$$

$$= 2p_j \Big[\sum_{j=1}^{\Phi+u} P(\boldsymbol{x}_k \geq j) - \sum_{j=1}^{2n-\Phi+u-1} P(\boldsymbol{x}_k \geq j) \Big] - 1$$

$$\leq \begin{cases} 2p_j \Big[\dfrac{2m(2\Phi-2n+1)}{\Gamma_S+u} \Big] - 1, & \Gamma_S > 2\Phi+u \\ 2p_j \Big[m - \dfrac{2m(2n-\Phi+u-1)}{\Gamma_S+u} \Big], & \Gamma_S \leq 2\Phi+u \end{cases}$$

$$= \begin{cases} \dfrac{4m}{\Gamma_S+u} - 1, & \Gamma_S > 2\Phi+u \\ \dfrac{2m(\Gamma_S-4n+2\Phi-u+2)}{(2\Phi-2n+1)(\Gamma_S+u)} - 1, & \Gamma_S \leq 2\Phi+u \end{cases} \quad (10.35)$$

由式(10.35)可见:当 $\Gamma_S > 2\Phi+u$ 时,通信方能将 $\dfrac{2m}{\Gamma_S+u}\{u, u+1, \cdots, \Gamma_S\}$ 中的功率平均分布,即在第 k 个信道上以 $\dfrac{2m}{\Gamma_S+u}$ 的概率取功率值 $\dfrac{\Gamma_S+u}{2}$,使得通信方分配的功率全部大于 $\Phi+u$,从而使 $P(\boldsymbol{x}_k \geq j) = \dfrac{2m}{\Gamma_S+u}$。当 $\Gamma_S = 2m-u$ 时,通信方能达到最大收益 1。当 $\Gamma_S \leq 2\Phi+u$ 时,通信方可将 $\dfrac{2m}{\Gamma_S+u}\{u, u+1, \cdots, \Gamma_S\}$ 的功率值分布调整为 $\Big(1-\dfrac{m}{\Phi+u}\Big)\boldsymbol{O} + \dfrac{m}{\Phi+u}\{\Phi+u\}$ 以最大化自身收益,即使式(10.35)中 $\Gamma_S \leq 2\Phi+u$ 时等号成立。

当 $\Phi > 2n$ 时,干扰方为满足平均功率约束,需采用以 $\Phi(\Phi > 2n)$ 为上限的部分信道功率均匀分布,记 $\lambda = \dfrac{2n}{\Phi}$,则根据式(10.30),通信方收益为

$$R_J(\boldsymbol{x}_k, \boldsymbol{y}_k) = (1-\lambda)\Big[2\sum_{j=0}^{0} P(\boldsymbol{x}_k \geq j+u) - 1\Big] + \lambda\Big[\dfrac{2}{\Phi+1}\sum_{j=0}^{\Phi} P(\boldsymbol{x}_k \geq j+u) - 1\Big]$$

$$= 2\Big(1-\dfrac{2n}{\Phi}\Big)P(\boldsymbol{x}_k \geq u) + \dfrac{4n}{\Phi(\Phi+1)}\Big(\sum_{j=1}^{\Phi+u} P(\boldsymbol{x}_k \geq j) -$$

$$\sum_{j=1}^{u-1} P(\boldsymbol{x}_k \geq j)\Big) - 1$$

$$\leq 2\Big(1-\dfrac{2n}{\Phi}\Big)\varphi + \dfrac{4n(m-\varphi u+\varphi)}{\Phi(\Phi+1)} - 1$$

$$= 2\Big(1-\dfrac{2n}{\Phi}\Big)\dfrac{2m}{\Gamma_S+u} + \dfrac{4mn(\Gamma_S-u+2)}{\Phi(\Phi+1)(\Gamma_S+u)} - 1 \quad (10.36)$$

式(10.36)中,通信方可通过调整自身功率分配使 $\Gamma_S \leqslant \Phi + u$,使得等号成立。

综合式(10.35)、式(10.36)可得

$$R_J(\boldsymbol{x}_k, \boldsymbol{y}_k) \leqslant \begin{cases} \dfrac{4m}{\Gamma_S + u} - 1, & \Phi < \dfrac{\Gamma_S - u}{2} \\ \dfrac{2m(\Phi - n + 1)}{(2\Phi - 2n + 1)(n + u)} - 1, & \dfrac{\Gamma_S - u}{2} \leqslant \Phi \leqslant 2n \\ 2\left(1 - \dfrac{2n}{\Phi}\right)\dfrac{2m}{\Gamma_S + u} + \dfrac{4mn(\Gamma_S - u + 2)}{\Phi(\Phi + 1)(\Gamma_S + u)} - 1, & \Phi > 2n \end{cases}$$

(10.37)

当 $\dfrac{\Gamma_S - u}{2} \leqslant \Phi < 2n$ 时,$R_J(\boldsymbol{x}_k, \boldsymbol{y}_k)$ 对 Φ 求导可得

$$\frac{\partial R_J(\boldsymbol{x}_k, \boldsymbol{y}_k)}{\partial \Phi} = \frac{-2m}{(2\Gamma - 2n + 1)^2(n + u)} < 0$$

所以通信方收益随 Φ 增加单调递减(通信方可控制 Γ_S 随 Φ 调整最大化自身收益),此时干扰方应取 $\Phi = 2n$。

当 $\Phi > 2n$ 时,$R_J(\boldsymbol{x}_k, \boldsymbol{y}_k)$ 对 Φ 求导可得

$$\frac{\partial R_J(\boldsymbol{x}_k, \boldsymbol{y}_k)}{\partial \Phi} = \frac{4mn[2\Phi^2 - 2(u - \Gamma_S)\Phi - (\Gamma_S - u)]}{(\Gamma_S + u)\Phi^2(\Phi + 1)^2} \quad (10.38)$$

式(10.38)中的两个根为 $\Phi_{1,2} = \dfrac{\Gamma_S - u \pm \sqrt{(\Gamma_S - u)(\Gamma_S - u + 2)}}{2}$,舍弃取 "$-$" 的根 Φ_2,因为 $\Phi_2 < 0$,显然不合理。对 Φ_1 取整后可得 $\Phi_J = \Gamma_S - u$ 或 $\Phi_J = \Gamma_S - u + 1$,将 Φ_J 两个取值分别代入式(10.36),均可得到与式(10.32)一致的结果。

根据之前结论,通信方最优功率分配策略中,功率分布的上限均大于 $2n + u$。具体来说,当 $m \geqslant \dfrac{n + 2u + \sqrt{n(n + 2u - 1)} - 1}{2}$ 时,通信方最优功率分配策略 $\boldsymbol{x}_k^*$ 对应的全信道功率均匀分布策略上限为 $\Gamma_S = 2m - u > 2n + u$,此时干扰方最优功率分布策略 $\boldsymbol{y}_k^*$ 应取以 $\Phi_J = \Gamma_S - u = 2m - 2u$ 或 $2m - 2u + 1$ 为上限的部分信道功率分配策略,此时有 $R_S(\boldsymbol{x}_k^*, \boldsymbol{y}_k^*) = R_J(\boldsymbol{x}_k^*, \boldsymbol{y}_k^*)$;当 $m < \dfrac{n + 2u + \sqrt{n(n + 2u - 1)} - 1}{2}$ 时,通信方最优功率分布策略 $\boldsymbol{x}_k^\diamond$ 是以 $\Gamma_S = \lfloor n + u + \sqrt{n(n + 2u - 1)} - 1 \rfloor$ 或 $\Gamma_S = \lceil n + u + \sqrt{n(n + 2u - 1)} - 1 \rceil$ 中使通信方收益较大

的 $\varGamma_S$ 为功率分布上限的部分信道功率分布策略,显然 $\varGamma_S > 2n + u$,$\varPhi_J = \varGamma_S - u > 2n$,此时干扰方最优功率分布策略 $\boldsymbol{y}_k^{\diamond}$ 应为以 $\varGamma_S - u$ 为上限的部分信道功率分布策略,此时有 $R_S(\boldsymbol{x}_k^{\diamond},\boldsymbol{y}_k^{\diamond}) = R_J(\boldsymbol{x}_k^{\diamond},\boldsymbol{y}_k^{\diamond})$。可见,针对通信方最优功率分配策略,干扰方的最优干扰功率分布策略一定是 $\varPhi_J = \varGamma_S - u$ 或 $\varPhi_J = \varGamma_S - u + 1$ 为上限的部分信道功率分配策略,不存在以 $2n$ 为上限的全信道功率均匀分布的情况。

上述结果证明了定理 10.4、定理 10.5 中干扰方最优功率分配策略,以及推论 10.1。

Nash 均衡策略证明:

由式(10.33)及其结论可知,当 $m \geq \dfrac{n + 2u + \sqrt{n(n + 2u - 1)} - 1}{2}$ 时,通信方针对干扰方最优干扰策略的最优功率分配策略是全信道功率均匀分布,即 $\boldsymbol{x}_k^* = \{u, u+1, \cdots, 2m-u\}$,使得 $R_S(\boldsymbol{x}_k^*, \boldsymbol{y}_k^*) > R_S(\boldsymbol{x}_k \backslash \boldsymbol{x}_k^*, \boldsymbol{y}_k^*)$,其中 $\boldsymbol{x}_k \backslash \boldsymbol{x}_k^*$ 表示通信方除最优策略 $\boldsymbol{x}_k^*$ 之外的其他策略。由式(10.37)及其结论可知

$$\boldsymbol{y}_k^* = \left(1 - \frac{2n}{2m - 2u}\right)\boldsymbol{O} + \frac{2n}{2m - 2u}\{0, 1, \cdots, 2m - 2u\}$$

或

$$\boldsymbol{y}_k^* = \left(1 - \frac{2n}{2m - 2u + 1}\right)\boldsymbol{O} + \frac{2n}{2m - 2u + 1}\{0, 1, \cdots, 2m - 2u + 1\}$$

为干扰方针对通信方最优功率分配策略 $\boldsymbol{x}_k^*$ 的最优干扰功率分策略,使得 $R_J(\boldsymbol{x}_k^*, \boldsymbol{y}_k^*) < R_J(\boldsymbol{x}_k^*, \boldsymbol{y}_k \backslash \boldsymbol{y}_k^*)$,其中 $\boldsymbol{y}_k \backslash \boldsymbol{y}_k^*$ 表示干扰方除最优功率分配策略 $\boldsymbol{y}_k^*$ 之外的其他功率分配策略。由此可得 $R_S(\boldsymbol{x}_k \backslash \boldsymbol{x}_k^*, \boldsymbol{y}_k^*) < R_S(\boldsymbol{x}_k^*, \boldsymbol{y}_k^*) = R_J(\boldsymbol{x}_k^*, \boldsymbol{y}_k^*) < R_J(\boldsymbol{x}_k^*, \boldsymbol{y}_k \backslash \boldsymbol{y}_k^*)$。即 $\boldsymbol{x}_k^*$ 和 $\boldsymbol{y}_k^*$ 是 $m \geq \dfrac{n + 2u + \sqrt{n(n + 2u - 1)} - 1}{2}$ 条件下通信对抗双方的唯一 Nash 均衡策略,对应 Nash 均衡收益 $R(\boldsymbol{x}_k^*, \boldsymbol{y}_k^*) = 1 - \dfrac{2n}{2m - 2u + 1}$。

例如,当干扰方总功率 $J = 6\text{W}$,功率控制步进 $d = 0.5\text{W}$,通信方总功率 $S = 24\text{W}$,功率控制步进 $\tau d = 1\text{W}$,每个信道的白噪声功率 $\delta^2 = 0.8\text{W}$,门限信噪比 $\tau = 4$ 倍(约 6dB),可用信道数 $K = 3$ 时,通信方和干扰方功率归一化后可得 $B = 12$,$A = 24$,对应归一化平均功率为 $n = 4$,$m = 8$,而 $u = \left[\dfrac{\delta^2}{d}\right] = 2$。此时,$m > \dfrac{n + 2u + \sqrt{n(n + 2u - 1)} - 1}{2} = 6.1458$。

图 10.6 给出了分别与式(10.33)、式(10.37)对应的通信对抗双方的收益

变化曲线,两个横轴 Γ 和 Φ 分别表示通信方、干扰方的最大功率分布值,对应式(10.33)、式(10.37)中的自变量。纵轴对应式(10.29)和式(10.30)给出的从通信方角度和干扰方角度得到的通信方收益 $R_S(\boldsymbol{x}_k, \boldsymbol{y}_k)$ 和 $R_J(\boldsymbol{x}_k, \boldsymbol{y}_k)$。可见,通信方在 $\Gamma = \Gamma_S = 2m - u = 14$ 处使收益取得了极大值 0.3846,干扰方在 $\Phi = \Phi_J = 2m - 2u = 12$ 和 $\Phi = \Phi_J = 2m - 2u + 1 = 13$ 点处使通信方收益取得极小值 0.3846,即通信方对抗双方达到了 Nash 均衡,且 Nash 均衡收益为 0.3846。

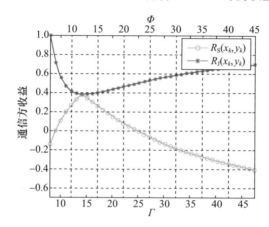

图 10.6 通信方收益随通信方/干扰方功率分布变化曲线 1

类似地,由式(10.33)及其结论可知,当 $m < \dfrac{n + 2u + \sqrt{n(n + 2u - 1)} - 1}{2}$ 时,通信方针对干扰方最优干扰策略的最优功率分配策略是以 Γ_S 为上限的部分信道功率均匀分布,即 $\boldsymbol{x}_k^{\diamond} = \left(1 - \dfrac{2m}{\Gamma_S + m}\right)\boldsymbol{O} + \dfrac{2m}{\Gamma_S + m}\{u, u+1, \cdots, \Gamma_S\}$,使得 $R_S(\boldsymbol{x}_k^{\diamond}, \boldsymbol{y}_k^{\diamond}) > R_S(\boldsymbol{x}_k \backslash \boldsymbol{x}_k^{\diamond}, \boldsymbol{y}_k^{\diamond})$。由式(10.37)及其结论可知

$$\boldsymbol{y}_k^{\diamond} = \left(1 - \dfrac{2n}{\Gamma_S - u}\right)\boldsymbol{O} + \dfrac{2n}{\Gamma_S + u}\{0, 1, \cdots, \Gamma_S - u\}$$

或

$$\boldsymbol{y}_k^{\diamond} = \left(1 - \dfrac{2n}{\Gamma_S - u + 1}\right)\boldsymbol{O} + \dfrac{2n}{\Gamma_S + u + 1}\{0, 1, \cdots, \Gamma_S - u + 1\}$$

为干扰方针对通信方最优功率分配策略 $\boldsymbol{x}_k^{\diamond}$ 的最优干扰功率分策略,使得 $R_J(\boldsymbol{x}_k^{\diamond}, \boldsymbol{y}_k^{\diamond}) < R_J(\boldsymbol{x}_k^{\diamond}, \boldsymbol{y}_k \backslash \boldsymbol{y}_k^{\diamond})$。由此可得 $R_S(\boldsymbol{x}_k \backslash \boldsymbol{x}_k^{\diamond}, \boldsymbol{y}_k^{\diamond}) < R_S(\boldsymbol{x}_k^{\diamond}, \boldsymbol{y}_k^{\diamond}) = R_J(\boldsymbol{x}_k^{\diamond}, \boldsymbol{y}_k^{\diamond}) < R_J(\boldsymbol{x}_k^{\diamond}, \boldsymbol{y}_k \backslash \boldsymbol{y}_k^{\diamond})$。即 $\boldsymbol{x}_k^{\diamond}$ 和 $\boldsymbol{y}_k^{\diamond}$ 是 $m \geq \dfrac{n + 2u + \sqrt{n(n + 2u - 1)} - 1}{2}$ 条件下通信对抗双方的唯一 Nash 均衡策略,对应的 Nash 均衡收益 $R_S(\boldsymbol{x}_k^{\diamond}, \boldsymbol{y}_k^{\diamond}) =$

$$\frac{4m}{\varGamma_{\mathrm{S}}+u}\Big[1-\frac{n}{\varGamma_{\mathrm{S}}-u+1}\Big]-1_{\circ}$$

例如,当干扰方总功率 $J=10\mathrm{W}$,功率控制步进 $d=0.5\mathrm{W}$,通信方总功率 $S=24\mathrm{W}$,功率控制步进 $\tau d=1\mathrm{W}$,每个信道的白噪声功率 $\delta^2=1.9\mathrm{W}$,门限信噪比 $\tau=2$ 倍(约 3dB),可用信道数 $K=4$ 时,用 d 和 τd 分别对通信方和干扰方功率进行归一化后可得 $B=20$,$A=24$,对应其归一化平均功率为 $n=5$,$m=6$,而 $u=4$。此时,$m<\dfrac{n+2u+\sqrt{n(n+2u-1)}-1}{2}=9.837$。图 10.7 给出了分别与式(10.33)、式(10.37)对应的通信对抗双方的收益变化曲线,横纵坐标轴含义同图 10.6。可见通信方在 $\varGamma=\varGamma_{\mathrm{S}}=\lceil n+u+\sqrt{n(n+2u-1)}-1\rceil=16$ 处收益取得了极大值 -0.2615,干扰方在 $\varPhi=\varPhi_{\mathrm{J}}=\varGamma_{\mathrm{S}}-u=12$ 和 $\varPhi=\varPhi_{\mathrm{J}}=\varGamma_{\mathrm{S}}-u+1=13$ 处使通信方收益取得了极小值 -0.2615,通信对抗双方达到了 Nash 均衡。

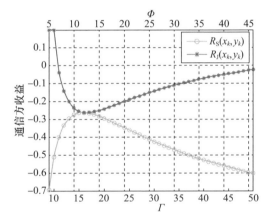

图 10.7 通信方收益随通信方/干扰方功率分布变化曲线 2

由图 10.6、图 10.7 Nash 均衡点对应的通信对抗双方的归一化功率分布可方便地得到实际功率分布,而由 Nash 均衡收益和信道数 K 容易求出可成功通信的信道数,即

$$K_{\mathrm{suc}}=\frac{K(R_{\mathrm{S}}(\boldsymbol{x}_k,\boldsymbol{y}_k)+1)}{2} \tag{10.39}$$

另外还有两点需要说明:首先,上述 Nash 均衡点及其收益都是在通信方与干扰方均匀分布其功率的条件下求得的。事实上,若某一方不服从均匀分布,而更加偏好某些策略,则其对手总可以找到针对性策略,使得通信收益高于或低于 Nash 均衡收益,后续的数值仿真结果也验证了这一点。其次,上述 Nash 均衡是

基于完全信息条件推导的,即对抗双方均已知对方总功率、功率分配粒度、可用信道数及通信方正确接收一包数据所需的门限信干噪比。实际应用过程中,干扰方可通过前期侦察获得所需的通信方参数,通信方也可通过干扰认知学习到所需的干扰方参数。

3. 多信道混合功率分配矩阵构建

上述通信对抗双方最优功率分配策略及 Nash 均衡的求解是通过将 K 个信道上的功率分配博弈等效到单个信道上满足平均功率约束的功率分布求得的,而将求得的单个信道上的功率分布推广到 K 个信道,构建满足总功率约束的 K 信道混合策略功率分配矩阵,仍然是一项困难的任务。为此,提出了一种多重扫描直接列元素交换算法,可以快速构造功率分布范围较大的 K 信道混合策略功率分配矩阵。以通信方 K 信道混合策略功率分配矩阵的构建为例介绍。

图 10.8 为多重扫描直接列元素交换算法流程,以 $\boldsymbol{x}_k^*$ 作为通信方 K 信道初始功率分配矩阵 $\boldsymbol{X}$ 的 K 列元素,然后通过 3 重扫描 $\boldsymbol{X}$ 中的不满足总功率约束的

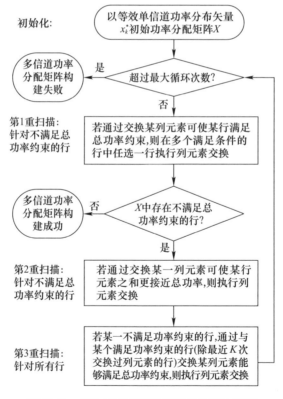

图 10.8 多重扫描直接列元素交换算法流程

行或所有行,并通过交换列元素,在不改变每列分布的条件下,使每行满足总功率约束。具体实现见算法 10.4。

算法 10.4 中,$row(\boldsymbol{F}_r)$ 表示矩阵 $\boldsymbol{F}_r$ 的行数,$length(\boldsymbol{chx\_n})$ 表示矢量 $\boldsymbol{chx\_n}$ 的元素个数,$find(X(\boldsymbol{F}_r,k) == X(\boldsymbol{F}_r(i),k) - sum(X(\boldsymbol{F}_r(i),:) - A))$ 为在 $\boldsymbol{F}_r$ 中所有不满足功率约束的行的第 k 列寻找能够使第 i 行之和为 A 的元素,并记其集合为矢量 $\boldsymbol{chx\_n}$,$\boldsymbol{chx\_n}(randi(length(\boldsymbol{chx\_n})))$ 为在矢量 $\boldsymbol{chx\_n}$ 中随机选择一个元素,$exchange(X(i,k),X(j,k))$ 表示将矩阵 X 中第 i 行 k 列的元素与第 j 行 k 列的元素互换位置,$rem(i,length(\boldsymbol{F}_r))$ 表示 i 对矢量 $\boldsymbol{F}_r$ 的长度求余。

算法 10.4　多重扫描直接列元素交换算法

1. 初始化:$X = [\boldsymbol{x}_k^*, \boldsymbol{x}_k^*, \cdots, \boldsymbol{x}_k^*]$,共 K 列;不满足功率约束的行号集合 $\boldsymbol{F}_r = X$,经最近 K 次调整满足功率约束的行号集合 $\boldsymbol{S}_r = \varnothing$;设置最大扫描次数为 $loop\_max$。
2. 多重扫描列元素交换:
   While($loop < loop\_max$)
   　While($i < row(\boldsymbol{F}_r)$)
   　% 不满足功率约束的行扫描并进行列元素交换
   　　for $k = 1,2,\cdots,K$ **do**
   　　　$\boldsymbol{chx\_n} = find(X(\boldsymbol{F}_r,k) == X(\boldsymbol{F}_r(i),k) - sum(X(\boldsymbol{F}_r(i),:) - A))$;
   　　　if $\boldsymbol{chx\_n} \neq \varnothing$ **then**
   　　　　$chx = \boldsymbol{chx\_n}(randi(length(\boldsymbol{chx\_n})))$
   　　　　$exchange(X(\boldsymbol{F}_r(chx),k),X(\boldsymbol{F}_r(i),k))$
   　　　　$\boldsymbol{S}_r = [\boldsymbol{S}_r(2:K-1),i], \boldsymbol{F}_r = \boldsymbol{F}_r \backslash \boldsymbol{F}_r(i)$
   　　　　if $\boldsymbol{F}_r == \varnothing$ **then**
   　　　　　jump to 4.
   　　　　end if
   　　　end if
   　　end for
   　　$i = i + 1$
   　end while
   　for $i = 1:length(\boldsymbol{F}_r)$
   　　for $j = i+1:length(\boldsymbol{F}_r)$
   　　　for $k = 1,2,\cdots,K$
   　　　　$d = sum(\boldsymbol{F}_r(i,:)) - sum(\boldsymbol{F}_r(j,:))$
   　　　　if $(0 < |X(\boldsymbol{F}_r(i),k) - X(\boldsymbol{F}_r(j),k)| < |d|)$ **then**
   　　　　　$exchange(X(\boldsymbol{F}_r(i),k),X(\boldsymbol{F}_r(j),k))$
   　　　　end if
   　　　end for

```
        end for
    end for
$W_r = (1:L) \setminus S_r$
while $(k \leq K)$
    $chx\_n = find(X(W_r, k) == X(F_r(i), k) - sum(X(F_r(i), :) - A))$
    if $chx\_n \neq \varnothing$ then
        $chx = chx\_n(randi(length(chx\_n)))$
        $exchange(X(W_r(chx), k), X(F_r(i), k))$
        $S_r = [S_r(2:k-1), i], F_r = [F_r \setminus F_r(i), chx]$
        break
    else
        if $k = K$ then
            $k = 1, i = rem(i, length(F_r)) + 1$
        else
            $k = k + 1$
        end if
    end if
end while
    $loop = loop + 1$
end while
```

3. 调整失败,返回 2 再次重启算法。
4. 调整成功,输出 X^*

使用算法 10.4,可根据单信道功率分布快速构建通信对抗双方的功率分配矩阵,对于 4 信道、每信道 78 种分布的功率分布矩阵,多数情况下在 20 次循环内可完成矩阵构造,耗时仅需数秒。

10.2.3 计算机仿真

选择两组参数对所提定理进行仿真验证,两组参数分别对应**定理 10.4** 和**定理 10.5** 所提的两种功率分布,且与图 10.7、图 10.8 所用参数保持一致。

1. 第 1 组参数仿真验证结果

对于第 1 组参数,根据**定理 10.4**,通信方的最佳功率分配策略 $x_k^* = \{2, 3, \cdots, 14\}$,干扰方最佳功率分配策略为 $y_k^* = \frac{1}{3}\boldsymbol{O} + \frac{2}{3}\{0,1,2,\cdots,12\}$ $\left(y_k^* = \frac{5}{13}\boldsymbol{O} + \frac{8}{13}\{0,1,2,\cdots,13\}$ 时不满足总功率约束 $\right)$。根据 $\boldsymbol{x}_k^*$ 和 $\boldsymbol{y}_k^*$,利用多重扫描直接列

元素交换算法，可快速构建出通信对抗双方的3信道混合策略最优功率分配矩阵，分别如图10.9、图10.10所示。

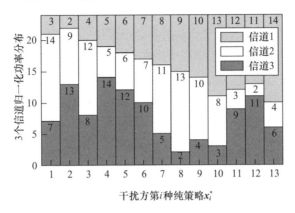

图10.9 第1组参数下通信方最优混合策略功率分配矩阵

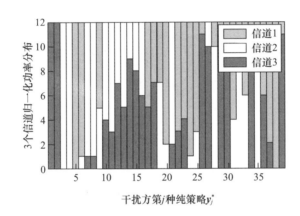

图10.10 第1组参数下干扰方最优混合策略功率分配矩阵

图10.10为通信方最优功率分配矩阵 X^*。横轴为通信方的13种功率分配纯策略，即 x_i^*，纵轴为每种纯策略在3个信道上分配的归一化功率值，用3种色块表示，并在其上标注了对应的归一化功率值。可见，X^* 为服从 x_i^* 分布且满足总功率约束的通信方全信道功率分配策略。类似地，图10.11给出了干扰方满足 y_k^* 分布和总功率约束的混合策略功率分配矩阵 Y^*，共39种纯策略，为干扰方以 $\Phi_1=13$ 为上限的部分信道功率均匀分布策略。

通信方和干扰方分别在图10.9、图10.10给出的最优混合策略功率分配矩阵 X^* 和 Y^* 中随机选取各列元素 x_i^* 和 y_j^*，即为通信对抗双方多信道功率分配博弈的混合Nash均衡策略。

图 10.11 给了在第 1 组仿真参数下通信对抗双方不同纯策略组合下的通信方收益,两个平面轴分别表示通信方和干扰方的某一纯策略,z 轴表示通信方收益。其中,x_i^* vs y_j^* 表示最优混合策略矩阵 X^* 和 Y^* 中任意一对纯策略组合下的通信方收益,x_i^* vs Y^* 给出了通信方第 i 个最优纯策略对应干扰方最优混合策略 Y^* 的通信方收益,X^* vs y_j^* 为干扰方第 j 个最优纯策略对应通信方最优混合策略 X^* 时的通信方收益。此外,为进一步验证所提策略的最优性,仿真中还增加了通信方和干扰方的随机策略功率分配矩阵,分别记为 X^R 和 Y^R,即通信方和干扰方均随机选择各信道归一化功率分配值,但仍需满足总功率约束。x_i^R vs Y^* 表示通信方第 i 个随机纯策略对应干扰方最优混合策略 Y^* 的通信方收益,X^* vs y_j^R 表示干扰方第 j 个随机纯策略对应通信方最优混合策略 X^* 时的通信方收益。

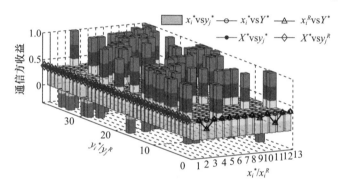

图 10.11 第 1 组参数下各种策略组合的通信方收益

由 x_i^* vs y_j^* 可见,对于通信方或干扰方的任一纯策略,对方都存在纯策略使通信方收益低于/高于 Nash 均衡收益,由此说明该博弈不存在纯策略 Nash 均衡;而 x_i^* vs Y^* 和 x_i^R vs Y^* 表明,对于干扰方最优混合策略 Y^*,通信方的任一纯策略 x_i^* 或 x_i^R 均不能使通信方收益高于 Nash 均衡收益 0.3846。其中,由于 x_i^R 存在不符合通信方最优功率分布的情况,使得对应纯策略的通信方收益低于 Nash 均衡收益,如 $x_{i=3}^R=[0,8,16]$ 不符合通信方全信道功率分布策略,导致其收益低于 Nash 均衡收益;类似地,X^* vs y_j^* 和 X^* vs y_j^R 表明,对于通信方最优混合策略 X^*,干扰方的任一纯策略 y_j^* 或 y_j^R 均不能使通信方收益低于 Nash 均衡收益 0.3846。图 10.11 中曲线 X^* vs y_j^* 和 X^* vs y_j^R 完全重合,即干扰方以任意纯策略应对通信最优混合策略 X^* 时,通信方收益完全一致,这是因为干扰方的最优功率分配矩阵 Y^* 包括了所有可能的策略,包括 y_j^R。

2. 第 2 组参数仿真验证结果

对于第 2 组参数,根据**定理 10.5**,通信方的最优功率分配策略对应的通信方功率分布上限应取 $\varGamma_{\mathrm{S}} = \lceil n + u + \sqrt{n(n+2u-1)} - 1 \rceil = 16$,所以 $\boldsymbol{x}_k^{\diamond} = \dfrac{2}{5}\boldsymbol{O} + \dfrac{3}{5}\{4,5,\cdots,16\}$;干扰方功率分布上限为 $\varPhi_{\mathrm{J}} = \varGamma_{\mathrm{S}} - u = 12$ 或 $\varPhi_{\mathrm{J}} = \varGamma_{\mathrm{S}} - u + 1 = 13$,所以 $\boldsymbol{y}_k^{\diamond} = \dfrac{1}{6}\boldsymbol{O} + \dfrac{5}{6}\{0,1,2,\cdots,12\}$ 或 $\boldsymbol{y}_k^{\diamond} = \dfrac{3}{13}\boldsymbol{O} + \dfrac{10}{13}\{0,1,2,\cdots,13\}$ 均满足干扰总功率约束,但显然前者的包含的纯策略数(78 个)少于后者(91 个),其混合策略矩阵更容易构建。根据 $\boldsymbol{x}_k^{\diamond}$ 和 $\boldsymbol{y}_k^{\diamond}$,利用所提多重扫描直接列元素交换算法,可快速构 $\boldsymbol{X}^{\diamond}$ 和 $\boldsymbol{Y}^{\diamond}$,分别如图 10.12、图 10.13 所示。

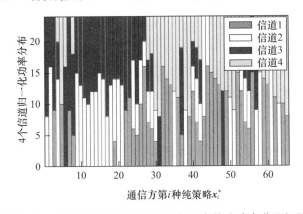

图 10.12 第 2 组参数下通信方最优混合策略功率分配矩阵

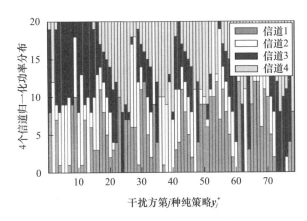

图 10.13 第 2 组参数下干扰方最优混合策略功率分配矩阵

图 10.12 对应第 2 组参数下,通信方满足 $\boldsymbol{x}_i^{\diamond}$ 分布和总功率约束的最优混合策略功率分配矩阵 $\boldsymbol{X}^{\diamond}$,共 65 种纯策略,为通信方以 $\varGamma_{\mathrm{S}} = 16$ 为上限的部分信道功率均匀分布;图 10.13 为第 2 组参数下干扰方满足 $\boldsymbol{y}_j^{\diamond}$ 分布和总功率约束的最

优混合策略功率分配矩阵 $Y^\diamond$，共 78 种纯策略，为干扰方以 $\Phi_\mathrm{J}=12$ 为上限的部分信道功率均匀分布。

通信方和干扰方分别在图 10.12 和图 10.13 给出的混合策略功率分配矩阵 $X^\diamond$ 和 $Y^\diamond$ 中随机选取各列元素 $x_i^\diamond$ 和 $y_j^\diamond$，即为通信对抗双方多信道功率分配博弈的混合 Nash 均衡策略。

图 10.14 给出了第 2 组仿真参数下通信对抗双方各种策略组合下的通信方收益。与图 10.12 类似，三维柱状图 $x_i^\diamond$ vs $y_j^\diamond$ 表明通信对抗双方不存在纯策略 Nash 均衡，对于通信或干扰方的任一纯策略，对方都存在使通信方收益低于或高于 Nash 均衡收益的策略；对于通信方最优混合策略 $X^\diamond$，干扰方的任一纯策略 $y_j^\diamond$ 或 y_j^R 均不能使通信方收益低于 Nash 均衡收益 -0.2615，但当干扰方随机选择的策略不符合最优功率分布 $y_j^\diamond$ 时，将使得通信方收益高于 Nash 均衡收益。对于干扰方最优混合策略 $Y^\diamond$，通信方最优混合策略矩阵中的任一纯策略 $x_i^\diamond$ 所得通信方收益均分布于 Nash 均衡收益两侧，其均值为 Nash 均衡收益。在完全信息条件下，即干扰方能即时获得通信方混合功率分布策略时，通信方任何偏离最优混合策略的其他策略，如通信方以较大的概率使用收益高于 Nash 均衡收益的纯策略，都会导致干扰方针对性干扰策略，使得平均收益低于 Nash 均衡收益，因此通信方不会偏离其最优混合策略 $X^\diamond$；但在不完全信息条件下，即干扰方不能快速获取到通信方的混合功率分布策略时，通信方可以更大的概率使用收益高于 Nash 均衡收益的纯策略，提高通信方收益。另外，若通信方使用随机分配策略 x_i^R，则如曲线 x_i^R vs $Y^\diamond$ 所示，通信方收益明显低于 Nash 均衡收益。

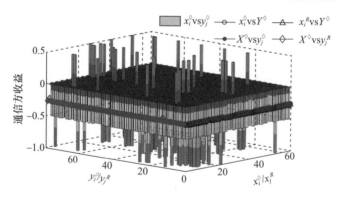

图 10.14 第 2 组参数下各种策略组合的通信方收益

为显示更清晰，将图 10.14 中 $x_i^\diamond$ vs $Y^\diamond$、x_i^R vs $Y^\diamond$、$X^\diamond$ vs $y_j^\diamond$ 和 $X^\diamond$ vs y_j^R 四条曲线，即通信方或干扰方某一纯策略与对方最优混合策略组合下的通信方收益，放大显示于图 10.15 的二维图中，其横轴为通信方或干扰方的某一纯策略，纵轴为通信方收益,可见,干扰方不存在使通信方收益低于其 Nash 均衡收益的策略,而通信方最优混合策略$X^\diamond$中所有纯策略的平均收益也等于其 Nash 均衡收益。

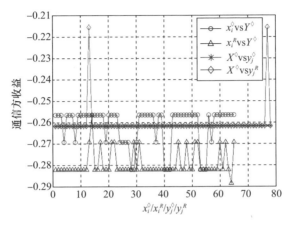

图 10.15　第 2 组参数下通信方或干扰方纯策略与对方最优混合策略组合下的通信方收益

上述两组仿真结果表明了非对称 Colonel Blotto 博弈用于求解多信道功率分配问题的正确性和有效性,但仅考虑了通信对抗双方总功率均能够被信道数整除的情况,且信道均为一致的白噪声信道。因此,进一步研究方向包括通信对抗双方总功率不能被信道数整除,以及各信道状态不一致时的功率分配博弈。这些条件下,博弈模型的建立和求解将变得更加困难,可以考虑基于深度强化学习的求解方法。

10.3　基于多步预测马尔可夫决策过程的跳速决策

宽带高速跳频作为一种抗干扰有效手段已广泛应用于军事通信领域,但频繁的频率切换带来了传输容量的损失,同时限制了能够使用的调制方式。例如,由于每跳只传输少量比特,或多跳只传输 1 个比特,使得系统通常使用差分解调方式,难以使用要求载波频率及相位完全同步的相干解调,因而导致了接收解调性能的恶化。虽然近年来也提出了跳速可变的跳频通信概念[40-42],但其只是有限几种跳速的伪随机变化,本质上是一种与干扰无关的盲变化,并不是应对干扰环境的最优策略。

通过对干扰的认知,使用动态规划,博弈等相关理论优化跳速,最大化各种干扰环境下的跳频通信收益,成为跳频通信系统智能化抗干扰的发展趋势和研究热点之一。

10.3.1 相关工作

频域信道切换或跳频是通信抗干扰最常用的技术,通常以频率切换存在一定开销,信道被干扰后付出一定代价为前提,以最大化/最小化跳频通信收益为目标,在干扰方采用一定干扰策略时,将通信方最优策略建模为MDP[37,43-45],通过求解贝尔曼(Bellman)方程[37]得到通信方的最优跳频策略。而将对抗两方之间策略交替更新的互动过程建模为马尔可夫博弈[45](有的文献中称为随机博弈[46])或Stackelberg博弈[47-48]等。对模型中某些未知参数采用相关强化学习算法获取,如最大似然学习[37]、Q-Learning[37,45-46]、SARSA[49]等。其中,文献[37]研究了认知无线电网络中的次级用户与攻击者之间的博弈,在次级用户与攻击者(可以是多个)只能使用或干扰一个信道的场景下,将次级用户抗干扰策略建模为MDP,通过求解贝尔曼方程得到了最优的信道跳转策略,并使用最大似然估计和Q学习获取攻击者参数。文献[43]研究了单/多无线电网络中,主动跳频和反应式跳频在扫频干扰和搜频干扰下抗干扰能力。在单无线电网络搜频干扰中,使用马尔可夫模型分析了反应式跳频的阻塞概率;在多无线电环境下,将干扰问题建模为一个极大极小博弈,仿真展示了不同收益函数对博弈结果的影响和相应的纳什均衡。文献[44]针对无线网络中动态信道分配的隐身边缘诱饵攻击,从攻击方角度出发,使用MDP确定在信道动态分配的无线网络中的攻击的边缘和频率(信道),使冲突在网络中传播从而最大化网络中冲突的数量,降低了网络整体性能。文献[45]利用MDP和马尔可夫博弈框架分别研究了多传感器网络中基于有限信息(只知道自己的传输状态)和基于公共应答信息(全部传感器传输状态)的最优功率分配策略,分别给出了两种情况下的优化方程、最优解的结构性质、求解算法(如Q学习算法、Nash-Q学习算法等),仿真验证了它们的性能。文献[46]研究了认知无线电网络中存在具有认知能力的恶意干扰攻击时的二次用户的安全机制,将二级用户与干扰之间的对抗建模为零和博弈,提出了一种随机博弈框架进行抗干扰防御。文献[47]研究了干扰环境下多用户信道选择问题,将恶意干扰和用户间的公共信道干扰建模成一个由leader和多个follower组成的Stackelberg博弈,提出了层次学习算法(Hierarchical Learning Alogrithm,HLA),并分析了该算法的收敛性能,使用期望加权集作为效用函数验证了算法性能优于随机选择信道。文献[48]用博弈论解决认知无线电中的资源分配问题,在自私用户竞争问题上运用合作博弈提高系统总体效用;当考虑到恶意用户干扰时,使用零和博弈推导出面对干扰威胁时二级用户执行的最优策略;针对保密用户的窃听,使用Stackelberg博弈提出了主用户在可信的辅助用户的帮助下提高机密性的合作模式。文献[49]提出使用状态-

动作值函数和状态值函数(Q and V - functions,QV)和 SARSA 强化学习算法来代替文献[46]提出的 Minimax - Q 学习,提高二级用户的学习概率。

由上述研究可见,博弈论已广泛应用于通信对抗双方的建模,而 MDP 也常用于求解对抗双方的最优策略及博弈均衡。但在这些研究中均认为通信方或干扰方在进行决策,即选择最优动作时能够已知当前状态,这也是运用 MDP 的必要条件。但在实际通信系统中干扰方一般针对接收端进行干扰,即一个时隙是否被干扰需要由接收方做出判断并反馈给发送方。由于传输距离较远,当发送方需要对下一时隙采用的最优动作做出决策时,并不知道当前时隙是否接收成功,而这一成功与否的状态信息需要数跳之后才能到达,这为使用 MDP 求解最优策略提出了新的挑战。另外,考虑到通信对抗中干扰方的功率预算一般远大于通信方,只要干扰方对通信方某一信道实施干扰,该信道下所有可用传输速率均被干扰,因此仅考虑通过信道跳转来提高通信方收益。基于上述问题和条件,本节针对智能扫频干扰研究了状态反馈存在延时的通信方最优信道跳转策略。

10.3.2 多步预测马尔可夫决策过程模型建立与解算

1. 通信对抗模型及对智能干扰策略

1)通信对抗模型

图 10.16 给出了一种典型的状态反馈存在较大时延的通信场景。其中,通信系统共有 N_h 个完全正交的频分信道(后文简称为信道),每次信道跳转时在 N_h 个信道中随机选择一个,每个信道被选中的概率相同。每跳频率驻留时间记为 T_h,对应通信方所能达到的最高跳速 f_{max},即 $T_h = \frac{1}{f_{max}}$。换频时间记为 T_p,通信收发双方需在此时间内完成载波频率调谐(锁定),不能用来传输信息,因而干扰也不起作用。记通信方信息传输速率为 R_s,则一跳传输成功(不被干扰)且跳转或不跳转至新的信道时,通信方收益分别为 $R_s(T_h - T_p)$ 和 $R_s T_h$。被干扰损失率记为 $L_s(L_s \in (-\infty, 0])$,表示通信方被干扰时单位时长内的损失,其含义是通信失败时误码扩散、重传开销等引入的额外损失,$L_s = 0$ 时表示没有额外损失,此时跳频通信系统的收益等价于通信容量。因此,一跳传输失败且跳转或不跳转至新的信道时,通信方收益分别为 $L_s(T_h - T_p)$ 和 $L_s T_h$。

假定接收方可将每跳数据的接收状态信息(如应答或否定应答)反馈给发送方,则发送方可根据该状态信息决定下一跳是继续停留在原频点上传输,通过减少换频时间来最大化自身收益,还是随机跳转至一个新的频点,通过降低被干扰概率来最大化自身收益,即决定在当前状态下的最优动作。若能够根据干

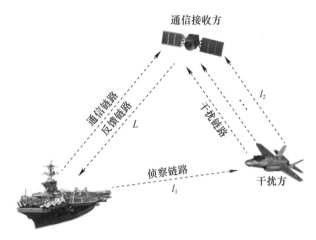

图 10.16 状态反馈存在时延的典型对抗场景

类型确定保持在原信道或随机跳转至新的信道时的被干扰概率,且状态反馈时延小于一跳时(在决定下一跳采用的最优动作时,已知当前跳接收状态),则该最优化问题可用 MDP 求解。但实际通信场景中收发双方距离通常都很远,状态反馈需数跳时延之后才能到达。例如,低轨卫星与地面终端的距离为 600km 时,在 2000 跳/s 的跳频速率下,状态反馈存在 8 跳时延,而当距离更远的高轨卫星以更高的跳速通信时,状态反馈时延可达到数千跳。在此场景下,MDP 不再适用,这也是本节所提多步预测马尔可夫决策过程(Multi - step Prediction of Markov Decision Process,MPMDP)模型所要解决的问题。

假定干扰方具备一定的通信侦察能力,能够通过侦察链路获得跳频通信系统跳速、跳频带宽及可用信道数等信息,能够与跳频通信系统最高跳速同步跳频切换信道(使得干扰与信号同步到达接收方),并实时(在每跳干扰结束时)评估每跳干扰效果,从而更新干扰策略对通信方上行通信链路实施智能扫频干扰。这要求干扰方与通信发送方的几何距离满足下式给出的干扰椭圆:

$$l_1 + l_2 \leqslant 2L + T_h c \tag{10.40}$$

式中:L 为通信收发双方的距离;l_1 为干扰方与通信发送方的距离;l_2 为干扰方与通信接收方的距离;T_h 为每跳频率驻留时间;c 为光速。

由于通信方仅需在每跳干扰结束后检测通信信号是否在干扰频点上,而无须根据检测到的通信信号频点即可直接生成干扰,式(10.40)与跟踪干扰所需满足的干扰椭圆[50-51]相比,椭圆覆盖范扩展了 L,且无须考虑干扰机反应速度。这是因为干扰机仅需检测通信信号评估干扰效能,而不是引导干扰频率。

2）智能干扰策略

若干扰方在每跳开始时随机选择 N_j 个信道进行干扰，而不管之前的干扰效果，文献[37]已经证明，最小跳频策略（定频通信）因其在不增加被干扰概率的条件避免的信道切换开销，从而提高了通信容量，是通信方的最优信道跳转策略；若干扰方根据干扰效果选择 N_j 个本次或最近若干次扫频中未干扰过的信道进行干扰，则通信方可用 MDP 求解其中最优信道跳转策略。因为增加了可变信道速率，其干扰策略中增加了瞄准式干扰，即当干扰方检测到当前干扰的 N_j 个信道之中的一个与通信方使用信道重合（通过截获通信接收端反馈的应答或否定应答判断）；但由于干扰功率不足，没能使通信方接收失败时，则在下一时隙将所有功率集中在该信道，直至通信方不再使用该信道[52]。类似地，首先假定干扰方采用如下智能扫频干扰策略：

干扰方（可能由 N_j 个干扰机组成）在每跳开始前选择 N_j 个信道进行干扰，且干扰功率足够大，使得当其击中通信信道时通信方本跳数据接收失败。

干扰方可在一跳干扰结束时，通过检测通信方发射信号确定本跳干扰是否有效，从而确定下一跳干扰的信道：若检测到干扰无效（干扰在频域未击中通信信号），则在下一跳本轮未干扰过的信道中随机选择 N_j 个实施干扰，直至检测到干扰有效（干扰在频域击中通信信号）；若检测到干扰有效，则干扰方保持对当前的 N_j 个信道实施瞄准式干扰，直到通信方跳转至新信道，重新开始下一轮扫频攻击；若干扰方已经扫描完全部 N_h 个信道，仍未击中通信信道，也重新开始下一轮扫频攻击。

上述智能扫频干扰策略可总结为图 10.17 所示流程实施。该智能扫频干扰策略考虑了通信方状态反馈的时延，即使当前跳已被干扰，因为状态反馈时延，发射方要在数跳之后才能确知，在此期间通信方有很大概率继续使用被干扰的

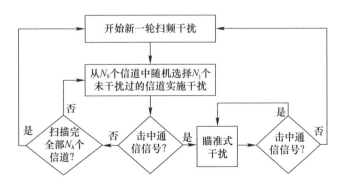

图 10.17　干扰方智能扫频干扰策略

信道。因此,干扰方在击中通信信道后,停止扫描转而采用瞄准式干扰是其直观且明智的选择。另外,干扰方需根据与通信方相对位置调整每跳干扰发射时刻,使得每跳干扰与通信信号同步到达接收方。

2. 多步预测 MDP 模型及其对应的贝尔曼方程

首先根据文献[37,52]的表述方式结合本节所提模型参数建立单步状态转移概率和即时收益。然后考虑状态反馈时延,提出 MPMDP 模型及多步预测贝尔曼迭代方程(Multi-step Prediction Bellman Iterative Equation,MPBIE)。为求解 MPBIE,推导多步状态转移概率,提出了解决 MPMDP 问题的包含 1 条性质和 3 条定理的完备策略。根据该完备策略,得到了通信方 MPMDP 信道跳转策略,并设计了多步预测贝尔曼方程迭代求解的简化算法。

1) 单步状态转移概率和即时收益

跳频通信系统每跳信号传输状态记为 J 和 C_k,J 表示本跳信号被干扰(通信失败),C_k 表示在同一信道上连续 k 跳数据传输成功,$k \in \{1,2,\cdots,\bar{k}\}$,$\bar{k} = \left[\dfrac{N_h}{N_j}\right] - 1$ 表示 k 取值的上限,其含义是若跳频通信系统发射方在同一信道已成功传输 $\bar{k}$ 跳,则下一跳继续在该信道传输时被干扰的概率为 1,$\lceil \cdot \rceil$ 表示上取整。由此状态集可表示为 $S = \{J, C_1, C_2, \cdots, C_{\bar{k}}\}$。根据当前跳接收状态,下一跳有两种可选的动作,保持当前信道不变,记为 s,随机跳转至新的信道,记为 h,因此动作集记为 $A = \{s, h\}$,其状态-动作转移如图 10.18 所示,其中 s/h 表示通信方选用动作 s 或 h。

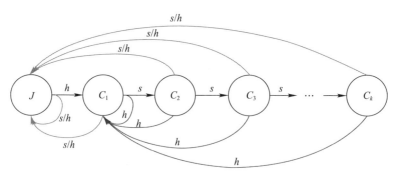

图 10.18 状态-动作转移图

跳频通信系统的单步状态转移概率记为 $p(S_2 | S_1, a)$,表示跳频通信系统当前跳的接收状态为 S_1,下一跳数据采用动作 a 后,其接收状态为 S_2 的概率。其中,$S_1, S_2 \in S, a \in A$。由此可得到单步状态转移概率:

$$\begin{cases} p(J|J,s) = 1 \\ p(J|S_1,h) = \dfrac{N_j}{N_h} \\ p(C_1|S_1,h) = 1 - p(J|S,h) = \dfrac{N_h - N_j}{N_h} \\ p(J|C_k,s) = \dfrac{N_j}{N_h - kN_j} \\ p(C_{k+1}|C_k,s) = 1 - \dfrac{N_j}{N_h - kN_j} \end{cases} \tag{10.41}$$

由此可见,这与文献[37,52]提出的对认知无线电次级用户干扰模型基本一致,不同之处在于本文模型无须考虑主用户占用概率。

通信系统即时收益式

$$U(S_1,a) = \begin{cases} R_s T_h, & S_1 \in \{C_1, C_2, \cdots, C_{\bar{k}}\}, & a = s \\ R_s(T_h - T_p), & S_1 \in \{C_1, C_2, \cdots, C_{\bar{k}}\}, & a = h \\ L_s T_h, & S_1 = J, & a = s \\ L_s(T_h - T_p), & S_1 = J, & a = h \end{cases} \tag{10.42}$$

也与文献[37,52]类似。

式(10.42)中,若当前跳状态 $S_1 \in \{C_1, C_2, \cdots, C_{\bar{k}}\}$,即当前跳未被干扰时,若通信方采用动作 s,则通信方保持在原信道传输数据,因而可在整跳驻留时间 T_h 上以符号速率 R_s 成功传输数据,因而其收益为 $R_s T_h$;而当通信方采用动作 h 时,则通信方随机跳转至新的信道,在其换频时间 T_p 上不能传输数据,因而当前跳的有效传输时间为 $(T_h - T_p)$,对应收益降为 $R_s(T_h - T_p)$。同理,若当前跳状态 $S_1 = J$,即当前跳被干扰时,若通信方采用动作 s,则通信方在整跳驻留时间 T_h 上以符号速率 R_s 传输数据,但均接收失败,因而其收益为 $L_s T_h$;而当通信方采用动作 h 时,通信方在其换频时间 T_p 上没有传输数据,因而干扰不能给通信方带来额外的损失,即有效干扰时长仅为 $T_h - T_p$,对应收益为 $L_s(T_h - T_p)$。

若上述模型能够在当前跳发送完成后,进行下一跳最佳动作决策前获得当前跳数据的接收状态 S_1,则如文献[37,52]所述,可以结合 MDP 模型和贝尔曼方程直接求解。但由于考虑了实际通信系统的传输时延,当前跳数据的接收状态 S_1 需在 d 跳之后才能得到,因此无法直接利用 MDP 模型,必须将 MDP 模型进行扩展以适应实际通信系统的传输时延,为此本节介绍 MPMDP 模型。

2) MPMDP 模型及其贝尔曼方程建立

如图 10.19 所示,通信方在第 $d+1$ 跳传输结束后,决定第 $d+2$ 跳是保持在原信道传输还是随机跳转至一个新的信道,即动作 a_{d+1} 取 s 还是 h 时,若已知第 $d+1$ 跳传输状态 S_{d+1},则可建模为一个 MDP。然而由于 d 跳的状态反馈延时,在决定动作 a_{d+1} 并不知道状态 S_{d+1},而仅知道当前跳接收状态 S_1,以及当前跳之后的 d 跳使用的动作序列 $A_d = [a_1, a_2, \cdots, a_d]$,其中 $a_i \in A(i=1,2,\cdots,d)$。因此需要首先根据 S_1 和 A_d 预测 S_{d+1},才能使用 MDP 模型,即 MPMDP 模型,可表示为下式所示的优化目标:

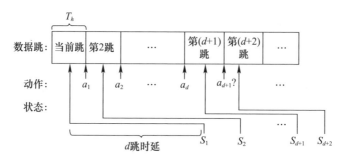

图 10.19 MPMDP 模型示意图

$$V^*(S_1, A_d) = \max_{\pi} \mathrm{E}\left(\sum_{n=1}^{\infty} \delta^n \sum_{S_{d+n} \in S} p(S_{d+n} | S_n, A'_d) U(S_{d+n}, a_{d+n}) \bigg| (S_1, A_d)\right)$$

(10.43)

式中:π 为由第 n 跳接收状态 S_n 和第 n 跳之后 d 跳使用的动作序列 A'_d 的任意组合得到动作 a_{d+n} 组成的动作序列,即 $\pi(S_n, A'_d) \to a_{d+n}$,最优策略 π^* 是 π 中能够使跳频通信系统累积折扣期望收益 $V^*(S_1, A_d)$ 最大化的策略,对应的最大化累积折扣期望收益 $V^*(S_1, A_d)$ 称为 MPMDP 收益;$\mathrm{E}(\cdot)$ 表示求期望,δ 为折扣因子,取值为接近于 1 的常数,用于表示通信方相对即时收益 $U(S_{d+1}, a_{d+1})$ 对未来收益的重视程度;$p(S_{d+n} | S_n, A'_d)$ 为多步状态转移概率,表示在第 n 跳接收状态为 S_n 时,后续 d 跳执行动作序列 A'_d,第 $d+n$ 跳接收状态为 S_{d+n} 的概率,其取值与 n 无关(时间遍历),即 $p(S_{d+n} | S_n, A'_d) = p(S_{d+1} | S_1, A_d)$,其与单步状态转移概率 $p(S_2 | S_1, a)$ 的关系在后续进行详细推导;A'_d 为最近一次动作执行完成后序列 A_d 的更新,即 $A'_d = [A_d(2:d), a_{d+1}]$,$S_n, S_{d+n} \in S$。

MPMDP 模型的优化目标也可以表示为下式所示的迭代求解形式,称为多步预测贝尔曼方程,其概率由多步状态转移概率 $p(S_{d+1} | S_1, A_d)$ 表示:

$$Q(S_1, A_d, a_{d+1}) = \sum_{S_{d+1} \in S} p(S_{d+1} | S_1, A_d) \Big[U(S_{d+1}, a_{d+1}) +$$

$$\delta \sum_{S_{d+2} \in S} p(S_{d+2} | S_{d+1}, a_{d+1}) V^*(S_{d+2}, A'_d) \Big]$$

$$V^*(S_1, A_d) = \max_{a_{d+1} \in A} (Q(S_1, A_d, a_{d+1})) \tag{10.44}$$

式中：$Q(S_1, A_d, a_{d+1})$ 为状态－动作值函数（简称 Q 值），即在当前跳状态为 S_1，后续 d 跳采用动作序列 A_d 后，第 $d+1$ 跳采用动作 a_{d+1} 的累积折扣期望收益；$V^*(S_1, A_d)$ 表示当前跳接收状态为 S_1，后续 d 跳执行的动作序列为 A_d 时的状态值函数，其取值为 $Q(S_1, A_d, a_{d+1})$ 中 a_{d+1} 为 s 或 h 时的较大值；$V^*(S_{d+2}, A'_d)$ 是以第 $d+2$ 跳接收状态 S_{d+2} 和第 $d+2$ 跳之后的动作序列 A'_d 为起点，继续执行最优策略 π^* 的状态值函数，其中，$A'_d = [a_{d+3}, a_{d+4}, \cdots, a_{2d+2}]$ 需在依次执行完 $Q(S_2, A'_d, a_{d+2}) \sim Q(S_{d+1}, A'_d, a_{2d+2})$ 后才能得到。显然，若式（10.44）不考虑传输时延，即 $d=0$ 时，退化为文献[37]给出的贝尔曼方程。

3. 多步预测贝尔曼方程求解

1）多步状态转移概率推导

设状态反馈延时为 d 跳，则 d 步状态转移概率可分为以下三种情况分别讨论：

（1）当前跳状态为 C_k，之后 d 跳的动作均为 s。

若当前跳状态 $S_1 = C_k$，之后连续 d 跳的动作均为 s，记为 $A_d = A_d^{(s)} = [s_1, s_2, \cdots, s_d]$，则前 $i-1$ 跳成功完成通信，而第 i 跳被干扰的概率记为 $p_i(J | C_{i-1}, A^{(s)})$，其中，$1 \leq i \leq d$。则

$$p_i(J | C_k, A_d^{(s)}) = p(C_{k+1} | C_k, s) p(C_{k+2} | C_{k+1}, s) \cdots p(C_{k+i-1} | C_{k+i-2}, s) p(J | C_{k+i-1}, s)$$

$$= \prod_{j=0}^{i-2} p(C_{k+j+1} | C_{k+j}, s) p(J | C_{k+i+1}, s) \tag{10.45}$$

记 $\prod_{j=0}^{-1} p(C_{k+j+1} | C_{k+j}, s) = 1$。由此容易得到，当前跳状态为 C_k，后续 d 跳采用动作均为 s 时，第 $d+1$ 跳的接收状态 S_{d+1} 为 J 的概率为

$$p(J | C_k, A_d^{(s)}) = \sum_{i=1}^{d} p_i(J | C_k, A_d^{(s)})$$

$$= \sum_{i=1}^{d} \prod_{j=0}^{i-2} p(C_{k+j+1} | C_{k+j}, s) p(J | C_{k+i+1}, s) \tag{10.46}$$

S_{d+1} 为 C_{k+d} 的概率为：

$$p(C_{k+d}|C_k, A_d^{(s)}) = p(C_{k+1}|C_k,s)p(C_{k+2}|C_{k+1},s)\cdots p(C_{k+d}|C_{k+d-1},s)$$
$$= \prod_{i=0}^{d-1} p(C_{k+i+1}|C_{k+i},s) \tag{10.47}$$

容易验证 $p(J|C_k, A_d^{(s)})$ 与 $p(C_{k+d}|C_k, A_d^{(s)})$ 之和为 1。

（2）当前跳状态为 J，之后 d 跳的动作均为 s。

若当前跳状态为 J，则后续 d 跳动作均为 s，因为智能扫频干扰检测到该信道存在通信信号，从而瞄准此信道进行干扰，则 S_{d+1} 依然保持为 J 的概率为

$$p(J|J, A_d^{(s)}) = p(J|J,s) = 1 \tag{10.48}$$

（3）当前跳接收状态任意，后续 d 跳动作存在 h。

若当前跳接收状态 S_1 为 S 中任意元素，后续 d 跳动作存在 h，且最后一个 h 的位置为 τ，记 $A_1^d = A^{(h_\tau)} = [a_1, a_2, \cdots, a_{\tau-1}, h_\tau, s_{\tau+1}, \cdots, s_d], 1 \leq \tau \leq d$。执行 h_τ 后第 $\tau+1$ 跳的状态只能为 J 或 C_1，并且其转移概率与执行 h_τ 之前跳的动作序列 $[a_1, a_2, \cdots, a_{\tau-1}]$ 和状态 S_1 无关，即

$$p(S_{d+1}|S_1, A_d^{(h_\tau)}) = p(S_{d+1}|S_\tau, A_{d-\tau+1}^{(h_\tau)}) = p(S_{d-\tau+1}|S_1, A_{d-\tau+1}^{(h_1)})$$

$S_{d-\tau+1}$ 的取值有两种状态，分别为 $C_{d-\tau+1}$ 和 J，其中有

$$\begin{aligned} p(C_{d-\tau+1}|S_1, A_d^{(h_\tau)}) &= p(C_{d-\tau+1}|S_1, A_{d-\tau+1}^{(h_1)}) \\ &= p(C_1|S_1, h)p(C_{d-\tau+1}|C_1, A_{d-\tau}^{(s)}) \\ &= p(C_1|S_1, h)\prod_{i=1}^{d-\tau} p(C_{i+1}|C_i, s) \end{aligned} \tag{10.49}$$

而 $S_{d-\tau+1}$ 取 J 时有两种情况：一是执行完 h_τ 后进入 C_1，执行后续的 $d-\tau$ 个 s 的过程中进入状态 J；二是执行 h_τ 后直接进入 J，执行后续的 $d-\tau$ 个 s 的过程中依然保持在状态 J。因此

$$\begin{aligned} p(J|S_1, A_d^{(h_\tau)}) &= p(C_1|S_1, h)p(J|C_1, A_{d-\tau}^{(s)}) + p(J|S_1, h)p(J|J, A_{d-\tau}^{(s)}) \\ &= p(C_1|S_1, h)\sum_{j=1}^{d-\tau}\prod_{i=1}^{j-1} p(C_{i+1}|C_i, s)p(J|C_j, s) + p(J|S_1, h) \end{aligned}$$
$$\tag{10.50}$$

容易验证

$$p(C_{d-\tau+1}|S_1, A_d^{(h_\tau)}) + p(J|S_1, A_d^{(h_\tau)}) = p(C_1|S_1, h) + p(J|S_1, h) = 1$$

式(10.45)~式(10.50)即为包含了所有 S_1 和 A_1^d 组合的 d 步状态转移

概率。

2）最佳跳频策略及其证明

根据式(10.44)的贝尔曼迭代方程及式(10.44)的多步状态转移概率,提出解决 MPMDP 问题的完备策略,包括以下 1 个性质和 3 个定理:

性质 10.1 若当前跳之后的 d 跳执行动作序列 $A_d^{(h_\tau)}$ ($1\leqslant\tau\leqslant d$),则第 $d+1$ 跳的最优动作 a_{d+1} 与当前跳接收状态 S_1,以及 τ 之前的动作 $a_1,a_2,\cdots,a_{\tau-1}$ 无关。

定理 10.6 若当前跳之后的 d 跳执行动作序列 $A_d^{(h_\tau)}$ ($1\leqslant\tau\leqslant d$),则第 $d+1$ 跳的最优动作 a_{d+1} 可由一个数值 τ^* 确定,当 $\tau\leqslant\tau^*$ 时,$a_{d+1}=h$,当 $\tau>\tau^*$ 时,$a_{d+1}=s$。

定理 10.7 若当前跳接收状态为 J,之后的 d 跳执行动作序列 $A_d^{(s)}$,则 $d+1$ 跳的最优动作 $a_{d+1}=h$。

定理 10.8 若当前跳接收状态为 C_k,之后的 d 跳执行动作序列 $A_d^{(s)}$,则 $d+1$ 跳的最优动作 a_{d+1} 与 k 有关,可由一个数值 k^* 确定,当 $k\leqslant k^*$ 时,$a_{d+1}=s$,当 $k>k^*$ 时,$a_{d+1}=h$。

以上性质和定理包含了所有 S_1 和 A_d^d 的组合,构成了解决状态延时反馈场景下跳频通信系统的最佳信道跳转决策问题的完备策略。其中的 τ^* 和 k^* 通过设计多步预测贝尔曼迭代方程求解算法得到。τ^* 和 k^* 是一对互斥的参数,当 $k^*\geqslant0$ 时,τ^* 不存在($\tau^*\leqslant0$),通信方最优策略可表述为通信发送方在未接收到传输信道被干扰的状态反馈之前,同一信道最多可传输 $d+k^*$ 跳,当接收到传输信道被干扰的状态反馈后,下一跳立即随机跳转至新的信道;当 $0\leqslant\tau^*\leqslant d$ 时,k^* 不存在($k^*\leqslant0$),通信方最优策略可简化为在同一信道固定传输 $d-\tau^*+1$ 跳而无须状态反馈链路,因为状态反馈时延 d 大于或等于最优跳速 $d-\tau^*+1$,在发射端收到被干扰的状态反馈之前,已经跳转到了新的信道,所以该状态反馈不能为通信方决策带来任何额外收益。根据上述性质和定理,可以设计出相应的 MPBIE 简化求解算法,使 MPMDP 的状态 – 动作组合数由全状态展开时的 $2^d(\bar{k}+2)$ 个下降为 $d+\bar{k}+1$ 个,大大降低运算复杂度。具体证明过程及算法中参见文献[53]。

MPBIE 简化求解算法执行完成后,当 $\tau\neq0$ 时,状态 – 动作值 $Q(S_1,A_d^{(h_\tau)},s)$ 和 $Q(S_1,A_d^{(h_\tau)},h)$ 与 S_1 的取值无关,且随 τ 变化至多存在一个交点,记为 τ^*(可能超出 $1\leqslant\tau\leqslant d$ 的范围);状态 – 动作值 $Q(C_k,A_d^{(s)},s)$ 和 $Q(C_k,A_d^{(s)},h)$ 随 k 值变化至多存在一个交点,记为 k^*(可能超出 $1\leqslant k\leqslant\bar{k}$ 的范围)。τ^* 和 k^* 即为式(10.44)多步预测贝尔曼方程的最佳解,决定了所有 S_1 和 A_d 的组合下的最佳

信道跳转时刻,使得式(10.43)最大化。

得到通信方针对智能的 MPMDP 最优跳频抗干扰策略后,进一步分析图 10.20 智能扫频干扰策略,其在某些情况下会使式(10.41)给出单步转移到状态 J 的概率变小,从而使通信方收益高于其 MPMDP 收益,为此干扰方可将的智能扫频干扰策略进一步优化为图 10.20 所示的最佳智能扫频干扰策略。其中,N_h 个跳频信道组成的信道集记为 F_h,最近一次干扰的 N_j 个信道记为 F_{N_j},最近 n 次干扰的信道集合记为 F_{nN_j},其中 $M_{\mathrm{opt}} \leq n \leq \left[\dfrac{N_h}{N_j}\right] - 1$,$M_{\mathrm{opt}} = \begin{cases} d - \tau^* + 1, & 0 < \tau^* \leq d \\ d + k^*, & k^* \geq 0 \end{cases}$ 用 N_{af} 表示 F_{nN_j} 中的信道个数。F_w 表示本轮扫频尚未扫过的信道集合,也即干扰方在下一跳将从 F_w 中随机选择 N_j 个信道实施干扰。$F_h \backslash F_{nN_j}$ 和 $F_h \backslash F_{N_j}$ 分别表示从 F_h 中排除 F_{nN_j} 和 F_{N_j}。

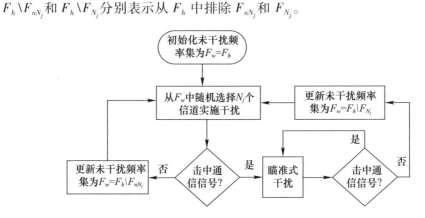

图 10.20　干扰方最佳智能扫频干扰策略

干扰方采用最佳智能扫频干扰策略后,可保证通信方的任意时刻的收益不高于其 MPMDP 收益,从而使通信方基于 MPMDP 的最优跳速抗干扰策略和干扰方最佳智能扫频策略构成通信对抗双方的纳什均衡策略。更详细的分析可参见文献[53]。

10.3.3　计算机仿真

选取两组参数:第一组参数设置为 $R_s = 100, L_s = -10, T_p = 0.4, N_h = 1000, N_J = 20, \sigma = 0.95, d = 8$;第二组参数中 $N_J = 4$,其余参数与第一组一致。这些参数的选取除考虑到要涵盖所提定理中的两种情况,即 $1 \leq \tau^* \leq d, k^* < 1$ 和 $\tau^* < 1, 1 \leq k^* \leq \bar{k}$ 外,没有其他特别要求。另外,还进一步仿真验证了不同的状态 d、干扰数量 N_J 及干扰损失率 L_s 对最优跳速及性能的影响。

1) MPMDP 模型仿真验证

图 10.21 为给定参数下的当前跳状态为 C_k,下一跳执行动作 s 的单步状态转移概率和后续 d 跳执行动作序列 $A_d^{(s)}$ 的多步状态转移概率仿真结果。由图 10.21(a)、(b) 可见,单步状态转移概率 $p(J|C_k,s)$ 和 $p(C_{k+1}|C_k,s)$ 随 k 增大而分别增大和减小,且对任意 k,两者之和为 1,当 k 接近于 $\bar{k}$(图 10.21(a) 为 49,图 10.21(b) 为 249),概率分别接近 1 和 0;与此类似,多步状态转移概率 $p(J|C_k,A_d^{(s)})$ 和 $p(C_{k+d}|C_k,A_d^{(s)})$ 也随着 k 增加而分别增大和减小,且对任意 k,两者之和为 1,当 k 接近于 $\bar{k}-d$(图 10.21(a) 为 41,图 10.21(b) 为 241)时,概率分别接近 1 和 0。单步状态转移概率 $p(J|S_1,h)$ 和 $p(C_1|S_1,h)$ 为不随 k 值变化的常数,容易计算,仿真未给出。

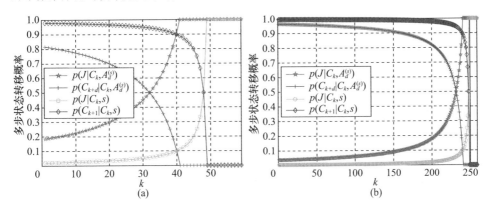

图 10.21 从状态 C_k 出发执行 d 次 s 的多步状态转移概率
(a) $N_j=20$;(b) $N_j=4$。

图 10.22(a) 和 (b) 分别对应两组参数的多步状态转移概率,$\tau=0$ 表示 $p(C_{d+1}|J,A_d^{(s)})$ 和 $p(J|J,A_d^{(s)})$,其值分别为 0 和 1,且与等效干扰个数 N_j 无关;$0\leq\tau\leq d$ 对应 $p(C_{d-\tau+1}|S_1,A_d^{(h_\tau)})$ 和 $p(J|S_1,A_d^{(h_\tau)})$ 随 τ 的增加分别增大和减小,且对任意 τ,两者之和为 1,两组参数变化趋势一致。

图 10.23(a)、(b) 分别对应两组参数在不同 S_1 和 A_d 组合下的 Q 值曲线。图 10.23(a) 上半部分,Q 值曲线 $Q(S_1,A_d^{(h_\tau)},s)$ 和 $Q(S_1,A_d^{(h_\tau)},h)$ 相交于 $\tau=4$ 处,即 $\tau^*=4$。当 $\tau\leq 4$ 时,$Q(S_1,A_d^{(h_\tau)},s)\leq Q(S_1,A_d^{(h_\tau)},h)$,即第 9 跳选用动作 h 优于选用动作 s;当 $\tau>4$ 时,$Q(S_1,A_d^{(h_\tau)},s)>Q(S_1,A_d^{(h_\tau)},h)$,即第 9 跳选用动作 s 优于选用动作 h。此结果与定理 10.6 一致。图 10.23(b) 上半部分,Q 值曲线 $Q(S_1,A_d^{(h_\tau)},s)$ 和 $Q(S_1,A_d^{(h_\tau)},h)$ 在 $1\leq\tau\leq 8$ 范围内没有交点,因为 $Q(S_1,A_d^{(h_\tau)},s)$ 随 τ 单调递增的速率大于 $Q(S_1,A_d^{(h_\tau)},h)$,而在 $1\leq\tau\leq d$ 范围内 $Q(S_1,$

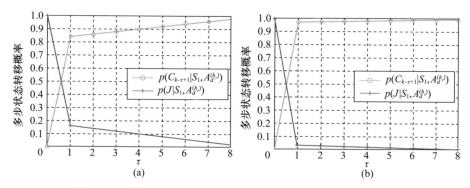

图 10.22 从任意状态出发执行 d 跳的动作的多步状态转移概率

(a) $N_j = 20$;(b) $N_j = 4$。

$A_d^{(h_\tau)}, s) > Q(S_1, A_d^{(h_\tau)}, h)$,则其交点位于 $\tau < 1$ 范围内,即 $\tau^* < 1$。在所有 $1 \leq \tau \leq d$ 范围内均满足 $\tau \geq \tau^*$,因此第 9 跳选用动作 s 优于选用动作 h,仍然与定理 10.6 结论一致。

图 10.23(b)下半部分,当 $k \geq 1$ 时,Q 值曲线 $Q(C_k, A_d^{(s)}, h)$ 和 $Q(C_k, A_d^{(s)}, s)$ 相交于 k 值为 35~36 之间,即 $k^* = 36$,当 $k \leq 36$ 时,曲线 3 的 Q 值小于曲线 4 的 Q 值,第 9 跳选用动作 s 优于选用动作 h,当 $k > 36$ 时,曲线 3 的 Q 值大于曲线 4 的 Q 值,第 9 跳选用动作 h 优于选用动作 s。此结果定理 10.3 一致。图 10.23(a)下半部分,当 $k \geq 1$ 时,Q 值曲线 $Q(C_k, A_d^{(s)}, h)$ 和 $Q(C_k, A_d^{(s)}, s)$ 没有交点,因为 $Q(C_k, A_d^{(s)}, s)$ 随 k 值增加单调下降的速度快于 $Q(C_k, A_d^{(s)}, h)$,且在 $k \geq 1$ 时,$Q(C_k, A_d^{(s)}, h) > Q(C_k, A_d^{(s)}, s)$,因此其交点位于 $k < 1$ 范围内,即 $k^* < 1$,对所有 $k \geq 1$ 均满足 $k > k^*$,因此第 9 跳选用动作 h 优于选用动作 s,仍然与定理

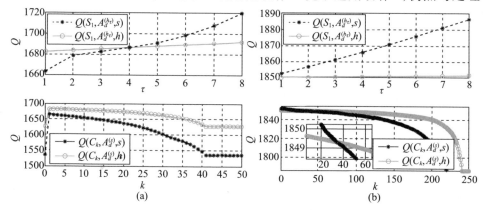

图 10.23 对应两组参数的 Q 值曲线

(a) $N_j = 20$;(b) $N_j = 4$。

10.3 结论一致。为仿真作图方便,图 10.23(a)、(b)下半部分中用 C_0 表示 J,可见两图中均满足 $Q(J,A_d^{(s)},h) > Q(J,A_d^{(s)},s)$,与定理 10.7 一致。

图 10.24 中进一步给出了 τ^* 和由 k^* 随 d、N_J 及 L_s 的变化情况。由图 10.24(a)、(c)可见,τ^* 随 d 的增大而增大,因而 $M_{opt} = d - \tau^* + 1$ 基本保持不变,而随着 N_J 的增加和干扰损失率 L_s 的恶化,τ^* 而增大,跳速变快;图 10.24(b)和(d)显示了 k^* 随 d、N_J 的增大或 L_s 的恶化而减小,因而 $M_{opt} = d + k^*$ 变小,同一信道传输的最优跳数减少。

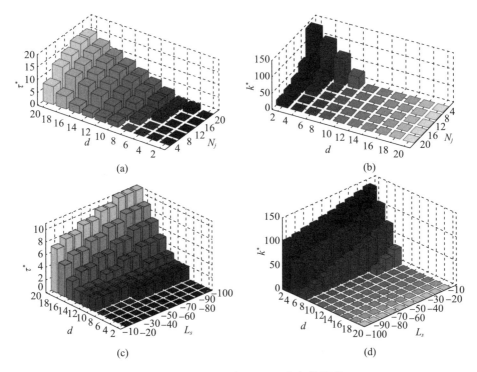

图 10.24 τ^*、k^* 随 d、N_J、L_s 的变化情况

(a)当 $L_s = -10$ 时,不同 d 和 N_J 对应的 τ^*;(b)当 $L_s = -10$ 时,不同 d 和 N_J 对应的 k^*;
(c)当 $N_J = 4$ 时,不同 d 和 L_s 对应的 τ^*;(d)当 $N_J = 4$ 时,不同 d 和 L_s 对应的 k^*。

2)性能仿真比较

仍然使用上述两组参数对本节所提 MPMDP 算法与文献[37]中的 MDP 算法进行比较。对于 MPMDP 模型,使用本节提的 MPBIE 简化算法,可求得第一组参数的 $\tau^* = 4, k^* < 1$,即 $M_{opt} = d - \tau^* + 1 = 5$,第二组参数的 $\tau^* < 1, k^* = 36$(交点在 35~36 之间),所以 $M_{opt} = d + k^* = 44$。对于不考虑时延的 MDP,两组参数的最优跳数分别为 27 和 225。而考虑延时,MDP 算法已不能适应,为了与

本文算法进行比较,将其使用条件适当放宽,具体措施如下:

以 d 跳为一决策周期,使用 MDP 迭代算法[37],结合本节所提的多步状态转移概率求解同一信道传输的最优跳数。当 d 跳传输完成决定 $d+1$ 跳的动作时,以第一跳接收状态为依据。若第一跳被干扰,则第 $d+1$ 跳选用动作 h,否则继续在本信道传输直到达到最优跳数或被干扰。当检测到被干扰后跳转时,即时收益为 $U(J,h) = (dT_h - T_p)Ls$,而检测到第一跳未被干扰时,后续 2~d 跳仍可能被干扰,此时即时收益使用第一跳传输成功和后续 $d-1$ 跳的期望收益之和,即 $U(C_k,a) = RsT_h + \overline{U}_{2\sim d}(C_k,a)$,其中 $\overline{U}_{2\sim d}(C_k,a)$ 表示第一跳不受干扰,且第 $d+1$ 跳采用动作 $a \in \{s,h\}$ 时,第 2~d 跳的期望收益。使用该方法,可求得两组仿真参数对应的最优跳数分别为 4 和 29(乘 d 后实际为 32 和 232)。

将不跳频且不受干扰情况下的通信方收益归一化为 1,图 10.25 给出了各种方法相对不跳频且不受干扰情况下累积折扣期望收益的比值,即相对收益。可见由于干扰较少,以及干扰损失较小,采用最快跳速时的相对收益约为 0.6,其损失主要来自换频损失。不考虑时延的 MDP,其相对收益均接近于 1,是性能最好的;必须考虑反馈时延时,继续采用 MDP 方法,其相对收益分别降到 0.5 附近和 0.62 附近,低于本节所提 MDP 模型的 0.88 和 0.92。同时,由图 10.25(a)、(b) 可见,随着干扰数量增加,MPMDP 方法和考虑时延的 MDP 方法收益均有一定下降,但虑时延的 MDP 方法下降程度远大于 MPMDP 方法,其相对收益已低于最快跳频方法。

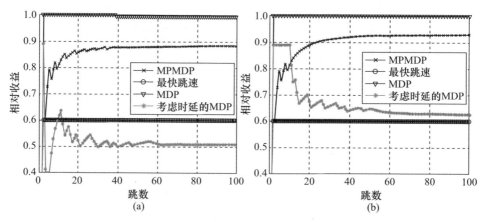

图 10.25 不同跳频策略累积折扣期望收益在两组参数下的比较
(a)第一组参数性能仿真对比;(b)第二组参数性能仿真对比。

图 10.26 给出了延时 d 和损失率 L_s 对收益影响仿真对比,其中的状态转移概率、即时收益及同一频点保持的最优跳数分别用各自求解算法得到。

图10.26(a)中,$N_j = 4$,$L_s = -10$,可见最快跳速和不考虑延时的 MDP 方法不受延时的影响,相对收益保持在 0.6 和 1 附近,而 MPMDP 方法收益随延时 d 从 2 增加到 20,相对收益有所波动,但均在 0.8 以上,明显优于考虑状态反馈时延的 MDP 方法的 0.4 ~ 0.5。图 10.26(b)中,依然取 $N_j = 4$,$d = 8$,因为受干扰概率较小,最快跳速和不考虑延时的 MDP 方法受 L_s 影响波动很小,相对收益保持在 0.6 和 1 附近,而 MPMDP 方法在 0.9 附近略有波动,考虑时延的 MDP 方法相对收益随 L_s 从 -10 降至 -100,收益也从 0.62 附近线性下降至 0.4 左右。

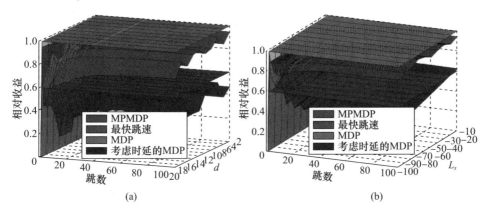

图 10.26 不同延时 d 和损失率 L_s 对收益影响仿真对比
(a)不同时延 d 下性能比较;(b)不同损失真 L_s 下性能比较。

综合以上性能仿真对比结果可见,存在状态反馈时延的场景中,MPMDP 方法在不同干扰数量、状态反馈时延及被干扰损失率下,收益均明显优于 MDP 方法和最快跳频。

上述仿真结果验证了所提定理的正确性,以及 MPMDP 模型在考虑传输时延时具有更广的适用范围和更好的性能。特别是当双向传输时延大于 MPMDP 模型求得的最佳频率驻留时长时,该模型可简化为无须状态反馈的固定跳速通信系统,方便了在实际系统中的应用。另外,本节假定了跳频通信系统可直接检测到智能扫频干扰的等效干扰个数、双向反馈时延等参数,但实际的通信系统可能并不总是具备这样的能力,为此可进一步研究基于强化学习进行干扰参数认知方法及其性能,以及直接用于解决 MPMDP 问题的无模型强化学习算法。

10.4 基于深度强化学习的跳频频率决策

近年来,为了解决合法用户和干扰机之间的相互作用问题,博弈论在其中得到了广泛的应用,但基于博弈论的抗干扰决策需要知道干扰方策略,建立并求解相应博弈模型,这也意味着通信方需要从观测环境中估计干扰模式和干扰参数。然而,随着人工智能和通用软件无线电外设(Universal Software Radio Peripheral,USRP)的迅速发展[54],干扰机可以很容易地产生动态和智能的干扰攻击,使得通信方难以对干扰方快速变化的干扰策略做出实时的跟踪和反应。为此,利用深度学习解决宽带通信动态频率选择抗干扰问题得到了一些探索性研究。

10.4.1 相关工作

近年来,强化学习具有一定的在线决策能力,而运用于通信抗干扰决策,通过不断试错的方式与干扰交互并最终规避干扰[55-59]。其中,文献[55]运用Q学习来增强抗干扰通信能力,然而,当状态空间很大时,Q学习的收敛时间将显著增加[56],因此,深度强化学习用来处理复杂状态空间下的抗干扰决策问题[57-59]。文献[57]采用卷积层对大量的频谱数据进行处理,抗干扰能力获得大幅度提高,但在跳频点数很大的情况下计算复杂度和收敛时间呈指数增长,收敛困难。文献[58]应用迁移学习来初始化卷积神经网络的参数,文献[59]使用具有密钥和相应Q值的数据集而不是策略网络来选择动作,文献[60]提出了一种分层 DRL 算法来加快学习速度,设计了频带选择网络(用于寻找受干扰概率较小的频带)和频率选择网络(用于查找所选频带中的空闲频率),在快速收敛、归一化吞吐量及计算量等方面均优于对比算法。本节主要以文献[60]为例介绍基于深度强化学习的抗干扰决策。

10.4.2 基于分层深度强化学习的跳频频率决策模型

在宽频带条件下,由于存在大量的可选频率,现有的大多数抗干扰方法将失效,因为收敛时间和计算复杂度将会随着动作数的增加而呈指数增长,针对此问题提出了一种新的不需要知道干扰模式和信道模型的分层深度强化学习算法。该算法通过两个子网将宽带频率选择问题分为两个步骤:首先通过频带选择网络选择频段,然后由频率选择网络在该频段内选择特定的频率。为此设计了两个网络:一个是频带选择网络,寻找受干扰概率较小的频带;另一个是频率选择网络,查找所选频带中的空闲频率。分析和仿真结果表明,该方法可有效避免多种干扰,以较少的计算量获得了满意的通信容量。

1. 系统模型和问题表述

如图 10.27 所示,有一个发射机、一个接收机、一个代理和多个干扰机。如果接收机成功地从发射机获得消息,那么它将通过可靠的控制链路向发射机发送应答。代理用于检测频谱并指导发射机选择通信频率。与文献[57]节不同的是,发射机应在宽频带内选择频率,从而产生大量可用动作。对于干扰机,令 f_t^J 表示干扰信号在 t 时刻的中心频率,$J_i(f)$ 表示第 i 个干扰机干扰信号的功率谱密度。对于发射机,令 b_u 表示传输信号的带宽,P_u 表示发射功率,f_t^T 表示 t 时刻选定的中心频率,且有 $f_t^T \in F$,F 表示可用频率集。接收机的 SINR 为

$$\alpha(f_t^T) = \frac{g_u P_u}{\int_{f_t^T - b_u/2}^{f_t^T + b_u/2} \left\{ N(f) + \sum_{i=1}^{M} g_i^r J_i(f - f_t^J) \right\} df} \quad (10.51)$$

式中:g_u 为发射机到接收机的信道增益;g_i^r 为干扰机 i 到接收机的信道增益;M 为干扰机的数量;$N(f)$ 为噪声的 PSD 函数。

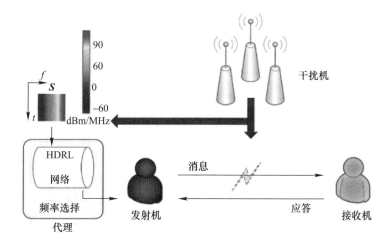

图 10.27　系统模型

成功传输的指示函数写为

$$\mu(f_t^T) = \begin{cases} 1, & \alpha(f_t^T) \geq \alpha_{th} \\ 0, & \alpha(f_t^T) < \alpha_{th} \end{cases} \quad (10.52)$$

式中:α_{th} 为判定信号是否成功传输的信干噪比阈值。

如果 $\mu(f_t^T) = 1$,则应答信息将会被发送。如图 10.27 所示,输入状态 S 为频谱瀑布,其横轴表示频率,纵轴表示时间,并且 S 的不同颜色表示感知信号的幅值。幅值为

$$s_{i,t} = 10\log \left[\int_{i\Delta f}^{(i+1)\Delta f} S(f + f_s) df \right] \quad (10.53)$$

式中：$S(f)$ 为感知信号的 PSD；Δf 为感知信号的分辨率；f_s 为感知的起始频率；i 为感知值指标，$i=0,1,2,\cdots,N$，其中 $N=\dfrac{F}{\Delta f}$，F 是整个频带的带宽；S_t 是 t 时刻的频谱矢量，即 $S_t=\{s_{1,t},s_{2,t},\cdots,s_{N,t}\}$，并且 S 由 S_t 组成，$S_t=\{S_{t-T},S_{t-T+1},\cdots,S_t\}$，其中 T 为历史谱矢量的长度。

抗干扰过程被表述为一个马尔可夫决策过程，并且 MDP 是由一个 4 元素组 (S,A,R,P) 正式描述的，其中 S 表示状态集，A 表示动作集，R 表示奖励函数，P 表示传输函数。环境状态是频谱瀑布 S。动作是通信频率 $f\in F$。奖励函数定义为 $R:(S,f)\to r$，其中 r 是奖励值。因此，代理的目标是使预期的累积奖励最大化：

$$P:\max_{f_t} E\left(\sum_{t=0}^{\infty}\lambda^t R(S_t,f_t)\right) \tag{10.54}$$

式中：t 为通信时间；λ 为折扣因子，$\lambda\in(0,1]$。

2. 抗干扰频率选择方案

为了加快学习速度，频率选择问题被分为两步：首先由频带选择网络选择频段；然后在这个频段内由频率选择网络选择特定的频率。

频带选择网络由池化层、卷积层和全连接层组成。池化层用于减少计算量，卷积层用于提取频谱信息，全连接层被用来连接提取的信息和动作。如图 10.28 所示，代理感知频谱并得到状态 S。S 被池化层使用平均操作进行压缩，并将压缩后的频谱表示为 C。假设整个频带被平均划分为 n 个子带，首先通过频带选择网络获得频带选择动作 $a_b\in\{1,2,\cdots n\}$，a_b 通过窗口处理得到的子带瀑布 S^d。例如，当 $a_b=7$ 时，代理将会选择第 7 子带瀑布 S^{d7} 作为频率选择网络的输入。

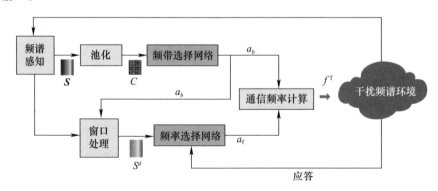

图 10.28 层化 DRL 网络的网络结构

频率选择网络由卷积层和全连接层组成。假设频带 S^d 包含 m 个可选频率。然后,通过频率选择网络从频带 S^d 得到频率动作 $a_f \in \{1,2,\cdots,m\}$。这样,发射机的中心频率计算如下:

$$f^T = (a_b - 1)B\Delta f + b_u(a_f - 0.5) + f_s \quad (10.55)$$

式中:$B\Delta f$ 为每个子带的带宽;b_u 为发射机的通信带宽;f_s 为感知的起始频率。

定义 $e^b = (C, a_b, R(f^T), C')$ 用于更新频带选择网络的参数 θ^b,其中 C' 是动作 a_b 结束时代理感知到的下一个状态,$R(f^T)$ 是奖励函数,其定义为

$$R(f^T) = \begin{cases} \sigma\mu(f_t^T), & f_t^T \neq f_{t-1}^T \\ \mu(f_t^T), & f_t^T = f_{t-1}^T \end{cases} \quad (10.56)$$

式中:σ 为信道转换因子,$\sigma \in (0,1]$。

则频带选择网络的损失函数为

$$L_b(\theta_i^b) = \mathrm{E}((\eta_i^b - Q^b(C, a_b; \theta_i^b))^2) \quad (10.57)$$

式中:η_i^b 为目标值,$\eta_i^b = R(f^T) + \lambda \max_{a_b'} Q^b(C', a_b'; \theta_{i-1}^b)$;$Q^b(C, a_b, \theta_i^b)$ 为频段选择网络估算的动作值函数,θ_i^b 为第 i 次迭代时的带宽网络参数。

定义 $e^f = (S^d, a_f, R(f^T), S^{d'})$,其中,$S^{d'}$ 是动作 a^f 完成时的下一个状态。频率选择网络的损失函数为

$$L_f(\theta_i^f) = \mathrm{E}((\eta_i^f - Q^f(S^d, a_f; \theta_i^f))^2) \quad (10.58)$$

式中:目标值 $\eta_i^f = R(f^T) + \lambda \max_{a_f'} Q^f(S^{d'}, a_f'; \theta_{i-1}^f)$,其中 $Q^f(S^d, a_f; \theta_i^f)$ 为频率选择网络估算的动作值函数,θ_i^f 为第 i 次迭代时的频率网络参数。

为了更新整个网络:一是将数据 e^b 和 e^f 存储到两个深度为 m 的存储空间 D_b 和 D_f 中,然后分别通过 FIFO 原则删除和添加 e;二是随机选取 e,并计算每个网络的损失函数;三是根据梯度下降算法更新网络参数,$\theta_{i+1} = \theta_i + \beta \nabla_\theta L(\theta_i)$,其中 $\beta \in (0,1]$ 为学习率。分层深度强化学习(Hierarchical Deep Reinforcement Learning,HDRL)抗干扰算法如算法10.5所示。为了平衡探索和利用,采用了 ε - 贪心法。代理以 $1 - \varepsilon$ 的概率选择动作 $a_b = \mathrm{argmax}_{a_b} Q^b(C, a_b; \theta_i^b)$ 和 $a_f = \mathrm{argmax}_{a_f} Q^f(S^d, a_f; \theta_i^f)$,以 ε 的概率随机选择新动作。

算法10.5 分层深度强化学习算法

初始化 $D_b = \varnothing, D_f = \varnothing, i = 0$,网络权值 θ^f, θ^b 为随机值,training = **true**
for $t = 1,2,3,\cdots,\infty$ **do**
    if training = ture **then**

    通过 ε - 贪心法选择动作 a_b 和 a_f
  else
    选择动作 a_b 和 a_f 且 $\varepsilon = 0$,根据式(10.58)计算 f^T
  end if
  执行 a_b,a_f,接收应答信息,记录 r 并感知 S_{t+1},存储 e^b,e^f
  if Size of $f(D_b) > m/2$
    从 D_b,D_f 中随机选择 e^b 和 e^f,用所选 e 来计算损失函数 L_b,L_f,根据文献[61]中的梯度下降算法来更新 θ^b,θ^f,且有 $i = i + 1$
    if $i > Iterations_{Max}$ **then**
      training = **False**
    end if
  end if
end for

10.4.3 计算机仿真

1. 仿真参数

  通过仿真对提出的 HDRL 算法进行了评估,频谱范围为 100~200MHz,$f_s = $ 100MHz,$F = 100$MHz。用户带宽是 1MHz,信号每 10ms 发送一次。用户的传输功率是 0dBm。解调信干噪比阈值 $\alpha_{th} = -20$dB。用户信号为升余弦波形,滚降系数 $\eta = 0.4$。代理每隔 1ms 以 $\Delta f = 1$kHz,$N = \dfrac{F}{\Delta f} = 1000$ 执行一次全带检测,保存 200ms 的频谱数据,即 $T = 200$ms/1ms $= 200$。因此,S 为 1000×200 像素的频谱瀑布。$n = 10$,则 $B = \dfrac{N}{n} = 100$。如果动作的数量为 100 个,那么频率间隔为 $\dfrac{F}{100} = 1$MHz。然后,用户的动作集 $\mathcal{F} = \{100.5, 101.5, \cdots, 199.5\}$(对应中心频率为 100.5MHz,101.5MHz,$\cdots$,199.5MHz,100 个动作)。如果动作的数量是 200,那么频率间隔将变成 $\dfrac{F}{200} = 0.5$MHz。图 10.29 展示了宽带频谱的干扰模式,功率设置根据文献[62]进行,具体如下:

  (1)全频带干扰:干扰信号的带宽是随机时间的整个选定频谱,干扰功率为 40dBm。

  (2)扫频干扰:扫频速度为 0.5GHz/s,干扰功率为 50dBm。

  (3)随机干扰:随机频率 $f \in F$ 的干扰,带宽为 5MHz,干扰功率为 40dBm。

  (4)开关梳状干扰:干扰信号每隔 1MHz 发射一次,中心频率每 100ms 改变一次,干扰功率为50dBm。

(5)跟踪干扰:干扰中心频率与用户最后一次通信的频率相同。如果用户信号没有出现在跟踪干扰的范围内,则干扰机选择随机频率进行干扰。干扰带宽为5MHz,干扰功率为50dBm。

图10.29显示了整个频谱的瀑布图。频率范围在100~120MHz为全频带干扰,范围在120~140MHz为扫频干扰,140~160MHz为随机干扰,160~180MHz为开关梳状干扰,并且频率范围在180~200MHz为跟踪干扰。假设每个干扰机也可以与其他干扰机进行通信,因此多个干扰机可以通过内部协作或预置对不同的频率进行干扰。

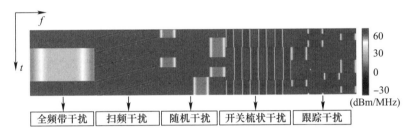

图10.29 宽带频谱的干扰模式

2. 性能和收敛分析

算法的计算按照文献[63]来计算。对于本节所提出的算法,计算需求约为每秒7.68×10^{10}次浮点运算。然而文献[57]中的对比算法的计算量约为每秒2.89×10^{12}次浮点运算,几乎是本节所提出算法的50倍。算法的具体参数如表10.1和表10.2所列。

表10.1 HDRL算法具体设置

子网络	层	输入	输出	参数
频带选择网络	池化	1000×200	100×200	平均池化
	卷积1	100×200	16×50×100	内核:4。步幅:2。滤波器:16
	卷积2	16×50×100	32×25×50	内核:4。步幅:2。滤波器:32
	全连接1	25×50×32	256	—
	全连接2	256	10	
频率选择网络	卷积1	100×200	16×50×100	内核:4。步幅:2。滤波器:16
	卷积2	16×25×50	32×250×50	内核:4。步幅:2。滤波器:32
	全连接1	250×50×32	256	—
	全连接2	256	10	输出:20(当动作的数量为200时)

表 10.2 对比算法的具体设置

对比的基于DRL的抗干扰网络	层	输入	输出	参数
	卷积 1	1000×200	$16 \times 250 \times 50$	内核:8。步幅:4。滤波器:16
	卷积 2	$16 \times 250 \times 50$	$32 \times 125 \times 25$	内核:4。步幅:2。滤波器:32
	全连接 1	$32 \times 125 \times 25$	2048	
	全连接 2	2048	100	输出:200(当动作数为 200 时)

在图 10.30 中,归一化吞吐量的计算为每 100 次迭代的成功传输速率。与文献[57]中已有的算法相比,该算法可以更快地避免干扰信号,且性能更好,同时减少约 97% 的计算量。当动作数为 200 时,对比的基于 DRL 的算法无法收敛,且性能下降。在图 10.31 中,经过 10000 次迭代后,具有 200 个动作的对比

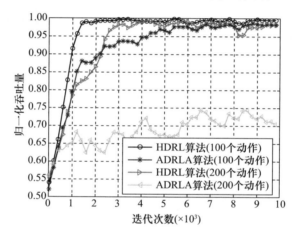

图 10.30 归一化吞吐量

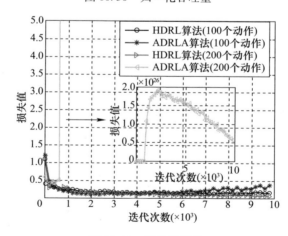

图 10.31 损失函数值

算法的损失值约为 0.5×10^{26}，这表明它不是收敛的。相比之下，本节所提出的算法在即使有多个动作的情况下也能实现快速收敛。

本节针对宽带通信中的频率选择问题介绍了一种分层 DRL 抗干扰算法，该算法使用频带选择网络和频率选择网络两个子网络。其中，频带选择网络选择频段，频率选择网络从所选频段中选择具体频率。与已有的类似算法相比，该算法大大减少了计算量，并且该算法用更少的时间几乎完美地避开了干扰信号。

参 考 文 献

[1] Jia L, Xu Y, Sun Y, et al. Stackelberg game approaches for anti-Jamming defence in wireless networks[J]. IEEE Wireless Communications, 2018, 25(6): 120-128.

[2] Bacci G, Sanguinetti L, Luise M. Understanding game theory via wireless power control[J]. IEEE Signal Processing Magazine, 2015, 32(4): 132-137.

[3] Bjornson E, Jorswieck E, Debbah M, et al. Multi-objective signal processing optimization: The way to balance conflicting metrics in 5G systems[J]. IEEE Signal Processing Magazine, 2014, 31(6): 14-23.

[4] Scutari G, Palomar D, Facchinei F, et al. Convex optimization, game theory, and variational inequality theory[J]. IEEE Signal Processing Magazine, 2010, 27(3): 35-49.

[5] 姚锋敏, 滕春贤. Nash 博弈, 变分不等式, Stackelberg 博弈及 MPEC 问题的关系[C]//第四届全国决策科学/多目标决策研讨会论文集. 北京: 中国运筹学会, 2007: 142-147.

[6] Harker P T, Pang J S J M P. Finite-dimensional variational inequality and nonlinear complementarity problems: A survey of theory, algorithms and applications[J]. Mathematical Programming, 1990, 48(1-3): 161-220.

[7] 罗旭东, 伍桂花, 杨彧锋. 博弈的哲学[M]. 广州: 中山大学出版社, 2014.

[8] Maioli A C, Passos M H M, Balthazar W F, et al. Quantization and experimental realization of the Colonel Blotto game[J]. Quantum Information Processing, 2019, 18(1): 1-9.

[9] HART S. Discrete Colonel Blotto and general lotto games[J]. International Journal of Game Theory, 2008, 36(3/4): 441-460.

[10] Chowdhury S, Kovenock D, Sheremeta R. An experimental investigation of colonel blotto games[J]. Economic Theory, 2011, 52(3): 574-590.

[11] Yosef R, Marco S, Yaming Y. A Colonel Blotto gladiator game[J]. Mathematics of operations research, 2012, 37(4): 574-590.

[12] Roberson B. The Colonel Blotto game[J]. Economic Theory, 2006, 29(1): 1-24.

[13] Kaelbling L P, Littman M L, Moore A W. An introduction to reinforcement learning[M]. Piscataway: IEEE Press, 2005.

[14] Lecun Y, Bengio Y, Hinton G J N. Deep learning[J]. Nature, 2015, 521(7553): 436-444.

[15] Luong N C, Hoang D T, Gong S, et al. Applications of deep reinforcement learning in communications and networking: a survey[J]. IEEE Communications Surveys and Tutorials, 2019, 21(4): 3133-3174.

[16] Silver D, Huang A, Maddison C J, et al. Mastering the game of go with deep neural networks and tree search[J]. Nature, 2016, 529(7587): 484-489.

[17] 谭俊杰,梁应敞. 面向智能通信的深度强化学习方法[J]. 电子科技大学学报,2020,049(002): 169-181.

[18] 刘全,翟建伟,章宗长,等. 深度强化学习综述[J]. 计算机学报,2018,41(1):1-27.

[19] Mnih V, Kavukcuoglu K, Silver D, et al. Human-level control through deep reinforcement learning[J]. Nature,2015,518(7540):529-533.

[20] Van H H, Guez A, Silver D. Deep reinforcement learning with double Q-learning[C]//Thirtieth AAAI conference on artificial intelligence. USA:Perseus,2016:2094-2100.

[21] Wang Z, Freitas N D, Lanctot M. Dueling network architectures for deep reinforcement learning[C]//Proceedings of the 33rd International Conference on Machine Learning. Germany:Springer,2016:1995-2003.

[22] Ronald J W. Simple statistical gradient—following algorithms for connectionist reinforcement learning[J]. Machine Learning,1992,8(3-4):229-256.

[23] Lillicrap T P, Hunt J J, Pritzel A, et al. Continuous control with deep reinforcement learning[EB/OL]. [2015-11-18]. https://doi.org/10.48550/arXiv.1509.02971.

[24] Yao F, Jia L, Sun Y, et al. A hierarchical learning approach to anti-jamming channel selection strategies [J]. Wireless Networks,2017(9):1-13.

[25] Zappone A, Sanguinetti L, Debbah M. Energy-delay efficient power control in wireless networks[J]. IEEE Transactions on Communications,2018,66(1):418-431.

[26] Luo J, Pan C, Li R, et al. Power control in distributed wireless sensor networks based on noncooperative Game Theory[J]. International Journal of Distributed Sensor Networks,2012,2012:544-548.

[27] Yang G, Li B, Tan X, et al. Adaptive power control algorithm in cognitive radio based on game theory[J]. Communications Iet,2015,9(15):1807-1811.

[28] Chai B, Deng R L, Shi Z G, et al. Energy-efficient power allocation in cognitive sensor networks:a coupled constraint game approach[J]. Wireless Networks,2015,21(5):1577-1589.

[29] Slimeni F, Scheers B, Nir V L, et al. Learning multi-channel power allocation against smart jammer in cognitive radio networks[C]//International Conference on Military Communications & Information Systems. Piscataway:IEEE Press,2016:1-7.

[30] Liu H. SINR-based multi-channel power schedule under DoS attacks:A Stackelberg game approach with incomplete information[J]. Automatica,2019,100:274-280.

[31] Yang D, Xue G, Zhang J, et al. Coping with a smart jammer in wireless networks:a Stackelberg Game approach[J]. IEEE Transactions on Wireless Communications,2013,12(8):4038-4047.

[32] Bacci G, Sanguinetti L, Luise M. Understanding game theory via wireless power control[J]. Signal Processing Magazine IEEE,2015,32(4):132-137.

[33] Najeh S, Bouallegue A. Game theory for SINR-based power control in device-to-device communications [J]. Physical Communication,2019,34:135-143.

[34] Hu R, Lok T M. Pareto optimality for the single-stream transmission in multiuser relay networks[J]. IEEE Transactions on Wireless Communications,2017,16(10):6503-6513.

[35] Li T, Song T, Liang Y. Wireless communications under hostile jamming security and efficiency[M]. Germany: Springer,2018.

[36] Wu Y, Wang B, Liu K J R. Optimal power allocation strategy against jamming attacks using the Colonel Blotto game[C]//Global Telecommunications Conference. Piscataway:IEEE Press,2009:1-5.

[37] Wu Y,Wang B,Liu K J R,et al. Anti – jamming games in multi – channel cognitive radio networks[J]. IEEE Journal on Selected Areas in Communications,2012,30(1):4 – 15.

[38] Tan C K,Sim M L,Chuah T C,et al. Blotto game – based low – complexity fair multiuser subcarrier allocation for uplink OFDMA networks[J]. EURASIP Journal on Wireless Communications and Networking,2011,2011(1):53.

[39] Kim S. Cognitive radio anti – jamming scheme for security provisioning iot communications[J]. KSII Transactions on Internet and Information Systems,2015,9(10):4177 – 4190.

[40] Yan J,Liang T,Zhu Q I. Research on the frequenct hopping communication technology of variable hopping rate and variable interval[J]. Wireless Communication Technology,2012,4:25 – 29.

[41] 陈刚,黎福海. 变速跳频通信抗跟踪干扰性能的研究[J]. 火力与指挥控制,2016,41(7):107 – 109.

[42] 那丹彤,赵维康,卓莹. 变速跳频通信模型设计与抗干扰性能分析[C]//第四届中国指挥控制大会论文集. 北京:中国指挥与控制学会,2016:472 – 477.

[43] Khattab S,Mosse D,Melhem R. Jamming mitigation in multi – radio wireless networks:reactive or proactive? [C]//International Conference on Security & Privacy in Communication Netowrks. New York:ACM,2008:1 – 10.

[44] Anwar A H,Kelly J,Atia G,et al. Stealthy edge decoy attacks against dynamic channel assignment in wireless networks[C]//Military Communications Conference. Piscataway:IEEE Press,2015:671 – 676.

[45] Li Y,Mehr A S,Chen T. Multi – sensor transmission power control for remote estimation through a SINR – based communication channel[J]. Automatica,2019,101:78 – 86.

[46] Wang B,Yongle W,Liu K J R,et al. An anti – jamming stochastic game for cognitive radio networks[J]. IEEE Journal on Selected Areas in Communications,2011,29(4):877 – 889.

[47] Yao F,Jia L,Sun Y,et al. A hierarchical learning approach to anti – jamming channel selection strategies [J]. Wireless Networks,2017,25(1):201 – 213.

[48] Wu Y. Game – theoretic strategies for dynamic behavior in cognitive radio networks[D]. Maryland:University of Maryland,2010.

[49] Singh S,Trivedi A. Anti – jamming in cognitive radio networks using reinforcement learning algorithms [C]//Ninth International Conference on Wireless & Optical Communications Networks. Piscataway:IEEE Press,2012:1 – 5.

[50] Torrieri D J. Fundamental limitations on repeater jamming of frequency – hopping communications[J]. IEEE Journal on Selected Areas in Communications,1989,7(4):569 – 575.

[51] 姚富强,张毅. 干扰椭圆分析与应用[J]. 解放军理工大学学报(自然科学版),2005(01):7 – 10.

[52] Hanawal M K,Abdel – rahman M J,Krunz M. Joint adaptation of frequency hopping and transmission rate for anti – jamming wireless systems[J]. IEEE Transactions on Mobile Computing,2016,15(9):2247 – 2259.

[53] Wei P,Wang S,Luo J,et al. Optimal frequency – hopping anti – jamming strategy based on multi – step prediction Markov decision process[J]. Wireless Networks,2021,27(7):4581 – 4601.

[54] Zhu H,Fang C,Yao L,et al. You can jam but you cannot hide:defending against jamming attacks for geo – location database driven spectrum sharing[J]. IEEE Journal on Selected Areas in Communications,2016,34(99):2723 – 2737.

[55] Slimeni F,Chtourou Z,Scheers B,et al. Cooperative Q – learning based channel selection for cognitive radio networks[J]. Wireless Networks,2018,4:1 – 11.

[56] Wang X, Wang J, Xu Y, et al. Dynamic spectrum anti-jamming communications: challenges and opportunities[J]. IEEE Communications Magazine, 2020, 58(2): 79-85.

[57] Xin L, Xu Y, Jia L, et al. Anti-jamming communications using spectrum waterfall: a deep reinforcement learning approach[J]. IEEE Communications Letters, 2018, 22(5): 998-1001.

[58] Lu X, Xiao L, Dal C, et al. UAV-aided cellular communications with deep reinforcement learning against jamming[J]. IEEE Wireless Communications, 2020, 27(4): 48-53.

[59] Sheng G, Min M, Liang X, et al. Reinforcement learning-based control for unmanned aerial vehicles[J]. Journal of Communications Information Networks, 2018, 3(3): 39-48.

[60] Li Y, Xu Y, Xu Y, et al. Dynamic spectrum anti-jamming in broadband communications: a hierarchical deep reinforcement learning approach[J]. IEEE Wireless Communications Letters, 2020, 9(10): 1616-1619.

[61] Bottou L. Stochastic gradient descent tricks[M]. Germany: Springer, 2012.

[62] Park K, Wang T, Alouini. On the jamming power allocation for secure amplify-and-forward relaying via cooperative jamming[J]. IEEE Journal on Selected Areas in Communications, 2013, 31(9): 1741-1750.

[63] He K, Sun J. Convolutional neural networks at constrained time cost[C]//IEEE conference on computer vision and pattern recognition. Piscataway: IEEE Press, 2015: 5353-5360.

第 11 章 通信抗干扰效能评估

在决策分析学领域有许多经典的评估理论及方法,如层次分析法(Analytic Hierarchy Process,AHP)和模糊综合法等,这些评估方法的基本特征是运筹学与创造学相结合、定量与定性相结合。随着计算机技术的广泛应用,决策科学得到进一步发展,更多的模型和方法出现在评估活动中。长期以来,西方发达国家对评估工作十分重视,已形成了完整的规范。在几乎所有的建设项目中评估均占有举足轻重的地位,往往以评估开始,也以评估结束。我国早期也在很多不同领域开展了不同程度的评估工作,但不够严谨和规范。真正意义上的评估工作始于 1978 年之后,从国外引入评估技术并逐步推广[1]。

当前,抗干扰作为通信系统在恶劣电磁环境下遂行通信保障任务的重要支撑,得到了越来越多的重视,因而科学评估一个通信系统抗干扰能力对通信系统设计、建设,通信装备的编配、作战使用和维护都具有重要的指导意义。而重视抗干扰能力的同时,也更应关注通信系统的总体效能。

本章首先介绍效能评估基本理论和方法,包括经典的层次分析法,将层次分析法与模糊理论、灰理论分别结合的模糊层次分析法和灰色层次分析法,近年来提出的云模型和神经网络评估方法,以及考虑系统运行状态变化的可用度 – 可依赖度 – 能力(Availability – Dependability – Capacity,ADC)评估方法。在此基础上,以灰色层次分析法和模糊层次分析法为例,对某卫星通信系统的抗干扰能力进行了评估;以 ADC 方法为例,对该卫星通信系统总体效能进行了评估。

11.1 效能评估基本理论

在军事运筹学中,效能是指作战行动或某一武器系统在一定环境条件下执行规定任务所能达到预期目标的程度[2]。而效能评估是指对某种事物或系统执行某一项任务结果或者进程的质量好坏、作用大小、自身状态等效率指标的量化计算或结论性评价,广泛用于军事、科研、制造行业,也可用于评估某种计划、工程。最基础及最常用的效能评估方法为层次分析法,是指将与决策有关的元素分解成目标、准则、方案等层次,在此基础之上进行定性和定量分析的决策方法。该方法是美国运筹学家匹兹堡大学教授萨蒂于20世纪70年代初,在为美国国防部研究"根据各个工业部门对国家福利的贡献大小而进行电力分配"课题时,应用网络系统理论和多目标综合评价方法,提出的一种层次权重决策分析方法。在AHP基础上,引入模糊理论、灰理论用于指标权重的确定及指标归一化,分别形成了模糊层次评估方法和灰色层次评估方法。此外,随着人工智能的高速发展,基于云模型、神经网络的效能评估方法也得到越来越多的研究。不同于上述基于指标的静态评估方法,ADC方法则强调了任务执行过程中系统状态变化对效能的影响。

11.1.1 层次分析法

层次分析法利用模糊数学的一些基本原理,将人们的定性判断加以定量的数据处理之后,得出定量的结论,是一种定性和定量相结合的、系统化、层次化的多准则决策分析方法。它通过对系统的指标分层次综合,经过归一化和一致性分析,得出系统综合效能。层次分析法一般按以下步骤实施[3]。

1. 评估指标体系的建立与优化

在深入分析评估对象的基础上,将影响效能的有关因素按照不同属性自上而下地分解成若干层次,同一层的各项因素从属于上一层因素,同时又支配下一层的因素,由此建立了待评估对象的指标体系。评估指标的选取应遵循的原则[4-5]:指标的明确性,即评估指标的含义必须清楚、明确;指标之间的可比性,即评估指标要尽可能地定量化;对于定性的指标,必须采用相关的处理措施,使其具有一定的可比性;指标的可测性,即指标在具体实现上要能够获取其定量数值或者定性比值;指标之间的协调性,即评估指标之间不能相互冲突,也不能出现冗余信息。

按照上述步骤与原则,抗干扰通信系统综合效能的指标体系可初步建立如图11.1所示。

2. 构造比较判断矩阵

在AHP方法中,比较判断矩阵有两层含义:

(1) 求得不同指标的权重系数。权重系数反映了各指标在指标集中的重要程度,确定各项指标的权重系数是进行效能评估的基础。例如,抗干扰能力中包含了6个指标,而跳频增益相比于频率自适应能力对抗干扰能力的影响更大,即更重要,所以应具有更大的权重系数。

(2) 求得不同系统间同一指标的优劣程度量化比较。例如,先进极高频(Advanced Extremely High Frequency, AEHF)卫星系统具有"较强"的频率自适

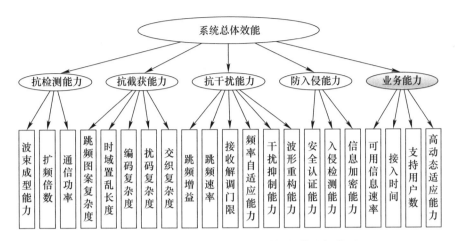

图 11.1 抗干扰通信系统综合效能评估指标体系

应能力,而某抗干扰通信系统具有"一定"的频率自适应能力,显然 AEHF 卫星系统的频率自适应能力优于某抗干扰通信系统,而优于的程度则由多名专家的定性评价结果,通过构造比较判断矩阵求得。比较判断矩阵的构造方法如下:

根据指标重要程度或不同系统同一指标的优劣程度(可由多名专家评价得到)构造比较矩阵 $\boldsymbol{C}$,$\boldsymbol{C}$ 中的每个元素 c_{ij} 表示在同一级评估指标中的第 i 个指标与第 j 个指标相对上一级指标的重要程度量化值,或对某一指标,系统 i 相较于系统 j 的优秀程度,并有下述关系($\boldsymbol{C}$ 为反对称矩阵):

$$c_{ii}=1, c_{ji}=\frac{1}{c_{ij}}, i,j=1,2,\cdots,n \quad (11.1)$$

$$\boldsymbol{C}=\begin{bmatrix} c_{11} & \cdots & c_{1n} \\ \vdots & & \vdots \\ c_{n1} & \cdots & c_{nn} \end{bmatrix} \quad (11.2)$$

显然 c_{ij} 的值越大,则 i 相对 j 的重要程度就越高。通常采用 1~9 标度量化值,如表 11.1 所列。

表 11.1 1~9 标度量化值及其含义

标度	相对重要程度
1	两个因素同样重要
3	一个因素比另一个因素稍微重要
5	一个因素比另一个因素明显重要
7	一个因素比另一个因素非常明显重要

续表

标度	相对重要程度
9	一个因素比另一个因素绝对重要
1/3	一个因素比另一个因素稍微不重要
1/5	一个因素比另一个因素明显不重要
1/7	一个因素比另一个因素非常明显不重要
1/9	一个因素比另一个因素绝对不重要
2,4,6,8	重要度介于1,3,5,7,9之间
1/2,1/4,1/6,1/8	不重要度介于1/3,1/5,1/7,1/9之间

若对于任意 $i,j,k=1,2,\cdots,n$，均有 $c_{ij}c_{jk}=c_{ik}$，则矩阵 C 为理想反对称矩阵，则其最大特征值一定满足一致性校验，而其最大特征值 $\lambda_{\max}$ 对应的归一化特征矢量即为指标权重矢量。而当 C 不为理想反对称矩阵时，其最大特征值需满足一致性检验，其指标为

$$\mathrm{CI}=\frac{\lambda_{\max}-n}{n-1} \tag{11.3}$$

显然，当判断矩阵为理想反对称矩阵时，CI=0，反之亦然。而当判断矩阵不为理想反对称矩阵时，判断误差CI会随着 n 的增加而增加，所以判断一致性需要考虑到 n 的影响。为此，进一步使用RI来反映一致性：

$$\mathrm{CR}=\frac{\mathrm{CI}}{\mathrm{RI}} \tag{11.4}$$

式中：RI 为平均随机一致性指标。当判断矩阵除数 $n\leqslant 14$ 时，对应的 RI 可从表11.2中查找。

表11.2 平均随机一致性指标

阶数(n)	1	2	3	4	5	6	7
RI	0	0	0.52	0.89	1.12	1.26	1.36
阶数(n)	8	9	10	11	12	13	14
RI	1.41	1.46	1.49	1.52	1.54	1.56	1.58

当 CR<0.1 时，可认为判断矩阵具有较好的一致性，特征矢量即为各个因素的权重值；当 CR≥0.1 时，应重新调整判断矩阵的元素，直到具有比较满意的一致性为止。

为简化判断矩阵的特征值及特征矢量求解，一般采用如下步骤：

(1) 将矩阵 $C = (c_{ij})_{n \times n}$ 按列归一化，即

$$(\bar{c}_{ij})_{n \times n} = \frac{c_{ij}}{\sum_{i=1}^{n} c_{ij}}, \quad i = 1, 2, \cdots, n \tag{11.5}$$

(2) 按行累加

$$\bar{w}_i = \sum_{i=1}^{n} \bar{c}_{ij} \tag{11.6}$$

(3) 系数归一化

$$w_i = \frac{\bar{w}_i}{\sum_{i=1}^{n} \bar{w}_i} \tag{11.7}$$

(4) 求矩阵 C 的最大特征值

$$\lambda_{\max} = \frac{1}{n} \sum_{i=1}^{n} \frac{(Cw)_i}{w_i}, \quad w = [w_1, w_2, \cdots, w_n] \tag{11.8}$$

若 $\lambda_{\max}$ 可以通过一致性检测，则权重矢量或某一指标对于各系统的比较矢量就是矩阵 C 的最大特征值 $\lambda_{\max}$ 对应的特征矢量 q。记权重矢量为 w，其对应指标的比较矩阵记为 D，则 $w \times D$ 即为评估结果。

基于层次分析方法的评估结果显示了各系统之间的相对优劣，常用于项目承包商选择[6]、劳务分包[7]、多方案选优等评估对象构成复杂但又缺乏数据支撑，仅需确定相对优劣排序的多目标评估过程中，不能反映单个系统的能力水平。为评估单个系统的绝对效能，层次分析方法通常与模糊理论、灰色理论相结合，形成模糊层次评估法和灰色层次评估法。

11.1.2 模糊层次分析法

基于模糊层次分析的效能评估是以层次分析法为基础，结合模糊数学逐步发展起来的一种系统效能评估方法。与层次分析法的不同之处是其对各项定性指标的量化方法采用了模糊理论，能够对单个系统的绝对效能进行评估。

假定各项定性指标及效能评估结果均分类分为优、良、中、差四个等级，称为备择集 V，由 M 名专家对 N 项指标所属等次进行评价，得到单因素评判矩阵：

$$R = \begin{bmatrix} r_{11} & \cdots & r_{14} \\ \vdots & r_{ij} & \vdots \\ r_{I1} & \cdots & r_{I4} \end{bmatrix} \tag{11.9}$$

式中：r_{ij} 为 I 个指标中的第 i 项被评为等次 j 的概率，$j=1,2,3,4$ 分别代表优、良、中、差四个等级。例如，5 名专家对系统频率自适应能力（作为第一项指标）进行评价，4 人认为其为优，1 人认为其为良，则 $[r_{11},r_{12},r_{13},r_{14}]=\left[\dfrac{4}{5},\dfrac{1}{5},0,0\right]$。

用单因素评判矩阵 $\boldsymbol{R}$ 与各指标的权重矢量 $\boldsymbol{w}=[w_1,w_2,\cdots,w_n]$ 相乘即可得到待评系统的模糊综合评判结果的隶属度。

例如，当

$$\boldsymbol{R}=\begin{bmatrix}\dfrac{4}{5}&\dfrac{1}{5}&0&0\\0&\dfrac{1}{5}&\dfrac{2}{5}&\dfrac{1}{5}\\\dfrac{1}{5}&\dfrac{3}{5}&\dfrac{1}{5}&0\end{bmatrix},\quad \boldsymbol{w}=[0.25,0.35,0.40]$$

时，综合评估结果为

$$\boldsymbol{P}=\boldsymbol{wR}=[0.28,0.36,0.22,0.07]$$

表示其效能对于优良中差的隶属度分别为 0.28、0.36、0.22 和 0.07。可采用模糊分布法，直接把 $\boldsymbol{P}$ 看作评判结果，以使评价者对待评系统有一个全面的了解，即 28% 的专家认为该系统综合效能为优，36% 的专家认为其综合效能为良，22% 的专家认为其综合效能为中，7% 的专家认为其综合效能为差。也可以根据最大隶属度法则[8]，选择隶属度最高的等级作为其综合效能评估结果，本例中，0.36 作为最大值对应备择集中的良，即其效能评估结果为良。

11.1.3 灰色层次分析法

灰色系统理论是研究灰色系统分析、建模、预测、决策和控制的理论，可将抽象的系统加以实体化、量化及模型化，广泛应用于经济管理、教育科学、控制工程及航空航天等领域。灰色系统理论具有"少数据建模"的特点，对于"小样本、贫信息不确定"问题能得到较好的解决[9]。其与层次分析法相结合可用于指标归一化和权重系数的确定。

1. 指标归一化

使用灰色理论将定性指标分为好、中、差三个灰度，分别用 $k=1,2,3$ 表示。并使用图 11.2 所示三种白化权函数[9]将其白化，得到第 i 个指标对应 k 个灰度的评估系数为 $n_k^{(i)}$。

图 11.2 对应的三个白化权函数表达式分别为

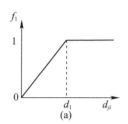 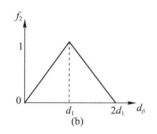 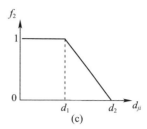

图 11.2 白化权函数

$$f_1 = \begin{cases} 1, & d_{ji} \in [d_1, \infty) \\ \dfrac{d_{ji}}{d_1}, & d_{ji} \in (0, d_1) \\ 0, & d_{ji} \in (-\infty, 0] \end{cases} \quad (11.10)$$

$$f_2 = \begin{cases} 2 - \dfrac{d_{ji}}{d_1}, & d_{ji} \in [d_1, 2d_1] \\ \dfrac{d_{ji}}{d_1}, & d_{ji} \in [0, d_1) \\ 0, & d_{ji} \notin [0, 2d_1] \end{cases} \quad (11.11)$$

$$f_3 = \begin{cases} 1, & d_{ji} \in [0, d_1) \\ \dfrac{d_2 - d_{ji}}{d_2 - d_1}, & d_{ji} \in [d_1, d_2] \\ 0, & d_{ji} \notin [0, d_2] \end{cases} \quad (11.12)$$

根据 M 名专家打分计算得到每个指标对应于每个灰类的系数为

$$n_k^{(i)} = \sum_{m=1}^{M} f_k(d_{i,m}) \quad (11.13)$$

式中:$n_k^{(i)}$ 为第 i 个指标属于第 k 类灰类的灰色评估系数;$d_{i,m}$ 为第 m 个专家对第 i 个指标的评分。

记指标 i 的总灰色评估系数为 $n^{(i)}$,则有

$$n^{(i)} = \sum_{k=1}^{K} n_k^{(i)} \quad (11.14)$$

对于第 i 个指标,由 $n_k^{(i)}$ 和 $n^{(i)}$ 计算其评估权矢量为

$$\boldsymbol{r}^{(i)} = [r_{11}, r_{12}, r_{13}] = \left[\dfrac{n_1^{(i)}}{n^{(i)}}, \dfrac{n_2^{(i)}}{n^{(i)}}, \dfrac{n_3^{(i)}}{n^{(i)}} \right] \quad (11.15)$$

则共 I 个指标构成系统的灰色评估权矩阵为

$$\boldsymbol{R}^{(A)} = \begin{bmatrix} r_{11} & \cdots & r_{1k} \\ \vdots & r_{i,k} & \vdots \\ r_{I1} & \cdots & r_{Ik} \end{bmatrix} \tag{11.16}$$

2. 指标权重确定

基于灰色理论的权重计算方法避免了模糊方法中需要两两比较指标重要性的过程,可直接由打分矩阵确定指标权重。它彻底克服了判断矩阵的不一致性,为决策支持系统中的专家选择开辟了新的道路[10]。

记专家对各指标重要性打分矩阵为

$$\boldsymbol{X} = \begin{bmatrix} x_{11} & \cdots & x_{I1} \\ \vdots & x_{ij} & \vdots \\ x_{1J} & \cdots & x_{IJ} \end{bmatrix} \tag{11.17}$$

式中:x_{ij} 为第 j 个专家对第 i 个指标的重要性打分。

则 $\boldsymbol{F} = \boldsymbol{X}\boldsymbol{X}^T$ 的最大特征值对应的特征矢量即为各指标权重。与层次分析法相比,基于群组特征根法计算特征矢量无须另求被评目标的两两权重比较判断矩阵,因此更为精练。其特征根对应的特征矢量可按以下步骤求解:

(1) 令 $k = 0$,$\boldsymbol{y}_0 = \left(\dfrac{1}{n}, \dfrac{1}{n}, \cdots, \dfrac{1}{n}\right)^T$,$\boldsymbol{y}_1 = \boldsymbol{F}\boldsymbol{y}_0$,$\boldsymbol{z}_1 = \dfrac{\boldsymbol{y}_1}{\|\boldsymbol{y}_1\|_2}$;

(2) 令 $k = 1, 2, \cdots$,$\boldsymbol{y}_{k+1} = \boldsymbol{F}\boldsymbol{z}_k$,$\boldsymbol{z}_{k+1} = \dfrac{\boldsymbol{y}_{k+1}}{\|\boldsymbol{y}_{k+1}\|_2}$;

(3) 执行第二步直到 $\max|\boldsymbol{z}_{k+1} - \boldsymbol{z}_k| < \varepsilon$,则将 $\boldsymbol{z}_{k+1}$ 归一化后的值即为各指标的权重,即 $w = \dfrac{\boldsymbol{z}_{k+1}}{\|\boldsymbol{z}_{k+1}\|_2}$。其中,$\varepsilon$ 为一个接近于 0 的值,如 0.0001。

3. 综合评价

将权重 w 与灰色评估权矩阵 $\boldsymbol{R}$ 进行矩阵乘,可得到评估结果 $\boldsymbol{P}$。与上一小节类似,假定 $\boldsymbol{P} = w\boldsymbol{R} = [0.28, 0.36, 0.29]$,则评估结果可解读为 28% 的专家认为该系统综合效能为好,36% 的专家认为其综合效能为中,29% 的专家认为其综合效能为差。也可以根据最大隶属度法则,选择隶属度最高的等级作为其综合效能评估结果,本例中,0.36 作为最大值对应备择集中的中,即其效能评估结果为中。更进一步,根据评价标准好中差对应分值分别为 9、6、3,记 $\boldsymbol{S} = [9,6,3]$,则 $\boldsymbol{SP} = 5.55$,再对应其评分标准,可认为该系统中等略差[11]。

11.1.4 云模型

李德毅院士首次提出了云的概念以及云理论,给出了云的数学定义、特征分析以及正/逆向云发生器等[12]。云模型[13]能实现定性概念到定量数据间的转化,它通过期望 Ex、熵 En、超熵 He 三个数字特征完成了这些模糊概念到具体数据间的转换,并以云图的形式表现出来,与传统的处理模糊概念的方法相比,更加直观、具体[14]。Ex 是数域中最能体现该定性概念的点,是将定性概念数值化的最佳样本点,在云图中体现为云的峰值所处位置。En 是期望不确定性的度量,表示数域中可被定性概念所接受的取值范围(模糊度),是定性概念亦此亦彼性的度量,熵越大概念越宏观,云图中体现为云的宽度。He 是熵的不确定性的度量,反映云滴离散程度,代表云滴出现的随机性,揭示了模糊性和随机性的关联。超熵越大,云滴离散程度越大,云图中的云厚度也就越大。

云重心表示为 $T = a \times b$,其中 a 为云重心的位置,b 为云重心的高度(对应指标权重)。期望 Ex 反映了相应的模糊概念的信息中心值,即云重心位置。期望值相同的云通过比较云重心高度的不同区分重要性。云重心评判法运用云模型来刻画定性指标,依据系统指标分层结构,结合云理论知识,推导出各指标的多维加权综合云的重心表示,最后用加权偏离度来衡量云重心的改变程度(与理想状态的偏离)并激活云评测发生器给出评价值,综合评估系统的效能[15]。

基于云模型的效能评估步骤与层次分析法一致,建立指标体系后,对指标集中各指标权重的确定可采用层次分析法中给出的方法或灰色层次分析法中给出的方法。假定指标体系已经建立,指标权重已经确定,则基于云模型的效能评估方法后续步骤包括:

(1) 将各指标评价集用云模型来表示。根据实际情况将效能指标的评语划分为 n 个等级,评价集定义为 $V = \{v_1, v_2, \cdots, v_n\}$。针对每个指标,根据专家意见将各评语用正态云模型描述。为了简化计算,假设设备指标的评语等级和系统的总体效能评语等级采用相同的划分。取评语集为{极差,较差,一般,较好,极好},且其指标值取值范围为 $[0,1]$,则指标评语集用云模型表示如图 11.3 所示。

(2) 求取指标云模型。假定系统共有 I 个指标,每个指标有 m 个取值,则每个指标可用一个云模型表示,当指标为数值型时,有

$$\begin{cases} Ex^i = \dfrac{1}{m} \sum_{k=1}^{m} Ex_k^i \\ En^i = \dfrac{1}{m} [\max(Ex_k^i) - \min(Ex_k^i)] \end{cases} \quad (11.18)$$

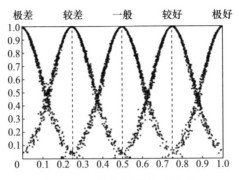

图 11.3 指标评语集云模型

式中:$Ex_k^i, (k=1,2,\cdots,m; i=1,2,\cdots,I)$ 为第 i 个指标的第 k 个取值,Ex_k^i 可以是归一化后的定量指标或量化后的评语值。

(3) 基于加权偏离度衡量云重心改变程度。由 I 个指标组成的云重心位置矢量 $\boldsymbol{a}=[Ex_0^1,Ex_0^2,\cdots,Ex_0^I]$,其中 Ex_0^i 表示第 i 个指标的理想值。由 I 个指标均值组成的云重心期望位置矢量 $\bar{\boldsymbol{a}}=[Ex^1,Ex^2,\cdots,Ex^I]$。云重心高度矢量 $\boldsymbol{b}=[b_1,b_2,\cdots,b_I]$,其中 $b_i=w_i$ 为第 i 个指标的权重。则理想状态下云重心

$$\boldsymbol{T}^0 = \boldsymbol{a} \times \boldsymbol{b} = [T_1^0, T_2^0, \cdots, T_I^0] \tag{11.19}$$

I 维综合云重心

$$\boldsymbol{T} = \bar{\boldsymbol{a}} \times \boldsymbol{b} = [T_1, T_2, \cdots, T_I] \tag{11.20}$$

采用加权偏离度 θ 来衡量两种状态下综合云重心的差异。首先将综合云重心矢量 $\boldsymbol{T}$ 归一化得到矢量 $\boldsymbol{T}^G=[T_1^G,T_2^G,\cdots,T_I^G]$,其中

$$T_i^G = (T_i - T_i^0)/\max(T_i, T_i^0) \tag{11.21}$$

归一化后得到的综合云重心矢量有大小、有方向(正负号)、无量纲(理想状态下为特殊情况,对应矢量为零矢量)。各指标归一化后的矢量值乘以权重,再相加得到 θ,即

$$\theta = \sum_{i=1}^{I} b_i T_i^G \tag{11.22}$$

显然,系统指标的实际值不可能好于理想状态,因此 $-1 \leq \theta \leq 0$。

(4) 用云模型实现效能评估的评语集。将最终结果 $1+\theta$ 输入到云发生器中,激活情况有两种:

① 激活某评语值的云对象的程度远大于其他评语值(二者激活程度的差值绝对值大于给定的阈值 γ),则该评语值可作为效能评估结果输出。

② 激活了2个评语值云对象,且激活程度相差不大(二者激活程度的差值绝对值小于给定的阈值 γ),这时运用综合云原理生成一新的云对象,将其期望值作为评估结果(定量结果)输出,相应的定性表述由专家另外给出。

例如[16],系统共有6个指标,分别为3个定量指标和3个定性指标,归一化处理后的5次测试或评价如表11.3所列。

表11.3 云模型评估指标值

指标	U_1	U_2	U_3	U_4	U_5	U_6
1	0.83	0.67	0.70	较好	较好	较差
2	0.77	0.73	0.73	极好	一般	一般
3	0.83	0.73	0.77	较好	较差	极差
4	0.70	0.90	0.70	较好	一般	较差
5	0.68	0.71	0.69	较差	一般	一般
理想云重心	0.9	0.9	0.9	极好	极好	极好

结合图11.3,利用云模型把定性评估结果用相应的3个特征值表征,语言值(极差,较差,一般,较好,极好)量化为(0,0.25,0.5,0.75,1),组成决策矩阵 $\boldsymbol{B}$,则

$$\boldsymbol{B} = \begin{bmatrix} 0.83 & 0.67 & 0.70 & 0.75 & 0.75 & 0.25 \\ 0.77 & 0.73 & 0.73 & 1.00 & 0.50 & 0.50 \\ 0.83 & 0.73 & 0.77 & 0.75 & 0.25 & 0.00 \\ 0.70 & 0.90 & 0.70 & 0.75 & 0.50 & 0.25 \\ 0.68 & 0.71 & 0.69 & 0.25 & 0.50 & 0.50 \end{bmatrix} \quad (11.23)$$

根据(11.18)从 $\boldsymbol{B}$ 中求取各指标云模型的 Ex 和 En,如表11.4所列。

表11.4 云模型评估指标值的均值和熵

指标	U_1	U_2	U_3	U_4	U_5	U_6
Ex	0.7620	0.7480	0.7180	0.7000	0.5000	0.3000
En	0.0250	0.0383	0.0133	0.1250	0.0833	0.0833

假定由层次分析法或灰色层次分析法得到的指标权重为 $\boldsymbol{b} = \boldsymbol{w} = [0.2151, 0.1613, 0.2151, 0.1613, 0.1398, 0.1075]$,则可分别计算 $\boldsymbol{T}^0$、$\boldsymbol{T}$、$\boldsymbol{T}^G$ 和 θ:

$\boldsymbol{T}^0 = \boldsymbol{a} \times \boldsymbol{b} = [0.1935, 0.1452, 0.1935, 0.1613, 0.1398, 0.1075]$

$\boldsymbol{T} = \bar{\boldsymbol{a}} \times \boldsymbol{b} = [0.1639, 0.1206, 0.1544, 0.1129, 0.0699, 0.0323]$

$\boldsymbol{T}^G = [-0.1533, -0.1689, -0.2022, -0.3000, -0.5000, -0.7000]$

$\theta = -0.2973$

(11.24)

将 $1+\theta=0.703$ 输入到云发生器将激活"一般"和"较好",取 $\gamma=0.03$,则 $|0.75-0.703|-|0.703-0.50|=0.156>\gamma$,故系统效能评估结果为较好。该结果显然符合人的直观感觉,因为主要指标状态值与理想状态比较接近。而当某些指标取值导致两个评语的激活程度的差值绝对值小于给定的阈值 γ 时,最终的定性表述需要由专家另外给出,也可模糊表述为某评语偏某评语。例如,当 $1+\theta=0.65$ 时,$|0.75-0.65|-|0.65-0.50|=-0.05<\gamma$,两绝对值之差为负,即更接近 0.75(较好),因而可认为评估结果"较好但偏向于一般"。

11.1.5 神经网络评估方法

效能评估过程中,指标权重的确定及指标值的归一化是两个重要且困难的问题,直接影响评估结果的科学性、准确性。另外,各指标之间的相互影响可能为复杂的非线性关系。但上述评估方法的权重的确定及指标值的归一化都依赖于专家经验,难以摆脱人为因素及模糊随机性的影响,且采用的评估模型均为线性模型,可能导致评估结果出现一定的偏差[17-18]。神经网络具有强大的非线性映射能力和泛化功能,以及较强的自学习、自适应和容错能力,使得它为解决复杂的非线性问题提供了有力的工具。神经网络采用多层结构,一般由输入层、包含一层或多层的隐藏层及输出层组成。其中隐藏层虽然和外界不连接,但是它们的状态影响着输入与输出之间的关系。也就是说,改变隐藏层的权系数可以改变整个多层神经网络的性能[19]。

将神经网络引入效能评估,利用神经网络强大的学习和泛化能力学习之前成功的评估结果,可以有效提升评估的客观性和准确性,建立更加接近人类思维模式的定量与定性相结合的效能评估模型。图 11.4 给出了基于神经网络的效能评估模型。

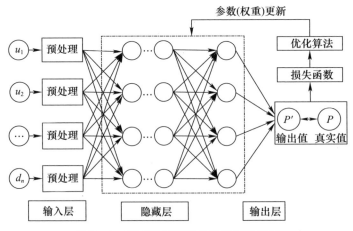

图 11.4 基于神经网络的效能评估模型

如图 11.4 所示,神经网络评估模型的输入层为预处理后的指标值,u_i 为第 i 个指标值。预处理后的指标值从输入层、隐藏层到输出层逐层正向传播。网络中的每个节点称作神经元,每个神经元对多个输入进行加权、偏置和非线性激活,可表示为

$$y = f\left(\sum_{i=1}^{n} w_i x_i - \theta\right) \tag{11.25}$$

式中:x_i 为神经元输入;w_i 为输入的连接权系数;θ 为偏置;$f(x)$ 为激活函数,常用的函数有 sigmoid、tanh 等[20]。

输出层的输出值 P' 即为评估结果,将其与已知的评估结果在某种准则下(如最小均方误差、交叉熵损失函数等)比较的损失最小化作为优化目标,采用随机梯度下降等优化算法更新网络权重参数,直至输出评估值与已知评估结果的误差达到允许范围,网络训练完成。训练好后的神经网络把专家的评价思想以连续权值的方式赋予网络,使得网络不仅可以模拟专家进行定量效能评估,而且有效避免了人为确定权重带来的主观影响和不确定性。

基于神经网络的效能评估流程如图 11.5 所示。

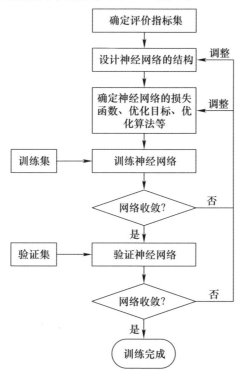

图 11.5 基于神经网络的效能评估流程

在指标集的基础上可以设计合适的神经网络结构,再结合恰当的损失函数、优化目标及优化算法在训练集上训练神经网络。但神经网络的结构设计是一个复杂的问题,若网络较浅,训练出的网络可能容错性差,不能正确处理之前没见过的样本。若网络较深,不但会增加训练时长,还会导致过拟合现象,使得神经网络在验证集上不能收敛。若神经网络在训练过程中不能在训练集上收敛,验证过程中不能在测试集上收敛,均需调整神经网络结构或优化算法等,使得神经网络在训练集和测试集上均收敛。但神经网络结构的确定并无确定性理论作指导,是一种调试依赖经验的过程,因此设计出适合评价指标集的神经网络结构并不容易。另外,训练集、验证集要求大量已有的指标数据和对应评估结果,这在大多数领域并不容易获取。

针对上述困难,将神经网络与传统评估方法相结合,降低网络训练复杂度及对样本量的需求也得到了一些研究。例如,将云模型和反向传播(Back Propagation,BP)神经网络结合的云模型 – BP 神经网络评估方法[21],将云模型与径向基函数(Radial Basis Function,RBF)网络相结合的云 – RBF 神经网络评估方法[22],将 q – 高斯与自组织映射(Self – organizing Mapping,SOM)神经网络相结合的 q – 高斯 SOM 神经网络评估方法[23],将模糊理论与 RBF 神经网络相结合的 RBF 模糊神经网络评估方法[24],将 AHP 与 BP 网络相结合 BN – and – BP 神经网络评估方法[25]等。

综上所述,将神经网络引入效能评估,虽然给提升评估结果的客观性和准确性方面带来了一定的好处,但是成功训练某领域的效能评估神经网络还存在较大的困难;再加上神经网络本身还存在收敛速度慢、泛化能力差、非全局最优等多方面的问题,也使得将其应用于效能评估存在诸多不确定因素,影响评估结果的可信性。

11.1.6 ADC 方法

ADC 方法是美国工业界武器系统效能咨询委员(Weapon System Effectiveness Industry Advisory Committee,WSEIAC)会于 1965 年提出的系统效能模型,是目前使用较多的一种方法。该模型将系统效能定义为系统性能满足一组规定任务要求程度的量度,它是可用度(Availability)矢量 A、可信赖度(Dependability)矩阵 D 及能力(Capacity)矢量 C 的函数,其表达式为

$$E = ADC = \begin{bmatrix} a_1 & \cdots & a_n \end{bmatrix} \begin{bmatrix} d_{11} & \cdots & d_{1n} \\ \vdots & d_{ij} & \vdots \\ d_{n1} & \cdots & d_{nn} \end{bmatrix} \begin{bmatrix} c_1 \\ \vdots \\ c_n \end{bmatrix} \quad (11.26)$$

式中：a_i 为系统开始工作时处于状态 i 的概率；d_{ij} 为系统工作过程中由状态 i 转入状态 j 的概率；c_j 为任务在可用、可信条件下在第 j 个状态中的能力；$i,j \in \{1, 2, \cdots, n\}$，$n$ 为系统的状态数。

ADC 方法作为解析法的一种，综合考虑了系统可不可用、使用过程中可不可靠以及能力能不能满足需求三大本质要素，是一种全面客观的综合效能评估方法[26]，并且具有公式概念清晰、透明性好、易于理解和计算等优点[27]。我国在 GJB 1364—1992《装备费用-效能分析》中提出的装备费用-效能分析中也将 ADC 作为一种可参考系统效能模型。但 WSEIAC 强调 ADC 方法只是建立适当模型的一个基本程序，并不是可以直接应用的数学方程。另外，在确定系统状态和状态转移时，假定基于马尔可夫条件成立，若不成立，则能力矩阵为 $n \times n$ 矩阵，对应每个状态转移都有一个表征值。ADC 模型的不足之处是其可用度与可信度的计算较复杂，目前通常用平均无故障工作时间（Mean Time Between Failure，MTBF）与平均修复时间（Mean Time to Repair，MTTR）简化计算得出[28]，但这两个值难以精确得到，可能会导致评估结果出现一定误差。

ADC 模型的具体使用后续结合某卫星通信系统效能评估具体给出。

11.2 基于灰色层次分析法的抗干扰能力评估

为进一步理解 11.1 节介绍的效能评估方法，本节以灰色层次分析法为主，穿插模糊层次分析法，对某卫星通信系统抗干扰能力进行评估。

11.2.1 抗干扰指标体系

主要对图 11.1 按照层次分析法建立的指标体系中抗干扰能力进行评估，以上行链路评估为例。指标体系包含 3 项定量指标和 3 项定性指标。3 项定量指标分别为跳频增益 G_h、跳频速率 V_h 和接收解调门限 Γ，3 项定性指标分别为频率自适应能力、干扰抑制能力和波形重构能力，如图 11.6 所示。

1. 跳频增益

跳频增益即扩谱处理增益，表示了系统解扩前后信噪比改善的程度和敌方干扰扩谱系统所要付出的理论上的代价，是系统抗干扰能力的重要指标[29]。该卫星上行跳频带宽 $B_h = 2\text{GHz}$，信号瞬时带宽 $B_s = 16\text{kHz}$，则跳频增益为

$$G_h = 10\lg\left(\frac{B_h}{B_s}\right) = 10\lg\left(\frac{2 \times 10^9}{16000}\right) \approx 51 \,(\text{dB}) \tag{11.27}$$

这里的信号瞬时带宽以每跳传输一个 2FSK 的快跳频计算，代表了占用的

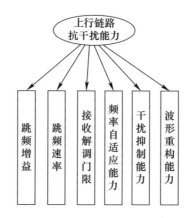

图 11.6　抗干扰能力评估指标体系

最小带宽,对其他速率的支持作为波形重构能力指标。

2. 跳频速率

跳频速率反映了跳频信号在频域的跳变快慢,提高跳速可有效提升抗跟踪干扰能力,降低干扰击中通信信号时的误码率。但跳速的提升也引入了更多的换频损失。该卫星的跳速为 16000 跳/s。

3. 接收解调门限

接收解调门限是指一定的误码率前提下,接收机所能容忍的最低信噪比。采用 2FSK 调制,(2,1,7)卷积编码时,非相干解调并软值译码要达到 10^{-4} 量级误码率时,解调门限约为 7dB。

4. 频率自适应能力

在跳频通信系统中,频率自适应技术能够主动避开被干扰频率,改善跳频通信系统的抗干扰性能。但该项指标难以定量化,由专家打分进行评判。

5. 干扰抑制能力

当干扰以一定概率击中跳频通信信号时,接收方可使用深度交织、干扰对消、干扰跳置零(被干扰的频点不发送信号)等技术降低干扰对通信的影响。该项指标难以定量化,由专家打分进行评判。

6. 波形重构能力

当干扰使对跳频通信影响较大时,跳频通信系统可通过更换编码调制方式,改变传输速率等手段重构传输波形,降低干扰影响的同时最大化通信容量。但这种能力也难以量化,由专家打分进行评判。

上述 3 个定量指标及其相应参考值如表 11.5 所列。其中的参考值根据目前跳频通信系统最优指标暂定,可根据实际情况变化更改。

表 11.5 定量指标及其参考值

	跳频增益/dB	跳频速率(跳/s)	接收解调门限/dB
系统值	51	16000	7
参考值	0~50	0~20000	0~16

假定 5 位专家对 3 个定量指标的打分结果如表 11.6 所列。

表 11.6 5 位专家对定性指标的打分

	频率自适应能力	干扰抑制能力	波形重构能力
专家 1	9	10	8
专家 2	8	9	6
专家 3	9	9	7
专家 4	7	8	5
专家 5	10	8	7

11.2.2 指标归一化

将评估计结果分为优、良、中、差 4 个灰类,分别用 $K=1,2,3,4$ 表示,相应的灰数及白化函数如图 11.7 所示[9]。

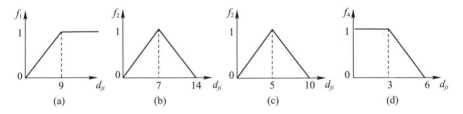

图 11.7 白化权函数

1. 定量指标归一化

定量指标归一化按照文献[30]的评价指标预处理方法进行处理,对效益型和成本型指标分别进行归一化:

$$r_{\text{eff}} = \begin{cases} 1, & r_{\max} \leqslant r_m \\ \dfrac{r_m - r_{\min}}{r_{\max} - r_{\min}}, & r_{\min} < r_m < r_{\max} \\ 0, & r_m \leqslant r_{\min} \end{cases} \quad (11.28)$$

式中:$r_{\min}$、$r_{\max}$ 分别为指标参考值的最小值和最大值;r_m 和 r'_m 为评估后系统效益型指标的设计值以及成本型指标的实测值。

$$r_{\text{cost}} = \begin{cases} 1, & r'_m \leqslant r_{\min} \\ \dfrac{r_{\max} - r'_m}{r_{\max} - r_{\min}}, & r_{\min} < r'_m < r_{\max} \\ 0, & r_{\max} \leqslant r'_m \end{cases} \quad (11.29)$$

分别将三项定量指标作为指标体系的前三项,记为 C_1、C_2 和 C_3。用 norm(·) 表示归一化运算,则有

$$C_1 = \text{norm}(G_h) = \frac{G_h}{G_{\max} - G_{\min}} = \frac{51}{50} = 1.02 \quad (11.30)$$

$$C_2 = \text{norm}(V_h) = \frac{V_h}{V_{\max} - V_{\min}} = \frac{16000}{20000} = 0.8 \quad (11.31)$$

$$C_3 = \text{norm}(\Gamma) = \frac{\Gamma_{\max} - \Gamma}{\Gamma_{\max} - \Gamma_{\min}} = \frac{5}{16} = 0.5625 \quad (11.32)$$

为确定定量指标对应于每个灰类的系数,使用图 11.7 中的白化权函数进行白化。事实上,可认为所有专家对定量指标的打分一致。因为使用了十分制,所以先将定性指标的归一化值乘以 10,再使用白化函数计算其对应每个灰类的系数。

对跳频增益,其属于 4 个灰类的系数计算如下:

当 $K = 1$ 时,有

$$n_1^{(1)} = f_1(10C_1) = 1$$

当 $K = 2$ 时,有

$$n_2^{(1)} = f_2(10C_1) = 0.5714$$

当 $K = 3$ 时,有

$$n_3^{(1)} = f_3(10C_1) = 0$$

当 $K = 4$ 时,有

$$n_4^{(1)} = f_4(10C_1) = 0$$

$n^{(1)} = \sum_{k=1}^{4} n_k^{(1)} = 1.5714$,则跳频增益 G_h 对应的评估权矢量为

$$\boldsymbol{r}^{(1)} = \frac{n_K^{(1)}}{n^{(1)}} = \left[\frac{n_1^{(1)}}{n^{(1)}}, \frac{n_2^{(1)}}{n^{(1)}}, \frac{n_3^{(1)}}{n^{(1)}}, \frac{n_4^{(1)}}{n^{(1)}}\right] = [r_1^{(1)}, r_2^{(1)}, r_3^{(1)}, r_4^{(1)}] = [0.6364, 0.3636, 0, 0]$$

类似地,可得跳频速率接收解调门限对应的评估权矢量分别为
$$r^{(2)} = [0.4142, 0.3994, 0.1864, 0]$$
$$r^{(3)} = [0.2574, 0.3309, 0.3603, 0.0515]$$

2. 定性指标归一化

使用图 11.7 所示 4 种白化权函数计算 3 个定性指标对应于每个灰类的系数,将其继续编号为 4、5、6。结合表 11.6 中 5 名专家对 3 项定性指标的打分,可得

当 $K=1$ 时,有
$$n_1^{(4)} = \sum_{j=1}^{5} f_1(d_{1j}) = 1 + \frac{8}{9} + 1 + \frac{7}{9} + 1 = 4.6667$$

当 $K=2$ 时,有
$$n_2^{(4)} = \sum_{j=1}^{5} f_2(d_{1j}) = \frac{14-9}{7} + \frac{14-8}{7} + \frac{14-9}{7} + 1 + \frac{14-10}{7} = 3.8571$$

当 $K=3$ 时,有
$$n_3^{(4)} = \sum_{j=1}^{5} f_3(d_{1j}) = \frac{10-9}{5} + \frac{10-8}{5} + \frac{10-9}{5} + \frac{10-7}{5} + 0 = 1.4000$$

当 $K=4$ 时,有
$$n_4^{(4)} = \sum_{j=1}^{5} f_4(d_{1j}) = 0$$

则对指标 4(频率自适应能力)的总评估系数和评估矢量分别为
$$n^{(4)} = \sum_{k=1}^{4} n_k^{(4)} = 9.9238$$

$$r^{(4)} = \frac{n_K^{(4)}}{n^{(4)}} = \left[\frac{n_1^{(4)}}{n^{(4)}}, \frac{n_2^{(4)}}{n^{(4)}}, \frac{n_3^{(4)}}{n^{(4)}}, \frac{n_4^{(4)}}{n^{(4)}}\right] = [r_1^{(4)}, r_2^{(4)}, r_3^{(4)}, r_4^{(4)}]$$
$$= [0.4702, 0.3887, 0.1411, 0]$$

同样方法可求得对指标 5(干扰抑制能力)和指标 6(波形重构能力)的评估权矢量分别为
$$r^{(5)} = [0.4930, 0.3832, 0.1238, 0]$$
$$r^{(6)} = [0.3100, 0.3744, 0.2874, 0.0282]$$

综上可得抗干扰能力的灰色评估权矩阵为

$$\boldsymbol{R}_{\text{Gray}} = \begin{bmatrix} 0.6364 & 0.3636 & 0 & 0 \\ 0.4142 & 0.3994 & 0.1864 & 0 \\ 0.2574 & 0.3309 & 0.3603 & 0.0515 \\ 0.4702 & 0.3887 & 0.1411 & 0 \\ 0.4930 & 0.3832 & 0.1238 & 0 \\ 0.3100 & 0.3744 & 0.2874 & 0.0282 \end{bmatrix}$$

此外,若采用模糊方法中的单因素评判矩阵方法,则将优良中差4个等次对应的分值确定为9~10,7~8,4~6,0~3。从上述结果中,3个定量指标归一化值1.02、0.8、0.5625,转化为十分制后可认为全部专家对3个指标评价一致,分别为优、良和中。对3个定性指标,根据表11.6打分值可知,对频率自适应能力,5个专家中3个专家认为其为优,2个专家认为其为良;对干扰抑制能力,5个专家中3个专家认为其为优,2个专家认为其为良;对波形重构能力,5个专家中3个专家认为其为良,2个专家认为其为中。由此得到单因素评判矩阵:

$$\boldsymbol{R}_{\text{Fuzzy}} = \begin{bmatrix} 1 & 0 & 0 & 0 \\ 0 & 1 & 0 & 0 \\ 0 & 0 & 1 & 0 \\ \dfrac{3}{5} & \dfrac{2}{5} & 0 & 0 \\ \dfrac{3}{5} & \dfrac{2}{5} & 0 & 0 \\ 0 & \dfrac{3}{5} & \dfrac{2}{5} & 0 \end{bmatrix}$$

11.2.3 确定指标权重

假定7名专家对6项指标的重要性进行打分,得到表11.7所示的分值。

表11.7 指标重要性打分

	跳频增益	跳频速率	接收解调门限	频率自适应能力	干扰抑制能力	波形重构能力
专家1	8	8	7	7	6	4
专家2	9	7	6	5	7	3
专家3	10	7	9	6	9	4
专家4	9	8	5	5	8	2

续表

	跳频增益	跳频速率	接收解调门限	频率自适应能力	干扰抑制能力	波形重构能力
专家5	7	6	6	7	7	5
专家6	9	8	7	5	6	3
专家7	8	6	8	6	5	3

将表11.7写为矩阵形式,则得到指标重要性评分矩阵:

$$X = \begin{bmatrix} 8 & 8 & 7 & 7 & 6 & 4 \\ 9 & 7 & 6 & 5 & 7 & 3 \\ 10 & 7 & 9 & 6 & 9 & 4 \\ 9 & 8 & 5 & 5 & 8 & 2 \\ 7 & 6 & 6 & 7 & 7 & 5 \\ 9 & 8 & 7 & 5 & 6 & 3 \\ 8 & 6 & 8 & 6 & 5 & 3 \end{bmatrix}$$

按照灰色层次分析法给出的指标权重求解步骤可得到权重矢量:

$$w_{\text{Gray}} = [0.2215, 0.1840, 0.1776, 0.1506, 0.1778, 0.0885]$$

与直接求解 XX^{T} 最大特征值对应的特例矢量,并归一化后的结果相同。

若采用层次分析法中构造比较判断矩阵来确定指标权重,则计算方法如下:

(1)用各指标重要性打分均值作为重要度排序矢量:

$$c = [8.5714 \quad 7.1429 \quad 6.8571 \quad 5.8571 \quad 6.8571 \quad 3.4286]$$

这里的重要度排序虽然也在表11.1给出的1~9标度量化范围内,但并没有取整,使得重要排序更加精细,也更尊重了专家的评分结果。

(2)由重要度排序矢量构造比较判断矩阵:

$$C = \begin{bmatrix} 1.0000 & 1.2000 & 1.2500 & 1.4634 & 1.2500 & 2.5000 \\ 0.8333 & 1.0000 & 1.0417 & 1.2195 & 1.0417 & 2.0833 \\ 0.8000 & 0.9600 & 1.0000 & 1.1707 & 1.0000 & 2.0000 \\ 0.6833 & 0.8200 & 0.8542 & 1.0000 & 0.8542 & 1.7083 \\ 0.8000 & 0.9600 & 1.0000 & 1.1707 & 1.0000 & 2.0000 \\ 0.4000 & 0.4800 & 0.5000 & 0.5854 & 0.5000 & 1.0000 \end{bmatrix}$$

C 中第 i 行各元素依次为第 i 个指标与所有指标的比值,则 C 为理想反对称矩阵。

按照层次分析法中给出的判断矩阵的特征值及特征矢量简化求解步骤可求得权重矢量 $w_{AHP} = [0.2214, 0.1845, 0.1771, 0.1513, 0.1771, 0.0886]$。该结果与直接求解 C 矩阵最大特征值对应特征矢量一致，满足一致性检验，且与灰色层次分析法所得结果非常接近。

11.2.4 计算抗干扰能力评估结果

得到灰色评估权矩阵 R_{Gray} 或单因素评判矩阵 R_{Fuzzy} 及权重矢量 w_{Gray} 或 w_{AHP} 后，取二者相乘即可得到评估结果。

当使用灰色层次评估方法时，评估结果为

$$P_{Gray} = w_{Gray} R_{Gray} = [0.4488 \quad 0.3726 \quad 0.1670 \quad 0.0116]$$

则评估结果可解读为：对于该卫星上行链路抗干扰能力，约 45% 的专家其为优，约 37% 的专家认为其为良，约 17% 的专家认为其为中，约 1% 的专家认为其为差。也可以根据最大隶属度法则，选择隶属度最高的等级作为其综合效能评估结果，本例中，0.4488 作为最大值对应备择集中的优，即其抗干扰能力评估结果为优。更进一步，若需要给出上行抗干扰能力评估分值，根据评价标准将优良中差对应其上、下限的均值，则其分值分别为 9.5、7.5、5.0 和 1.5，记 $S = [9.5, 7.5, 6.0, 1.5]$，则

$$Q_{3,u} = S P_{Gray} = 7.9103$$

对应其上行链路抗干扰能力评估分值。

当使用模糊评估时，使用权重矢量 w_{AHP} 和单因素评判矩阵 R_{Fuzzy} 相乘可得

$$P_{Fuzzy} = w_{AHP} R_{Fuzzy} = [0.4184 \quad 0.3690 \quad 0.2125 \quad 0]$$

进一步计算其评估得分为

$$Q'_{3,u} = S P_{Fuzzy} = 7.8055$$

评估结果与灰色层次分析法接近。

假定用同样的方法得到下行链路的抗干扰能力为 $Q_{3,d} = 7.4714$，且上、下行链路抗干扰能力权重分别为 $\omega_u = 0.65, \omega_d = 0.35$，则可得到该卫星通信系统的抗干扰能力为

$$Q_3 = \omega_u Q_{3,u} + \omega_d Q_{3,d} = 7.7567$$

本节以某卫星通信系统抗干扰能力评估为例，举例说明了灰色层次分析法和模糊层次分析法的使用步骤。其他二级指标可按照同样的方法评估其能力。所有二级指标能力得到后，再根据二级指标权重，加权可得到整个通信系统的效能。但这种方法评估得到的通信系统效能实质上是由各静态指标加权得到的静

态效能,没有反映出系统运行过程中状态变化对其能力的影响。

11.3 基于 ADC 模型的卫星通信系统效能评估

基于层次分析法及其改进算法的效能评估方法实质上是根据系统的定量、定性指标得到的静态能力,不能反映系统在运行过程的状态变化。若需要结合系统运行状态,给出通信系统更全面的评估结果,则可以使用 ADC 模型。本小节以某卫星通信系统为例[31]介绍 ADC 模型的应用。

11.3.1 卫星通信子系统基本组成

通信卫星系统通常包括电源子系统、运控子系统、通信子系统、测控子系统等多个复杂系统,每一个系统的故障均会影响系统效能的发挥,再加上卫星运行的特殊环境,导致维护困难,对各子系统的可靠性提出了更高的要求。

为简洁地阐释 ADC 方法的应用,假定该通信卫星系统的通信子系统如图 11.8 所示,仅由 6 个跳频载荷、1 个交换载荷和 1 个网络控载荷组成。其中:跳频载荷主要完成上行链路跳频信号的解跳、解调、译码及解帧,以及下等链路跳频信号的组帧、编码、调制、跳频等功能,6 个跳频载荷完全一致,可互为备份;交换载荷主要完成波束内及波束间的时隙交换;网控载荷主要完成信令处理、用户管理等上层功能。

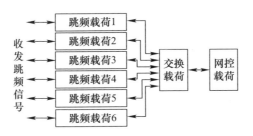

图 11.8 某卫星通信子系统主要组成

每个载荷均有正常工作和故障两种状态,则通信子系统共有 7 种状态,如表 11.8 所列。

表 11.8 某卫星通信系统状态

状态编号	状态含义说明
1	网控载荷、交换载荷及 6 个跳频处理个载荷均正常工作
2	网控载荷、交换载荷正常工作,1 个跳频载荷故障
3	网控载荷、交换载荷正常工作,2 个跳频载荷故障

续表

状态编号	状态含义说明
4	网控载荷、交换载荷正常工作,3个跳频载荷故障
5	网控载荷、交换载荷正常工作,4个跳频载荷故障
6	网控载荷、交换载荷正常工作,5个跳频载荷故障
7	网控载荷或交换载荷故障,或6个跳频载荷均故障

表 11.8 中,状态 1 所有载荷均正常运行,是最理想的状态;状态 7 中,因为网控载荷和交换载荷串联,又和并联后的 6 个跳频处理器载荷串联,因此,网控载荷故障或交换载荷故障,或 6 个跳频载荷均故障时,通信系统完全瘫痪。其他状态下,通信系统均有一定的通信能力。上述各载荷的故障中,已经包含了星上为提高可靠性而采取的冗余、备份等手段。另外,若需进一步考虑其他载荷,如电源、运控等,均可将其作为串联载荷与交换处理。网控载荷一并考虑,不会增加状态数。

11.3.2 可用性矢量计算

可用性矢量 **A** 表示系统在开始执行任务时的可能状态,是对工作准备状态的度量,通常用 MTBF 和 MTTR 来衡量。分别用 MTBF_u 和 MTTR_u 表示各种载荷的平均无故障时间和平均修复时间,$u=\{1,2,3\}$ 分别表示网控载荷、交换载荷和跳频载荷。假定 $\text{MTBF}_1=1440\text{h}$, $\text{MTBF}_2=2000\text{h}$, $\text{MTBF}_3=1000\text{h}$, $\text{MTTR}_1=\text{MTTR}_2=\text{MTTR}_3=2\text{h}$,则各载荷开始执行任务时,处于正常工作状态的概率为

$$P_{a,u}=\frac{\text{MTBF}_u}{\text{MTBF}_u+\text{MTTR}_u} \tag{11.33}$$

则根据各载荷连接关系(并行或串行),可用性矢量可表示为

$$\begin{aligned}A&=[a_1,a_2,\cdots,a_7]\\&=\Big[\prod_{i=1}^{7}P_{a,i}P_{a,1}P_{a,2}C_6^5(P_{a,2})^5(1-P_{a,2}) \quad P_{a,1}P_{a,2}C_6^5(P_{a,2})^4(1-P_{a,2})^2\\&\quad P_{a,1}P_{a,2}C_6^5(P_{a,2})^3(1-P_{a,2})^3 \quad P_{a,1}P_{a,2}C_6^5(P_{a,2})^2(1-P_{a,2})^4\\&\quad P_{a,1}P_{a,2}C_6^5(P_{a,2})(1-P_{a,2})^5 \quad (1-P_{a,1}P_{a,2})+(1-P_{a,2})^6\Big]\\&=[0.9857 \quad 0.0118 \quad 0.0001 \quad 0 \quad 0 \quad 0 \quad 0.0024]\end{aligned} \tag{11.34}$$

式(11.34)中,等号右边的每一项表示该卫星通信系统开始执行任务时处于状态 1~7 的概率。

11.3.3 可信度矩阵计算

可信度是系统发生状态转移的概率,可信度矩阵 D 是系统在执行任务过程中,处于可工作状态的度量,可由单个载荷在执行持续时长为 t 的任务过程中的可信度矩阵 D^u 得到。而载荷 u 的可信度矩阵 D^u 可通过其状态转移概率求得。

图 11.9 给出了载荷 u 在执行任务过程中的状态转移图,其状态转移概率通常用故障率 λ 和维修率 μ 来衡量。

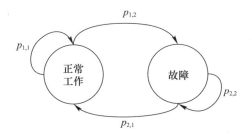

图 11.9 载荷 u 执行任务过程中的状态转移图

根据各种载荷的平均故障时间 MTBF_u 可计算出其对应故障率 $\lambda = \dfrac{1}{\mathrm{MTBF}}$,修复率 $\mu = \dfrac{1}{\mathrm{MTTR}}$。于是,载荷 u 的状态转移概率矩阵为

$$p = \begin{bmatrix} p_{1,1} & p_{1,2} \\ p_{2,1} & p_{2,2} \end{bmatrix} = \begin{bmatrix} 1-\lambda & \lambda \\ \mu & 1-\mu \end{bmatrix} \quad (11.35)$$

式中:$p_{1,1}$ 为载荷 u 保持在正常工作状态的概率;$p_{1,2}$ 为载荷 u 从正常工作状态转移到故障状态的概率;$p_{2,1}$ 为载荷 u 从故障状态修复为正常状态的概率;$p_{2,2}$ 为载荷 u 没有修复,即保持在故障状态的概率。

因为任意 t 时刻,每个载荷只有正常工作和故障两种状态,记载荷 u 在 t 时刻处于正常工作状态的概率为 $p_1(t)$,处于故障状态的概率为 $p_2(t)$,则 Δt 时长后载荷 u 处于正常工作状态和故障状态的概率分别为

$$\begin{cases} p_1(t+\Delta t) = p_1(t)p_{1,1}\Delta t + p_2(t)p_{2,1}\Delta t \\ p_2(t+\Delta t) = p_1(t)p_{1,2}\Delta t + p_2(t)p_{2,2}\Delta t \end{cases} \quad (11.36)$$

将式(11.36)第一个等式两边同时减去 $p_1(t)\Delta t$ 并除以 Δt,第二个等式两边同时减去 $p_2(t)\Delta t$ 并除以 Δt,可得

$$\begin{cases} \dfrac{p_1(t+\Delta t)-p_1(t)}{\Delta t}=p_1(t)(p_{1,1}-1)+p_2(t)p_{2,1} \\ \dfrac{p_2(t+\Delta t)-p_2(t)}{\Delta t}=p_1(t)p_{1,1}+p_2(t)(p_{2,2}-1) \end{cases} \quad (11.37)$$

令 $\Delta t \to 0$，可建立载荷 u 的状态方程为

$$\begin{bmatrix} p_1'(t) \\ p_2'(t) \end{bmatrix} = \begin{bmatrix} (p_{1,1}-1) & p_{2,1} \\ p_{1,2} & (p_{2,2}-1) \end{bmatrix} \begin{bmatrix} p_1(t) \\ p_2(t) \end{bmatrix} = \begin{bmatrix} -\lambda & \lambda \\ \mu & -\mu \end{bmatrix} \begin{bmatrix} p_1(t) \\ p_2(t) \end{bmatrix} \quad (11.38)$$

式(11.38)为一阶线性常系数微分方程。求解该微分方程可得其通解为

$$\begin{bmatrix} p_1(t) \\ p_2(t) \end{bmatrix} = \begin{bmatrix} c_1 \mathrm{e}^{-(\lambda+\mu)t}+c_2 \\ -c_1 \mathrm{e}^{-(\lambda+\mu)t}+\dfrac{\lambda}{\mu}c_2 \end{bmatrix} \quad (11.39)$$

因为载荷 u 仅有两种状态，即状态方程的初始条件为

$$\begin{bmatrix} p_1(0) \\ p_2(0) \end{bmatrix}_1 = \begin{bmatrix} 1 \\ 0 \end{bmatrix}, \begin{bmatrix} p_1(0) \\ p_2(0) \end{bmatrix}_2 = \begin{bmatrix} 0 \\ 1 \end{bmatrix} \quad (11.40)$$

将式(11.40)代入式(11.39)可得式(11.38)中状态方程的两个特解为

$$\begin{bmatrix} p_1(t) \\ p_2(t) \end{bmatrix}_1 = \begin{bmatrix} \dfrac{\mu}{\lambda+\mu}+\dfrac{\lambda}{\lambda+\mu}\mathrm{e}^{-(\lambda+\mu)t} \\ \dfrac{\lambda}{\lambda+\mu}(1-\mathrm{e}^{-(\lambda+\mu)t}) \end{bmatrix} \quad (11.41)$$

$$\begin{bmatrix} p_1(t) \\ p_2(t) \end{bmatrix}_2 = \begin{bmatrix} \dfrac{\mu}{\lambda+\mu}(1-\mathrm{e}^{-(\lambda+\mu)t}) \\ \dfrac{\lambda}{\lambda+\mu}+\dfrac{\mu}{\lambda+\mu}\mathrm{e}^{-(\lambda+\mu)t} \end{bmatrix} \quad (11.42)$$

于是，载荷 u 在 t 时刻的可信度矩阵可表示为

$$\begin{aligned} \boldsymbol{D}^u(t) &= \begin{bmatrix} d_{1,1}^u(t) & d_{1,2}^u(t) \\ d_{2,1}^u(t) & d_{2,2}^u(t) \end{bmatrix} \\ &= \begin{bmatrix} \dfrac{\mu}{\lambda+\mu}+\dfrac{\lambda}{\lambda+\mu}\mathrm{e}^{-(\lambda+\mu)t} & \dfrac{\lambda}{\lambda+\mu}(1-\mathrm{e}^{-(\lambda+\mu)t}) \\ \dfrac{\mu}{\lambda+\mu}(1-\mathrm{e}^{-(\lambda+\mu)t}) & \dfrac{\lambda}{\lambda+\mu}+\dfrac{\mu}{\lambda+\mu}\mathrm{e}^{-(\lambda+\mu)t} \end{bmatrix} \end{aligned} \quad (11.43)$$

代入各载荷的平均无故障时间和平均修复时间,可得到各载荷的故障率和修复率分别为

$$\begin{cases} \lambda_1 = \dfrac{1}{\text{MTBF}_1} = \dfrac{1}{1440} \\ \lambda_2 = \dfrac{1}{\text{MTBF}_2} = \dfrac{1}{2000} \\ \lambda_3 = \dfrac{1}{\text{MTBF}_3} = \dfrac{1}{1000} \\ \mu_1 = \mu_2 = \mu_3 = \dfrac{1}{\text{MTTR}} = \dfrac{1}{2} = 0.5 \end{cases} \quad (11.44)$$

假定一次通信保障任务需通信子系统连续工作 $t = 12\text{h}$,将式(11.44)代入式(11.43)中可得可信度矩阵分别为

$$\begin{cases} \boldsymbol{D}^1(12) = \begin{bmatrix} d_{1,1}^1(12) & d_{1,2}^1(12) \\ d_{2,1}^1(12) & d_{2,2}^1(12) \end{bmatrix} = \begin{bmatrix} 0.9986 & 0.0014 \\ 0.9962 & 0.0038 \end{bmatrix} \\ \boldsymbol{D}^2(12) = \begin{bmatrix} d_{1,1}^2(12) & d_{1,2}^2(12) \\ d_{2,1}^2(12) & d_{2,2}^2(12) \end{bmatrix} = \begin{bmatrix} 0.9990 & 0.0010 \\ 0.9965 & 0.0035 \end{bmatrix} \\ \boldsymbol{D}^3(12) = \begin{bmatrix} d_{1,1}^3(12) & d_{1,2}^3(12) \\ d_{2,1}^3(12) & d_{2,2}^3(12) \end{bmatrix} = \begin{bmatrix} 0.9980 & 0.0020 \\ 0.9956 & 0.0044 \end{bmatrix} \end{cases} \quad (11.45)$$

由每个载荷的可信度矩阵,并结合其连接关系,可以计算通信子系统在7个状态之间转移的可信度矩阵元素。因为通信系统有7种状态,任意两种状态之间可相互转移,则共有 $7^2 = 49$ 种状态转移,如图11.10所示。

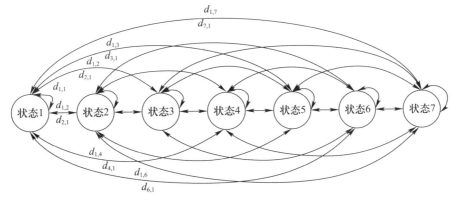

图11.10 某卫星通信系统状态转移图

图 11.10 中,为显示清晰,仅给出了状态 1 和其他状态之间相互转移的可信度元素。需注意其与图 11.9 中状态转移概率的区别。图 11.9 中状态转移概率表示任意时刻从一状态转移至其他状态的概率,而图 11.10 中的可信度表示在整个任务执行过程中从某一状态转移至另一状态的概率。

结合各载荷串并联关系,对可信度矩阵 $\boldsymbol{D}$ 的各元素分析及计算如下(简洁起见,将 $d_{i,j}^u(12)$ 略写为 $d_{i,j}^u$):

(1) 第 1 行,由状态 1 转移至其他状态。

$d_{1,1} = d_{1,1}^1 d_{1,1}^2 (d_{1,1}^3)^6$,即网控载荷、交换载荷及 6 个跳频载荷均保持在正常工作状态。

$d_{1,j} = d_{1,1}^1 d_{1,1}^2 C_6^5 (d_{1,1}^3)^{6-j+1} (d_{1,2}^3)^{j-1}, j \in \{2,3,\cdots,6\}$,即网控载荷、交换载荷均保持在正常状态,6 个跳频载荷由正常工作状态变为其中 $i-1$ 个故障。

$d_{1,7} = d_{1,1}^1 d_{1,1}^2 (d_{1,2}^3)^6 + (1 - d_{1,1}^1 d_{1,1}^2)$,即通信子系统由网控、交换及 6 个跳频载荷均正常状态转移至网控载荷、交换载荷均正常,6 个跳频载荷均故障,或网控载荷、交换载荷之一或两者均故障状态的概率。

(2) 第 2 行,由状态 2 转移至其他状态。

$d_{2,1} = d_{1,1}^1 d_{1,1}^2 (d_{1,1}^3)^5 (d_{2,1}^3)$,即网控载荷、交换载荷均保持在正常工作状态,6 个跳频载荷由 5 个正常工作、1 个故障状态恢复为 6 个均正常工作状态。

$d_{2,2} = d_{1,1}^1 d_{1,1}^2 (d_{1,1}^3)^5 d_{2,2}^3 + d_{1,1}^1 d_{1,1}^2 C_5^4 (d_{1,1}^3)^4 (d_{1,2}^3)^1 (d_{2,1}^3)$,即网控载荷、交换载荷均保持在正常工作状态,6 个跳频载荷保持 5 个正常工作、1 个故障的状态。这里又有两种情形:一是 5 个正常工作的跳频载荷保持正常工作,1 个有故障的跳频载荷保持为故障;二是 5 个正常工作的跳频载荷任意 1 个变为故障状态,且原来有故障的那 1 个恢复为正常工作状态。

类似地,由状态 2 分别转移至状态 3、4、5、6 的概率为

$d_{2,j} = d_{1,1}^1 d_{1,1}^2 C_5^{7-j} (d_{1,1}^3)^{j-2} (d_{1,2}^3)^{j-2} (d_{2,2}^3) + d_{1,1}^1 d_{1,1}^2 C_5^{6-j} (d_{1,1}^3)^{6-j} (d_{1,2}^3)^{j-1} (d_{2,1}^3), j \in \{3,4,5\}$

$d_{2,6} = d_{1,1}^1 d_{1,1}^2 C_5^1 (d_{1,1}^3)(d_{1,2}^3)^4 (d_{2,2}^3) + d_{1,1}^1 d_{1,1}^2 (d_{1,2}^3)^5 (d_{2,1}^3)$

由状态 2 转移至状态 7 的概率为

$d_{2,7} = d_{1,1}^1 d_{1,1}^2 (d_{1,2}^3)^5 (d_{2,2}^3) + (1 - d_{1,1}^1 d_{1,1}^2)$

(3) 第 3 行,由第 3 行转移至其他状态。

$d_{3,1} = d_{1,1}^1 d_{1,1}^2 (d_{1,1}^3)^4 (d_{2,1}^3)^2$,即网控载荷、交换载荷均保持在正常工作状态,6 个跳频载荷由 4 个正常工作、2 个故障状态恢复为 6 个均正常工作状态。

$d_{3,2} = d_{1,1}^1 d_{1,1}^2 (d_{1,1}^3)^4 C_2^1 (d_{2,1}^3)(d_{2,2}^3) + d_{1,1}^1 d_{1,1}^2 C_4^3 (d_{1,1}^3)^3 (d_{1,2}^3)^1 (d_{2,1}^3)^2$,即网控载荷、交换载荷均保持在正常工作状态,6 个跳频载荷由 4 个正常工作、2 个故障状态恢复为 5 个正常工作、1 个故障状态。

$d_{3,3} = d_{1,1}^1 d_{1,1}^2 (d_{1,1}^3)^4 (d_{2,2}^3)^2 + d_{1,1}^1 d_{1,1}^2 C_4^3 (d_{1,1}^3)^3 (d_{1,2}^3) C_2^1 (d_{2,1}^3)(d_{2,2}^3) + d_{1,1}^1 d_{1,1}^2 C_4^2 (d_{1,1}^3)^2 (d_{1,2}^3)^2 (d_{2,1}^3)^2$，即通信系统维持跳频载荷由 4 个正常，2 个故障的状态不变。有三种情况：一是 4 个正常工作的保持正常，而 2 个故障的保持故障；二是 4 个正常的有 1 个变为故障，而 2 个故障的有一个恢复为正常；三是 4 个正常的有 2 个变为故障，而 2 个故障的均恢复为正常。

类似分析可得到

$d_{3,4} = d_{1,1}^1 d_{1,1}^2 C_4^3 (d_{1,1}^3)^3 (d_{1,2}^3)(d_{2,2}^3)^2 + d_{1,1}^1 d_{1,1}^2 C_4^2 (d_{1,1}^3)^2 (d_{1,2}^3)^2 C_2^1 (d_{2,1}^3)(d_{2,2}^3) + d_{1,1}^1 d_{1,1}^2 C_4^1 (d_{1,1}^3)^1 (d_{1,2}^3)^3 (d_{2,1}^3)^2$

$d_{3,5} = d_{1,1}^1 d_{1,1}^2 C_4^2 (d_{1,1}^3)^2 (d_{1,2}^3)^2 (d_{2,2}^3)^2 + d_{1,1}^1 d_{1,1}^2 C_4^1 (d_{1,1}^3)^1 (d_{1,2}^3)^3 C_2^1 (d_{2,1}^3)(d_{2,2}^3) + d_{1,1}^1 d_{1,1}^2 (d_{1,2}^3)^4 (d_{2,1}^3)^2$

$d_{3,6} = d_{1,1}^1 d_{1,1}^2 C_4^1 (d_{1,1}^3)(d_{1,2}^3)^3 (d_{2,2}^3)^2 + d_{1,1}^1 d_{1,1}^2 (d_{1,2}^3)^4 C_2^1 (d_{2,1}^3)(d_{2,2}^3)$

$d_{3,7} = d_{1,1}^1 d_{1,1}^2 (d_{1,2}^3)^4 (d_{2,2}^3)^2 + (1 - d_{1,1}^1 d_{1,1}^2)$

后续 4、5、6 行类似分析可得到

$d_{4,1} = d_{1,1}^1 d_{1,1}^2 (d_{1,1}^3)^3 (d_{2,1}^3)^3$

$d_{4,2} = d_{1,1}^1 d_{1,1}^2 (d_{1,1}^3)^3 C_3^1 (d_{2,1}^3)^2 (d_{2,2}^3) + d_{1,1}^1 d_{1,1}^2 C_3^2 (d_{1,1}^3)^2 (d_{1,2}^3)(d_{2,1}^3)^3$

$d_{4,3} = d_{1,1}^1 d_{1,1}^2 (d_{1,1}^3)^3 C_3^1 (d_{2,1}^3)(d_{2,2}^3)^2 + d_{1,1}^1 d_{1,1}^2 C_3^2 (d_{1,1}^3)^2 (d_{1,2}^3) C_3^2 (d_{2,1}^3)^2 (d_{2,2}^3) + d_{1,1}^1 d_{1,1}^2 C_3^1 (d_{1,1}^3)(d_{1,2}^3)^2 (d_{2,1}^3)^3$

$d_{4,4} = d_{1,1}^1 d_{1,1}^2 (d_{1,1}^3)^3 (d_{2,2}^3)^3 + d_{1,1}^1 d_{1,1}^2 C_3^2 (d_{1,1}^3)^2 (d_{1,2}^3) C_3^1 (d_{2,1}^3)(d_{2,2}^3)^2 + d_{1,1}^1 d_{1,1}^2 C_3^1 (d_{1,1}^3)(d_{1,2}^3)^2 C_3^2 (d_{2,1}^3)^2 (d_{2,2}^3) + d_{1,1}^1 d_{1,1}^2 (d_{1,2}^3)^3 (d_{2,1}^3)^3$

$d_{4,5} = d_{1,1}^1 d_{1,1}^2 C_3^2 (d_{1,1}^3)^2 (d_{1,2}^3)(d_{2,2}^3)^3 + d_{1,1}^1 d_{1,1}^2 C_3^1 (d_{1,1}^3)(d_{1,2}^3)^2 C_3^1 (d_{2,1}^3)(d_{2,2}^3)^2 + d_{1,1}^1 d_{1,1}^2 (d_{1,2}^3)^3 C_3^1 (d_{2,1}^3)^2 (d_{2,2}^3)$

$d_{4,6} = d_{1,1}^1 d_{1,1}^2 C_3^1 (d_{1,1}^3)(d_{1,2}^3)^2 (d_{2,2}^3)^3 + d_{1,1}^1 d_{1,1}^2 (d_{1,2}^3)^3 C_3^1 (d_{2,1}^3)(d_{2,2}^3)^2$

$d_{4,7} = d_{1,1}^1 d_{1,1}^2 (d_{1,2}^3)^3 (d_{2,2}^3)^3 + (1 - d_{1,1}^1 d_{1,1}^2)$

$d_{5,1} = d_{1,1}^1 d_{1,1}^2 (d_{1,1}^3)^2 (d_{2,1}^3)^4$

$d_{5,2} = d_{1,1}^1 d_{1,1}^2 (d_{1,1}^3)^2 C_4^3 (d_{2,1}^3)^3 (d_{2,2}^3) + d_{1,1}^1 d_{1,1}^2 C_2^1 (d_{1,1}^3)(d_{1,2}^3)(d_{2,1}^3)^4$

$d_{5,3} = d_{1,1}^1 d_{1,1}^2 (d_{1,1}^3)^2 C_4^2 (d_{2,1}^3)^2 (d_{2,2}^3)^2 + d_{1,1}^1 d_{1,1}^2 C_2^1 (d_{1,1}^3)(d_{1,2}^3) C_4^3 (d_{2,1}^3)^3 (d_{2,2}^3) + d_{1,1}^1 d_{1,1}^2 (d_{1,2}^3)^2 (d_{2,1}^3)^4$

$d_{5,4} = d_{1,1}^1 d_{1,1}^2 (d_{1,1}^3)^2 C_4^1 (d_{2,1}^3)(d_{2,2}^3)^3 + d_{1,1}^1 d_{1,1}^2 C_2^1 (d_{1,1}^3)(d_{1,2}^3) C_4^2 (d_{2,1}^3)^2 (d_{2,2}^3)^2 + d_{1,1}^1 d_{1,1}^2 (d_{1,2}^3)^2 C_4^3 (d_{2,1}^3)^3 (d_{2,2}^3)$

$d_{5,5} = d_{1,1}^1 d_{1,1}^2 (d_{1,1}^3)^2 (d_{2,2}^3)^4 + d_{1,1}^1 d_{1,1}^2 C_2^1 (d_{1,1}^3)(d_{1,2}^3) C_4^1 (d_{2,1}^3)(d_{2,2}^3)^3 +$

$$d_{5,6} = d_{1,1}^1 d_{1,1}^2 (d_{1,2}^3)^2 C_4^2 (d_{2,1}^3)^2 (d_{2,2}^3)^2$$
$$d_{5,6} = d_{1,1}^1 d_{1,1}^2 C_2^1 (d_{1,1}^3)(d_{1,2}^3)(d_{2,2}^3)^4 + d_{1,1}^1 d_{1,1}^2 (d_{1,2}^3)^2 C_4^1 (d_{2,1}^3)(d_{2,2}^3)^3$$
$$d_{5,7} = d_{1,1}^1 d_{1,1}^2 (d_{1,2}^3)^2 (d_{2,2}^3)^4 + (1 - d_{1,1}^1 d_{1,1}^2)$$
$$d_{6,1} = d_{1,1}^1 d_{1,1}^2 (d_{1,1}^3)(d_{2,1}^3)^5$$
$$d_{6,2} = d_{1,1}^1 d_{1,1}^2 (d_{1,1}^3) C_5^4 (d_{2,1}^3)^4 (d_{2,2}^3) + d_{1,1}^1 d_{1,1}^2 (d_{1,2}^3)(d_{2,1}^3)^5$$
$$d_{6,3} = d_{1,1}^1 d_{1,1}^2 (d_{1,1}^3) C_5^{6-j} (d_{2,1}^3)^{6-j} (d_{2,2}^3)^{j-1} +$$
$$\qquad d_{1,1}^1 d_{1,1}^2 (d_{1,2}^3) C_5^{7-j} (d_{2,1}^3)^{7-j} (d_{2,2}^3)^{j-2}, j \in \{3,4,5\}$$
$$d_{6,6} = d_{1,1}^1 d_{1,1}^2 (d_{1,1}^3)(d_{2,2}^3)^5 + d_{1,1}^1 d_{1,1}^2 (d_{1,2}^3) C_5^1 (d_{2,1}^3)(d_{2,2}^3)^4$$
$$d_{6,7} = d_{1,1}^1 d_{1,1}^2 (d_{1,2}^3)(d_{2,2}^3)^5 + (1 - d_{1,1}^1 d_{1,1}^2)$$

（4）第7行，由状态7转移至其他状态，因该状态组成情况过于复杂，将其简化为从网控载荷、交换载荷及6个跳频载荷均故障状态转移至其他状态。而实际上状态7还存在网控载荷、交换载荷二者或其一正常的情况，但由式（11.45）可见，$d_{1,1}^u$ 和 $d_{2,1}^l$ 非常接近，由该简化带来的误差很小。由此容易得到

$$d_{7,j} = d_{2,1}^1 d_{2,1}^2 C_5^{j-1} (d_{2,1}^3)^{j-1} (d_{2,2}^3)^{7-j}, j \in \{1,2,\cdots,6\}$$
$$d_{7,7} = (1 - d_{2,1}^1 d_{2,1}^2) + (d_{2,2}^3)^6$$

将式（11.45）代入 $d_{i,j}$ 可得可信度矩阵：

$$\boldsymbol{D} = \begin{bmatrix} 0.9858 & 0.0118 & 0.0001 & 0 & 0 & 0 & 0.0024 \\ 0.9833 & 0.0142 & 0.0001 & 0 & 0 & 0 & 0.0024 \\ 0.9809 & 0.0166 & 0.0001 & 0 & 0 & 0 & 0.0024 \\ 0.9785 & 0.0189 & 0.0001 & 0 & 0 & 0 & 0.0024 \\ 0.9761 & 0.0213 & 0.0002 & 0 & 0 & 0 & 0.0024 \\ 0.9737 & 0.0237 & 0.0002 & 0 & 0 & 0 & 0.0024 \\ 0.9665 & 0.0259 & 0.0003 & 0 & 0 & 0 & 0.0073 \end{bmatrix}$$

矩阵 $\boldsymbol{D}$ 中的0值实际为一个较小的值，即通信系统在执行任务过程中，依然有极小的概率转移至该状态。

11.3.4 能力矢量计算

ADC 模型中，系统能力是在执行任务中确定系统的状态下完成给定任务能力的量度。结合图11.1给出的5个二级指标，其中抗检测、抗截获、抗干扰及抗入侵能力与系统体制及波形设计相关，不随系统状态的变化而变化；而业务能力受系统状态影响较大，其能力会随着故障载荷的增加而变弱。本小节首先使用灰色层次分析法求得业务能力在7种奖状态下的评估值，再结合其二级指标能力评估值得到基于ADC模型的通信系统综合效能评估值。

假定通信系统业务能力对应的高动态适应能力定性指标专家打分结果如表 11.9 所列,最大比特速率、接入时间及支持用户数 3 个定量指标在 7 种状态下的参数及其权重系数如表 11.10 所示。

表 11.9 7 种状态下高动态适应能力专家打分值

状态	专家 1	专家 2	专家 3	专家 4	专家 5
1	9	10	9	10	9
2	8	10	9	9	8
3	7	8	8	7	7
4	6	8	7	6	7
5	5	7	6	4	6
6	3	4	3	2	3
7	0	0	0	0	0

表 11.10 不同状态下业务能力指标

状态	最大比特速率	接入时间	支持用户数	高动态适应能力
1	8.192Mb/s	1s	3.6 万	见表 11.9
2		3s	3.0 万	
3		6s	2.4 万	
4		10s	1.8 万	
5		25s	1.2 万	
6		60s	0.6 万	
7	0	∞	0	
参考范围	2.4kb/s ~ 8.192Mb/s	1s ~ 120s	0 ~ 3.6 万	—
权重系数	0.35	0.32	0.18	0.15

使用灰色层次分析法,与 11.3.2 节过程一致,可计算出对应 7 种状态的业务能力的评估结果为:

$$\boldsymbol{P}_5 = \begin{bmatrix} 0.6180 & 0.3652 & 0.0169 & 0 \\ 0.5360 & 0.3775 & 0.0865 & 0 \\ 0.4518 & 0.3894 & 0.1588 & 0 \\ 0.4006 & 0.3475 & 0.2134 & 0.0384 \\ 0.3185 & 0.3183 & 0.2315 & 0.1317 \\ 0.2073 & 0.2210 & 0.2562 & 0.3156 \\ 0 & 0 & 0 & 1.0000 \end{bmatrix}$$

P_5 中每行对应一种状态,每行的 4 个元素表示对优、良、中、差 4 个等级的隶属度。若依然将优、良、中、差对应的分值设定为 9.5、7.5、5.0 和 1.5,即 S = [9.5,7.5,6.0,1.5],则 7 个状态下的业务能力评估分值为

$$Q_{5,S} = SP_5 = [8.7 \quad 8.4 \quad 8.0 \quad 7.5 \quad 6.8 \quad 5.4 \quad 1.5]$$

除业务能力外,抗检测、抗截获、抗干扰、防入侵等几项能力与通信系统载荷状态无关,假定根据各自定量、定性指标及权重系数得到

$$Q_{1,S} = SP_5 = [7.2 \quad 7.2 \quad 7.2 \quad 7.2 \quad 7.2 \quad 7.2 \quad 7.2]$$
$$Q_{2,S} = SP_5 = [8.4 \quad 8.4 \quad 8.4 \quad 8.4 \quad 8.4 \quad 8.4 \quad 8.4]$$
$$Q_{3,S} = [Q_3]_{1\times 7} = [7.9 \quad 7.9 \quad 7.9 \quad 7.9 \quad 7.9 \quad 7.9 \quad 7.9]$$
$$Q_{4,S} = [Q_4]_{1\times 7} = [9.3 \quad 9.3 \quad 9.3 \quad 9.3 \quad 9.3 \quad 9.3 \quad 9.3]$$

假定由灰色层次分析法得到 5 项二级指标的权重系数为

$$w_2 = [0.06, 0.21, 0.31, 0.30, 0.12]$$

由通信系统的能力矢量为

$$C = w_2 Q_S = w_2 \begin{bmatrix} Q_{1,S} \\ Q_{2,S} \\ Q_{3,S} \\ Q_{4,S} \\ Q_{5,S} \end{bmatrix}$$

$$= [0.06 \quad 0.21 \quad 0.31 \quad 0.30 \quad 0.12] \begin{bmatrix} 7.2 & 7.2 & 7.2 & 7.2 & 7.2 & 7.2 & 7.2 \\ 8.4 & 8.4 & 8.4 & 8.4 & 8.4 & 8.4 & 8.4 \\ 7.9 & 7.9 & 7.9 & 7.9 & 7.9 & 7.9 & 7.9 \\ 9.3 & 9.3 & 9.3 & 9.3 & 9.3 & 9.3 & 9.3 \\ 8.7 & 8.4 & 8.0 & 7.5 & 6.8 & 5.4 & 1.5 \end{bmatrix}$$

$$= [8.4790 \quad 8.4430 \quad 8.3950 \quad 8.3350 \quad 8.2510 \quad 8.0830 \quad 7.6150]$$

11.3.5 基于 ADC 模型的通信系统效能评估结果

可用度矢量 A、可信度矩阵 D 及能力矢量 C 均已求得,因此,通信子系统系统效能为

$$E = ADC = 8.4765$$

按照优、良、中、差4个等次对应的分值,可知该卫星通信系统效能介于优和良之间,略偏向于良。

本节介绍了ADC方法在卫星通信子系统总体效能评估中的应用。尽管该方法能够反映系统运行过程的状态变化,但运算量较大,且与系统平均无故障时间和平均修复时间、平均故障时间等参数密切相关,而准确测量这些参数并不容易,由此可能导致评估结果出现一定偏差。

参 考 文 献

[1] 王宇. 基于ADC模型的星座卫星通信系统效能评估技术研究[D]. 长沙:国防科学技术大学,2007.
[2] 尹江丽,王莉. 军用卫星通信系统效能评估指标体系研究[J]. 兵工自动化,2008,27(6):9-11.
[3] 税利,张冲,王博,等. GNSS接收机抗干扰效能评估方法[J]. 全球定位系统,2015,40(6):44-48.
[4] 杨丽春. 通信抗干扰技术的综合优化及评价研究[D]. 成都:电子科技大学,2006.
[5] 王淑芬. 无线电引信抗有源干扰性能综合评估方法研究[D]. 南京:南京理工大学,2018.
[6] 朱征,刘峥嵘,王宽福. AHP在选择项目承包商中的应用[J]. 浙江大学学报(工学版),2001,35(5):567-571.
[7] 战松涛,冯明宇. 层次分析方法(AHP)在劳务分包单位选择中的实例应用[J]. 长春师范大学学报,2005,24(011):58-60.
[8] 安雪滢,赵勇,杨乐平,等. 基于模糊理论的卫星系统效能评估仿真研究[J]. 系统仿真学报,2006,18(8):2334-2337.
[9] 王晨,谢文俊,毛声,等. 基于灰色层次分析法的多种载荷侦察效能评估[J]. 火力与指挥控制,2017,42(010):177-182.
[10] 邱苑华. 群组决策特征根法[J]. 应用数学和力学,1997,18(11):1027-1031.
[11] 胥伟. 基于AHP灰色效能法的同步轨道通信卫星综合能力评估[J]. 船电技术,2012,32(11):13-15.
[12] 李德毅,孟海军,史雪梅. 隶属云和隶属云发生器[J]. 计算机研究与发展,1995,6(6):15-20.
[13] Wang J Q, Wang P, Wang J, et al. Atanassov's interval-valued intuitionistic linguistic multicriteria group decision-making method based on the trapezium cloud model[J]. IEEE Transactions on Fuzzy Systems,2015,23(3):542-554.
[14] 叶琼,李绍稳,张友华,等. 云模型及应用综述[J]. 计算机工程与设计,2011,32(12):4198-4201.
[15] 杨峰,王碧垚,赵慧波,等. 基于云模型的战略预警信息系统效能评估[J]. 系统工程与电子技术,2014,36(07):1334-1338.
[16] 周红波,李照顺,谢佑波. 基于云模型的系统综合效能评估方法[J]. 火力与指挥控制,2017,42(8):61-63.
[17] 戴文战. 基于三层BP网络的多指标综合评估方法及应用[J]. 系统工程理论与实践,1999,19(5):29-34.
[18] 朱民,卢骞,丁元明. 基于GA-Elman神经网络的水下集群作战效能评估[J]. 火力与指挥控制,2020,45(7):115-119.
[19] 武超,郭晓雷. 基于BP神经网络的军事通信网络效能评估方法研究[J]. 中国电子科学研究院学报,2016,011(003):300-304.

[20] Gomar S, Mirhassani M, Ahmadi M. Precise digital implementations of hyperbolic tanh and sigmoid function [C]//Asilomar Conference on Signals. Piscataway: IEEE Press, 2016: 1586 – 1589.

[21] 杨米,陈建忠,牛英滔. 通信电子防御作战效能的云 – BP 神经网络评估方法[J]. 通信技术, 2017, 50(5): 746 – 752.

[22] 崔莹. 基于云神经网络的短波通信效能评估方法研究[D]. 哈尔滨: 哈尔滨工程大学, 2014.

[23] 赵伟,伞冶. q – 高斯的 SOM 神经网络在雷达抗干扰效能评估中的应用[J]. 哈尔滨工程大学学报, 2011, 32(6): 767 – 772.

[24] 刘婧,冒长礼,赵呈阳. RBF 模糊神经网络在舰载 C^3I 系统效能评估中的应用[J]. 解放军理工大学学报, 2013, 14(6): 674 – 678.

[25] 周兴旺,从福仲,庞世春. 基于 BN – and – BP 神经网络融合的陆空联合作战效能评估[J]. 火力与指挥控制, 2018, 043(004): 3 – 8.

[26] 王宇. 基于 ADC 模型的星座卫星通信系统效能评估技术研究[D]. 长沙: 国防科学技术大学, 2007.

[27] 赵德才,汪陆平,李骥. 基于 ADC 模型对通信系统效能的评估方法[J]. 舰船电子工程, 2009, 29(06): 96 – 98.

[28] 王召,刘思峰,方志耕. 无人侦察机系统研发阶段的效能评估 PBS – ADC 模型[J]. 系统工程与电子技术, 2019, 041(010): 2279 – 2286.

[29] 姚富强. 通信抗干扰工程与实践[M]. 北京: 电子工业出版社, 2008.

[30] 陈亚丁,李少谦,程郁凡. 无线通信系统综合抗干扰效能评估[J]. 电子科技大学学报, 2010, (02): 38 – 41 + 50.

[31] 赵曰强. 防空导弹武器系统费效分析建模及方法研究[D]. 哈尔滨: 哈尔滨工业大学, 2019.